纺织科学与工程高新科技译丛

U0187751

高性能纤维的结构与性能

Structure and Properties of High-Performance Fibers

[美]加雅南·巴特(G.Bhat) 编著

朱志国 马 涛 汪 滨 译

王 锐 主审

中国纺织出版社有限公司

内 容 提 要

本书介绍了目前出现的一些高性能纤维的结构、性能及应用，主要有高性能聚丙烯腈基碳纤维、高性能沥青基碳纤维、高性能碳纳米纤维和碳纳米管、液晶芳香族聚酯纤维、高性能刚性棒状聚合物纤维、高性能聚乙烯纤维、高性能聚丙烯纤维、高性能尼龙纤维、高性能芳香族聚酰胺纤维、静电纺纳米纤维、高性能聚酰亚胺纤维、源自蚕和蜘蛛丝的高性能纤维、高性能纤维羊毛。本书内容丰富、全面，可作为纺织类相关院校师生的参考书，也适合相关研究人员参考阅读。

本书中文简体版经 Elsevier Ltd.授权，由中国纺织出版社有限公司独家出版发行。本书内容未经出版者书面许可，不得以任何方式或任何手段复制、转载或刊登。

著作权合同登记号：01-2019-0558

图书在版编目（CIP）数据

高性能纤维的结构与性能/（美）加雅南·巴特（G.Bhat）编著；朱志国，马涛，汪滨译．--北京：中国纺织出版社有限公司，2020.6

（纺织科学与工程高新科技译丛）

书名原文：Structure and Properties of High-Performance Fibers

ISBN 978-7-5180-6643-8

Ⅰ.①高… Ⅱ.①加… ②朱… ③马… ④汪… Ⅲ.①纤维增强复合材料—研究 Ⅳ.①TB334

中国版本图书馆 CIP 数据核字（2019）第 190162 号

责任编辑：朱利锋　　责任校对：江思飞　　责任印制：何　建

中国纺织出版社有限公司出版发行
地址：北京市朝阳区百子湾东里 A407 号楼　邮政编码：100124
销售电话：010—67004422　传真：010—87155801
http://www.c-textilep.com
中国纺织出版社天猫旗舰店
官方微博 http://weibo.com/2119887771
北京云浩印刷有限责任公司印刷　各地新华书店经销
2020 年 6 月第 1 版第 1 次印刷
开本：710×1000　1/16　印张：27.5
字数：288 千字　定价：168.00 元

凡购本书，如有缺页、倒页、脱页，由本社图书营销中心调换

原书名:Structure and Properties of High-Performance Fibers

原作者:Gajanan Bhat

原 ISBN: 978-0-08-100550-7

Copyright © 2017 by Elsevier Ltd. All rights reserved.

Authorized Chinese translation published by China Textile & Apparel Press.

高性能纤维的结构与性能(朱志国,马涛,汪滨译)

ISBN:978-7-5180-6643-8

Copyright © Elsevier Ltd. and China Textile & Apparel Press. All rights reserved.

No part of this publication may be reproduced or transmitted in any form or by any means, electronic or mechanical, including photocopying, recording, or any information storage and retrieval system, without permission in writing from Elsevier (Singapore) Pte Ltd. Details on how to seek permission, further information about the Elsevier's permissions policies and arrangements with organizations such as the Copyright Clearance Center and the Copyright Licensing Agency, can be found at our website: www.elsevier.com/permissions.

This book and the individual contributions contained in it are protected under copyright by Elsevier Ltd. and China Textile & Apparel Press (other than as may be noted herein).

This edition of *Structure and Properties of High-Performance Fibers* is published by China Textile & Apparel Press under arrangement with ELSEVIER LTD.

This edition is authorized for sale in China only, excluding Hong Kong, Macau and Taiwan. Unauthorized export of this edition is a violation of the Copyright Act. Violation of this Law is subject to Civil and Criminal Penalties.

本版由 ELSEVIER LTD.授权中国纺织出版社有限公司在中国大陆地区(不包括香港、澳门以及台湾地区)出版发行。

本版仅限在中国大陆地区(不包括香港、澳门以及台湾地区)出版及标价销售。未经许可之出口,视为违反著作权法,将受民事及刑事法律之制裁。

注意

本书涉及领域的知识和实践标准在不断变化。新的研究和经验拓展我们的理解,因此须对研究方法、专业实践或医疗方法作出调整。从业者和研究人员必须始终依靠自身经验和知识来评估和使用本书中提到的所有信息、方法、化合物或本书中描述的实验。在使用这些信息或方法时,他们应注意自身和他人的安全,包括注意他们负有专业责任的当事人的安全。在法律允许的最大范围内,爱思唯尔、译文的原文作者、原文编辑及原文内容提供者均不对因产品责任、疏忽或其他人身或财产伤害及/或损失承担责任,亦不对由于使用或操作文中提到的方法、产品、说明或思想而导致的人身或财产伤害及/或损失承担责任。

前　言

与传统的纤维材料相比,高性能纤维或由其制成的纺织品具有高比强度、高模量、耐腐蚀、耐强冲击、耐高温、耐强辐射等特性,是国防现代化建设和国民经济发展中不可或缺的战略性材料,广泛应用于航空航天、汽车制造、风力发电、土木建筑、船舶航海等领域。因此,高性能纤维具有非常明显的军民两用特征,其技术发展和产品开发,已经成为制造业技术提升的新动力,也是一个国家综合实力和技术创新的标志之一。

美国乔治亚大学的 G.Bhat 教授邀请在不同高性能纤维领域的 26 位国际知名专家,合力编写了《高性能纤维的结构与性能》(Structure and Properties of High-Performance Fibers)一书。该书由十四章组成,分为高性能无机纤维、高性能合成聚合物纤维和高性能天然纤维三个类别。概述了聚丙烯腈基碳纤维、沥青基碳纤维、碳纳米管增强纤维和碳纳米纤维、液晶芳香族聚酯纤维、聚对亚苯基结构的刚性聚合物纤维、超高分子量聚乙烯纤维、高强高模聚丙烯纤维、高性能尼龙纤维、芳纶、静电法纳米纤维、聚酰亚胺纤维、丝纤维(蚕丝和蜘蛛丝)以及羊毛纤维等的制备技术—结构—性能关系及应用领域的研究进展。阅读此书,对了解高性能纤维的技术发展、结构演变、制备工艺和技术开发等大有裨益,这也是译者翻译传播此书的初衷,供从事高性能纤维研究和技术开发的研究人员、工程技术人员及企业、行业管理人员等了解、学习和借鉴,并借此希望对我国的高性能纤维的技术发展和产品性能提升有所帮助。

本书的翻译工作由朱志国统筹完成,王锐主持进行全书的审校工作。第一章至第三章由张文娟翻译,第四章至第六章由马涛翻译,第七章至第九章由杨中开翻译,第十章至第十二章由朱志国翻译,第十三章至第十四章由汪滨翻译。另外,在本书的翻译过程中还得到了张秀芹、董振峰等的支持与协助,译书的出版得到了中国纺织出版社有限公司的鼎力支持和帮助,在此一并致谢。由于译者的水平有限,翻译内容难免会有不准确之处,恳请广大读者斧正批评。

译者

2020 年 3 月

目　录

第二部分　高性能合成聚合物纤维

第三部分 高性能天然纤维

1　高性能纤维简介

G.Bhat

乔治亚大学,美国乔治亚州雅典城

世界各地对高技术纺织品持续关注,使它成为制造业增长最快的领域之一。许多产品都使用特种纤维,同时人们也正在寻找并开发新型或者更高性能的纤维。因此,有必要对一段时期内高性能纤维的研究进展进行总结分析。新型纤维的出现看似偶然,但实际上是在持续性能改进或者特殊性能技术产品的研究与开发的基础上产生的。在高校、研究中心和工业界的许多科学家和工程师的努力下,高性能纤维领域也在不断发展,人们开发并制造了一系列能够满足特殊性能需求的高技术产品。尽管除纤维与纺织品领域以外的许多技术都已用于高性能纤维的开发,但在大多数情况下是产品应用时的性能需求推动了产品的创新和发展。传统的高性能纤维的开发大多数是由与纤维研究相关的人员完成的,但最近研究表明,越来越多的发明来自非纤维领域研究人员。这些重要发现肯定有利于高技术纤维的工业发展。本书主要介绍过去几年高性能纤维的发展状况。

尽管大多数此类纤维可用于高性能纤维的应用领域,但有几种专门开发的具有独特结构和性能的纤维,并不适用于服装或其他传统消费领域。同时,一些常见的纺织纤维经过改性后也能获得一些附加的性能,超越目前大多数日常服装面料。随着生活水平的提高,人们对服装的期望一直在变化,通过不同材料和加工技术的结合,最近也出现了几种高性能、智能面料,开发功能性和智能纺织品的趋势在各个行业都快速增长。

纤维材料的高性能的概念一直在变化,因此,很难清晰地划分哪种纤维是属于高性能纤维。在早期的发展过程中,除服装或家用纺织品外,只要满足工业应用要求的纤维,具有较高的强度、模量、热稳定性、耐化学溶剂、阻燃性等,都被认为是高性能纤维。近年来,智能纤维也引起了广泛关注,这些纤维不但具有与普通纺织纤维相当的力学性能，而且具备环境响应性，例如对热、电、磁、机械或其他外界因素具有响应性。事实上，人们一直努力将功能性纤维制成纺织品，最近产业联盟得到了美国国防部的资助，与工业界、州政府和大学联合实施，推动智能、功能性纤维由实验室阶段向制造业发展，并进一步生产智能纺织品。当然这个计划也会推动高性能纤维领域的革新。智能技术在未来的功能性面料开发中至关重要，但本书里并不包括这种智能纤维，因为它们与本书的主题——高性能纤维还是有一些区别的。

该书共有 14 章，涵盖了从无机到合成脂肪族、芳香族、环状聚合物和天然来源的各种纤维。第 2～第 4 章概述了各种含碳及碳纳米管（CNT）基纤维。第 2 章综述了聚丙烯腈（PAN）基碳纤维，它们是高性能纤维中最重要以及发展最快的品种。除了介绍将 PAN 原丝转化为碳纤维的过程，还详细讨论了碳纤维形成过程中结构和性能的变化。随着对低成本碳纤维需求的增加，需要从降低 PAN 原丝成本以及转化成本入手，这样才能使碳纤维在汽车领域的应用增加成为现实。第 3 章是基于沥青的碳纤维，对不同的沥青、沥青挤出成纤维以及将沥青纤维转化为碳纤维的过程进行了深入的讨论。对这些碳纤维的结构发展及结构—性能的关系进行了较为全面的总结。CNT 由于具有极高的强度、模量和电性能，自从发现以来就备受关注。第 4 章综述了 CNTs 和 CNT 增强纤维的合成、结构和性能的研究进展。本章还介绍了 CNT 增强聚合物以及碳纤维和 CNT 纱线的最新研究进展。尽管 CNTs 具有优异的性能，然而目前实现其纺纱以及在复合纤维中的应用仍存有很多难题，需要持续研究改善含有 CNT 的纤维和纱线的结构和性能。

另有 8 章介绍各种合成有机纤维，其中包括聚酯纤维、刚性棒状聚合物纤维、聚乙烯和聚丙烯纤维、尼龙、芳香族聚酰胺纤维、静电纺丝纳米纤维和聚酰亚胺纤维等。第 5 章主要介绍芳香族聚酯纤维的发展历史、化学结构、加工工艺、纤维结构和性能等。熔纺聚酯纤维的开发目的是作为昂贵的芳香族聚酰胺纤维的替代物，除了高强度和高模量外，液晶聚酯纤维显示出优异的抗挠曲性，是许多应用中重点关注的特种性能之一。第 6 章主要是关于主链中含有芳香环和环状结构的刚性棒状聚合物纤维，包括聚对亚苯基苯并二噁唑纤维和聚对亚苯基苯并二噻唑纤维，详细讨论了它们的聚合、加工、结构和性能，还提到了改善这些聚合物抗紫外性能以及其他性能的方法。

凝胶纺超高分子量聚乙烯纤维在所有纤维中具有最高的比强度，第 7 章详细叙述了该类纤维的发展历程。重点是介绍高度有序和取向的超高分子量聚乙烯纤维的结构,这是聚乙烯纤维具有独特性能的主要原因。研究结果表明,这些纤维的性能通过工艺优化还可以进一步改善。第 8 章是关于聚丙烯纤维,主要讨论了如何通过较高分子量聚丙烯与高温拉伸等工艺条件的结合制备高韧性纤维。虽然与其他高性能纤维(如 Kevlar 或高强高模聚乙烯纤维等)相比,高强高模聚丙烯纤维的耐高温性并不好,但它们可满足许多不同的应用要求,而且成本远低于其他高性能有机纤维。

第 9 章是关于尼龙纤维,介绍了其纺丝及纺丝后处理制备高性能纤维的技术进展。加工工艺技术影响纤维的微观结构,从而对纤维的拉伸、耐热和耐化学性能产生影响。该章节阐明了如何通过纺丝工艺改进以及后纺工艺控制适当地改变这些纤维的结构,从而达到生产高性能尼龙纤维的目的。第 10 章主要介绍了芳纶(Kevlar 和 Nomex 纤维等)。概述了聚合、纺丝、合成过程中的结构演变和加工工艺等。最近关于它们的结构的理解以及表面改性以改善复合材料性能方面的进展也引起关注。

静电纺丝法制备纳米纤维已经得到了广泛的研究,很多种聚合物只要有合适的溶剂就可以通过静电纺丝的方法制备纳米纤维。第 11 章介绍了该领域的最新进展。除了经典的针头式静电纺丝外,本章节还讨论了其他静电纺丝制备纳米纤维的方法,如无针静电纺丝;讨论了如何实现多种多样的结构,如三维可控网状结构;介绍了纳米纤维纱线的形成以及生产各种不同形式的纳米纤维(纱线)新进展;叙述了静电纺丝纳米纤维在电池、超级电容器、太阳能电池和压电器件等新兴工业中的应用。第 12 章讨论了高性能聚酰亚胺纤维的发展,其中包括生产聚酰亚胺纤维的多种方法以及聚酰亚胺的种类,着重介绍了该类聚合物的合成、成纤、酰亚胺化以及纤维的微观结构演变等。

第 13 章和第 14 章分别介绍两类天然蛋白质纤维:丝纤维和羊毛纤维。这两类纤维都已经获得了长时间的应用,两者均是绿色可再生纤维。蚕丝纤维由于其独特的光泽、触感、耐久性和可染性已经使用了数千年。最近人们逐渐开始对高强高模的丝纤维感兴趣,评估从各种类型的蜘蛛获得的蛛丝纤维,发现它们中的一些具有极高的强度、模量、弹性和韧性。本章全面讨论了丝的化学成分和结构特点(这是提高力学性能的主要因素),以及对比了世界各地可获得的蚕(丝)和蜘蛛(丝)的类型。此外,还详细介绍了养蚕业的各个方面。羊毛是另一种已经使用多年的天然纤维，它具有独特的性能。为了清楚了解它的结构，人们对羊毛开展了广泛的研究，期望能够获得与羊毛性能媲美的合成纤维。羊毛纤维具有良好的隔热和隔音性能，并且还可以用在过滤和医疗领域。具有防弹性能的 Kevlar 纤维与羊毛纤维混合使用时，能增强防弹衣的综合性能。最近羊毛纤维在某些复合材料中也有一些应用。

此书的出版得益于各领域的国际知名专家团队的大力支持。为了完成书稿，专家们都投入了大量的时间和精力。在此，向所有参与本书撰写的专家表示感谢。同时也感谢 Elsevier 出版社的 Sarah Lynch 女士、Christina Cameron 女士、Charlotte Cockle 女士和 Edward Payne 先生在该书出版过程中给予的大力支持以及在整个过程中耐心地与我们合作。本书提供了丰富有用的信息，我衷心希望纤维领域相关的学术界、工业界和研究机构的读者以及其他对高性能纤维感兴趣的读者能从本书中获益。

第一部分

高性能无机纤维

2 高性能聚丙烯腈基碳纤维

E. Frank[1], *D. Ingildeev*[1], *M. R. Buchmeiser*[1,2]
[1]纺织化学和化学纤维协会(ITCF,丹肯多夫),德国丹肯多夫
[2]斯图加特大学高分子化学研究所,德国斯图加特

碳纤维(CFs)的拉伸强度很高,可达7GPa,并且具有很好的抗蠕变性、低密度(1.75~1.95g/cm^3)和高模量(200~600GPa)等优点[1]。在热空气和火焰等环境中,对氧化剂的耐受性差,但是对其他化学品具有很好耐受性。良好的力学性能使其成为复合材料应用中的佼佼者,可以织物、长丝或者短纤的形式应用于复合材料中。这类复合材料可以多种方式生产,包括长丝缠绕、带缠绕、拉挤成型、注压模塑、真空袋压成型、液体模塑成型以及注射模塑成型等工艺。碳纤维行业一直在不断发展,其重点是航空航天、军事、建筑以及医疗和体育用品等[1-4]。对于汽车行业,碳纤维增强聚合物复合材料可以显著减轻车身重量,这也是电动汽车发展的先决条件[2]。

98%以上的碳纤维都是由聚丙烯腈(PAN)作为前驱体制成的,其他类型的碳纤维前驱体也有报道[3-4]。表2-1汇总了全球碳纤维消费量和主要的碳纤维制造商及其产能[5]。尽管近几年碳纤维产量持续增长,但是由于碳纤维的生产成本较高以及高速复合材料制造技术的缺乏,碳纤维在汽车行业的大量应用发展迟滞。然而,有关碳纤维方面的研究和技术发展将逐渐改变市场结构,碳纤维将逐渐像其他合成纤维或金属材料一样成为大宗商品,并获得更加广泛的应用。

表2-1 2015年CFs的名义产能[5] 单位:t

供应商	低丝束(1~24K)	大丝束(24~320K)
东丽公司[包括卓尔泰克(Zoltek)的产能],日本	26800	20300
东邦(帝人集团),日本	11500	—
三菱化学纤维,日本	10800	2700

续表

供应商	低丝束(1~24K)	大丝束(24~320K)
中国大陆	16490	—
赫氏(Hexcel),美国	9800	—
台湾塑胶工业,中国	8750	—
氰特工程材料(Cytec Engineered Materials),美国	2500	—
西格里碳素集团(SGL Carbon Group),德国	—	15000
复合材料控股公司(Holding Company Composite),俄罗斯	3000	—
Kemrock,印度	2500	—
晓星公司(Hyosung),韩国	6500	—
泰光工业公司(Taekwang Industrial),韩国	1500	—
俄罗斯国家技术集团-化学工程与复合材料,俄罗斯	200	—

碳纤维根据单丝的数量来分类,其中"1K"表示1000根单丝。从技术上讲,1~24K的碳纤维被称为"低丝束",24~320K以及更大的碳纤维(CFs)丝束称为"大丝束"。另一种分类依据是其力学性能,综合其强度和模量,可采用表2-2所示的分类。

表2-2 碳纤维分类[6]

碳纤维类型	拉伸强度(MPa)	弹性模量(GPa)
低弹性模量类型	>3500	<200
常规弹性模量类型	>2500	200~280
中等弹性模量类型	>3500	280~350
高弹性模量类型	>2500	350~600
超高弹性模量类型	>2500	>600

从特定原料开始,制备出1000(1K)~320000(320K)复丝纤维束,称为CF原丝。根据原丝的基本化学性质不同,在200~300℃下空气环境进行氧化处理。在高达1600℃的温度下,氧化后的丝束发生碳化,去除氢、氧、氮和其他非碳元素。在更高温度(3000℃)时的处理过程称为石墨化。这种石墨化处理后得到的碳纤维比碳化原丝具有更高的模量。碳化或石墨化纤维的性能受到结晶度、分子取向和缺陷数量等诸多因素的影响,其相对惰性表面通常需要经电化学方法进行功能化处理,提高其与复合基体的黏结作用。

2.1 高性能聚丙烯腈基碳纤维的合成

2.1.1 丙烯腈聚合

Shiodo[7]在1961年首次发现PAN可以作为CFs的前驱体材料，是目前制备碳纤维的最重要的起始材料。丙烯腈(AN)的聚合非常关键，是因为在CFs生产过程中的每一步骤，如原丝的纺丝、稳定化和碳化，也包括CF的性能等，与所用聚合物PAN的性能密切相关[8]。PAN或其共聚物可以通过本体聚合、悬浮聚合、溶液聚合和乳液聚合(采用自由基、离子或原子转移自由基聚合)的方法制备[8-38]。其中，溶液聚合和悬浮聚合的应用最为广泛。就连续工艺的控制而言，丙烯腈和共聚单体的溶液聚合更令人满意[8,13,23-34,36-37,39]。溶液聚合可在*N*,*N*-二甲基乙酰胺(DMAc)、*N*,*N*-二甲基甲酰胺(DMF)、二甲基亚砜(DMSO)或硫氰酸钠水溶液等溶剂中进行，并直接获得用于湿法纺丝的纺丝液[8-9,40]。由于所制备的共聚物分子量大，聚合反应通常在较低浓度的溶液中进行，但是存在两个重要的缺点限制了这种聚合方法的应用。单体转化率只有50%~70%，因此在进行湿法纺丝之前，需要将溶液中未反应的丙烯腈单体完全回收。然而，即使经过回收处理，溶液中通常仍然含有0.2%~0.3%(质量分数)的有毒致癌单体[9]。另一个重要的缺点是用于聚合的传统溶剂通常具有较高的链转移常数。丙烯腈的悬浮聚合工艺的优点是几乎不产生副产物，并且可以在可控条件下进行，从而避免了支化和交联反应[9-22]。该方法的另一个优点是通过过滤和干燥可简单地去除聚合物，并且在较大范围内调整分子量及控制粒径。尤其是在大规模制备中，这种间歇工艺可以很好地控制聚合热的传递与扩散，聚合物产率可达到90%。

丙烯腈的聚合常用的引发剂是过硫酸盐，特别是过硫酸钾、过硫酸铵、焦亚硫酸钠和铁(Ⅲ)盐等。目前，需要特别关注的是要尽力降低由引发剂残留物所导致的碳纤维的缺陷，因此，需要尝试采用改性引发体系代替常规的碱金属，以及减少过渡金属(如铁)的残留，从而避免CFs生产工艺中可能出现的杂质(见反应式2-1)[41]。

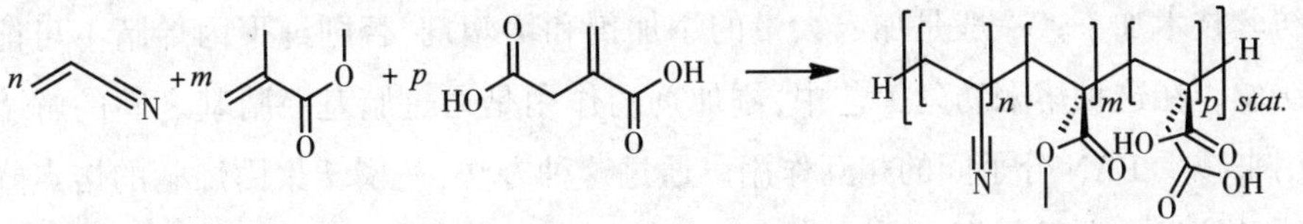

反应式 2-1 丙烯腈、甲基丙烯酸甲酯和衣康酸体系的三元共聚合成路线

一般来说,用来制备碳纤维的聚丙烯腈共聚物的分子量范围在 7 万~26 万,分子量分布指数(PDI)在 1.5~3.5[8,42]。但是如果采用现代聚合方法,如 RAFT(可逆加成—断裂链转移)聚合,PDI 的值可以小很多,可达 1.34[43]。但是,目前仍然无法获得一种能够将最终碳纤维的性能与聚合工艺和聚合物指标进行关联且广泛适用的模型方法。

用共聚单体含量大于 5%(摩尔分数)的纤维级 PAN 所制备的 CFs 的力学性能非常有限,会受到化学反应条件、环化行为和纯度的影响。通常,制备 CFs 的 PAN 聚合物包含至少 95%的 AN 和最多 5%(摩尔分数)的共聚单体[41,44]。共聚单体对聚合物加工以及后续稳定过程和碳化过程的动力学都有很大影响(见下文),因此,聚合物的组成成为关注的焦点[8,44-45]。工业上,通常采用一种以上的共聚单体(例如丙烯酸甲酯和衣康酸)与丙烯腈共聚,获得 CFs 的前驱聚合物。因此,所有单体都必须具有相似的反应活性(即共聚速率常数)。只有这样,才可以保证某一时刻三元共聚物的组成与反应混合物的摩尔组成相同,并且共聚单体在分子链中是均匀分布的[8]。尽管已公开的文献为单体和前驱体聚合物组成的选择提供了良好的基础[45-81],确定前驱体聚合物的最佳组成(以及加工参数,见下文)以实现某些特定的性能仍然是一项具有挑战性的任务[82-86]。换句话说,要获得拉伸强度和模量都优异的高性能纤维,所有的工艺参数包括共聚物组成、分子量、分子量分布以及纺丝、牵伸、稳定性和碳化过程的参数都要考虑在内。遗憾的是,目前仍然缺少一种严格且广泛适用的模型能将纤维特性与工艺和聚合物参数关联起来。事实上,这一领域尽管取得了巨大的进展,但碳纤维结构与性能之间的关系仍然没有研究透彻。此外,聚合物的结构、取向和结晶度如何影响最终的碳质结构也需要进一步研究。

2.1.2 碳纤维原丝制备

由于聚丙烯腈在其熔点以下容易发生热诱导的环化反应,因此不能用常规熔融纺丝技术加工。一般是加入大量的添加剂和增塑剂,否则纯聚丙烯腈不可能熔融纺丝。在这种熔融纺丝工艺中,添加剂的作用是通过腈基—腈基之间的解缔合作用来减少 PAN 分子间的相互作用。通过这种方法,使增塑聚丙烯腈的熔点降低到熔融纺丝的合适范围[87-89]。然而,直到今天,基于熔融纺丝工艺制备的碳纤维的质量仍难以达到湿纺聚丙烯腈制备出的碳纤维的质量。所以湿法纺丝仍然是碳纤维原丝生产的首选方法。

溶剂的选择对于聚丙烯腈共聚物湿纺工艺生产碳纤维原丝具有重要影响。如前所述,由于丙烯腈的腈基具有很强的极性和很强的偶极相互作用,所以 PAN 及其共聚物只能溶解于强极性溶剂(如 DMAc、DMF、DMSO、氯化锌和硫氰酸钠)[8,40]以及离子液体中[90]。Schildnecht 列出了 PAN 可溶的一系列溶剂体系[34]。

传统的湿法纺丝需要将共聚物溶液挤出到凝固浴中,离开喷丝头的纺丝液细流接触到可与溶剂混溶但不溶解聚合物的物质,纺丝液细流中的溶剂扩散到凝固浴中。在湿法纺丝中,常用的聚合物溶液浓度[15%~25%(质量分数)之间,其零剪切黏度 η_0 介于 10~200Pa · s]主要取决于聚合物结构,如共聚单体含量、分子量及其分布指数,调整聚合物浓度以获得合适的黏弹性,便于在 5~20bar❶ 的纺丝压力下进行湿法纺丝。溶液通过多孔喷丝头纺丝,孔数有 100~500000,每个孔的直径在 40~100μm,丝条在凝固浴中的线速度很少超过 20m/min[8]。

湿法纺丝工艺中涉及很多技术设计。凝固浴槽可以水平或垂直放置,可以使用不同的清洗浴和拉伸浴,然后进行下一步工艺,如上油、干燥或热定型。最重要的问题是能否获得具有最佳形态结构的纤维在很大程度上受凝固浴成分和条件的影响。因此,凝固浴不是静止的,而是进行低速循环,凝固浴中的液体流动模式比较复杂,其流线通常不平行于聚合物丝线的运动方向,因此,对于不同的单纤维而言,其溶剂扩散和凝固条件是不同的。现代的湿纺工艺系统通常包括纺丝浴的定向流动。这种改进的目的是使浴槽中的流动形式对称,使每根单丝所经历的过程均等,促使沉淀剂能够均匀地渗透到丝束中。

另外一种重要的湿法纺丝工艺是干喷湿纺技术,适用于聚合物含量高达 30%(质量分数)且零剪切黏度在 300~20000Pa · s 的高黏性纺丝液(图 2-1)[91]。将纺丝原液经喷丝板挤出到 10~200mm 长度的空气浴中,丝条在进入液体凝固浴之前,经射流拉伸,分子链产生高度取向,后续工艺与常规湿纺相同。该工艺使纺丝原液

❶ 1bar = 10^5Pa = 100kPa。

和凝固浴处于不同的温度下，从而避免了凝固浴中的相反转过程扩散速率过高。受喷丝头上孔数的限制，该工艺一般只能获得不超过 12K 的丝束。

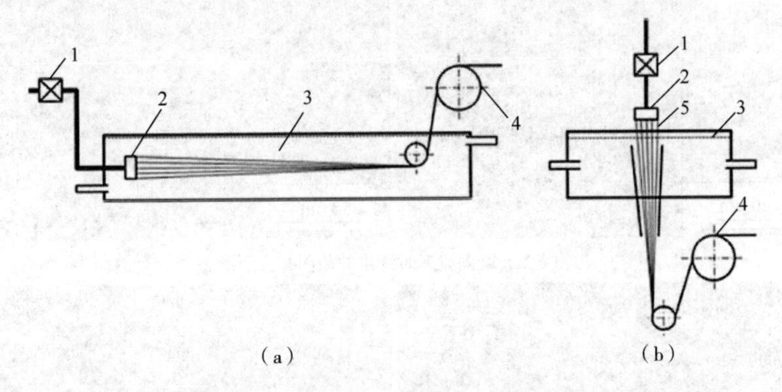

图 2-1 (a)湿法和(b)干喷湿法纺丝技术路线示意图

1—计量泵 2—喷丝板 3—凝固浴 4—卷取导丝辊 5—空气浴(气隙)

对于选定的纺丝工艺，在纤维形成过程中聚合物溶液的固化和凝固是特定的。在干喷湿法纺丝工艺中，由于纤维在空气流中受到拉伸，同时伴随热耗散传递，所以在凝固浴中进行溶剂萃取。在常规湿纺工艺中，溶剂直接从聚合物溶液中扩散到凝固浴中，因此，扩散控制的相转变具有决定性作用。

湿法纺丝理论的现状尚不足以定量化建立该工艺过程的基本方程，仍然存在一些不确定性。例如，部分固化的丝条形成的非均匀体系的变形，其传质机理受纺丝原液和凝固浴温度分布、浓度分布的影响。相平衡和相分离动力学仍然很模糊，但它们对纤维结构和物理性质的形成起决定性作用。聚合物、溶剂和沉淀剂的化学结构影响相图和传输速率。此外，凝固过程的动力学分别受到外部张力、表面张力、质量交换和流变效应的影响。唯一可用的相平衡数据是所谓的“凝固值”，即一种标准聚合物稀溶液在比浊度滴定中所需要消耗的沉淀剂的体积[62]。对于不同的共聚单体，较高聚合物浓度溶液进行湿法纺丝时的相平衡信息是特定的，但是目前仍然缺少这方面的信息。

湿纺过程中凝固浴和纺丝原液的温度和浓度梯度，很大程度上是控制传质动力学的重要因素。通常情况下，溶剂含量增加和凝固浴温度降低会降低扩散的驱动力，从而降低溶剂往外扩散以及沉淀剂向纤维内部扩散的速度。此外，纤维的横截面形状与上述的扩散速度也紧密相关(图 2-2)[8,40,92-93]。

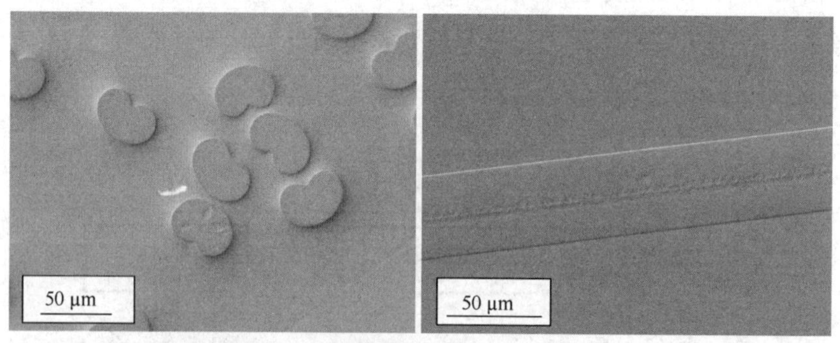

（a）高凝固速率时纤维的截面和表面形态

（b）低凝固速率时纤维的截面和表面形态

图 2-2　纺丝条件对湿纺未牵伸腈纶形态的影响

湿法纺丝时，高凝固速率通常会导致在纤维表面形成坚硬的“皮层”，皮层与可流动的“芯层”边界明显，由此产生的黏度、模量等径向梯度非常大。此外，扩散控制的纤维固化更像是通过消耗芯层致使皮层变厚，而不是在纤维横截面所有点上的物理特征的连续变化。高的凝固速率更容易导致原纤维表面形成不期望出现的硬皮结构，导致横截面塌陷，产生非圆形的腰子形截面[8,40,42,94]。与固化条件相关的圆度偏差会影响纤维的光泽、吸附性、力学性能，以及后续的氧化和碳化效果。采取如下措施，例如提高纺丝原液的温度和浓度、提高凝固浴中的溶剂含量[95-98]、降低凝固浴的温度[95,97,99]等，可降低扩散速率，从而容易生成圆形横截面的致密原丝。因此，非圆形横截面通常对应于较高的由纤维向外的溶剂扩散通量，也受表面皮层的硬度以及渗透压的影响。此外，快速凝固也会导致产生空隙或者毛细孔，其尺寸可达数微米，降低碳纤维的机械性能。

经过凝固浴后，碳纤维原丝中另一个重要结构特征是纤维的超分子结构，即结晶度、晶体取向、晶体尺寸等。此类结构对纺丝条件非常敏感，对牵伸行为以及后续的工艺影响很大,进而影响原丝以及碳纤维的力学性能。

无论采用何种纺丝方法获得初生纤维,随后的加工过程基本上都是相似的。当然,后续的处理工艺在很大程度上取决于聚合物的组成和化学结构。湿法纺丝在凝固浴以后的加工过程包括洗涤、拉伸、上油、干燥、松弛以及卷绕收集。为了去除纤维中多余的溶剂并增加分子取向,纤维束在紧张拉伸的同时用热水和/或蒸汽清洗。纤维通常在较高温(120~180℃)下拉伸,采用的拉伸介质是乙二醇或甘油[42,52,100-105]。高温拉伸过程中取向度增加,拉伸性能进一步提高。干燥前,通常用乳化剂水溶液对纤维进行表面处理,起到润滑和抗静电的作用。典型的整理剂包括长链脂肪酸的山梨醇酯、聚氧化乙烯衍生物和改性聚硅氧烷[106-107]。初生原丝纤维经过拉伸以后,干燥和松弛过程对于去除纤维中的水分和降低超分子结构的内部张力是必要的。原丝纤维的纤度约为 1.2dtex。40K 以上的大丝束需要控制纵向位置而平铺于硬纸板箱中,便于对丝束进行下一步的加工;而 3~12K 的较小丝束则直接卷绕成丝饼。

2.1.3 碳纤维原丝热处理

通常,PAN 基碳纤维的热处理需要经历氧化、碳化和石墨化三个步骤。首先在 200~300℃的温度范围内进行氧化处理,形成含 N 的梯形聚合物,以满足在更高温度下的处理要求。氧化后,纤维在惰性气氛中经历 1200~1600℃下的高温碳化,以获得乱层碳结构。为了增强基底在纤维轴方向上的排序和取向,根据碳纤维所需要达到的拉伸模量,将纤维在最高 3000℃条件下进行石墨化处理。反应式 2-2[41,108]详细概括了从 PAN 到碳相的整个反应过程。

2.1.3.1 原丝氧化

将 PAN 原丝纤维转化为 CFs 的基本原理是将纤维在 200~300℃温度范围内进行氧化处理。一般来说,PAN 均聚物纤维的热氧化处理是一个很难控制的反应。由于氧化过程的温度较高,而且反应放热量很大,热量的快速大量释放容易在纤维内部和纤维表面产生缺陷,特别是对于较大的丝束中的纤维,缺陷影响就会更加明显。然而,由于共聚单体对氧化过程有显著影响,可通过合适的共聚单体组成调节原丝氧化放热动力学[45]。共聚物中的官能团可引起副反应,这取决于共聚单体的结构、含量、单元分布、原丝的超分子结构、副产物以及在聚合、纺丝、热处理过程中引入的微量化学成分(图 2-3)。

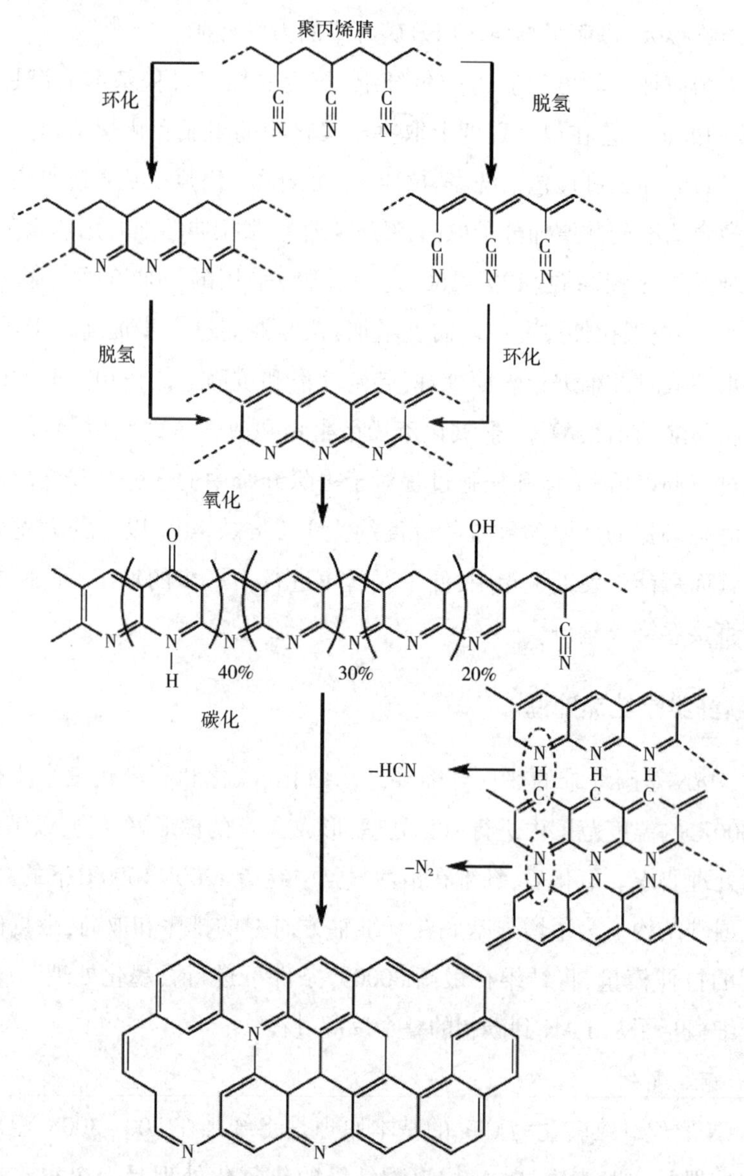

反应式 2-2 从 PAN 到碳相的反应路径[41,108]

纤维的氧化处理是在烘箱内完成的，烘箱内分区加热，且温度逐级升高。通过增加加热区，可显著提高线性升温速度。保持烘箱内以及每根单丝纤维的温度均匀，可严格控制原丝在烘箱中的放热反应，避免任何过热现象。通过调整加热气流，对纤维进行加热并氧化，去除产生的废物组分和多余的反应热。此外，该氧化过程是在张力下或者拉伸情况下进行的，以防止纤维发生收缩[8,44]。在氧化阶段，

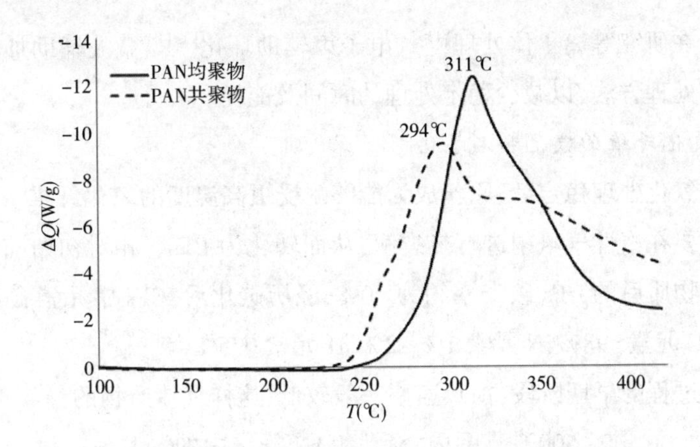

图 2-3 PAN 均聚物和三元共聚物(丙烯腈—甲基丙烯酸甲酯—衣康酸)的差示扫描量热曲线

条件:空气气氛,加热速率为 10K/min

原丝纤维的密度从 1.18g/cm^{3}增加到 1.36~1.38g/cm^3。氧化后,纤维的元素含量(质量分数)分别为 62%~70%(C)、20%~24%(N)、5%~10%(O)和 2%~4%(H)[13]。

在氧化过程中,聚合物链转化为芳杂环结构,与后期形成碳环结构类似。过去的几十年间,对原丝氧化过程中的环化反应提出了不同的模型,如梯形结构的形成机理涉及非常复杂的化学反应[100,109-125]。但是,不同的反应在很大程度上取决于共聚物的结构性质,这些共聚物参与了初始的环化反应,而且对环化反应的速率有很大的影响。因此,有羧酸共聚单体时,共聚 PAN 的起始分解温度比 PAN 均聚物的显著降低。

DSC 测试结果表示,PAN 均聚物和共聚物氧化行为的不同之处在于共聚物的环化反应是由共聚物降解形成的氧化促进剂引发的,而均聚物的环化反应是由自由基引发的,这两种反应都发生在高温条件下,并生成了热稳定的环化结构。然而,生成的梯形聚合物的化学成分在很大程度上取决于进行热处理的气体氛围。在氧化性气体中,环化反应更快,所得到的碳纤维的转化率更高,机械性能更好。如前所述,丙烯酸甲酯等共聚单体有助于氧化处理中纤维的拉伸。在温度超过 200℃的氧化气氛中对拉伸状态下的原丝进行热处理会引发几种热活化反应,包括聚合物链的单元重组和分子链间的氢键交联[126-127]。这些相互作用使取向的超分子结构在张力释放后,仍得以保持。氧化处理过程中氧气的最佳吸收量在 8%~10%[128-129]。

目前正在研究等离子体处理[130]、电子束辅助环化[131]、微波辅助加工[132]等可替代的稳定处理方法,以减少稳定处理的时间及能耗。

2.1.3.2 氧化纤维的碳化和石墨化

经高温氧化处理稳定后,原丝成为能够耐受更高温度的氧化纤维。接下来,氧化纤维束需要在惰性气氛中进行热裂解,从而转化为CFs。相对初始前驱体而言,除去挥发性物质后的CFs碳产率约为50%,经历碳化后,CFs中元素含量(质量分数)分别为C元素>98%,N元素1%~2%、H元素0.5%[13]。

在碳化过程的早期阶段,加热速率一般较低,这样气体产物的释放不至于对纤维造成损伤。在400~500℃范围内,氧化PAN纤维中的羟基发生缩合交联反应,从而导致环状结构的重组和稠杂化。Goodhew等发现环状结构发生脱氢反应后生成一种由氮原子键合的类石墨结构[114]。在400~600℃发生分子间脱氢反应,随后发生脱氮反应,并在更高温下形成纯石墨层。Tisai曾经报道分析了氮元素对PAN基碳纤维结构和性能的影响[133]。碳化过程中过快的加热速率会导致碳纤维产生缺陷,而低的碳化速率会导致碳化过程早期氮元素的大量损失,这往往更容易生成高拉伸强度的CFs。大多数挥发性产物在200~1000℃形成[134],形成的挥发性气体包括HCN、H_2O、O_2、H_2、CO、NH_3、CH_4、高分子量化合物、各种混合焦油等[8,119-120,122,135-136]。如前所述,条带状结构的聚合物在低温时形成交联,随后在1600℃的高温发生进一步缩合反应,形成乱层碳结构[41,109,137-139]。该相态的碳在纤维方向上取向良好,但在石墨型碳层之间仍有许多四面体构型的碳交联结构,这种特殊的结构是导致碳纤维具有高拉伸强度的原因之一。采用X射线光电子能谱和傅立叶变换红外光谱[141-143]研究方法,借助于模型化合物,在一定程度上阐明了氧化稳定过程中吖啶酮、萘啶、氢萘啶和其他亚结构中间体的形成机理[144]。但是,有关中间带状结构的交联和脱氮过程中伴随的三维结构的形成机理尚不清晰。

聚丙烯腈基碳纤维具有典型的韧性断裂行为(图2-4),在断裂表面可发现微纤结构(图2-5),这种断裂行为与纤维制备过程中的凝固条件有关。

CFs热处理的最后一步称为石墨化,该过程需要在3000℃的高温下进行。此时,小尺寸的混层状晶体在纤维轴方向上会发生排列和取向,使纤维具有更高的杨氏模量,但同时会导致碳纤维的拉伸强度降低。高模量熔炉采用石墨马弗炉,惰性气氛需要精确控制,因为即使是微小气流也足以导致高温石墨元件上的石墨分子层的连续脱除,引起石墨炉的严重腐蚀乃至报废[8]。

图 2-4 PAN 基碳纤维工业品的冷冻断裂面的 SEM 图像

图 2-5 PAN 基碳纤维工业品表面的 SEM 图像

小丝束碳纤维可使用在线卷绕装置收集,较大的丝束可以通过管道收集或者平放在纸板箱中。生产出的碳纤维的线密度大约为 0.8dtex,密度为 1.8g/cm^3。可根据需要调整纤维的力学性能,包括低模量、标准模量、中模量、高模量和超高模量。

为了提高碳纤维的性能,可加入碳纳米管(CNTs)。CNTs 可以作为成核剂来提高原丝的结晶度,从而形成更好的碳结构。使用 CNTs 的另一个优势是可利用其优良的拉伸强度和模量,提高 CFs 的力学强度。

将增容改性的 CNTs 加入 PAN 溶液中,使 CNTs 均匀分散,通过凝胶纺丝过程实现含有 CNTs 的碳纤维复合物的制备[145]。在 PAN 取向过程中,碳纳米管也随之完全取向。尽管实验室用该方法制备的 CFs 具有优良的性能,但在规模化生产此类聚丙烯腈基碳纤维的复合材料时仍存在一些问题。一是碳纳米管的价格太高,二是碳纳米管的团聚很难避免,这些团聚体很可能成为降低碳纤维强度的应力缺陷。

2.1.3.3 CFs 的表面处理

为了提高碳纤维与聚合物基体的黏合性,碳纤维生产的最后一步包括氧化性表面处理和溶剂型乳液涂胶,优先使用与最终树脂基体有相同化学成分的乳胶。氧化性表面处理包括电化学氧化或使用电解浴。在此过程中,CFs 的表面被刻蚀和粗糙化,从而提高纤维/基质界面相互作用的表面积,并在纤维表面生成具有化学活性的基团。表面的氧化处理也可以通过等离子体处理和化学方法来完成[146-147]。热塑性树脂、热固塑料和水性涂料的应用[施胶量 0.5%~5%(质量分数)]提高了纤维对织物和预浸料的加工能力,从而提高了纤维和基体之间的界面剪切强度。

另一种功能化方法是将碳纳米管沉积在碳纤维的表面[148]。碳纳米管在聚合物基体中起到锚固的作用,利用化学气相沉积(CVD)方法在碳纤维表面原位生长碳纳米管,可使碳纳米管与界面结合紧密,但必须避免该方法或类似工艺对碳纤维表面的损伤,否则会降低碳纤维的力学性能。

2.2 高性能聚丙烯腈基碳纤维的结构与性能

2.2.1 聚丙烯腈基碳纤维的结构模型

与碳的其他同素异形体(例如石墨和金刚石)不同,碳纤维的结构相当复杂[149]。碳纤维的主要结构框架是 sp^2杂化碳原子弯曲层的晶体,称为乱层碳结构。与高结晶度石墨相比,碳纤维中的碳层堆积是无序的。

晶体尺寸由其长度 L_a、厚度 L_c、碳层间距离 d_{002} 和晶体的平均取向分数来定义,完全无取向时为 0,理论上完全取向时为 1。

聚合物前驱体必须满足多种要求,才具有生产碳纤维的可行性,其中包括可纺性(如前述)和取向。为了获得可接受的拉伸强度和杨氏模量(刚度),聚合物链必须至少有 70%~80%的取向。对于高模量碳纤维,取向通常需要大于 80%。最终碳纤维的模量完全取决于这个取向因子,而不是前驱体。

石墨烯是碳的一种二维形态，也是碳纤维的一种亚结构。但与之不同的是，碳纤维的结构和形态是复杂的。晶体尺寸 L_a、L_c 和 d_{002} 在高取向碳相中没有很好的定义，其数值取决于测量方法。晶体尺寸可通过广角 X 射线散射、拉曼光谱或透射电子显微镜进行测试分析。

另一个模型用长度 L_a 和厚度 L_c 定义晶体尺寸，定义其为堆积碳层的连续微纤与微纤间孔隙的交集部分[150]。Johnso 讨论分析了另外一种模型，其中详细分析了渗透碳结构[151]。

本章作者对乱层碳的模拟如图 2-6 所示。在完美的石墨烯层引入一些孔状缺陷形成乱层碳。在 ReaxFF 分子动力学模型中，在三个区域中的每一个区域中堆叠四层，并在 300K 下松弛 1ns。每个区域的碳层开始平行弯曲，并且在堆叠中倾向于错位。与完美的石墨区域相比，模拟的乱层碳的层间距要大一些。

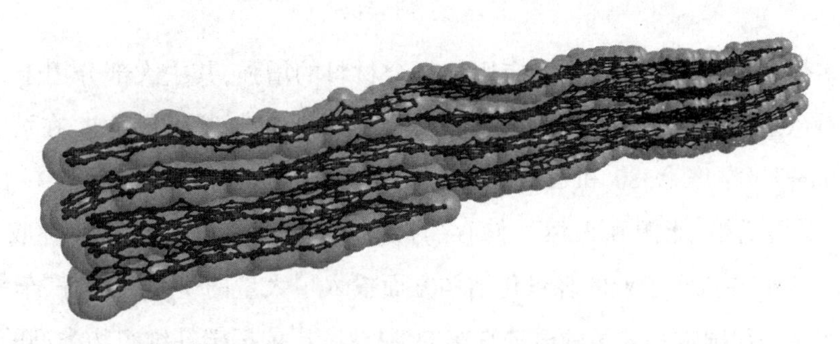

图 2-6 在 300K 下的 ReaxFF 分子动力学模型中体积为 3.3nm×2.4nm×1.5nm 的三个碳域的模型结构（经历 1ns 的松弛以后）

高模量的碳纤维，在加热到 2000℃ 以上时，形成高度有序的 3D 碳结构。这种结构变化在拉曼光谱中清晰可见，在 $2700cm^{-1}$ 处出现新峰[152-154]。

在整个碳纤维的长度尺度上，还要讨论一些其他的特性，例如纺丝过程中的较大孔隙和碳化过程中的材料损失等。此外，碳纤维通常具有核—壳结构，表面上有较多的石墨化碳结构，而芯层相互连接的碳结构较多。Barnett 等提出了一个模型，对于宏观尺度上全面了解 CFs 的性能非常重要。

2.2.2 聚丙烯腈基碳纤维的性能

PAN 基碳纤维通常用作高强度纤维，纤维拉伸强度从 3.5GPa 到 7GPa 不等，杨氏模量在 200~500GPa[3]。高强度来源于无缺陷的制备条件，但高的模量是高温热处理的结果[155]。除了其优异的力学性能外,CFs还具有一些其他独特的性能。与金属材料的电导率随着温度升高而降低不同,碳纤维的电导率随着温度的升高而增加,同时取向性也变得更好,也就是说,随温度升高模量更高[156]。此外,CFs具有较低的负热膨胀系数,可用于制备零膨胀的复合材料零件[157]。

虽然CFs的电导率仍低于金属几个数量级,但是,CFs可以进行电加热,并且致密的碳纤维织物能够屏蔽电磁波。因为CFs的密度较低,对X射线具有低屏蔽作用,已应用于医疗方面。CFs具有抗蠕变性能,在惰性气氛下,最高使用温度可达2500℃。但是,在空气中或类似条件下,450℃以上则会发生氧化。

2.3 高性能聚丙烯腈基碳纤维的应用

大多数聚丙烯腈基碳纤维已应用于复合材料的增强,其中大部分用于碳纤维增强塑料(CFRPs)。工业应用主要包含以下领域:航空航天(例如,在波音787 “Dreamliner”及空客A380和A350等客机上,增加了碳纤维增强复合材料的应用[158])、军用船舶、能源和天然气储存、计算机和机器的外壳以及能源收集(风能)[159]。人们在汽车工业的轻量化结构方面投入了大量的研究,电动汽车领域的第一批产品是德国宝马公司的电动汽车i3和i8[2]。依据碳纤维织物类型的不同,碳纤维还可应用于诸多其他领域,如表2-3所示。

表2-3 碳纤维类型及其主要应用[6]

形式或类型	规格/说明	主要应用
长丝	长丝卷绕而成,加捻或不加捻	CF增强树脂(CFRP),CF增强塑料(CFRTP),或者C—C复合材料,用于航空航天装备、体育用品或者工业装备部件等
丝束	未加捻的束丝,包括无数根纤维	CF增强塑料(CFRTP),或者C—C复合材料,用于航空航天装备、体育用品或者工业装备部件等
短纱线	纺制短纤维	热绝缘材料、耐磨材料、C—C复合材料等
织物	长丝或短纤维纱线的织物	CF增强树脂(CFRP),CF增强塑料(CFRTP),或者C—C复合材料,用于航空航天装备、体育用品或者工业装备部件等

续表

形式或类型	规格/说明	主要应用
编织物	由长丝或短纤维纱线编织而成	树脂增强材料,尤其是用于增强圆管状产品
短切纤维	将纤维切断,上浆或未上浆	添加到塑料或树脂中或水泥中,用于增强力学性能、耐磨性能、导电性能以及耐热性等
粉状	在球磨机中磨成细粉	添加到塑料或树脂中或橡胶中,用于增强力学性能、耐磨性能、导电性能以及耐热性等
毛毡	将短纤维梳理层叠后,进行针刺或者有机黏合剂黏合	隔热材料,模塑热绝缘材料,耐热材料的防护层,耐腐蚀过滤材料的基体材料
纸	短纤维制成的碳纤维纸	抗静电片材,电极,扬声器纸盆以及加热板等
预浸料	由 CFs 和热固性树脂制成的半固化的中间体,质轻高性能	用于航空航天装备、体育用品或者工业装备部件等
模塑料	注射模塑材料,由热塑性树脂或热固性树脂中添加填料或者短纤维制成,然后进行成型模塑	办公设备的外壳,利用其导电性,硬度高且质轻等优点

2.4 结论:碳纤维的优势和劣势

目前 PAN 基碳纤维复合材料能够满足大多数应用的需求,但是其高昂的价格以及较高的工艺成本限制了它们的大规模化生产和应用。PAN 基碳纤维是市场上的常规碳纤维,能满足各种强度和中等模量的要求。超高模量是沥青基碳纤维的优势,而 PAN 基碳纤维无法获得超高模量。

虽然近几年来碳纤维的产量及应用均持续增长,但是在包括汽车工业等非特种领域的大规模应用都受到成本和快速制造技术的阻碍。然而,目前的技术研究以及未来发展很有可能改变市场结构,从而使得 CFs 像其他合成纤维甚至金属一样成为大宗产品,广泛应用于各种领域。

随着碳纤维在风力发电和汽车领域的应用越来越多,未来五年对碳纤维的需求预计将至少翻一番。只要能大幅度降低 CFs 的价格,就可以在大宗产品市场获得广泛应用。

2.5 发展趋势

从中期来看,除了PAN基和沥青基碳纤维外,可用于制备CFs的替代原材料可被认为是第三类前驱体。不仅汽车工业,建筑业、电力工业和机械工程也都需要这种新型、低成本的碳纤维。可再生原料,如生物高聚物或来自生物质的聚合物将是碳纤维特别有吸引力的原料,对于此类来源的碳纤维的研究已经开始。目前,这些纤维与PAN基碳纤维相比并不具有竞争力,但其高的可适用性和低成本将成为其优势的市场竞争优势。开发这种替代前驱体并获得具有一定拉伸强度和模量的碳纤维,需要大量的基础化学知识。同时,现代分析和计算机建模方法也是这种碳纤维开发成功的重要条件。

参考文献

[1] *Torayca Product Website* 2015. Available from: http://www.toraycfa.com/product.html.

[2] Keichel M: Ganz neue Möglichkeiten. In Keichel M, Schwedes O, editors: *Das Elektroauto*, 2013, Springer Fachmedien Wiesbaden, pp 73-103.

[3] Frank E, et al: Carbon fibers: precursor systems, processing, structure, and properties, *Angew Chem Int Ed* 53(21): 5262-5298, 2014.

[4] Frank E, Buchmeiser MR: Carbon fibers. In Kobayashi S, Müllen K, editors: *Fiber, films, resins and plastics*, Berlin Heidelberg, 2015, Springer, pp 306-310.

[5] In the starting blocks, 2015, JEC Composites.

[6] Association, T. J. C. F. M. 2015. Available from: http://www.carbonfiber.gr.jp/english/material/type.html.

[7] Shindo A, Report of the Government Industrial Research Institute, Osaka, Japan 1961.

[8] Morgan P: *Carbon fibers and their composites*, Boca Raton, 2005, CRC Press.

[9] Sandler SR: *Polymer synthesis*, vol.1New York and London, 1974, Academic Press.

[10] Ashina Y, Oshima I, Sekine K: *Temperature control in suspension Polymerisation*, USA, 1972, Nitto Chemical Industry Co., Mitsubishi Rayon Co..

[11] Bacon RGR: *Trans Faraday Soc* 42: 140-155, 1946.

[12] Bero M, Rosner T: Polymerisationskinetik von Acrylnitril in wässriger Lösung, *Makromol Chem* 136(1): 1-10, 1970.

[13] von Falkai B, Bonart R: *Synthesefasern-Grundlagen, Technologie, Verarbeitung und Anwendung*, Weinheim, 1981, Verlag Chemie.

[14] Fritzsche P, Ulbricht J: *Faserforsch U Textiltechn* 14: 320, 1963.

[15] Fritzsche P, Ulbricht J: *Faserforsch U Textiltechn* 15: 93, 1964.

[16] Gabrielyan GA, Rogovin ZA: *J Text Inst* 55: 26, 1964.

[17] Grim JM: *Chem Abstr* 46, 1952.

[18] Lewin M: *Handbook of fiber chemistry*, 2007, CRC Press.

[19] Peebles LH: A kinetic model of persulfate-bisulfite-initiated acrylonitrile polymerization, *J Appl Polym Sci* 17(1): 113, 1973.

[20] Price JA, Thomas WM, Padbury JJ: *Chem Abstr* 47: 670, 1953.

[21] Shashoua VE: In Sorenson WR, Campbell TW, editors: *Preparative methods of polymeric chemistry*, New York, 1968, Wiley (Interscience), p 235.

[22] Wilkinson WK: *Macromol Symp* 2: 78, 1966.

[23] Parker RB, Mokler BV. Kalvar Corporation 1964.

[24] Chaney DW: *Acrylonitrile copolymers and method of producing them*, USA, 1951, American Viscose Corporation.

[25] Schmidt WG, Courtaulds L, editors. Courtaulds, Ltd.: Great Britain; 1958.

[26] Czajlik J, et al: *Eur Polym J* 14: 1059-1066, 1978.

[27] Feldman D: *Mater Plast* 3: 25, 1966.

[28] Kiuchi H: *Chem Abstr* 61: 7107, 1964.

[29] Blades H: Polyamide fibers and films, *Chem Abstr* : 14483, 1962: Union Rheinische Braunkohlen Kraftstoff.

[30] Kropa EL: *Process for producing polymeric materials*, USA, 1944, Old Greenwich Con..

[31] Miyama H, Harumiya N, Takeda A: *J Polym Sci Part A* 10(3): 943, 1972.

[32] Murgulescu IG, Oncescu T, Vlagiu II: *Chem Abstr* 77: 75804, 1972.

[33] Peebles LH: Polyacrylonitrile prepared in ethylene carbonate solution. III. Molecular parameters, *J Polym Sci Part A* : 341, 1965.

[34] Schildknecht CE: *Vinyl and related polymers: their preparations, properties, and applications in rubbers, plastics, fibers, and in medical and industrial arts*, New York, 1952, Wiley & Sons.

[35] Szafko J, Turska E: Free radical polymerization of some monomers in dimethyl formamide, *Makromol Chem* 156: 297 - 310, 1972: (Copyright (C) 2013 American Chemical Society (ACS). All Rights Reserved.).

[36] Thomas WM: Mechanism of acrylonitrile polymerization, *Fortschr Hochpolym Forsch* 2: 401, 1961.

[37] Wilkinson WK: *Process for polymerizing methacrylonitrile*, Wilmington: USA, 1963, E.I.du Pont, Del.

[38] Szafko J, Turska E: Copolymerization of acrylonitrile and methyl esters of α-substituted acrylic acids, *Makromol Chem* 156: 311-320, 1972: (Copyright (C) 2013 American Chemical Society (ACS). All Rights Reserved.).

[39] Szafko J, Turska E: *Makromol Chem* : 156, 1972: 297, 311.

[40] Ziabicki A: *Fundamentals of fibre formation: the science of fibre spinning and drawing*, 1976, John Wiley & Sons.

[41] Frank E, Hermanutz F, Buchmeiser MR: Carbon fibers: precursors, manufacturing and properties, *Macromol Mater Eng* 297(6): 493-501, 2012.

[42] Chung DDL: *Carbon fiber composites*, Newton, 1994, Butterworth-Heinemann.

[43] Spörl JM, et al: Carbon fibers prepared from tailored reversible-addition-fragmentation transfer copolymerization - derived poly (acrylonitrile) - co - poly (methylmethacrylate), *J Polym Sci Part A Polym Chem* 52(9): 1322-1333, 2014.

[44] Donnet JB, Bansal RC: 2nd ed., In Dekker M, editor: *Carbon fibers* vol. 10 New York, 1990, Marcel Dekker, pp 1-145.

[45] Tsai J-S, Lin C-H: *J Appl Polym Sci* 43: 679, 1991.

[46] Kibayashi M, et al: *Carbon fibers, acrylic fibers and process for producing the acrylic fibers*, USA, 2002, Toray Industries, Inc..

[47] Anders RJ, Sweeny W, 1958. E.I. du Pont: USA.

[48] Otani T, Setsuie T, Yoshida K: *Method for producing acrylic fiber precursors*, USA, 1987, Mitsubishi Rayon Co., Ltd..

[49] Nishihara Y, Furuya Y, Toramaru M: In M. R. Co., editor: *Production of high-strength carbon Fiber*, Japan, 1987, Mitsubishi Rayon Co..

[50] Kai Y, Kuboyama M: In M.R.Co., editor: *Production of carbon fiber*, Japan, 1990, Asahi Chemical.

[51] Hajikano A, Yamamoto T, Kubota T: In M.R.Co., editor: *Precursor for carbon fiber*, Japan, 1992, Mitsubishi Rayon Co..

[52] Hajikano A, et al: In M. R. Co., editor: *Acrylonitrile precursor fiber*, Japan, 1993, Mitsubishi Rayon Co..

[53] Stuetz DE, Gump KH: In C. Corporation, editor: *Thermal stabilization of fibrous material made from acrylic polymers*, Great Britain, 1969, Celanese Corporation.

[54] Fitzer E, Müller DJ: *Makromol Chem* 144: 117, 1971.

[55] Grassie N, McGuchan R: Pyrolysis of polyacrylonitrile and related polymers, *Eur Polym J* 8: 257, 1972.

[56] Henrici-Olivé G, Olivé S: *Adv Polym Sci* 51: 36, 1983.

[57] Yoshinori T, Hiroshi O: Carbon fiber. In M. T. C. Inc., editor: *Japan Kokai Tokkyo Koho*, Japan, 1987, Mitsubishi Toasty Chemical Inc..

[58] Morita K, et al: In T.I.Inc., editor: *Heat-treated products of acrylonitrile copolymers and processes for the preparation thereof*, Great Britain, 1969, Toray Industries Inc..

[59] Hiramatsu T, Higuchi T, Mitsui S: In T. I. Inc., editor: *High-tenacity carbon fiber manufacture*, Japan, 1983, Toray Industries Inc..

[60] Takeda S, Tsunoda A: Production of precursor yarn for carbon fiber. In T. I. Inc., editor: *Japan Kokai Tokkyo Koho*, Japan, 1983, Toray Industries Inc..

[61] Haruo O, Masahi O, Hiroyoshi T: Production of acrylic flameproof fiber. In T. I. Inc., editor: *Japan Kokai Tokkyo Koho*, Japan, 1984, Toray Industries Inc..

[62] Yamane S, Higuchi T, Yamasaki K: *Process for produncing high strength, high modulus carbon fibers*, 1987, Toray Industries Inc..

[63] Matsuhisa Y, Ono K, Hiramatsu T: *Highly dense acryl based carbon fiber*, 1990, To-

ray Industries Inc..

[64] Yamazaki J, Shirakata M, Adachi Y: In T.I.Inc., editor: *Production of acrylic precursor yarn for carbon fiber*, Japan, 1991, Toray Industries Inc..

[65] Kobayashi M, Takada N: *Carbon fiber and its production*, 1993, Toray Industries Inc..

[66] Hiramatsu T, Higuchi T, Mitsui S: In T.I.Inc., editor: *Carbon fiber bundle of high strenth and elongation*, Japan, 1983, Toray Industries Inc..

[67] Iharaki T, Yoshino S: Production of carbon fiber having high strength. In A.C.Industry, editor: *Japan Kokai Tokkyo Koho*, Japan, 1986, Asahi Chemical Industry.

[68] Ogawa T, Wakita E, Kobayashi T, A. K. K. KK, editors: *Asahi Kasei Kogyo KK*, 1974, : [Great Britain].

[69] Park LY, et al: 233. The effect of chain length on the conductivity of polyacetylene. Potential dependence of the conductivity of a series of polyenes prepared by a living polymerization method, *Chem Mater* 4: 1388, 1992.

[70] Imai K, Senchi H: Production of flameproofing yarn for carbon fiber and flame proofing furnace. *Japan Kokai Tokkyo Koho*, Japan, 1982, Nikkiso Co., Ltd..

[71] Moutaud G, Loiseau J-P, Desmicht D: *New method of producing carbon fibres with a high modulus of elasticity*, 1969, Le Carbone Lorraine.

[72] Kishimoto S, Okazaki S: *Process for producing carbon fibers*, US, 1977, Japan Exlan Co., Ltd..

[73] Tominari K, Ishimoto T: *Polymerization process*, 1984, Mitsui Petrochemicals Ind. Ltd..

[74] Takeji O, Takashi F, Tadao K: Production of carbon yarn. *Japan Kokai Tokkyo Koho*, Japan, 1984, Mitsubishi Rayon Co., Ltd..

[75] Imai Y, et al: Production of carbon fiber. In M. R. C. Ltd., editor: *Japan Kokai Tokkyo Koho*, Japan, 1985, Mitsubishi Rayon Co., Ltd..

[76] Sasaki S, et al: *Production of carbon fiber*, 1987, Mitsubishi Rayon Co., Ltd.

[77] Imai Y, et al: *Process for producing carbon fibers of high tenacity and modulus of elasticity*, USA, 1991, Mitsubishi Rayon Co., Ltd..

[78] Mackenzie HD, Reeder F: In C.Ltd., editor: *Improvements in and relating to poly-*

acrylonitrile solutions, Great Britain, 1963, Courtaulds Ltd..

[79] Moreton R, McLonghlin, H.P., R.A.Establishment, editor.

[80] Platonova NV, et al: *Vysokomol Soedin* 30(5): 1056, 1988: Ser A.

[81] Kiselev GA, et al: *Composition for spinning carbon fiber precursors*, 1984, Leningrad Institute of Textile and Light Industry, USSR; All-Union Scientific-Research Institute of Synthetic Fibers.

[82] Hirotaka S, Hiroaki K: *Manufacturing process of isotactic copolymer for carbon fiber precursor*, Japan, 2006, Teijin Ltd..

[83] Kuwahara H, Suzuki H, Matsumura S: *Polymer for carbon fiber precursor*, USA, 2008, Teijin Ltd..

[84] Warren CD, et al: Multi-task research program to develop commodity grade, lower cost carbon fiber. *Proceedings of the SAMPE Fall technical conference*, 2008,: [Memphis, TN, USA].

[85] Dasarathy H, et al: Low cost carbon fiber from chemically modified acrylics. *Proceedings of the International SAMPE technical conference*, 2002,: [Baltimore, MD, USA].

[86] Bajaj P, Paliwal DK, Gupta AK: *J Appl Polym Sci* 67: 1647-1659, 1998.

[87] Daumit GP, et al: *Formation of melt-spun acrylic fibers wich are well suited for thermal conversion to high strength carbon fibers*, 1990, Basf Aktiengesellschaft.

[88] Daumit GP, et al: *Formation of melt-spun acrylic fibers which are particularly suited for thermal conversion to high strength carbon fibers*, USA, 1990, Basf Aktiengesellschaft.

[89] Daumit GP, et al: *Formation of melt-spun acrylic fibers possessing a highly uniform internal structure which are particularly suited for thermal conversion to quality carbon fibers*, USA, 1990, Basf Aktiengesellschaft.

[90] Ingildeev D, et al: Novel cellulose/polymer blend fibers obtained using ionic liquids, *Macromol Mater Eng* 297: 585-594, 2012: (New Trends in High-Performance Fibers and Fiber Technology).

[91] Blades H: *Dry jet wet spinning process*, United States, 1972, Du Pont.

[92] Gröbe V, Meyer K: *Faserforsch Textiltechnik* 467(20), 1969.

[93] Craig JP, Knudsen JP, Holland VF: Characterization of acrylic fiber structure, *Text Res J* 32(6):435–448, 1962.

[94] Hartig S, Peter E, Dohrn W: *Lenzing Ber* 35:17, 1973.

[95] Knudsen JP: *Text Res J* 33:13, 1963.

[96] Duwe G, Mann G, Gröbe A: *Faserforsch Textiltechnik* 17:142, 1966.

[97] Takeda H, Nukushima Y: *Kogyo Kagaku Zasshi* 67:626, 1964.

[98] Gröbe A, Mann G: *Faserforsch Textiltechnik* 17:315, 1966.

[99] Takahashi M, Watanabe M: *Sen-I Gakkaishi* 16:7, 1960.

[100] Uchida S: In J.E.C.Ltd., editor: *Production of acrylic fibre having high physical property*, Japan, 1987, Japan Exclan Co., Ltd..

[101] Nishihara Y, Furuya Y, Toramaru M: *Production of high-strength carbon fiber*, Japan, 1988, Mitsubishi Rayon Co., Ltd..

[102] Zenke D, et al: *VERFAHREN ZUR HERSTELLUNG VON POLYARYNITRILFAEDEN MIT HOHER FESTIGKEIT UND HOHEM ELASTIZITAETSMODUL*, 1990, Akademie der Wissenschaften der DDR.

[103] Kashani-Shirazi R: *Hochfeste Polyacrylnitrilfasern hohen Moduls, Verfahren zu deren Herstellung und deren Verwendung*, Europe, 1987, Hoechst Aktiengesellschaft.

[104] Cerf M, Colombie D, N'Zudie TD: *Method for making acrylonitrile fibers*, US, 1988, Hunton & Williams LLP.

[105] Nishihara Y, Nishimura K: *Production of high-tenacity acrylic fiber having excellent abrasion resistance*, Japan, 1993, Mitsubishi Rayon Co., Ltd..

[106] Funakoshi Y, Maeda Y: *Surface method of resin molded article*, Japan, 1985, Matsushita Electric Ind.Co., Ltd..

[107] Shiromoto Y, Okuda A, Mitsui S: In T.I.Inc, editor: *Production of precursor yarn for carbon fiber-NEU SUCHEN*, Japan, 1983, Toray Ind.Inc..

[108] Watt W, Johnson W: Mechanism of oxidisation of polyacrylonitrile fibre, *Nature* 257:210–212, 1975.

[109] Huang X: Fabrication and properties of carbon fibers, *Materials* 2: 2369–2403, 2009.

[110] Houtz RC: *J Text Res* 20:786–801, 1950.

[111] Schurz J:*J Polym Sci* 28:438–439,1958.

[112] Standage A,Matkowski R:*Eur Polym J* 7:775–783,1971.

[113] Friedlander HN,et al:*Macromolecules* 1:79–86,1968.

[114] Goodhew PJ,Clarke AJ,Bailey JE:A review of the fabrication and properties of carbon fibres,*Mater Sci Eng* 17(1):3–30,1975.

[115] Clarke AJ,Bailey JE:*Nature* 243:146–150,1973.

[116] Bailey JE,Clarke AJ:*Chem Ber* 6:484–489,1970.

[117] Lora J:Industrial commercial lignins:sources,properties and applications.*Monomers,polymers and composites from renewable resources*,Amsterdam,2008,Elsevier Ltd.,pp 225–241.

[118] Baker DA,Rials TG:Recent advances in low–cost carbon fiber manufacture from lignin,*J Appl Polym Sci* 130:713–728,2013.

[119] Nordström Y,Joffe R,Sjöholm E:Mechanical characterization and application of Weibull statistics to the strength of softwood lignin–based carbon fibers,*J Appl Polym Sci* 130:3689–3697,2013.

[120] Baker FS, Gallego NC, Baker DA: *DOE FY* 2009 *progress report for light weighting materials*,*part* 7.*A*,2009.

[121] Sundquist J:Organosolv pulping.In Gullichsen J,Fogelholm C–J,editors:*Papermaking science and technology*,*book 6B*,*chemical pulping*,1999,Finnish Paper Engineers' Association and TAPPI,pp 411–427.

[122] Pan X,et al:Biorefining of softwoods using ethanol organosolv pulping:preliminary evaluation of process streams for manufacture of fuel–grade ethanol and co–products,*Biotechnol Bioeng* 90(4):473–481,2005.

[123] Wang Y,et al:Structural identification of polyacrylonitrile during thermal treatment by selective 13C labeling and solid–state 13C NMR spectroscopy,*Macromolecules* 47(12):3901–3908,2014.

[124] Coleman MM,Sivy GT:*Carbon* 19:133,1981.

[125] Sivy GT,Coleman MM:*Carbon* 19:127,1981.

[126] Raskovic V,Marinkovic S:*Carbon* 13:535–538,1975.

[127] Donnet JB,Ehrburger P:*Carbon* 15:143,1977.

[128] Grassie N,Hay JN:*J Polym Sci Part A Polym Chem* 56:189,1962.

[129] Fitzer E, Heine M, Jacobsen G: *International symposium on carbon*, 1982,: [Toyohashi,Japan].

[130] White SM,Spruiell JE,Paulauskas FL:Fundamental studies of stabilization of polyacrylonitrile precursor,part 1:effects of thermal and environmental treatments.*Proceedings of the International SAMPE technical conference*,2006,:[Long Beach, CA,USA].

[131] Dietrich J,Hirt P,Herlinger H:*Eur Polym J* 32,1996.

[132] Paulauskas FL,White TL,Spruiell JE:Structure and properties of carbon fibers produced using microwave-assisted plasma technology.*Proceedings of the International SAMPE technical conference*,2006.

[133] Tsai JS:*Text Res J* 64(12):772-774,1994.

[134] Raskovic V,Marinkovic S:*Carbon* 16:351-357,1978.

[135] Bromley J:Gas evolution processes during the formation of carbon fibers.*International conference on carbon fibers,their composites and applications*,1971,:[London].

[136] Johansson A,Aaltonen O,Ylinen P:Organosolv pulping-methods and pulp properties,*Biomass* 13(1):45-65,1987.

[137] Wangxi Z, Jie L, Gang W: Evolution of structure and properties of PAN precursors during their conversion to carbon fibers,*Carbon* 41:2805-2812,2003.

[138] O'Neil D:Precursor for carbon and graphite fibers,*Int J Polym Mater* 7:203-218,1979.

[139] Johnson DJ,Tomizuka I,Watanabe O:Fine structure of lignin-based carbon fibers, *Carbon* 13: 321 - 325, 1975: (Copyright (C) 2013 American Chemical Society(ACS).All Rights Reserved.).

[140] Morita K,et al:Characterization of commercially available PAN(polyacrylonitrile)-based carbon fibers,*Pure Appl Chem* 58:455-468,1986.

[141] Shimada I,et al:FT-IR study of the stabilization reaction of polyacrylonitrile in the production of carbon fibers, *J Polym Sci A Polym Chem* 24: 1989 - 1995,1986.

[142] Sivy GT, Gordon B, Coleman MM: Studies of the degradation of copolymers of acrylonitrile and acrylamide in air at 200℃. Speculations on the role of the preoxidation step in carbon fiber formation, *Carbon* 21(6):573-578, 1983.

[143] Varma SP, Lal BB, Srivastava NK: IR studies on preoxidized PAN fibers, *Carbon* 14:207-209, 1976.

[144] Takahagi T, et al: XPS studies on the chemical structure of the stabilized polyacrylonitrile fiber in the carbon fiber production process, *J Polym Sci A Polym Chem* 24:3101-3107, 1986.

[145] Newcomb BA, et al: Processing, structure, and properties of gel spun PAN and PAN/CNT fibers and gel spun PAN based carbon fibers, *Polym Eng Sci* :2603-2614, 2015.

[146] Donnet JB, et al: Plasma treatment effect on the surface energy of carbon and carbon fibers, *Carbon* 24(6):757-770, 1986.

[147] Desimoni E, et al: Controlled chemical oxidation of carbon fibres: an XPS-XAES-SEM study, *Surf Interface Analysis* 20(11):909-918, 1993.

[148] De Greef N, et al: Direct growth of carbon nanotubes on carbon fibers: effect of the CVD parameters on the degradation of mechanical properties of carbon fibers, *Diam Relat Mater* 51:39-48, 2015.

[149] Dresselhaus MS, et al: Graphite fibers and filaments. In Cardona M, et al: *Materials Science* vol. 5Berlin, Heidelberg, New York, London, Paris, Tokyo, 1988, Springer-Verlag.

[150] Fourdeaux A, Perret R, Ruland W: General structural features of carbon fibres. *Proceedings of the International conference on carbon Fibres, their composites and applications: plastics and polymer Conf. Supplement*, London, 1971, Maney Publishing.

[151] Johnson DJ: Structure property relationships in carbon fibres, *J Phys D Appl Phys* 20(3):285-291, 1987.

[152] Tuinstra F, Koenig JL: Raman Spectrum of Graphite, *J Chem Phys* 53: 1126, 1970.

[153] Nemanich RJ, Solin SA: Observation of an anomolously sharp feature in the 2nd

order Raman spectrum of graphite, *Solid State Commun* 23: 417 – 420, 1977: (Copyright(C)2013 American Chemical Society(ACS).All Rights Reserved.).

[154] Tsu R, Gonzalez HJ, Hernandez CI: Observation of splitting of the E2g mode and two-phonon spectrum in graphites, *Solid State Commun* 27: 507 – 510, 1978: (Copyright(C)2013 American Chemical Society(ACS).All Rights Reserved.).

[155] Bunsell AR: *Fibre reinforcements for composite materials*, 1988, Elsevier.

[156] Nysten B, et al: Microstructure and negative magnetoresistance in pitch-derived carbon fibres, *J Phys D Appl Phys* 24(5):714, 1991.

[157] Zweben C: Advances in composite materials for thermal management in electronic packaging, *JOM* 50(6):47-51, 1998.

[158] Hartley K: *The political economy of aerospace industries: a key driver of growth and international competitiveness*?, 2014, Edward Elgar Publishing Limited.

[159] Most relevant market segments for new low cost CFs and 2020 forecast per macro-area. *Composites World's annual carbon fibre 2011 conference*, *Washington*, *D. C.*, *Dec.*5-7*th* 2011, 2011.

3 高性能沥青基碳纤维

M. G. Huson

澳大利亚联邦科学与工业研究组织，澳大利亚维多利亚州吉隆

3.1 前言

一百多年前，爱迪生为世界上第一个商品化的灯泡生产白炽灯丝时，采用了使纤维碳化的方法，他用纸板以及后来的竹丝作为原料生产碳化线。如今碳纤维是由原丝纤维制造而成，这种原丝纤维通常由聚丙烯腈(PAN)、沥青或人造丝纺制而成。大约95%的碳纤维来源于聚丙烯腈(PAN)，剩下的5%主要来自沥青和少量人造丝。为了降低加工成本或提高碳纤维的机械性能，人们还研究了很多其他种类聚合物作为碳纤维前驱体的可能性，然而，到目前为止，还没有一种可以商业化的。

沥青基碳纤维分为通用级沥青碳纤维(GPCF)和高性能沥青碳纤维(HPCF)。GPCF由各向同性沥青制成[68]，拉伸强度高达1000MPa，拉伸模量为30~60GPa。它主要适用于力学性能要求较低的场合，如钢筋混凝土、隔热材料、电极或活性炭[3]。本章的重点是介绍高性能沥青碳纤维(HPCF)，它是由各向异性或中间相沥青制备而成。

50年前，Brooks和Taylor[13]报道了沥青中一种类似液晶的中间相，当加热到高温后可形成石墨碳。后来White等[150]发现这些中间相可以通过流动和剪切来取向，并且这种结构在石墨化热处理过程中可以保持。Singer[35]在此基础上发现在合适的温度和黏度下，中间相沥青可以拉伸成纤维；纤维高度取向，同时石墨层平面沿着纤维轴形成取向。加热这些纤维导致石墨化，并首次得到了高强度的沥青基碳纤维。Singer，McHenry和Lewis的研究结果构成了美国联合碳化物公司生产中间相沥青基碳纤维的工艺基础[60-61,78,134]。

沥青基碳纤维通常比PAN基碳纤维具有更高的石墨化程度，因此模量也更高

(图 3-1),硬度接近石墨的 1060GPa[11]。与 PAN 基碳纤维相比,石墨含量更高的沥青基碳纤维的导电性和导热性也更好。然而性能的提高常常需要更高的成本,比如产品 K13D2U[拉伸模量达到 935GPa,导热率 800W/(m·K)]只能应用在高价值的应用领域,例如用于加载到卫星上的电子设备的热释放材料。同样,Thornel P-120 纤维的模量为 830GPa,线性热膨胀系数(CTE)为$-1.6\times10^{-6}K^{-1}$,已应用于卫星设备,但是其成本超过 4000 美元/kg[14]。

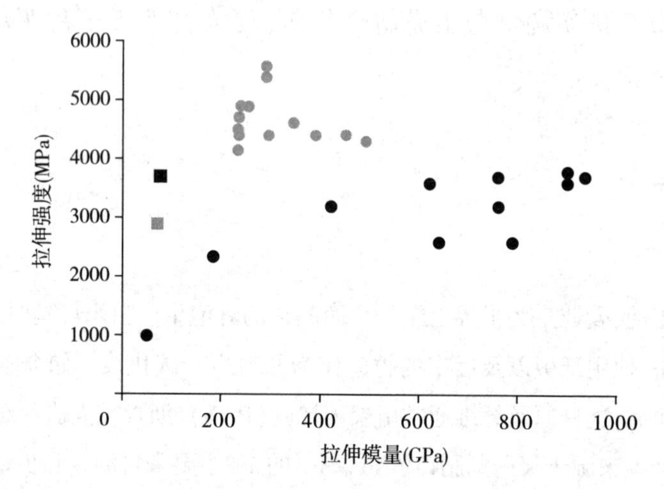

图 3-1 日本三菱(Mitsubishi)公司生产的 PAN 基碳纤维(●)和沥青基碳纤维(●)的拉伸强度和模量数值。作为对比,图中还给出两种典型增强纤维 E 玻璃(■)和芳纶 Kevlar29(■)的强度和模量数值。(数据来源于三菱人造丝有限公司,并经该公司许可汇编)

目前有三家主要的高性能沥青基碳纤维生产商[37]:日本三菱塑料公司(Mitsubishi Plastics),主要销售产品是 Dialead 品牌,市场份额约为 70%;美国氰特公司(Cytec),主要产品为 Thornel 品牌,占有 20%的市场份额;日本石墨纤维有限公司(NGF),主要是 Granoc 品牌,市场份额为 10%。

3.2 沥青前驱体

3.2.1 概况

沥青是一种黑色焦油类物质,由数百种 3~8 个稠环化合物组成,其准确的成分与

图 3-2　澳大利亚昆士兰大学的沥青滴落实验[173]
（用于表示沥青的黏弹性特征）

原料来源和加工方法有关。有时也被称为柏油。沥青在世界上的几个地方以自然形式存在，但大多数沥青是石油炼化或煤的干馏副产物。石油沥青通常比煤焦油沥青含有更多的烷基取代的稠环芳烃，也就是说它具有较低的芳香性和较高的芳香环取代度[17]。所谓的合成中间相沥青可以通过环状化合物（比如萘）来制备[83,93]。

沥青是一种黏弹性聚合物，其分子量在180～600g/mol[113]。虽然在室温下它是一种较脆的固体，但它可以缓慢流动，昆士兰大学的沥青滴落实验自 1930 年开始至今，已有九滴沥青滴落（图 3-2）。

生沥青是聚芳香环和聚杂环类的复杂混合物。一般来说，它是各向同性的，有四种组分[10]：

（1）低分子量的饱和脂肪族成分；

（2）低分子量饱和萘类芳香族化合物；

（3）中等分子量的极性芳香族化合物和一些杂环分子；

（4）高分子量和具有一定芳香性的沥青质。

此外，沥青还含有许多固体杂质。沥青的软化点在 60～150℃，对于熔融纺丝来说通常太低，因此需要对沥青进行处理以提高黏度和软化点。大部分沥青被转化成柏油用于铺设公路，然而它作为碳纤维的前驱体也很重要。

3.2.2　各向同性沥青

为了制备适合纺丝的各向同性沥青，加工过程中需要避免中间相的形成，中间相沥青通常在 350～450℃热处理过程中容易出现[101]。当在低于 350℃加热时，发生脱氢、交联和缩合反应，释放挥发物，导致分子量增加，综合效应使软化点升高。通过过滤，将熔融态沥青中的固体不熔颗粒去除。热处理可使用不同的溶剂通过萃取法和刮膜热蒸发法[129-130]、空气鼓吹法[129-130]和空气吹制法等进行[68,169,171]。图 3-3 显示煤焦油沥青经过三个不同温度空气热处理后，软化点的增加情况。

各向同性沥青直接用于制造通用级沥青碳纤维 GPCF[68,95,149,170-171]，它们常用于保温毡、净化水、混凝土补强填料和碳—碳复合材料。目前商品化的 GPCF 主要有 Kureha 公司的石油基沥青碳纤维（商标名：Kreca）和大阪气体化工有限公司的煤焦油基沥青碳纤维（商标名：Donacobo），并可以纱线、织物、毛毡、短纤维和纸等形式供应。通用级沥青也可以转换为中间相沥青以制备高性能碳纤维。

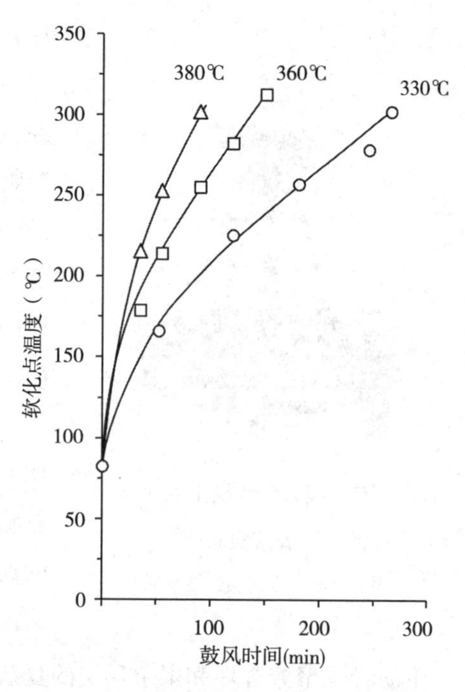

图 3-3　用三种不同温度的空气热吹处理不同时间后煤焦油沥青软化点温度的增长情况[68]

3.2.3　中间相沥青

3.2.3.1　中间相的形成

当各向同性沥青在 350～450℃ 范围内加热时，会产生中间相（图 3-4），它的生成速率随温度升高而增加。开始阶段包括缩合反应和脱氢反应，提高芳香型沥青分子的分子量[38]。这些圆盘状芳香聚合物堆叠在一起，形成分子组装体，然后这些组装体进一步组装，形成微晶，这就是 Brooks 和 Taylor 等 1965 年首次发现的各向异性微球。上述组装过程如图 3-5 所示。在纺丝过程中，这些微晶变形并沿纤维轴排列，在高温下它们形成碳纤维中的石墨单元。

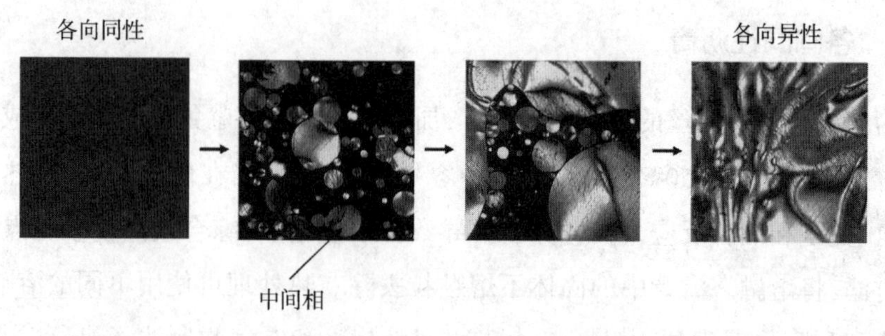

图 3-4　在 350～450℃ 热处理各向同性沥青形成中间相沥青[2]

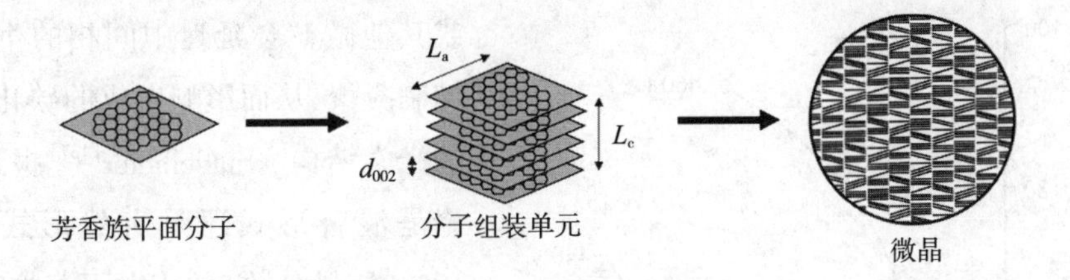

图 3-5 液晶中间相沥青中芳香平面分子堆积形成的分子组装单元以及进而形成的微晶区单元[161]

［图中示意标出了微晶长度（*La*）、微晶厚度（*Lc*）和面间距（*d*002）］

通过改变起始材料（例如石油、煤炭或合成材料等）和工艺，可制备出多种中间相沥青。图 3-6 显示了加热时间和加热温度对中间相形成的影响。每个工艺过程都会产生不同分子量（平均值在 800～1200g/mol）的产物，而且由此产生的每个中间相分子上的脂肪侧链的数量也不同。因此，中间相沥青的特性黏度和热氧化稳定速率也不同。然而，所有这些中间相产品在远低于它们的降解温度时，黏度都达到了大约 200Pa · s，因此，可以通过熔纺工艺制成纤维。此外，尽管不是很规则，但所有单个中间相分子的形状都是圆盘状[35]。De Castro[19] 对煤焦油和石油沥青中间相的生成进行了全面系统的评述。

3.2.3.2 煤焦油和石油沥青

对于煤焦油和石油沥青，通常根据沥青在正戊烷、二硫化碳、四氯化碳、苯、甲苯、吡啶和喹啉等一系列溶剂中的溶解度来表征。喹啉不溶物（QI）组分含量尤其重要，其对中间相形成的影响已经有很多研究[70,103,137]。石油沥青中通常没有喹啉不溶物（QI），但煤焦油沥青中会包含有少量不溶物[57]。

对于无 QI 的沥青，Tillmanns 等[141] 的结果表明，当浸提温度低于 440℃，中间相沥青的形成存在诱导期（图 3-6）。当浸提温度为 440～460℃时，加热时间与中间相的含量几乎呈线性关系。根据这些结果，他们推测在 400～420℃的温度下，中间相球的成核在 2～3h 内完成，而在更高温度下中间相含量的增加主要取决于较小中间相球的形成、快速生长或者凝聚。Moriyama 等[103] 将一种不含 QI 的煤焦油沥青与一种含 3% QI 的煤焦油沥青进行了比较。结果表明，喹啉不溶物的存在增加了球形生成的总频率，降低了凝聚速率和线性增长速率。Tillmanns 等[141] 发现沥青中喹啉不溶物作为成核剂，消除了诱导期。例如，添加 20%的 QI 导致 420℃下中间相数量在 3. 5h 内几乎翻了一番。然而，Marsh 和 Carolyn[70] 发现喹啉不溶物

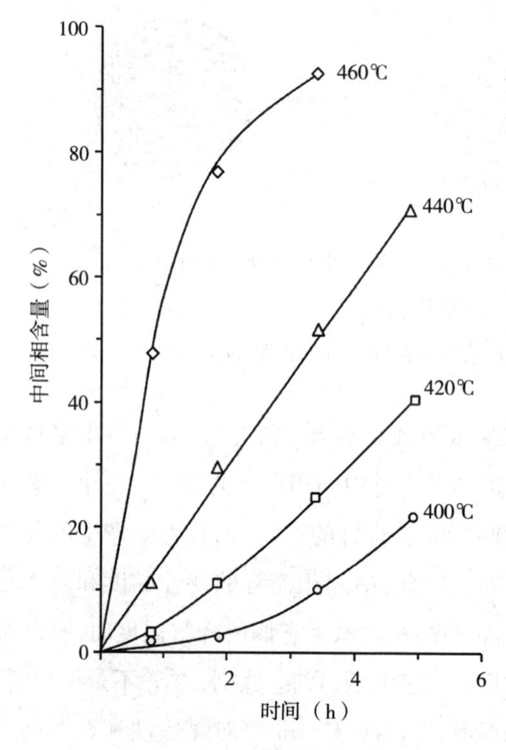

图 3-6　各向同性沥青受热形成中间相沥青对时间和温度依赖关系曲线[141]

或其他微粒会延迟中间相的生长并抑制凝聚，从而影响生成的碳化材料的光学结构。Stadelhofer[137]报道，无论是混合形式还是自然形式添加10%（质量分数）的喹啉不溶物时，都没有加速作用。他们认为这种现象与如下观点是一致的，即中间相的控速步骤是脱氢聚合。Ferritto 和 Weiler[31]报道，喹啉不溶物的含量对石墨的物理性质有影响，如热膨胀系数、弯曲强度、表观密度和电阻率等。然而他们发现，与 QI 的浓度一样重要的是如何获得有一定 QI 含量石油沥青的加工工艺。

有多种方法可将各向同性沥青转换为适于纺丝的中间相沥青[101]，其中会产生多种物质，如新中间相、休眠中间相和预中间相。大多数工艺包括两个阶段：（1）除去低分子量物质；（2）将高分子量组分（沥青质和预沥青质）在 300～500℃进行热处理，以促进聚合和缩合反应形成中间相[9]。

去除低分子量化合物的方法有多种，包括加热[61,94]、溶剂萃取[113,116-117]、减压蒸馏[94,115]和惰性气体喷射带出等方法[8,18]。处理后的沥青分子量和黏度增加，当在 300～500℃进行热处理时还可以进一步提高分子量和黏度。较小芳烃结合形成多环体系（分子量为 1200～1400g/mol），最终组装成图 3-5 所示的分子组装单元。最后一步是形成液晶中间相球，经过成核和生长，最终聚集并达到 60%～90%的中间相（图 3-4 和图 3-6）。

3.2.3.3　合成沥青

合成沥青是由萘及其衍生物等聚合而成，几十年来引起了人们的广泛关注。Mochida 和他的同事在该领域发表了大量研究论文，做出重要贡献[51,83,87-88,91,93-94]，他们的研究成果帮助三菱气体化学公司（MGC）在 1991 年将中间相沥青商品化[93]。采用该方法每年可生产1500吨用于高性能碳纤维和锂离子电池的阳极材料。但是由于生产成本的原因，目前已不再生产[163]。

合成沥青主要以萘、甲基萘或它们的混合物作为原料，用 HF/BF_3 作为催化剂催化芳香族缩合或聚合反应[83,91]。HF/BF_3 是一种很强的 Friedel-Crafts 催化剂，由于这两种组分的沸点很低，分别为 19.9℃和-101.1℃，因此很容易从最终产品中分离回收。图 3-7 为萘芳烃缩合制备中间相沥青的反应过程。

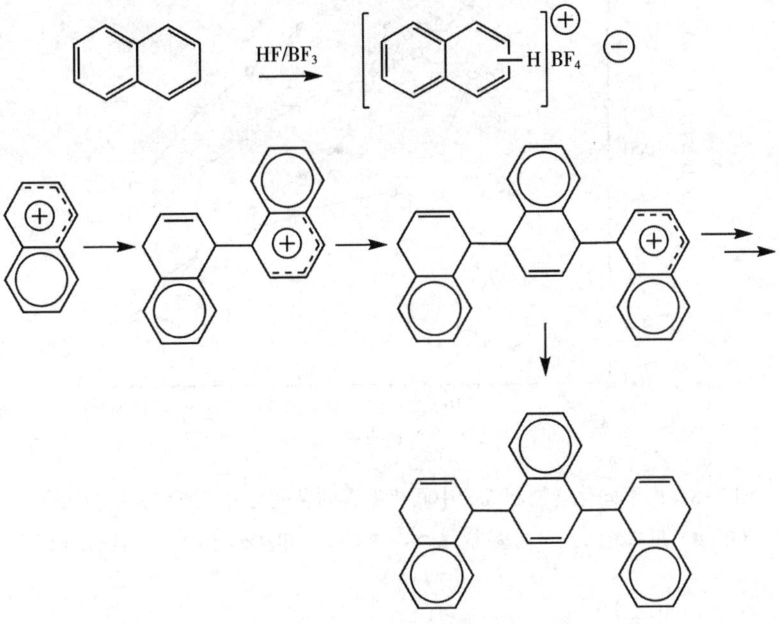

图 3-7　在 HF/BF_3 催化作用下萘合成中间相沥青的路线[91]

MGC 公司将其生产的中间相沥青的商品名定为 AR-resin 系列[93]。由于这些沥青的制备是在相对较低的反应温度（200~300℃）下通过阳离子聚合机理进行的，因此产物均匀，且具有高萘含量、高溶解度、低软化点、单峰窄分子量分布的特点。这种方法可以避免由于聚合物的快速聚合和凝胶化而引起的凝胶效应（Tromsdorff-Norrish 效应），但是在自由基聚合中经常会发生凝胶效应[26]。

通过改变起始材料（不同的均聚低聚物）、使用混合芳香烃（共聚低聚物）、将不同沥青混合（共混）或将各向同性和中间相沥青混合在一起，可以制备多种合成型中间相沥青[91,93]。图 3-8 显示了不同成分对沥青流变性能的影响。甲基的存在降低了沥青的软化点[51,88,94]和黏度[88,93]，从而提高了可纺性。稳定化反应活性也得到了改善，在270℃下10min内完成了稳定化过程[44]。单体中的甲基也导致芳香环的堆积高度比其他中间相沥青大得多（达6nm，约18个芳香环平面叠加），这种堆积程度应该也会影响最终碳纤维的性能[92]。

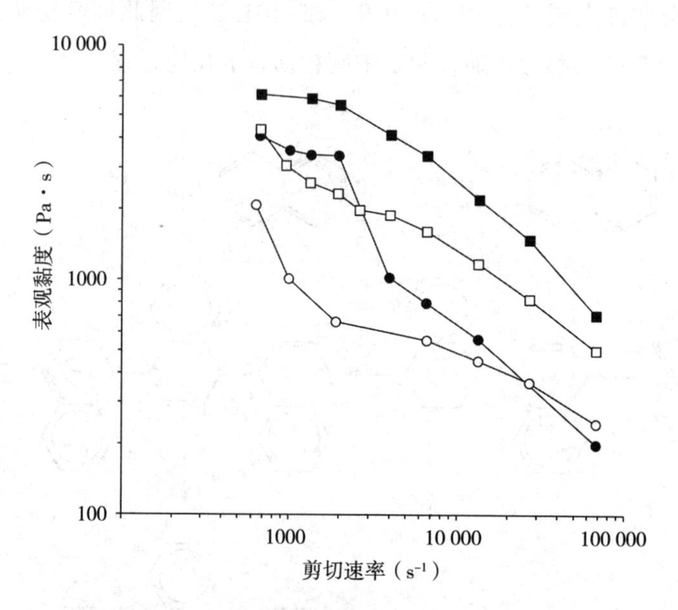

图3-8　由不同化合物制成的中间相沥青的黏度与剪切速率关系曲线[53]
［萘(■)，甲基萘(○)，甲基萘/萘(3/7)共聚物(□)，甲基萘/萘(3/7)共混物(●)］

3.3　高性能沥青基碳纤维制造

中间相沥青纤维转化为碳纤维的过程与聚丙烯腈纤维制成碳纤维的过程相似。第一步是纺丝。中间相沥青是采用熔融纺丝，而PAN是在溶剂（如二甲基乙酰胺或二甲基亚砜）中进行的溶液纺丝。然后在氧化氛围中加热，使纤维稳定化，再在惰性气氛中更高温度下进行碳化和石墨化。一般来说，因为熔融纺丝获得的沥青纤维的强度比PAN纤维的强度低很多，在稳定化过程中的张力也会小一些，避免纤维发生断裂。最后一个工艺是进行表面处理，以保护纤维表面并增强与聚合物基体的黏合性。

3.3.1 沥青的纺丝工艺

3.3.1.1 概况

聚合物的熔融纺丝是对聚合物进行加热，直到其熔化和/或软化到足以通过喷丝头挤出，从而获得聚合物纤维。然后冷却并拉伸纤维发生分子取向，增加纤维的强度(图3-9)。然而中间相沥青的熔融纺丝在技术上非常具有挑战性，主要是因为沥青对温度极度敏感且沥青纤维非常脆，可拉伸性较低。此外，中间相纺丝熔体同时含有各向异性和各向同性沥青，但是它们的黏度和密度不同，因此其纺丝过程并不简单。中间相沥青进行熔融纺丝需要将黏度控制在10~200Pa·s[44]。影响沥青熔体黏度的因素有很多，如原料性质、温度、流速、分子量和中间相的含量。所有这些条件都需要针对熔融纺丝进行优化。此外，如侧吹风速度、冷却和卷绕拉伸速度等参数对沥青纤维的性能也会产生显著影响。利用热量守恒、质量守恒和动量守恒分析，Edie和Dunham[20]发现中间相沥青纤维的应力对上述工艺条件中的

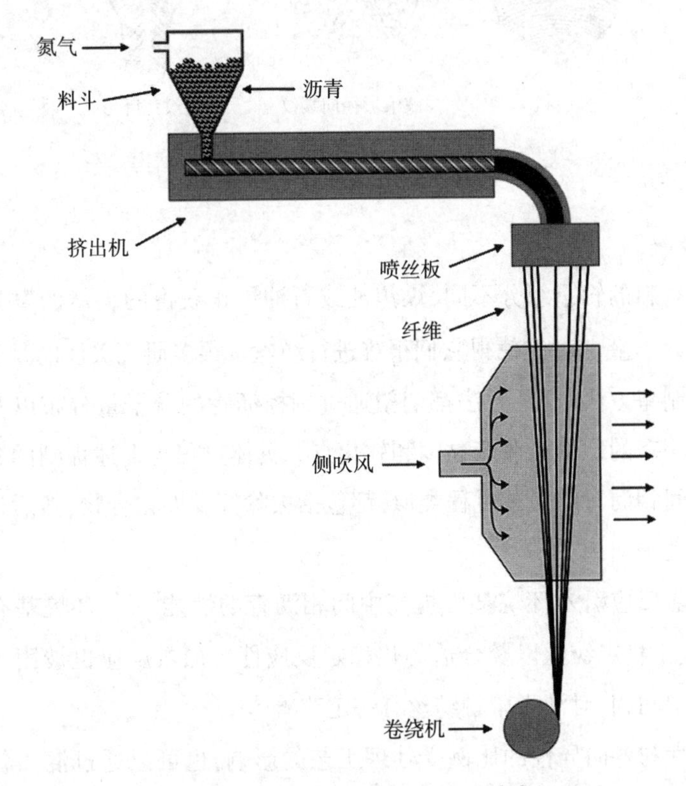

图3-9 熔融纺丝过程示意路线[20]

微小变化非常敏感,很容易达到在正常工艺条件下纤维断裂应力的20%。相比之下,尼龙长丝的熔纺工艺中,拉伸应力通常小于纤维强度的1%[24]。

剪切力使各向异性相取向排列,并形成较大尺寸的微晶[44]。由纺丝和拉伸在纤维上产生的应力分布会影响中间相沥青纤维的形态,并且在大多数情况下,这种横截面微观结构在碳化后仍然保留。中间相沥青纤维碳化后观察到的典型的横截面微观结构如图3-10所示。

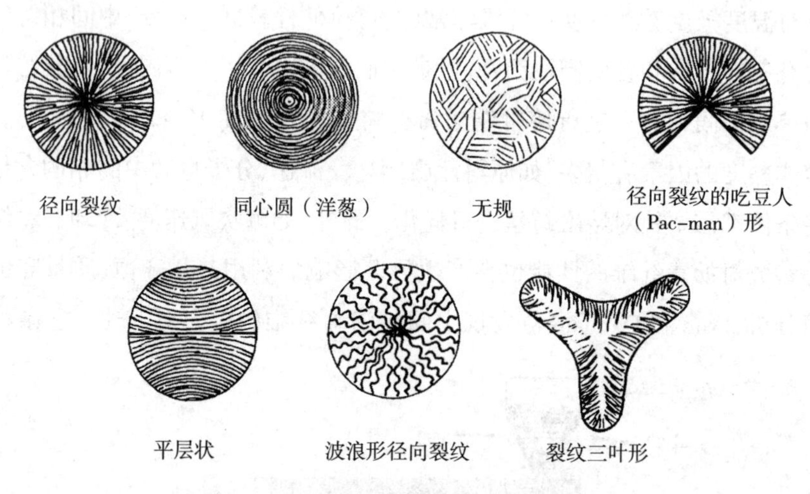

图3-10 沥青基碳纤维横截面的典型结构

3.3.1.2 原料

由于原材料的轻重组分不同,煤焦油或石油炼化获得的天然沥青具有非常不同的结构和分子量[148],这使得它们很难进行纺丝。很多研究关注的是开发适合纺丝的沥青的制备方法,这些方法都期望通过调控沥青的分子量分布以及各向同性与各向异性相态的比例来改变黏度和软化点。具体过程与上述提到的各向同性沥青转变为中间相沥青的工艺过程类似,都包括去除挥发性化合物,然后进行热处理生成各向异性中间相。

采用加氢反应引入环烷基可提高中间相沥青的性能[93]。环烷基有助于获得低软化点,利于稳定纺丝以及合适的热稳定反应性。加氢反应也被用于形成预中间相和休眠中间相,对沥青熔融纺丝有一定改善[3]。

各向同性与各向异性的比例受处理工艺的影响,也可以通过混入各向同性或各向异性沥青来调节二者的比例。Matsumura[71]的研究结果表明,沥青的软化点与各向同性含量的关联很明显(图 3-11)。而 Yao 等[155]将煤焦油产生的各向同性沥青和中间相萘沥青共混,发现当各向同性沥青的含量小于 30%时,共混体系的可纺性提高,且不会造成碳纤维的性能损失。Toshima 等[142]研究表明,将由萘制备的部分各向同性沥青与催化裂化油浆制备的中间相沥青共混,体系黏度显著降低,可纺性更好。所得碳纤维的拉伸强度大大降低,但是杨氏模量得到了明显改善。

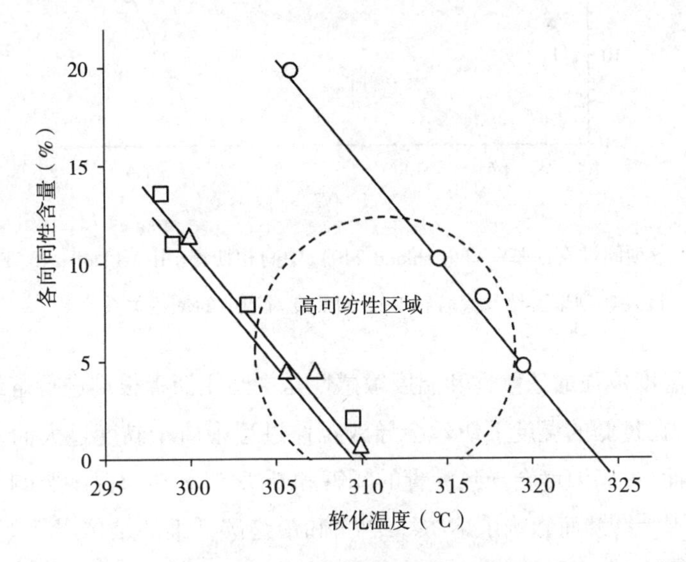

图 3-11 各向同性沥青含量对软化点的影响,样品分别是喹啉不溶(QI)组分较少的沥青(○)、高馏分沥青(□)以及高 β-树脂沥青(△)[71]

如前所述,合成沥青中芳香环结构上的甲基,降低了软化点[51,88,94]和黏度[88,93](图 3-8),从而提高了可纺性[44,51]。

3.3.1.3 工艺参数

(1)纺丝温度。黏度可能是影响沥青可纺性的一个最重要的特性,最简单的改变黏度的方法就是改变温度。图 3-12 给出了中间相沥青、各向同性沥青以及典型热塑性聚合物(尼龙 6)的黏度—温度数据,都遵循阿累尼乌斯(Arrhenius)方程,其斜率等于活化能除以气体常数,即 E_a/R[20]。因此,斜率是黏度对温度变化敏感性的度量。很明显,中间相沥青的软化温度比各向同性沥青的软化温度高得多,并且温度对沥青黏度的影响比其对热塑性塑料的影响大得多。由图 3-12 可推测温度降低 20℃会使经溶剂萃取后的中间相沥青的黏度增加 3~5 倍,而尼龙 6 的黏度只增加了约 2 倍。

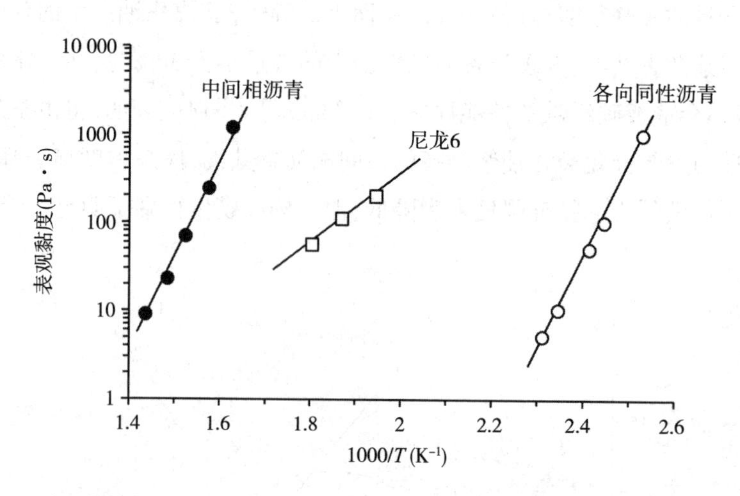

图 3-12 各项同性石油基沥青(Ashland 240)、中间相沥青(由 Ashland 240 裂解制成)以及典型熔融纺丝聚合物 PA6 的黏度对温度的依赖关系[20,23,151]

黏度对温度极强的依赖性和温度敏感性是中间相沥青很难进行熔纺的主要原因。一方面,在过低的温度下纺丝会导致拉伸过程中由于黏度过大而发生脆性断裂。另一方面,过高温度会导致沥青的降解和断头[20]。纺丝温度影响了初生纤维的取向度[6,157,162],继而影响了熔纺纤维[48]和最终碳纤维的结构[42,48,76,110,162],包括裂纹产生的倾向性[157,162]。Otani 和 Oya[110]将两种不同的沥青进行熔融纺丝,结果表明,随着纺丝温度的升高,纤维的结构从具有径向裂纹的吃豆人形(pac-man)变为径向裂纹圆形,或者为径向和同心圆裂纹混合形态或无规形态,最终呈现为洋葱(同心圆)形裂纹(图 3-13)。虽然人们认识到,改变纺丝条件会影响最终的碳纤维结构,但这种宏观结构似乎对纤维的力学性能影响很小[43]。

Barnes 等[6]对萘制备的中间相沥青进行纺丝研究,发现随着纺丝温度的升高,纤维中石墨烯的基底面在纤维轴向的取向度有所提高。相应地,最终获得的碳纤维的取向度、拉伸性能和导电性也都呈增加趋势。在所有纺丝温度下,纤维均呈现径向折叠的横向织构,这与几位研究人员[40,77,157,160]的研究结果是一致的,结晶的取向排列程度随着纺丝温度的升高而增加,因而导致熔体黏度下降。同样,随着纤维直径的增加,晶体排列的有序度也增加[40,56,66,77]。随着剪切力的减小,其有序度增加的行为特点与典型热塑性聚合物的是相悖的,这是由于中间相沥青具有多畴液晶结构。Hamada 等对此进行了解释分析[40],认为这是挤出过程中引起的微观无序度与喷丝板挤出后微晶恢复速率之间的一种平衡结果。

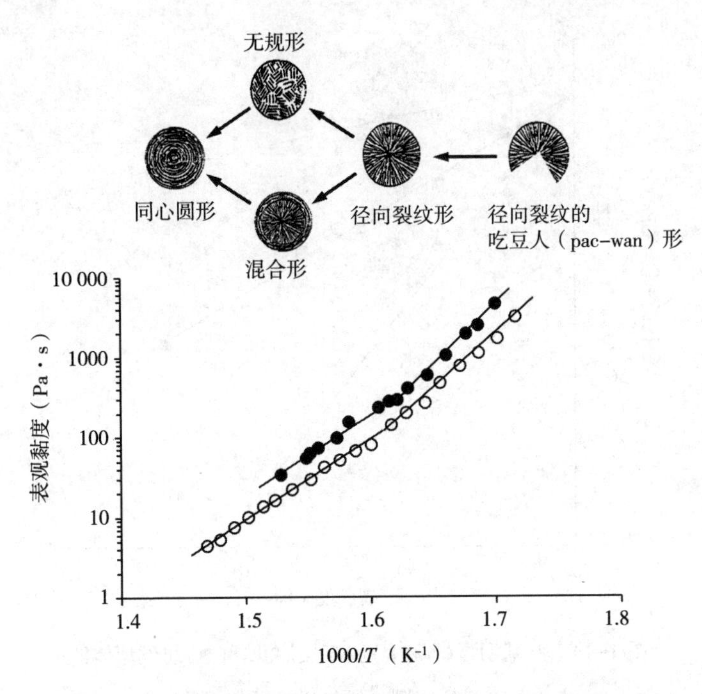

图 3-13　两种中间相沥青的黏度对温度的依赖关系，

并示意画出了在 300~400℃纺制的纤维的截面形态结构示意图[110]

提高熔融纺丝温度也会导致微晶尺寸（L_c）增加[40]、晶格或晶面间距（d_{002}）减少以及碳纤维的拉伸强度和模量提高[48,52]。Murakami 等[104]获得了更全面的数据信息，测试了七种沥青，分别由萘、催化裂化油浆和煤焦油制成，纺丝熔体黏度的降低会导致性能提高，而且有的沥青对温度更敏感（图 3-14）。他们认为沥青的芳香性程度和堆积紧密程度与纤维杨氏模量对熔体黏度的依赖性密切相关。然而，从所提供的数据来看，这种关联并不十分明显。一般来说，熔融纺丝优选在较高温度进行，取向度更高，更容易沿纤维轴向排列，并可降低在喷丝孔内的黏度。

按照一般规律来说，初生沥青纤维中晶体的取向度和完善程度对最终纤维的性能具有很大影响。Yang 等[154]对中间相沥青纤维进行固态退火处理，以此作为提高最终碳纤维性能的简单有效的方式。结果表明，将甲基萘基沥青纤维在 200℃下退火处理 1h 后，初生纤维中微晶的堆积高度从 3.5nm 提高到 5.0nm，石墨化后的纤维中微晶的堆积高度从 40nm 增加到 90nm，从而改善了石墨化纤维的导热性和拉伸模量。

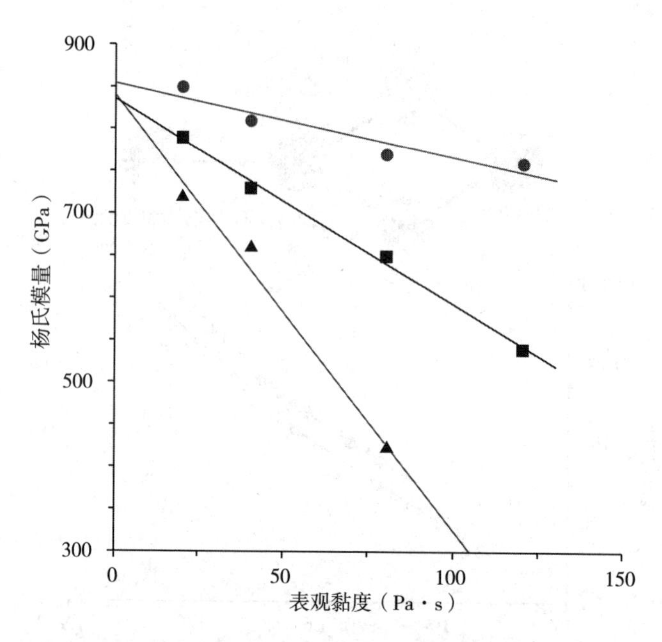

图 3-14　萘基沥青(●和▲)和煤焦油沥青(■)纺丝熔体的表观黏度对所得碳纤维杨氏模量的影响[104]

(2)流速、卷绕速度和冷却条件。中间相沥青表现为非牛顿流体行为,黏度随着流速的增加而降低(图 3-8)[25,53,93,160]。通常存在三种不同的状态:低流速和高流速下的非牛顿流体行为和中间流速时多畴结构完全变形的牛顿流体行为[25]。卷绕速度和喷丝头处熔体流动速度决定着拉伸比,侧吹风温度和速度决定了冷却条件。过快的冷却速度限制了平面芳香分子的堆积,所得晶体尺寸较小[157],并且对晶体取向也有明显影响[56]。牵伸比是指卷绕机速度和熔体流速的比值,因此较高的卷绕速度或较低的流速会导致更大的牵伸比。如前所述,与传统的热塑性聚合物不同,更大的牵伸比会阻碍晶体有序排列,导致纤维强度变弱。较大的牵伸比也会导致沿纤维的速度梯度增大,导致纤维内部的应力增加,不易获得直径较小的碳纤维[20]。Barnes 等[6]认为熔融纺纤维中晶体排列非常重要,并表明初生丝的结构和石墨化纤维取向之间具有很强的相关性。

(3)口模形状。喷丝板剪切应力以及在喷丝孔中的停留时间对纤维结构的影响很明显,剪切应力和停留时间由喷丝孔直径(D)、长度(L)及长径比(L/D)等参数决定。Matsumoto[76]的研究结果表明,改变这些参数可以制备径向裂纹圆形、径向裂纹吃豆人形(pac-man)或无规截面形态的碳纤维。口模的设计也会影响碳纤维的结构和性能。图3-15显示了三种不同设计的口模导致的不同的纤维结构,分别称为径向裂纹吃豆人形、波浪径向裂纹圆形和径向裂纹半圆形[37]。类似地,Matsumoto等[74-75]研究煤焦油中间相沥青的纺丝行为,改变了沥青熔体箱体的形状尺寸,并在其中增设熔体过滤网,研究熔体扰动情况。他们发现,使用非圆形的熔体箱体和增设过滤网会对碳纤维的界面结构产生影响,在其横截面上形成扭曲的径向裂纹结构,沿纤维轴向无裂纹,并且拉伸强度提高。

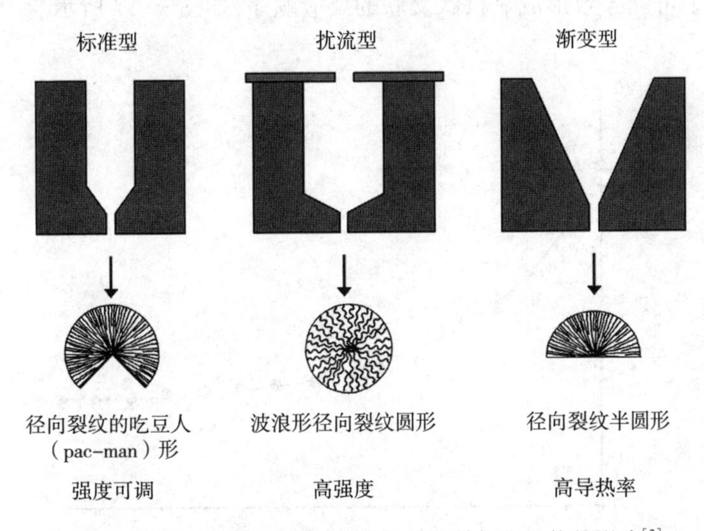

图3-15 不同的喷丝孔设计及其对纤维结构和性能的影响[3]

3.3.2 稳定化

由于中间相沥青具有热塑性行为,在一定温度下加热,纤维会软化和流动,并且产生纤维粘连,甚至在极端情况下会产生熔融滴落,破坏其纤维形态。软化点与沥青前驱体、中间相含量、分子量及其分布有关。在空气中加热沥青到接近其软化点时,发生脱氢、环化以及最为重要的交联反应,从而使纤维结构稳定化。通常,中间相沥青纤维在275~350℃范围内加热5~60min达到稳定状态[97]。

氧化稳定反应是放热的[16,138,159],并且是增重的反应,与沥青的成分[82,156,159]、环境气氛(空气或氧气)、加热时间和温度[29-30]、加热速率[158]和纤维直径[138,159]等有关。元素分析证实,在260℃下稳定化的沥青纤维,其质量增加是由氧含量增加引起的[138];而Shen等[132-133]研究结果表明,随着稳定化温度的升高,纤维的氧/碳比增大，氢/碳比减小。Stevens 和 Diefendorf[138]认为至少需要增加约 6%的重量才能使纤维达到能够进行碳化的要求，并表明这可以通过将 Ashland 240 石油沥青纤维在 260℃的空气中加热 40min 来实现。加热 1h 可使氧含量再增加 2%，然而把气体从空气变成氧气，则使其重量增加一倍。

这个反应由芳香化沥青的氧化反应性以及氧气向纤维扩散的速率控制。根据稳定化反应的时间和温度以及纤维的物理尺寸，从纤维表面到纤维中心会产生氧气梯度[65,74,82]（图 3-16）。反过来，这会导致石墨化纤维中的皮芯结构[65,84]。Shen 等[133]提出了可能导致形成氧桥状交联的反应顺序，如图 3-17 所示。

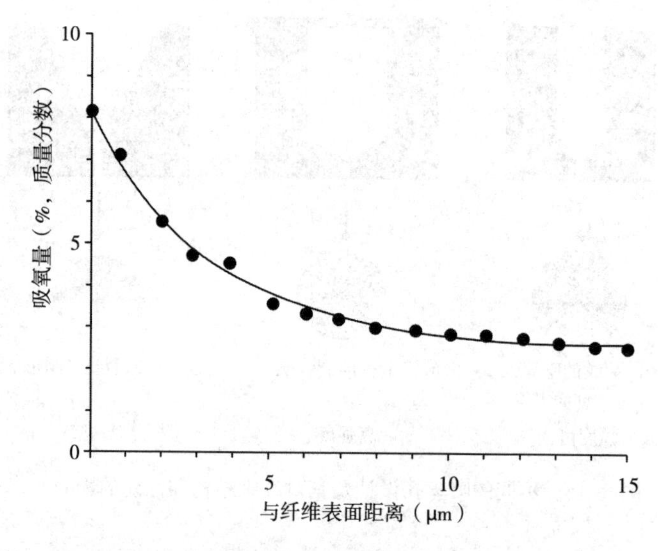

图 3-16　煤焦油基中间相沥青纤维（直径 30μm）在 300℃时氧化稳定 15min 后，电子探针 X 射线分析仪测定的纤维中的氧气含量[82]

中间相沥青初生纤维强度很弱，拉伸强度为 40～60MPa，模量小于 5GPa[79-80]。稳定化提高了其性能；但是纤维强度仍然很弱。Matsumoto 和 Mochida[74]的研究结果表明其强度提升取决于其稳定化的温度，但是，从初生纤维到氧化纤维，后者的强度最多也只能提高 5 倍。

初生纤维强度不高，因此需要对氧化炉进行设计，使较低强度的初生沥青纤维在碳化之前不必支撑自身重量。初生纤维可以通过传送带支撑，但更多的情况是将其在纺丝的丝筒上氧化。耐热丝筒是专门设计的[7]，允许氧化性气体随时进入，并使放热反应过程中产生的热量易于排放。

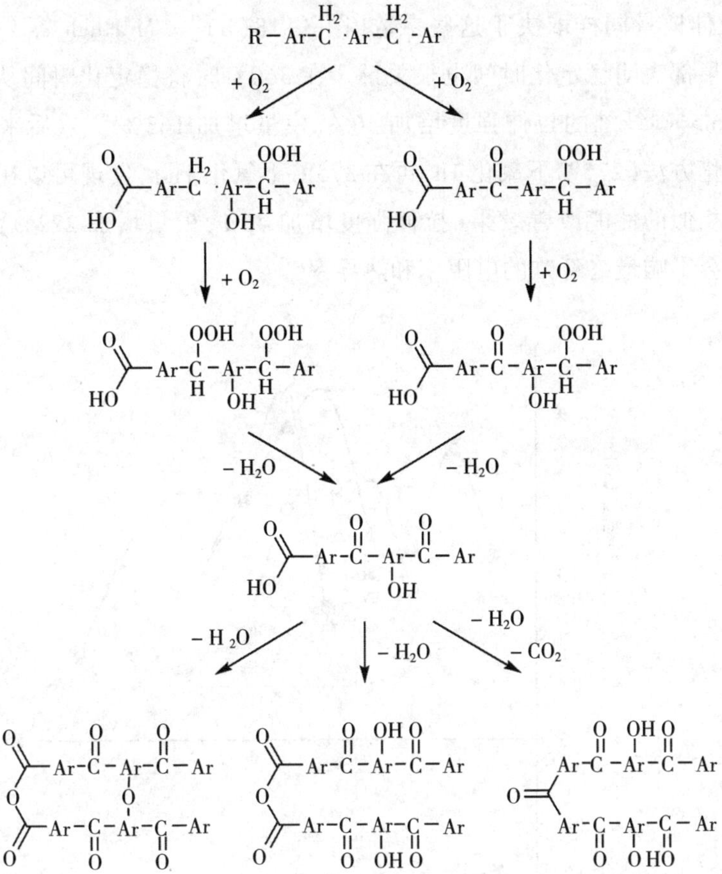

图 3-17 在氧化稳定过程中沥青纤维可能发生的反应[133]

Matsumoto 和 Mochida[74]指出，升高处理温度可提高纤维的强度；但是，温度对石墨化纤维性能的影响较复杂[64,73,89,132]。Matsumoto 和 Mochida[73]发现氧化温度和到达该温度的时间都会影响最终碳纤维的性能。而且只要氧化纤维增重达到最大，所对应的石墨化碳纤维的拉伸强度也是最高的，与氧化时的升温速率无关。但是，Shen 等[133]发现石墨化碳纤维的最大拉伸强度对应有最佳含氧量。对于石油基的中间相沥青纤维，在 300℃ 稳定化时，纤维中的最佳氧含量为 8%。Yoon 等[159-160]研究结果表明，较慢的加热速度会使最终得到的碳纤维的拉伸性能得到改善，并认为是因为在稳定过程中氧官能团的降解更少，引入纤维的缺陷也减少，所以纤维的强度增强。Mochida 等[89]认为碳纤维的最大拉伸强度不仅取决于稳定化温度，还取决于达到稳定温度和纺丝温度的加热速率[图3-18(a)]。拉伸模量同样取决于这些参数[图3-18(b)]。McHugh等[80]和Liu[64]的研究结果都表明稳定化时间也很关键。在360℃时将稳定化时间从60min增加到360min，碳纤维的拉伸强度增加46%，模量增加163%[64]。后来通过采用两步稳定化方法(275℃下氧化1h，再在375℃下氧化1h)，发现可以在更短的时间内获得相似的性能改善效果(拉伸强度增加46%，模量增加222%)。还证明氧化温度会影响最终纤维的电阻率和热导率[67]。

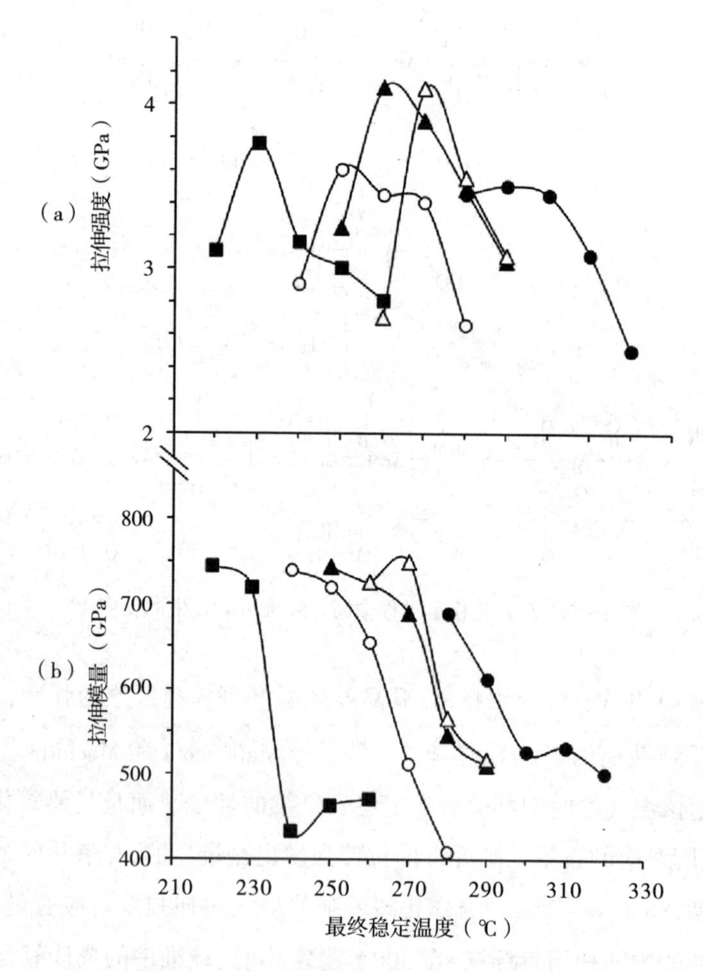

图3-18 沥青纤维的拉伸性能与最终稳定温度的关系[89]

纺丝温度和稳定时的加热速率分别为：315℃，0.1℃/min(■)；325℃，0.5℃/min(○)；315℃，0.5℃/min(▲)；310℃，0.5℃/min(△)；315℃，2.0℃/min(●)

Mochida 等指出沥青中环烷基、短烷基侧链和孤立的芳香环上的 CH 会提高沥青的反应性,并缩短稳定化时间[85]。所以由煤焦油沥青或石油沥青制备的中间相沥青通常比合成沥青的氧化反应性小[44,83,91]。在供质子型溶剂或催化剂的作用下,加氢反应可将环烷基引入沥青前驱体中,来提高中间相沥青的含量,但该过程的成本高[91]。Yoon 等[159]报道甲基萘和萘衍生物的中间相沥青纤维比煤焦油或石油的天然中间相沥青纤维具有更高的氧化活性。甲基提高了稳定化过程的反应活性,因此甲基萘合成的中间相沥青比萘基中间相沥青的反应性更高[51,158-159]。

Park 等采用以四氢呋喃或苯等溶剂从煤焦油沥青中萃取去除较差氧化性物质的方式稳定中间相沥青纤维[166-167],认为溶剂提取可作为一种独立的中间相沥青纤维稳定化的方法,并可使其直接进行碳化或与热稳定方法相结合以缩短稳定时间。Mochida 等将热氧化和溶剂萃取结合用于生产具有皮芯结构的纤维[86]。

沥青纤维的稳定化反应受氧气在纤维中的扩散过程控制,是一个缓慢的过程。因此,通过升高温度来驱动反应似乎可行。然而,该反应是明显放热的(约 2000J/g 纤维),存在转变为自催化的风险,产生的热能有可能将纤维破坏[59]。同样,在 270℃左右,鲍多尔德(Boudouard)反应变得重要。在这个反应中,氧被化学吸附到纤维表面并与碳反应。在碳化过程中,氧以 CO 和 CO_2 的形式挥发,所以可能导致碳化纤维中的点蚀和强度的损失。

3.3.3 碳化和石墨化

为了使纤维力学性能更好,稳定化的纤维通常需要在惰性气氛中进一步热处理,分为碳化和石墨化两个阶段。尽管纤维强度较弱,由于在纺丝过程中已经形成了基本的有序排列结构[90],沥青基碳纤维可以在松弛状态下进行碳化和石墨化,这是相对于 PAN 基原丝的一个优点[59]。碳化过程通常在低于 2000℃的温度下进行,一般分段进行。在氮气中典型的碳化热处理包括以下几个过程:在 700℃下加热 0.5~5min,然后在 900℃下加热 0.5min,继而在 1500~2000℃范围内进行最后加热[97]。在碳化过程的第一阶段(有时称为预碳化),H、N、O 和 S 等杂原子以 H_2O、CO、N_2、SO_2、CH_4、H_2 和 CO_2 的形式被消除,从而导致纤维重量明显减少以及直径缩小约 15%[64,109]。一般来说,因为沥青的碳含量比 PAN 高,沥青基纤维的直径缩小比 PAN 基纤维小,因此,沥青基碳纤维的直径通常较大。但直径较大的主要原因还是难以纺制很细的沥青基纤维。如果碳化过程进行得太快,那么挥发物的快速逸出可能导致纤维结构破坏,会导致一些缺陷而降低碳纤维的强度[49]。Jones 等[49]发现在热处理过程中有两次主要的晶型错位过程,认为是由于在 300℃时 CO_2和 CO 的释放以及随后在 500~600℃时 CH_4和 H_2的释放造成的。当这些分子由纤维扩散出去时,破坏了晶体结构,增加了基底面偏离纤维轴向的程度。当温度在 1000℃以上时,释放出的物质主要是 H_2[23],沥青分子最终形成乱层状石墨结构。

石墨化过程是在 2000℃以上热处理 10s 至 5min,通常接近 3000℃[59,86,91]。虽然仍有一些挥发物从纤维中逸出,但主要改变的是晶体沿纤维轴向的排列取向、晶体尺寸及增加片层结构的完美程度等[12,100,109]。

伴随沥青结构的多样性,精确选择不同的热处理停留时间和温度,改变纺丝和稳定化条件,可以获得不同等级的碳纤维。通过缩短加热时间来降低生产成本也受到关注。Greene 等[36]将纤维在 3000℃下停留 0. 7s,发现纤维的结构演变和性能提升等方面变化明显,并使用简单的能耗分析表明该过程也许具有较好的成本优势。

3.3.4 表面处理

在将连续长丝缠绕在筒管之前,通常需要对碳纤维的表面进行处理,以改善其可应用性,尤其是与基体树脂的黏合性。处理方法与 PAN 基纤维的处理方法相同,通常包括一些氧化过程以增加纤维的表面能,然后进行涂层或上浆。

目前有多种氧化处理方法,但最常见的是采用连续电解表面处理工艺,这种方法可控性较好。如图 3-19 所示,将纤维通过阳极辊进入电解液,形成阳极。通常可使用多种不同的水溶性化合物作为电解质,如碳酸氢铵、次氯酸钠、硫酸或硝酸[102]。因为在干燥过程中残留的电解质都会挥发,碳酸氢铵由于相对较低的分解温度而特别受到关注。电解过程中,阳极碳纤维表面产生氧气,氧气与碳纤维反应生成含氧化学基团,并在此过程中使每根长丝的表面变粗糙。产生的具有化学活性的基团和增加的表面积共同改善碳纤维和基体之间的浸润性和黏合作用。高模量纤维表面处理会产生明显的热效应,因此,对电流的要求相对较高。因此,为了控制处理速度,电解液需要进行冷却处理,而且在某种情况下,还需要避免电解质的热分解[99]。

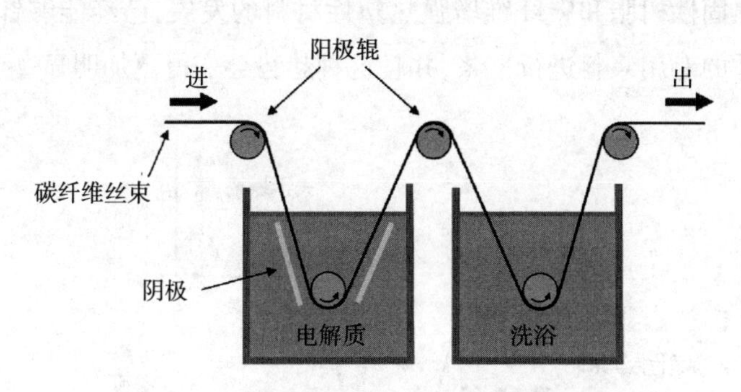

图 3-19 碳纤维进行连续电解表面处理示意图[98]

Morgan[102]详细综述了各种氧化处理方法在 PAN 基碳纤维中的应用。然而,有关沥青基碳纤维氧化处理方法的研究报道要少得多。Itoi 和 Yamada[46]用硝酸和 H_2O_2处理沥青基碳纤维,获得了改进的聚醚腈复合材料。使用过氧化氢溶液[62],或者用氧和氮离子束[63],以及使用碳酸氢铵、碳酸氢钠、碳酸钠、氢氧化钠和硫酸作为电解质[106,168]对沥青基碳纤维处理后,环氧树脂复合材料中纤维/基体黏合性得到了改善。Nakanishi 等人研究两种 PAN 基和两种沥青基碳纤维,发现其界面剪切强度(IFSS)与纤维表面结合的氧和氮浓度有关,而与纤维类型无关[106]。而施胶量对 IFSS 却没有影响。Redick 和 Barnes[122]将沥青基碳纤维暴露在臭氧中仅 30s,然后制成的碳纤维/环氧树脂复合材料的 IFSS 增加了 60%~70%,大大提高了碳纤维/基体间的黏合力。Rich 等[123-124]发现在高强度紫外线照射下,同时使用臭氧会有协同效应,PAN 基和沥青基碳纤维的 IFSS 均显著增加。对于沥青基碳纤维(Dialead K63712)制成的复合材料,经处理后 IFSS 增加了一倍以上。同时,紫外线加臭氧的处理工艺对纤维拉伸性能并没有影响。

纤维上浆是为了提高纤维间的黏附力,有助于纤维在树脂基质中的浸润性,并在随后的纺织加工(如织造)过程中起到润滑剂的作用,以防止纤维受损[102]。上浆通常采用在聚合物溶液中沉积的方法,即将丝束穿过含有浆料的浴槽(图 3-20),或者采用电沉积、电聚合和等离子体聚合等方法[102]。早期使用的是溶剂型浆液,渗透性很好,但出于对人体健康和成本的考虑,这些浆料已经停止使用。取而代之的是目前的水性乳液,优先使用与最终聚合物基质相同的化合物[99]。通常其施用量在 1%~2%,并且需要调配成与环氧基复合材料有很好的相容性[72]。随着非环氧型热固性树脂和碳纤维增强热塑性材料的发展,已经能够针对特定基体选择优化合适的专用浆料进行上浆,并且这种趋势会变得更加明显。

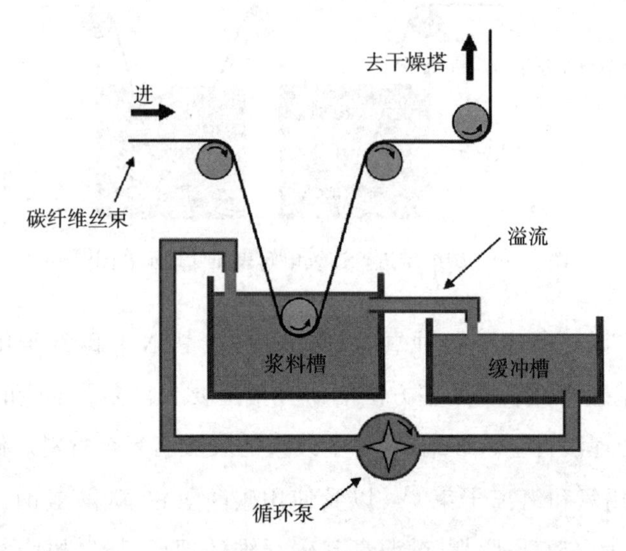

图 3-20　碳纤维表面涂覆聚合物胶料过程示意图[98]

3.4　高性能沥青基碳纤维结构与性能的关系

3.4.1　热处理温度与结构的关系

碳纤维具有结构无序性,也称为混层状结构,通常是在碳化和石墨化阶段形成(图 3-21)。在这一过程中,石墨晶体变得更大、更致密沿纤维轴向的排列更规则,从而显著改善了拉伸性能和热性能。随着热处理温度的升高,石墨晶体(图 3-5)在石墨层垂直方向(L_c)和平行方向(L_a)的尺寸均增加(图 3-22)[12,32-33,49,76,109,133,139]。

同时,晶体的平面间距(d_{002})有所减小(图 3-22)[12,32-33,49,109,133,139]。处理温度进一步升高,晶体的面间距接近其理论值 0.335nm[54]。此外,Takaku 和 Shioya[139]报道纤维中晶体含量也会随着热处理温度的提高而明显增加,加热至 1200℃时,其体积分数为 50%,而加热至 2600℃时,数值增加到 90%左右;同时小角 X 射线散射研究表明,纤维中微孔含量略有增加,从 0 增加到 2%。这些大尺寸的孔是沥青基纤维比 PAN 基纤维拉伸强度低的主要原因[112]。

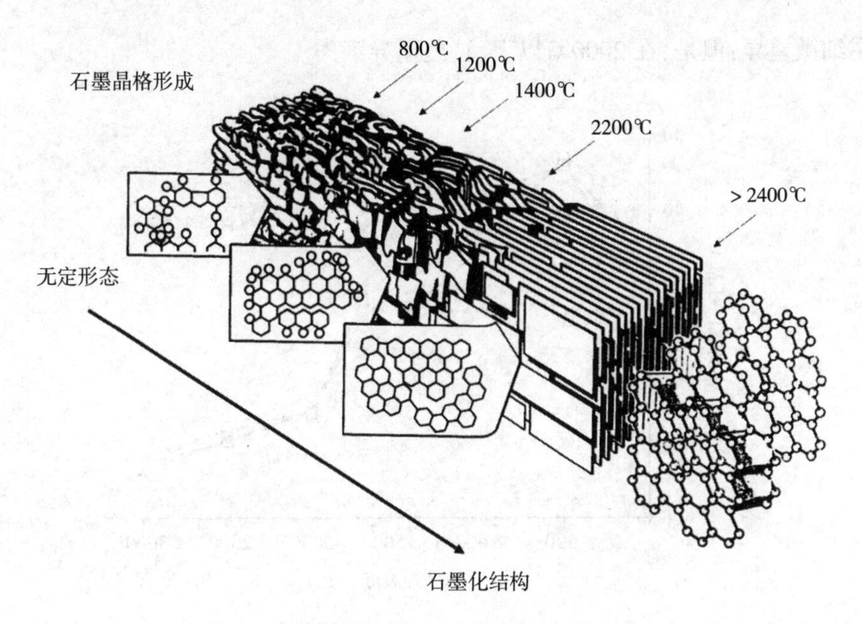

图 3-21 沥青基碳纤维中非石墨化中间相经过碳化和石墨化工艺后,转变成石墨化碳的结构演变过程[71]

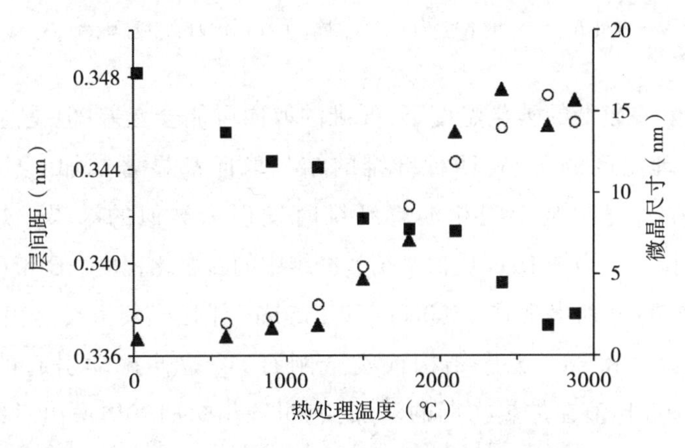

图 3-22 合成沥青纤维受热处理后面间距(■)以及晶格尺寸(L_c—○,L_a—▲)的变化[109]

常用广角 X 射线散射(WAXS)方位角扫描中衍射峰的半高宽[FWHM,单位是(°)]来表示石墨烯层结构的取向偏离程度。图 3-23 显示了四种石油基沥青纤维的测试结果,四种纤维具有径向或主体无规的横向结构,并经过一步法或两步法稳定处理。稳定处理后,经较低温度碳化后,具有不同结构和稳定化过程的纤维之间存在细微差异；但是，在2000℃以上，这些差异消失。

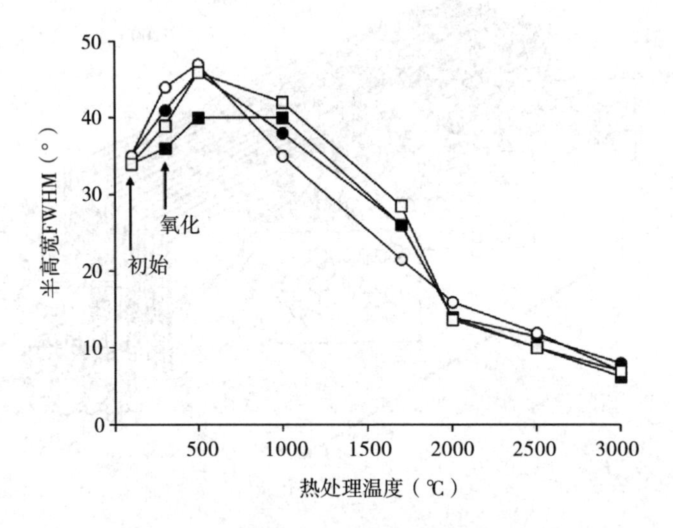

图 3-23　氧化稳定温度、碳化温度以及

石墨化温度对中间相沥青纤维半高宽（FWHM）的影响[12]

纤维的截面结构为径向裂纹圆形（○，●）或者无规（□，■），

氧化在一个温度下进行（○，□），或者在两个阶段内完成（●，■）

结果表明，在较低的碳化温度下，纤维的取向可能会变差；但是，在1000℃以上，随着热处理温度的升高，四种纤维的结晶取向都显著增加。Jones 等[49]和 Ogale 等[102]在研究萘基中间相沥青纤维时发现了类似的结果。几个研究小组[49,166]使用拉曼光谱中 D/G 比值来衡量纤维中的石墨化程度。G 带（石墨化）和 D 带（无序诱导）分别出现在 $1580cm^{-1}$ 和 $1350cm^{-1}$ 附近，其主要是由于 C—C 键的 sp^2（石墨，G）和 sp^3（无序结构或类金刚石）的拉伸振动引起的[45]。Jones 等[49]认为，D/G 比值在加热初期的增加，表明碳化初期气体逸出对结构造成了破坏（图 3-24）。当随后温度超过1000℃时，与 WAXS 结果是一致的，即纤维的无序度迅速降低[49,166]。在3000℃下石墨化后的带状纤维的拉曼光谱与应力退火的热解石墨的谱图相似[166]。

3.4.2　拉伸性能

晶体的尺寸、体积分数和有序度的增加及间距的减小都会显著提高碳纤维的性能。几位研究者的结果表明，在石墨化温度范围内，拉伸强度和模量随着热处理

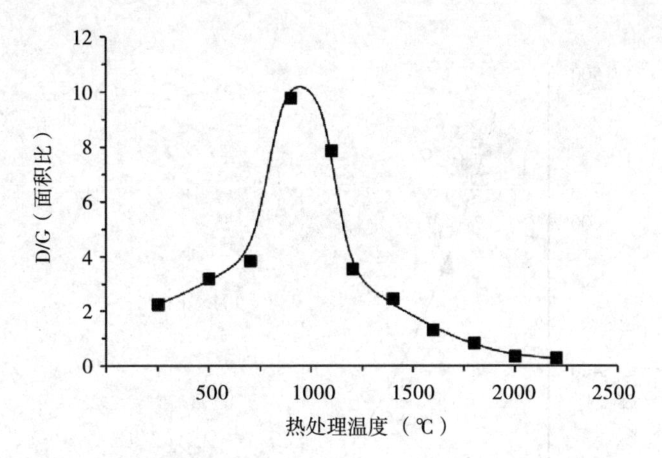

图 3-24　合成沥青基纤维碳化和石墨化温度对石墨化程度的影响(用 D/G 比表示)[49]

温度的增加而增加,并且其模量的增加程度更明显[12,23,76,89,120,133,166]。图 3-25 显示了萘基中间相沥青纤维的研究结果。

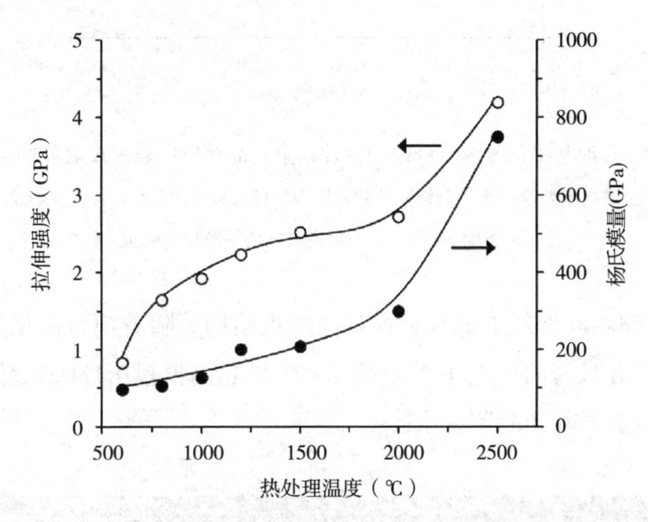

图 3-25　中间相沥青纤维的拉伸强度和模量与碳化和石墨化温度的变化关系[89]

研究表明,随着石墨化温度的升高,模量、拉伸强度和微晶尺寸(L_a和L_c)增加,层间距减小[12,32,49,76,89,109,133,139]。目前并没有关于不同参数之间关联程度的详细研究报道。然而,模量已被证实与石墨晶体的取向度密切相关[6,12,15,32,47,77]。Bright 和 Singer[12]的研究结果显示,纤维模量与 WAXS 测试的微晶排列之间具有很强的指数关系(图 3-26)。值得注意的是,根据趋势关系,可外推至 1045GPa,模量接近完美取向石墨的 1065GPa。Fitzer[32] 及 Fitzer 和 Manocha[49] 的研究也发现了相似的指数关系。

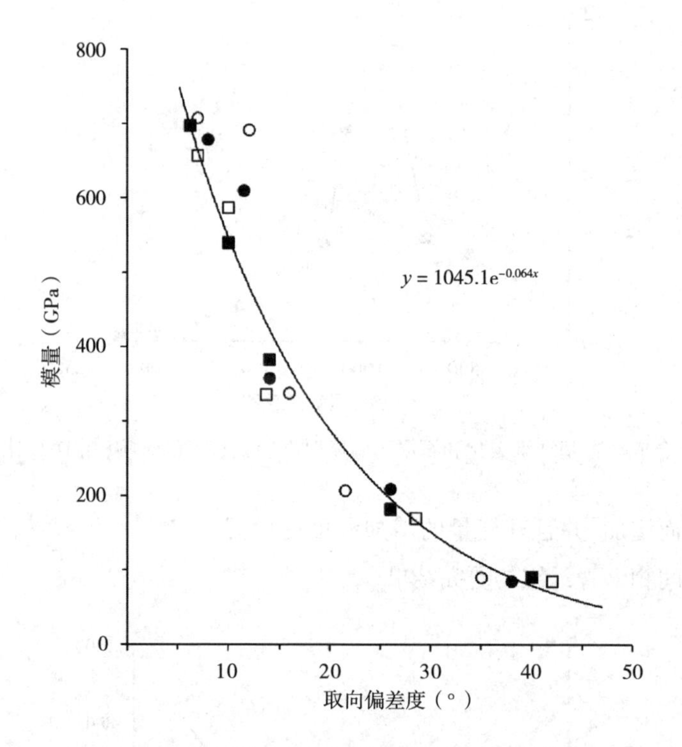

图 3-26　石油基中间相沥青纤维的拉伸模量与晶体取向偏差度之间的关系[12]

注：FWHM 是取向偏差度的参数。纤维的截面结构为径向裂纹圆形（○，●）或者无规（□，■），氧化在一个温度下进行（○，□），或者在两个阶段内完成（●，■）

所有的中间相沥青纤维都具有片状的微观结构。随着模量的增加，微晶片结构往往更完整，并且弯曲度更小[43]。图 3-27 是超高模量 K13D2U 纤维的断裂面结构图，其模量为 940GPa[105]。

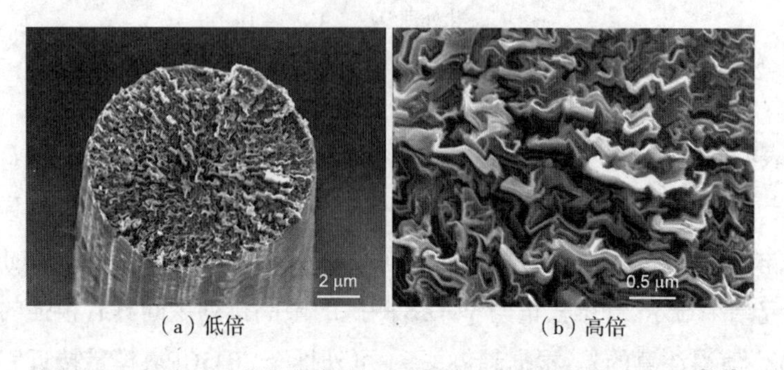

（a）低倍　　（b）高倍

图 3-27　K13D2U 纤维的断裂面呈现的片状微观结构 SEM 图[105]

3.4.3 电阻率和热导率

中间相沥青基碳纤维的一个显著特点是其导热系数非常高。据报道，室温下碳纤维的导热系数高达 1120W/(m·K)[1,34,67]，几乎是铜的 3 倍[21,58]。如果将数据以密度进行归一化，则碳纤维的比热导率是铜的 10 倍以上。几位研究人员[41,54,58,65,172]的研究结果表明，电阻率(ρ)和热导率(K)之间具有很明显的关联(图 3-28)。Lavin 等[58]则提出了二者之间符合一种双曲线函数关系：

$$K = 440000/(100\rho + 258) - 295$$

其中，ρ 以 μΩ·m 表示，K 以 W/(m·K)表示。Emmerich[27]使用连续缺陷石墨烯纳米带作为模型，将其堆叠排列，以预测中间相沥青基碳纤维的几种物理性质(模量、K、ρ、CTE 和 L_a)之间的关系。ρ 和 K 之间的关系由以下公式表示：

$$K = 1/(0.0001949 + 0.0007090\rho)$$

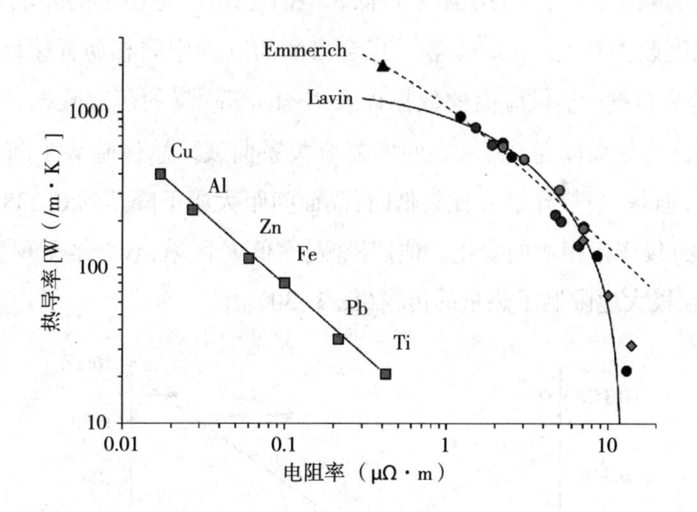

图 3-28 几种中间相沥青基碳纤维的热导率与电阻率之间的关系[54]
[Cytec(●)；Mitsubishi(○)；NGF(●)；PAN 基碳纤维(◆)]。
与之对比的是单晶石墨(▲)和常见金属(■)的相应数值。

从图 3-28 中所示的数据关系可以看出，Lavin 方程可以很好地预测多种碳纤维的热导率，但对于石墨的数值却低估了近 50%。另外，Emmerich 方程能够很好地预测石墨和高度石墨化纤维的热导率，但高估石墨化程度较低的碳纤维的热导率。图 3-28 也包括典型金属的数值，表明沥青基碳纤维与金属的热导率相当，甚至在某些情况时，还要高于金属的热导率。然而，碳纤维的电导率仍然低几个数量级。由于热导率难以精确测定,因此通常基于上述关系式进行计算[21,166]。

晶体完善程度的增加以及规则取向使纤维模量提高,同时也对碳纤维的电学和热学性质具有重要影响。晶体尺寸增加、晶面间距减小、取向度增加等会使碳纤维的电阻率下降,热导率提高。Heremans 等[41]分别研究了沥青基碳纤维、PAN 基碳纤维以及气相生长获得的碳纤维的电学和热学性质。研究结果表明,与碳纤维的来源无关,电阻率和微晶尺寸之间存在很强的相关性,表现为随着微晶尺寸的增加和晶面间距减小,碳纤维的电阻率降低(图 3-29)。他们使用 X 射线衍射测量微晶厚度(L_c)和晶面间距,并将这些结果与热导率数据相结合,推导出缺陷限制的声子平均自由程(L_ϕ),L_ϕ是面内有序性的度量,大约等于微晶长度(L_a)。研究也发现,晶体尺寸与热导率之间存在类似的关联。与 Heremans 的结果一致,在有限数量的石油沥青基石墨化的碳纤维样品中,Barnes 等[6]发现,随着 L_a 和 L_c 的增加以及晶面间距的减小,碳纤维的电阻率降低。他们还指出,电阻率的降低与微晶沿纤维轴的取向度改善有关。Adams 等[1]集合自测的五种中间相沥青碳纤维的数据、Heremans 等的数据[41]、供应商的数据以及 Nysten 等[108]的研究数据,形成了碳纤维热导率(K)与晶面间距(d_{002})之间的复合关系曲线。总体趋势是随着 d_{002} 的减少,K 增加。但是,当热导率 K 比较低时,晶面间距大幅下降至约 0. 338nm,碳纤维的热导率(K)仅产生很小的变化。他们推测,在低 K 区域,碳纤维呈现为乱层状结构,缺陷存在极大地限制了热量的传输(图 3-30)。

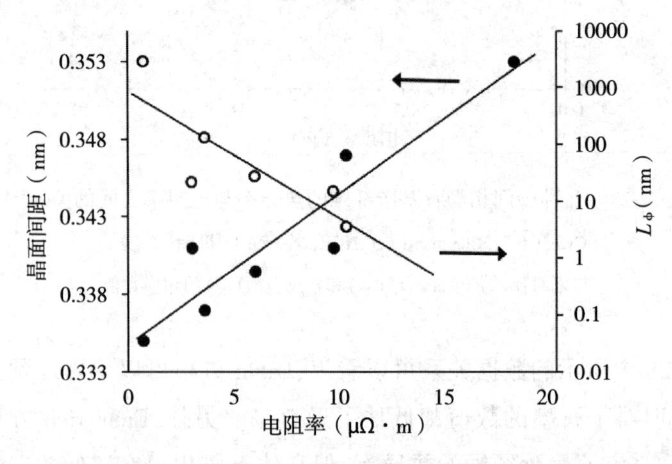

图 3-29 一系列沥青基碳纤维和 PAN 基碳纤维的电阻率与晶体尺寸之间的关系[41]

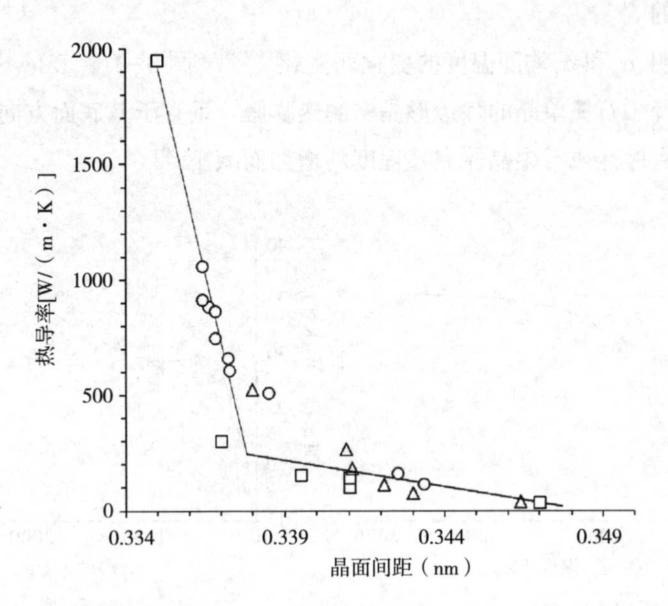

图 3-30 一系列沥青基碳纤维和 PAN 基碳纤维的热导率与晶体面间距之间的关系[1]

有几个研究小组[58,146]的研究结果表明，碳纤维的电阻率和热导率具有温度依赖性，尤其是热导率对温度特别敏感。基于矩形截面的纤维比普通圆形截面的纤维的晶体取向度更高[67]，许多研究人员[21-22,67,16]，制备了带状中间相沥青基纤维，期望获得优良导热性的碳纤维。例如，Yuan 等[166]对萘基中间相沥青纤维研究，发现与相应的圆形纤维相比，带状纤维的晶体尺寸更大，且晶体取向度更高。

3.4.4 热膨胀系数

碳纤维的另一个非常特殊的性能是热膨胀系数（CTE）具有强烈的各向异性，在纤维轴向的 CTE 为较小的负数，而在横向或径向方向上 CTE 为正值。这种 CTE 表现出的各向异性来源于石墨晶体的各向异性，石墨晶体在基底面（a 轴）内的 sp^2 杂化 C—C 键键能很强，而在基底面之间（c 轴）仅存在较弱的范德瓦耳斯作用力。

因此，在室温下，测得石墨单晶中垂直于基底面方向的 CTE（$\alpha_c = 27.0\times10^{-6}K^{-1}$）和平行于基底面方向的 CTE（$\alpha_a = -1.5\times10^{-6}K^{-1}$）存在很大差异[107]。平行于基底面方向的 CTE 为很小的负值，被认为是由于垂直于基底面方向的大膨胀相关的泊松收缩导致的[39]。

研究表明，α_a和α_c均随温度的变化而变化[107,96]（图 3-31），Riley[129]利用量子比热理论解释了石墨单晶的六边形晶格的热膨胀。垂直于基底面方向上的膨胀系数随着堆叠有序性或石墨晶体完善程度的增加而减小[50]。

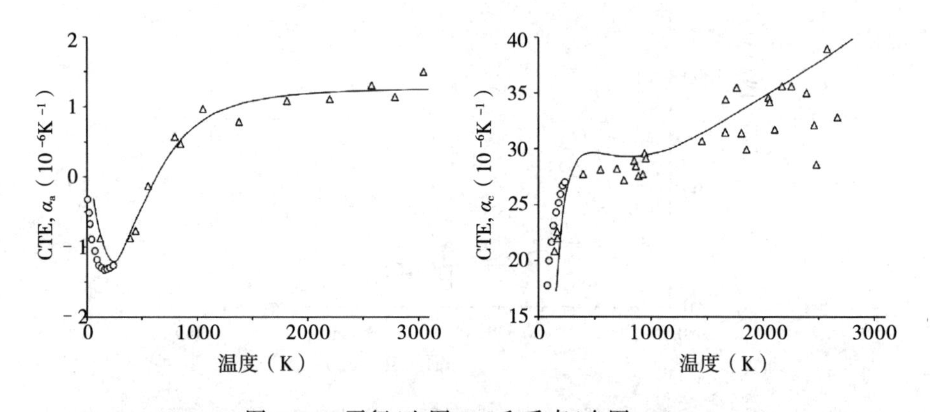

图 3-31　平行（左图，α_a）和垂直（右图，α_c）

基底面方向石墨的热膨胀系数（CTE）与温度的变化关系[96]

连线是理论拟合所得，数据点是测试数值（○为实验数据，△为导出数据）

相对测试石墨的 CTE 而言，碳纤维的 CTE 的测试难度要大得多，因为碳纤维的径向尺寸很小，而且是乱层状结构，无法使用膨胀计测量和 X 射线衍射法，后者可以被用来测量石墨层状结构的晶面间距。即便如此，还是有若干研究人员报道了碳纤维轴向和径向的 CTE，数值间差异很大。但是，大多数结果表明，对于取向良好的碳纤维，CTE 与石墨相似。轴向的 CTE 测试方法包括改变温度并保持一束纤维处于恒定张力[111,118,128,140]；固定单个纤维或纤维束的两端，并测量垂度[143,147,152]；使用透射电镜测量单根纤维的尺寸变化[55]。低于 400℃时，大多研究人员测得的 CTE 是小的负值，当升温到 1000℃时，CTE 增加到$(2\sim3)\times10^{-6}$ K^{-1}[55,111,136,140,152-153]。很明显，测量垂度的方法在低于 400℃时并不准确，因为它的测定依赖于纤维的膨胀。对复合嵌入环氧树脂复合材料中的碳纤维也发现了类似的结果[144]。轴向上的 CTE 随杨氏模量的增加（到 680GPa 之前）而降低[153]，这表明 CTE 和弹性模量一样，取决于晶体结构及其取向度（图 3-32）。当模量高于 680GPa 时，曲线斜率的突然变化被认为是由于 CTE 对晶体取向依赖性的去耦效应[153]。在极限情况下，模量和轴向 CTE 都接近石墨的报道值。

测量碳纤维径向上的 CTE 更加困难。有研究人员使用透射电镜[55,126,69]或激光衍射[118-119,131]测量了单纤维的尺寸变化，并报道了多种沥青基和 PAN 基碳纤维的径向 CTE 值在$(4\sim41)\times10^{-6}K^{-1}$。

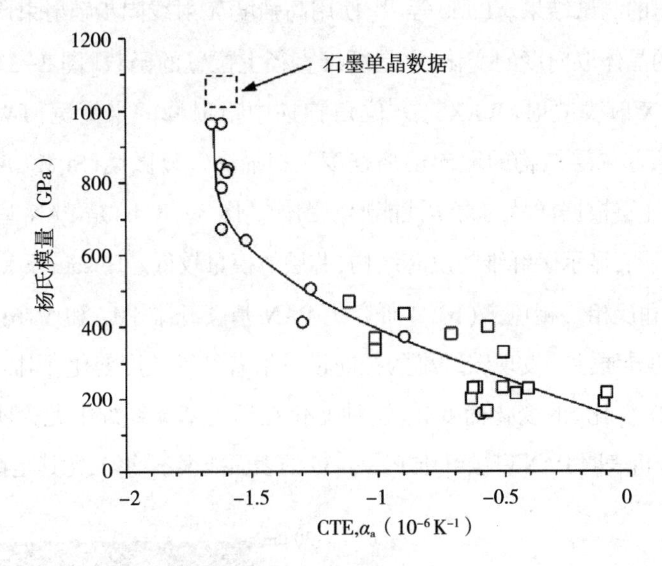

图 3-32　PAN 基碳纤维(□)和沥青基碳纤维(○)
轴向模量和 CTE 之间的关系[153]

虽然很难评估这些测量的准确性，但是，需要指出的是，一般情况下，碳纤维的横截面不是圆形的，因此加热过程中很小的扭曲足以改变观察到的尺寸并产生较大的误差。Rozploch 和 Marciniak[69]报道说他们的测试结果的可重复性大于 95%。Fanning[28]使用了一种有趣的方法，通过将纤维在高温(2760℃)和高压(100MPa)下处理数小时，生成无黏合剂的键接纤维束。然后手工轻轻地将键合的纤维束磨成矩形截面，并用膨胀计进行测试。使用这种方法测得 Thornel 50(一种黏胶纤维基碳纤维)的径向 CTE 从$8\times10^{-6}K^{-1}$(100℃时)增加到$16\times10^{-6}K^{-1}$(1000℃时)。但是，这个过程中存在一个问题，就是原始纤维结构在黏合过程中发生了多大的变化。其他研究人员[144-145,153]测量了单向碳纤维复合材料的热膨胀系数，并计算获得碳纤维的径向热膨胀系数。这种方法容易操作，但需要精确测量碳纤维的体积分数。Wolff[153]报道指出高模量沥青基碳纤维 P120 和 P140 的 CTE 值分别为$16\times10^{-6}K^{-1}$和$17\times10^{-6}K^{-1}$。

3.4.5 异质性

现代仪器的发展使测定单纤维结构和性能的异质性成为可能。图 3-33 显示了几种不同技术的测试结果。Paris 等[114]使用高强度 X 射线同步辐射束研究具有皮芯结构的纤维的晶体取向度的变化,它是纤维直径上位置的函数[图 3-33(a)]。如前所述,用广角 X 射线散射(WAXS)方位角扫描中衍射峰的半高宽[FWHM,单位是(°)]来表示石墨烯层结构的取向偏离程度。扫描探针显微镜(SPM)通常被称为原子力显微镜,能够根据样品的力学性能形成图像。图 3-33(b)是 PAN 基碳纤维 T300 横截面的模量图,显示了纤维的皮芯结构,芯层的模量较低。Huson 等人[45]使用纳米压痕、微拉曼和反相气相色谱(IGC)研究了 PAN 基碳纤维 IM7 和 M46J 以及沥青基碳纤维 P25 的异质性。发现碳纤维的径向模量沿着纤维长度变化,同样,也随着纤维石墨化程度(D/G 比)的变化而变化,这种变化在沥青基碳纤维中尤为明显[图 3-33(c)]。IGC 分析表明 PAN 基碳纤维 Panex 35 的表面能很不均匀,尤其是在上浆前。

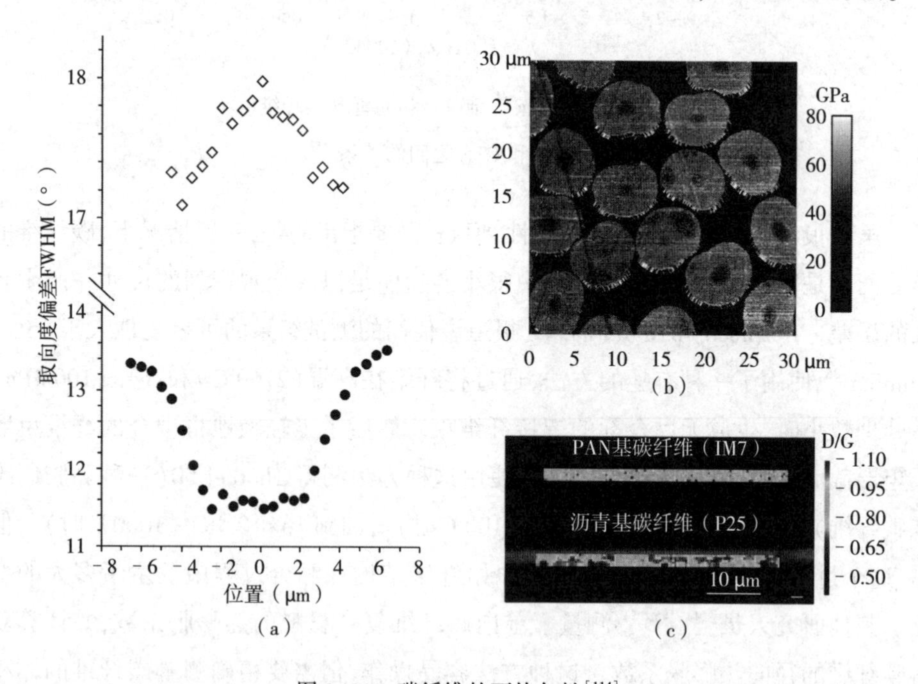

图 3-33 碳纤维的不均匀性[114]

(a)PAN 基碳纤维(HTA7-24,◇)和沥青基碳纤维(FT500,●)沿纤维径向上取向度的变化(用 FWHM 表示);

(b)与环氧树脂复合的 PAN 基碳纤维(T300)的扫描隧道显微镜(SPM)模量图;

(c)PAN 基碳纤维(IM7)和沥青基碳纤维(P25)表面的拉曼光谱 D/G

3.5 高性能沥青基碳纤维的应用

一般来说，碳纤维在任何需要高强度、高刚度和低质量的领域都可以应用。表 3-1 列出了碳纤维的主要优点。按相同重量折合比较，碳纤维复合材料的强度（比屈服应力）和硬度（比模量）是铝的 2~5 倍。抗弯刚度常常是最受关注的性能，对于支梁而言，抗弯刚度将随着半径或厚度的三次方而变化，因此支梁的性能将取决于杨氏模量除以密度的立方。根据这些数值的对比结果，碳纤维复合材料更具吸引力。

表 3-1 一些结构材料的性能比较一览表

材料	屈服应力 YS	拉伸模量 E	密度 ρ	比模量 E/ρ	比弯曲硬度 E/ρ^3	比屈服应力 YS/ρ^1
	(MPa)	(GPa)	(g/cm^3)	($10^6 m^2/s^2$)	[$m^8/(kg^2 \cdot s^2)$]	($10^6 m^2/s^2$)
不锈钢(Bristol Supersonic)	1081	215	7.83	27.5	0.4	0.14
钛合金 Ti-6AI-4V	830	110	4.43	24.8	1.3	0.19
铝合金 7075-T6 (Boeing 707 飞机用)	470	72	2.8	25.7	3.3	0.17
镁合金	200	45	1.8	25.0	7.7	0.11
碳纤维增强环氧树脂	1300	192	1.5	128.0	56.9	0.87
Sitka 云杉木	39	9.4	0.42	22.4	126.9	0.1

碳纤维应用的三个主要领域是[121]：航天及核工业等高科技领域；通用工程和运输领域，包括轴承、齿轮、风机叶片、车体和船只；高尔夫球杆、网球拍、自行车等体育用品领域。

在航空航天和汽车工业中使用碳纤维复合材料的主要驱动力是减轻重量，从而节省燃料。飞机每减轻 1kg 重量，每年可节省 3000 美元的燃料成本。据此，一架飞机在可用寿命期间，可节省 90000 美元。这些经济利益显然促进了航空航天业对碳纤维的浓厚兴趣。同样，节油也是汽车工业推动碳纤维应用的驱动力。最近的一项研究表明奥迪 A3 的使用寿命为 20 万千米，其寿命周期的能源消耗情况如表 3-2 所示。

表 3-2　奥迪 A3 寿命周期的能源消耗

寿命周期	能源消耗(%)
材料生产阶段	6
汽车制造阶段	6
使用过程中燃料消耗	84
零件和维修阶段	3
废弃回收阶段	1

与 PAN 基碳纤维相比,中间相沥青基碳纤维的优势是高模量和优异的热性能。商品化的中间相沥青基碳纤维(K1100)的标称热导率为 1000W/(m·K),优于银和铜等金属(图 3-28)。K13D2U 纤维的热导率为 800W/(m·K),模量为 935GPa。所以中间相沥青基碳纤维在导热性能很重要的领域应用更为广泛。高效热管理部件比如热交换器、释放热和加热壁等都可以采用沥青基碳纤维作为填充物的复合材料制成[91]。

碳纤维是少数几种具有负的热膨胀系数的材料之一,尤其是沥青基碳纤维具有最大的负值 CTE。将这些纤维与具有正热膨胀系数的环氧树脂结合,可以生产具有零热膨胀系数的复合材料,是太空等苛刻应用条件下的理想材料,因为在太空中,能承受大的温度变化的同时还可以保持尺寸稳定性是非常重要的[54]。

众所周知,刚度高、重量轻的材料能在较短的时间实现减振阻尼,提高生产效率。因此,含有超高模量沥青基碳纤维的复合材料通常被用作导辊、机械臂或机床等需要高速运转和高精度操作的领域。图 3-34 显示了含 XN-80 沥青基碳纤维(模量为 780GPa)的复合材料的阻尼性能,与同等含聚丙烯腈基碳纤维(模量为 230GPa)的复合材料相比具有明显的优势。特别是碳纤维复合材料制成的导辊很受青睐,在薄膜和造纸工业中已经取代了传统的钢或铝质导辊。这些更轻、刚性更高的导辊具有一系列优点,包括使用动力消耗减少,轴承寿命延长,同时可以生产幅宽更大的产品,因为与传统导辊相比,碳纤维复合材料制成的导辊在同等长度时,偏心度更小(图 3-35)。液晶显示器(LCD)由夹在两块玻璃板的液晶层和多种功能性聚合物薄膜组成。这些高性能导辊能实现更高的精度,在薄膜和层压板的制造中成为首选导辊。因此,碳纤维复合材料在最近几年对大尺寸的 LCD 发展发挥了重要作用[164-165]。

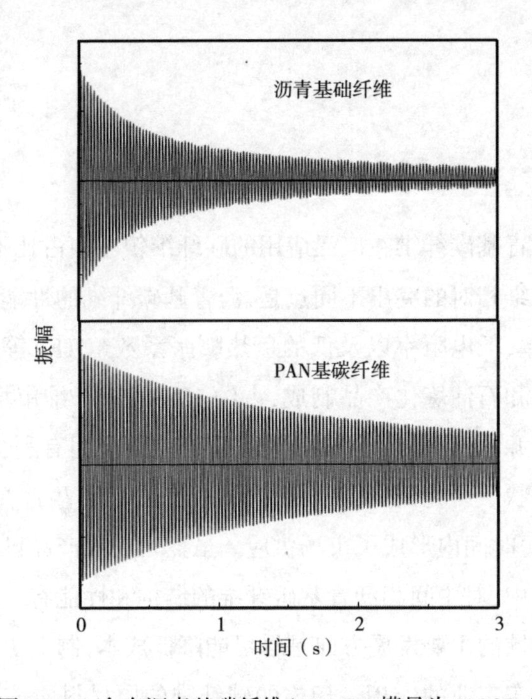

图 3-34　含有沥青基碳纤维(XN-80,模量为 780GPa)
和 PAN 基碳纤维(模量为 230GPa)复合材料的阻尼性能比较
(图片由日本石墨纤维公司的 Hideyuki Ohno 提供)

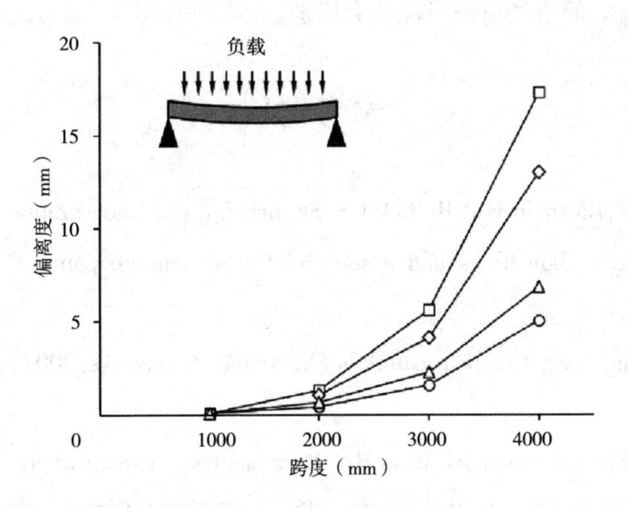

图 3-35　经受均匀分布的载荷(1000N/m)时,
不同材质的导辊的偏离度与支撑点距离之间的关系曲线[164]
导辊材质分别为铝(□),模量为 230GPa 的碳纤维复合物(◇),
钢(△),模量为 640GPa 的沥青基碳纤维复合物(○)

3.6 结论

虽然高性能沥青基碳纤维在广泛应用的碳纤维领域中占比不大,但非常重要。与聚丙烯腈基碳纤维相对的突出不同点是,沥青基碳纤维的性能较为宽泛,尤其具有高模量、高热导率、低电阻率以及低的负热膨胀系数(CTE)等。目前,沥青基碳纤维主要由煤焦油和石油炼化产品制成,占约10%的碳纤维市场份额。尽管全球推动使用可再生资源的理念对于扩展沥青基碳纤维的应用有利,但是,在短期内比较难以改变市场现状。研究人员在以萘为原料合成沥青,生产高性能碳纤维方面进行了研究,并在短时间内形成了市场供应。虽然目前该产品已不再生产,但在近二十年的研究过程中,对中间相沥青基碳纤维的结构和性能有了更多的了解。

目前碳纤维领域的主要发展方向是尽可能降低成本,制造更便宜的碳纤维,开拓在通用工程和汽车工业的应用。理想的碳纤维的原材料应该来自可再生资源,或者来自废弃物,并且最好能够通过熔融纺丝而不是溶液纺丝制成碳纤维原丝。沥青基碳纤维满足了这些原料要求中的大部分条件,因此如果能降低沥青基碳纤维的加工成本,它的市场份额可能还会增加。

参考文献

[1] Adams PM, Katzman HA, Rellick GS, Stupian GW: Characterization of high thermal conductivity carbon fibers and a self-reinforced graphite panel, *Carbon* 36:233-245, 1998.

[2] Ania C: Pitch based carbon materials. *ITA Annual Conference*, 2007, : Palma de Mallorca.

[3] Bahl OP, Shen Z, Lavin JG, Ross RA: Manufacture of carbon fibers. In Donnet J-B, Wang TK, Rebouillat S, Peng JCM, editors: *Carbon Fibers*, third ed., New York, 1998, Marcel Dekker.

[4] Bailey AC: Anisotropic thermal expansion of pyrolytic graphite at low temperatures, *Journal of Applied Physics* 41:5088, 1970.

[5] Barnes RD, Redick HE: *Surface Treatment of Pitch-Based Carbon Fibers*, 1991, : Patent Number CA1282564 C.

[6] Barnes AB, Dauché FM, Gallego NC, Fain CC, Thies MC: As-spun orientation as an indication of graphitized properties of mesophase-based carbon fiber, *Carbon* 36: 855-860, 1998.

[7] Barnett I: *Thermal Modification of Acrylonitrile Yarns*, 1959, : (United States patent application, Patent Version Number 2,913,802).

[8] Barr JB: High modulus carbon fibers from pitch precursor, *Applied Polymer Symposia* 29: 161-173, 1975.

[9] Barraza J, Muñoz N, Barona L: Asphaltenes and preasphaltenes from coal liquid extracts: feedstocks to obtain carbon mesophase, *Revista Facultad de Ingeniería Universidad de Antioquia* : 86-98, 2014.

[10] Barraza-Burgos J-M, Ospina-Espinosa J-M: Effect of pitch petroleum oxidation on mesophase production, *CT&F-Ciencia, Tecnología Y Futuro* 4, 2012.

[11] Blakslee OL, Proctor DG, Seldin EJ, Spence GB, Weng T: Elastic constants of compression-annealed pyrolytic graphite, *Journal of Applied Physics* 41: 3373-3382, 1970.

[12] Bright AA, Singer LS: The electronic and structural characteristics of carbon fibers from mesophase pitch, *Carbon* 17: 59-69, 1979.

[13] Brooks JD, Taylor GH: The formation of graphitizing carbons from the liquid phase, *Carbon* 3: 185-193, 1965.

[14] Brosius D: *What Will Be the Next Major Iteration in Carbon Fiber?*, September 2014, Composites World.

[15] Brydges WT, Badami DV, Joiner JC: The structure and elastic properties of carbon fibers, *Applied Polymer Symposia* 9: 255-261, 1969.

[16] Chi W, Shen Z: Mechanism and kinetics of air stabilisation of petroleum pitch fibers. *Carbon '96: Extended Abstracts of European Carbon Conference*, 1996, pp 395-396: Newcastle, UK.

[17] Choi YO, Yang KS: Preparation of carbon fiber from heavy oil residue through bromination, *Fibers and Polymers* 2: 178-183, 2001.

[18] Chwastiak S, Lewis IC: Solubility of mesophase pitch, *Carbon* 16:156–157, 1978.

[19] De Castro LD: Anisotropy and mesophase formation towards carbon fibre production from coal tar and petroleum pitches–a review, *Journal of the Brazilian Chemical Society* 17:1096–1108, 2006.

[20] Edie DD, Dunham MG: Melt spinning pitch–based carbon fibers, *Carbon* 27:647–655, 1989.

[21] Edie DD, Fain CC, Robinson KE, Harper AM, Rogers DK: Ribbon–shape carbon fibers for thermal management, *Carbon* 31:941–949, 1993.

[22] Edie DD, Robinson KE, Fleurot O, Jones SP, Fain CC: High thermal conductivity ribbon fibers from naphthalene–based mesophase, *Carbon* 32:1045–1054, 1994.

[23] Edie D: Pitch and mesophase fibers. In Figueiredo JL, Bernardo CA, Baker RTK, Hüttinger KJ, editors: *Carbon Fibers Filaments and Composites*, Netherlands, 1990, Springer.

[24] Edie DD: The effect of processing on the structure and properties of carbon fibers, *Carbon* 36:345–362, 1998.

[25] Edie DD: Carbon fiber processing and structure/property relations. In Rand B, Appleyard SP, Yardim MF, editors: *Design and Control of Structure of Advanced Carbon Materials for Enhanced Performance*, Netherlands, 2001, Springer.

[26] Elias HG: *Macromolecules: Volume 2: Synthesis, Materials, and Technology*, 2013, Springer.

[27] Emmerich FG: Young's modulus, thermal conductivity, electrical resistivity and coefficient of thermal expansion of mesophase pitch–based carbon fibers, *Carbon* 79:274–293, 2014.

[28] Fanning RC: Transverse thermal expansion characteristics of graphite fibers, *Carbon* 10:331, 1972.

[29] Fathollahi B, Chau PC, White JL: Injection and stabilization of mesophase pitch in the fabrication of carbon–carbon composites: Part II. Stabilization process, *Carbon* 43:135–141, 2005.

[30] Fathollahi B, Jones B, Chau PC, White JL: Injection and stabilization of mesophase pitch in the fabrication of carbon–carbon composites. Part III: mesophase stabiliza-

tion at low temperatures and elevated oxidation pressures, *Carbon* 43: 143 - 151, 2005.

[31] Ferritto JJ, Weiler J: The effect of pitch quinoline insolubles on graphite properties. *ACS Fuels Fall Conference*, 1968, : Atlantic City.

[32] Fitzer E, Manocha LM: Carbon fibers. In Fitzer E, Manocha LM, editors: *Carbon Reinforcements and Carbon/Carbon Composites*, Berlin, 1998, Springer-Verlag.

[33] Fitzer E: Pan-based carbon fibers—present state and trend of the technology from the viewpoint of possibilities and limits to influence and to control the fiber properties by the process parameters, *Carbon* 27: 621-645, 1989.

[34] Gallego NC, Edie DD: Structure-property relationships for high thermal conductivity carbon fibers, *Composites Part A: Applied Science and Manufacturing* 32: 1031 - 1038, 2001.

[35] Gillespie JJW, Devault JB, Gabara V, Kardos JL, Schadler LS: *High-performance Structural Fibers for Advanced Polymer Matrix Composites*, Washington, DC, 2005, National Academies Press.

[36] Greene ML, Schwartz RW, Treleaven JW: Short residence time graphitization of mesophase pitch-based carbon fibers, *Carbon* 40: 1217-1226, 2002.

[37] Grégr J: The complete list of commercial carbon fibers. *7th International Conference-TEXSCI Liberec, Czech Republic*, 2010.

[38] Greinke RA: Kinetics of petroleum pitch polymerization by gel permeation chromatography, *Carbon* 24: 677-686, 1986.

[39] Hacker PJ, Neighbour GB, McEnaney B: The coefficient of thermal expansion of nuclear graphite with increasing thermal oxidation, *Journal of Physics D: Applied Physics* 33: 991-998, 2000.

[40] Hamada T, Furuyama M, Sajiki Y, Tomioka T, Endo M: Preferred orientation of pitch precursor fibers, *Journal of Materials Research* 5: 1271-1280, 1990.

[41] Heremans J, Rahim I, Dresselhaus MS: Thermal conductivity and Raman spectra of carbon fibers, *Physical Review B* 32: 6742-6747, 1985.

[42] Hong S-H, Korai Y, Mochida I: Mesoscopic texture at the skin area of mesophase pitch-based carbon fiber, *Carbon* 38: 805-815, 2000.

[43] Huang Y, Young RJ: Effect of fibre microstructure upon the modulus of PAN-and pitch-based carbon fibres, *Carbon* 33:97-107, 1995.

[44] Huang X: Fabrication and properties of carbon fibers, *Materials* 2:2369-2403, 2009.

[45] Huson MG, Church JS, Kafi AA, Woodhead AL, Khoo J, Kiran MSRN, Bradby JE, Fox BL: Heterogeneity of carbon fibre, *Carbon* 68:240-249, 2014.

[46] Itoi M, Yamada Y: Effect of surface treatment of pitch-based carbon fiber on mechanical properties of polyether nitrile composites, *Polymer Composites* 13:15-29, 1992.

[47] Johnson W, Watt W: Structure of high modulus carbon fibres, *Nature* 215:384-386, 1967.

[48] Jones SP, Rogers DK, Liu GZ, Fain CC, Edie DD: Structural development in mesophase pitch-based carbon fibers. *Proceedings of* 21*st Biennial Conference on Carbon*, Buffalo, NY, 1993, American Carbon Society, pp 354-355.

[49] Jones SP, Fain CC, Edie DD: Structural development in mesophase pitch based carbon fibers produced from naphthalene, *Carbon* 35:1533-1543, 1997.

[50] Kellett EA, Richards BP: The *c*-axis thermal expansion of carbons and graphites, *Journal of Applied Crystallography* 4:1-8, 1971.

[51] Korai Y, Nakamura M, Mochida I, Sakai Y, Fujiyama S: Mesophase pitches prepared from methylnaphthalene by the aid of HF/BF_3, *Carbon* 29:561-567, 1991.

[52] Korai Y, Ishida S, Watanabe F, Yoon SH, Wang YG, Mochida I, Kato I, Nakamura T, Sakai Y, Komatsu M: Preparation of carbon fiber from isotropic pitch containing mesophase spheres, *Carbon* 35:1733-1737, 1997.

[53] Korai Y, Yoon S-H, Oka H, Mochida I, Nakamura T, Kato I, Sakai Y: The properties of co-oligomerized mesophase pitch from methylnaphthalene and naphthalene catalyzed by HF/BF_3, *Carbon* 36:369-375, 1998.

[54] Kowalski IM: New high performance domestically produced carbon fibers. In Carson R, Burg M, Kjoller KJ, Riel FJ, editors: 32*nd International SAMPE Symposium. Anaheim, CA*, 1987.

[55] Kulkarni R, Ochoa O: Transverse and longitudinal CTE measurements of carbon fibers and their impact on interfacial residual stresses in composites, *Journal of Composite Materials* 40:733-754, 2006.

[56] Kurtz DS: *Molecular Preferred Orientation in High Modulus Carbon Fiber Produced from Mesophase Pitch*, : MSc, 1983, Rensselaer Polytechnic Institute.

[57] Lafdi K, Bonnamy S, Oberlin A: Mechanism of anisotropy occurrence in a pitch precursor of carbon fibres: Part I—Pitches A and B, *Carbon* 29:831-847, 1991.

[58] Lavin JG, Boyington DR, Lahijani J, Nystem B, Issi JP: The correlation of thermal conductivity with electrical resistivity in mesophase pitch-based carbon fiber, *Carbon* 31:1001-1002, 1993.

[59] Lavin JG: Mesophase precursors for advanced carbon fibers: Pitches, stabilization and carbonization. In Rand B, Appleyard SP, Yardim MF, editors: *Design and Control of Structure of Advanced Carbon Materials for Enhanced Performance*, Netherlands, 2001, Springer.

[60] Lewis I C, Mchenry E R, Singer L S: *Process for Producing Carbon Fibers from Mesophase Pitch*, 1976, : (U.S.patent application, Patent Version Number 3976729).

[61] Lewis I C, Mchenry E R, Singer L S: *Process for Producing Mesophase Pitch*, 1977, : (U.S.patent application, Patent Version Number 4,017,327).

[62] Lin SS, Yip PW: Surface adhesion of carbon fibers after chemical treatments. 19*th Biennial Conference on Carbon*, 1989, Penn State University, pp 244-245.

[63] Lin S-S, Yip PW: Improved mechanical strengths of epoxy composites obtained from ion beam treated carbon fibers. *Materials Research Society Symposium*, 1993, pp 381-386.

[64] Liu C: *Mesophase Pitch-based Carbon Fiber and its Composites: Preparation and Characterization*, : MSc, 2010, University of Tennessee.

[65] Lu S, Blanco C, Appleyard S, Hammond C, Rand B: Texture studies of carbon and graphite tapes by XRD texture goniometry, *Journal of Materials Science* 37:5283-5290, 2002.

[66] Lu S, Blanco C, Rand B: Large diameter carbon fibres from mesophase pitch, *Carbon* 40:2109-2116, 2002.

[67] Ma Z, Shi J, Song Y, Guo Q, Zhai G, Liu L: Carbon with high thermal conductivity, prepared from ribbon-shaped mesosphase pitch-based fibers, *Carbon* 44:1298-1301,2006.

[68] Maeda T, Ming Zeng S, Tokumitsu K, Mondori J, Mochida I: Preparation of isotropic pitch precursors for general purpose carbon fibers (GPCF) by air blowing—I. Preparation of spinnable isotropic pitch precursor from coal tar by air blowing, *Carbon* 31:407-412,1993.

[69] Marciniak W, Rozptoch F: Measurement of the radial thermal expansion coefficient of carbon fibres, *High Temperatures-High Pressures* 11:709-710,1979.

[70] Marsh H, Carolyn SL: *The Chemistry of Mesophase Formation. Petroleum-Derived Carbons*, 1986, American Chemical Society.

[71] Marsh H, Griffiths J: A high resolution electron-microscopy study of graphitization and graphitizable carbon. *International Symposium on Carbon: New Processing and New Applications*, 1982, pp 81-83: Toyohashi, Japan.

[72] Mason K: *Advances in Sizings and Surface Treatments for Carbon Fibers*, March 2004, High-Performance Composites http://www.compositesworld.com/articles/advances-in-sizings-and-surface-treatments-for-carbon-fibers.

[73] Matsumoto T, Mochida I: A structural study on oxidative stabilization of mesophase pitch fibers derived from coaltar, *Carbon* 30:1041-1046,1992.

[74] Matsumoto T, Mochida I: Oxygen distribution in oxidatively stabilized mesophase pitch fiber, *Carbon* 31:143-147,1993.

[75] Matsumoto M, Iwashita T, Arai Y, Tomioka T: Effect of spinning conditions on structures of pitch-based carbon fiber, *Carbon* 31:715-720,1993.

[76] Matsumoto T: Mesophase pitch and its carbon fibers, *Pure and Applied Chemistry* 57:1553-1562,1985.

[77] Matsumura Y: Development of pitch-based advanced carbon materials, *Journal of the Japan Petroleum Institute* 30:291-300,1987.

[78] McHenry ER: *Process for Producing Mesophase Pitch*, 1977, : (U.S. patent application, Patent Number 4,026,788).

[79] McHugh JJ, Liu GZ, Edie DD: An evaluation of naphthalene-based mesophase as

a carbon fiber precursor, *TANSO* 1992:417–425, 1992.

[80] Mochida I, Toshima H, Korai Y, Matsumoto T: Blending mesophase pitch to improve its properties as a precursor for carbon fibre: Part 1. Blending of PVC pitch into coal tar and petroleum-derived mesophase pitches, *Journal of Materials Science* 23:670–677, 1988.

[81] Mochida I, Toshima H, Korai Y, Naito T: Modification of mesophase pitch by blending; Part 2. Modification of mesophase pitch fibre precursor with thermoresisting polyphenyleneoxide (PPO), *Journal of Materials Science* 23:678–686, 1988.

[82] Mochida I, Toshima H, Korai Y, Hino T: Oxygen distribution in the mesophase pitch fibre after oxidative stabilization, *Journal of Materials Science* 24: 389–394, 1989.

[83] Mochida I, Shimizu K, Korai Y, Otsuka H, Sakai Y, Fujiyama S: Preparation of mesophase pitch from aromatic hydrocarbons by the aid of HF/BF_3, *Carbon* 28:311–319, 1990.

[84] Mochida I, Zeng S-M, Korai Y, Toshima H: The introduction of a skin-core structure in mesophase pitch fibers by oxidative stabilization, *Carbon* 28: 193–198, 1990.

[85] Mochida I, Korai Y, Azuma A, Kakuta M, Kitajima E: Structure and stabilization reactivity of mesophase pitch derived from f c c-decant oils, *Journal of Materials Science* 26:4836–4844, 1991.

[86] Mochida I, Zeng S-M, Korai Y, Hino T, Toshima H: The introduction of a skin-core structure in mesophase pitch fibers through a successive stabilization by oxidation and solvent extraction, *Carbon* 29:23–29, 1991.

[87] Mochida I, Shimizu K, Korai Y, Sakai Y, Fujiyama S, Toshima H, Hono T: Mesophase pitch catalytically prepared from anthracene with HF/BF_3, *Carbon* 30: 55–61, 1992.

[88] Mochida I, Yoon S-H, Korai Y: Preparation and structure of mesophase pitch-based thin carbon tape, *Journal of Materials Science* 28:2135–2140, 1993.

[89] Mochida I, Ling L, Korai Y: Some factors for the high performances of mesophase pitch based carbon fibre, *Journal of Materials Science* 29:3050–3056, 1994.

[90] Mochida I, Yoon SH, Takano N, Fortin F, Korai Y, Yokogawa K: Microstructure of mesophase pitch-based carbon fiber and its control, *Carbon* 34:941-956, 1996.

[91] Mochida I, Korai Y, Ku C-H, Watanabe F, Sakai Y: Chemistry of synthesis, structure, preparation and application of aromatic-derived mesophase pitch, *Carbon* 38:305-328, 2000.

[92] Mochida I, Korai Y, Wang Y-G, Hong S-H: Preparation and properties of mesophase pitches. In Delhaes P, editor: *Graphite and Precursors*, Australia, 2001, Gordon & Breach.

[93] Mochida I, Yoon S-H, Korai Y: Synthesis and application of mesophase pitch. *American Carbon Society*, *Proceedings of the Carbon Conference*, Rhode Island, 2004, Providence.

[94] Mochida I, Yoon S-H, Qiao W: Catalysts in syntheses of carbon and carbon precursors, *Journal of the Brazilian Chemical Society* 17:1059-1073, 2006.

[95] Mora E, Blanco C, Prada V, Santamaría R, Granda M, Menéndez R: A study of pitch-based precursors for general purpose carbon fibres, *Carbon* 40: 2719-2725, 2002.

[96] Morgan WC: Thermal expansion coefficients of graphite crystals, *Carbon* 10: 73-79, 1972.

[97] Morgan P: *Carbon Fiber Production Using a Pitch Based Precursor. Carbon Fibers and Their Composites*, Boca Raton, Fl, 2005, CRC Press.

[98] Morgan P: *Guidelines for the Design of Equipment for Carbon Fiber Plant. Carbon Fibers and Their Composites*, Boca Raton, Fl, 2005, CRC Press.

[99] Morgan P: *Carbon Fibers and Their Composites*, Boca Raton, Fl, 2005, CRC Press: 203.

[100] Morgan P: *Carbon Fibers and Their Composites*, Boca Raton, Fl, 2005, CRC Press: 798.

[101] Morgan P: *Precursors for Carbon Fiber Manufacture. Carbon Fibers and Their Composites*, Boca Raton, FL, 2005, CRC Press.

[102] Morgan P: *Surface Treatment and Sizing of Carbon Fibers. Carbon Fibers and Their Composites*, Boca Raton, Fl, 2005, CRC Press.

[103] Moriyama R, Hayashi JI, Chiba T: Effects of quinoline-insoluble particles on the elemental processes of mesophase sphere formation, *Carbon* 42: 2443 - 2449, 2004.

[104] Murakami K, Toshima H, Yamamoto M: Effect of mesophase pitches on tensile modulus of pitch-based carbon fibers, *Sen'i Gakkaishi* 53:73-78, 1997.

[105] Naito K, Tanaka Y, Yang J-M, Kagawa Y: Tensile properties of ultrahigh strength PAN-based, ultrahigh modulus pitch-based and high ductility pitch-based carbon fibers, *Carbon* 46:189-195, 2008.

[106] Nakanishi Y, Itoh H, Ejiri H: Influence of surface treatment and sizing agent on carbon fiber and the interface properties of CFRP. *Tenth International Conference on Composite Materials*, Whistler B.C. Canada, 1995, ICCM-10.

[107] Nelson JB, Riley DP: The thermal expansion of graphite from 15℃ to 800℃: Part I. Experimental, *Proceedings of the Physical Society* 57:477-486, 1945.

[108] Nysten B, Issi JP, Barton R, Boyington DR, Lavin JG: Determination of lattice defects in carbon fibers by means of thermal-conductivity measurements, *Physical Review B* 44:2142-2148, 1991.

[109] Ogale AA, Lin C, Anderson DP, Kearns KM: Orientation and dimensional changes in mesophase pitch-based carbon fibers, *Carbon* 40:1309-1319, 2002.

[110] Otani S, Oya A: *Progress of Pitch - based Carbon Fiber in Japan. Petroleum - Derived Carbons*, 1986, American Chemical Society.

[111] Ozbek S, Jenkins GM, Isaac DH: Thermal expansion and creep of carbon fibres. 20*th Biennial Conference on Carbon*, Palo Alto, 1991, American Carbon Society, pp 270-271.

[112] Ozcan S, Vautard F, Naskar AK: Designing the structure of carbon fibers for optimal mechanical properties. In Naskar AK, Hoffman WP, editors: *Polymer Precursor-derived Carbon*, Washington, DC, 2014, American Chemical Society.

[113] Ozel MZ, Bartle KD: Production of mesophase pitch from coal tar and petroleum pitches using supercritical fluid extraction, *Turkish Journal of Chemistry* 26:417-424, 2002.

[114] Paris O, Loidl D, Peterlik H: Texture of PAN-and pitch-based carbon fibers,

Carbon 40:551-555,2002.

[115] Park YD, Mochida I: A two-stage preparation of mesophase pitch from the vacuum residue of FCC decant oil, *Carbon* 27:925-929, 1989.

[116] Park Y, Toshima H, Korai Y, Mochida I, Matsumoto T: Rapid stabilization of mesophase pitch-based carbon fibre by solvent extraction and successive oxidation, *Journal of Materials Science Letters* 7:1318-1320, 1988.

[117] Park YD, Mochida I, Matsumoto T: Extractive stabilization of mesophase pitch fiber, *Carbon* 26:375-380, 1988.

[118] Pradere C, Sauder C: Transverse and longitudinal coefficient of thermal expansion of carbon fibers at high temperatures (300-2500K), *Carbon* 46:1874-1884, 2008.

[119] Praderea C, Batsalea JC, Goyhenecheb JM, Paillerb R, Dilhairec S: Estimation of the transverse coefficient of thermal expansion on carbon fibers at very high temperature, *Inverse Problems in Science and Engineering* 15:77-89, 2007.

[120] Qin X, Lu Y, Xiao H, Wen Y, Yu T: A comparison of the effect of graphitization on microstructures and properties of polyacrylonitrile and mesophase pitch-based carbon fibers, *Carbon* 50:4459-4469, 2012.

[121] Rebouillat S, Peng JCM, Donnet J-B, Ryu S-K: Carbon fiber applications. In Donnet J-B, Wang TK, Peng JCM, Rebouillat S, editors: *Carbon Fibers*, third ed., New York, 1998, Marcel Dekker, Inc..

[122] Redick HE, Barnes RD: *Surface Treatment of Pitch-based Carbon Fibers*, 1986,: (United States patent application, International Patent Number 4,608,402).

[123] Rich MJ, Drzal LT, Rook BP, Askeland P, Drown EK: Novel carbon fiber surface treatment with ultraviolet light in ozone to promote composite mechanical properties. *The 17th International Conference on Composite Materials*, Edinburgh, UK, 2009, ICCM 17.

[124] Rich MJ, Drown EK, Askeland P, Drzal LT: Surface treatment of carbon fibers by ultraviolet light+ozone: Its effect on fiber surface area and topography. *The 19th International Conference on Composite Materials*, Montreal, Canada, 2013, ICCM 19, pp 1196-1204.

[125] Riley DP:The thermal expansion of graphite:Part II. Theoretical, *Proceedings of the Physical Society* 57:486–495,1945.

[126] Rozploch F, Marciniak W:Radial thermal expansion of carbon fibres, *High Temperatures–High Pressures* 18:585–587,1986.

[127] Ruland W:X–ray diffraction studies on carbon and graphite. In Walker PL, editor:*Chemistry and Physics of Carbon:A Series of Advances*, New York, 1968, Marcel Dekker.

[128] Sauder C, Lamon J, Pailler R:Thermomechanical properties of carbon fibres at high temperatures(up to 2000℃), *Composites Science and Technology* 62:499–504,2002.

[129] Sawran WR, Turrill FH, Newman JW, Hall NW:*Process for the Manufacture of Carbon Fibers*, 1985, :(United States patent application, Patent Version Number 4,497,789).

[130] Sawran WR, Turrill FH, Newman JW, Hall NW, Ward C:*Process for the Manufacture of Carbon Fibers and Feedstock Therefor*, 1987, :(United States patent application, Patent Version Number 4,671,864).

[131] Sheaffer PM:Transverse thermal expansion of carbon fibers. *Extended Abstracts of the 18th Biennial Conference on Carbon*, Worcester, MA., 1987, Worcester Polytechnic Institute, pp 20–21.

[132] Shen Z, Guo H, Shi Y, Chang W, Wang Y, Shang Y:Study on the heat treatment process of mesophase pitch fibres. *21st Biennial Conference on Carbon*, Buffalo, New York, 1993, American Carbon Society, pp 352–353.

[133] Shen Z–M, Chi W–D, Zhang X–J, Chang W–P:Carbon fibers from petroleum pitch, *New Carbon Materials* 20:1–7,2005.

[134] Singer LS:*High Modulus High Strength Fibers Produced from Mesophase Pitch*, 1977, :(U.S.patent application, Patent Number 4,005,183).

[135] Singer LS:The mesophase and high modulus carbon fibers from pitch, *Carbon* 16:409–415,1978.

[136] Singer LS:Carbon fibres from mesophase pitch, *Fuel* 60:839–847,1981.

[137] Stadelhofer JW:Examination of the influence of natural quinoline–insoluble ma-

terial on the kinetics of mesophase formation, *Fuel* 59:360-361, 1980.

[138] Stevens WC, Diefendorf RJ: Thermosetting of mesophase pitches: I. Experimental. *Carbon '86, 4th International Carbon Conference*, Baden-Baden, 1986, Deutschen Keramischen Gesellschaft, pp 37-39.

[139] Takaku A, Shioya M: X-ray measurements and the structure of polyacrylonitrile- and pitch-based carbon fibres, *Journal of Materials Science* 25: 4873-4879, 1990.

[140] Tanabe Y, Yasuda E, Yamaguchi K, Inagaki M, Yamada Y: Studies on "mesophase"-pitch-based carbon fibers: Part II. Mechanical properties and thermal expansion, *TANSO* :66-73, 1991.

[141] Tillmanns H, Pietzka G, Pauls H: Influence of the quinoline-insoluble matter in pitch on carbonization behaviour and structure of pitch coke, *Fuel* 57: 171-173, 1978.

[142] Toshima H, Mochida I, Korai Y, Hino T: Modification of petroleum-derived mesophase pitch by blending naphthalene-derived partially isotropic pitches, *Carbon* 30:773-779, 1992.

[143] Trinquecoste M, Carlier JL, Derré A, Delhaès P, Chadeyron P: High temperature thermal and mechanical properties of high tensile carbon single filaments, *Carbon* 34:923-929, 1996.

[144] Wagoner G, Bacon R: Elastic constants and thermal expansion coefficients of various carbon fibers. *Extended Abstracts of 19th Biennial Carbon Conference*, State College, PA, 1989, Penn State University, pp 296-297.

[145] Wagoner G, Smith RE, Bacon R: Thermal expansion and elastic constant measurement of carbon fibers. *Extended Abstracts of 18th Biennial Carbon Conference*, Worcester, MA, 1987, Worcester Polytechnic Institute, pp 415-416.

[146] Wang J-L, Gu M, Ma W-G, Zhang X, Song Y: Temperature dependence of the thermal conductivity of individual pitch-derived carbon fibers, *New Carbon Materials* 23:259-263, 2008.

[147] Wasan VP: Sag method for the determination of coefficient of linear thermal expansion of carbon fibres, *Carbon* 17:55-58, 1979.

[148] Watanabe F, Ishida S, Korai Y, Mochida I, Kato I, Sakai Y, Kamatsu M: Pitch-based carbon fiber of high compressive strength prepared from synthetic isotropic pitch containing mesophase spheres, *Carbon* 37:961-967, 1999.

[149] Wazir AH, Kakakhel L: Preparation and characterization of pitch-based carbon fibers, *New Carbon Materials* 24:83-88, 2009.

[150] White JL, Guthrie GL, Gardner JO: Mesophase microstructures in carbonized coal-tar pitch, *Carbon* 5:517-518, 1967.

[151] Whitehouse S, Rand B: Rheology of mesophase pitch from A240.18*th Biennial Conference on Carbon*, Worcester, Mass, 1987, American Carbon Society, pp 175-176.

[152] Williams WS: Thermal expansion of carbon fibers, *American Ceramic Society Bulletin* 47:760, 1968.

[153] Wolff EG: Stiffness-thermal expansion relationships in high modulus carbon fibers, *Journal of Composite Materials* 21:81-97, 1987.

[154] Yang H, Yoon S-H, Korai Y, Mochida I, Katou O: Improving graphitization degree of mesophase pitch-derived carbon fiber by solid-phase annealing of spun fiber, *Carbon* 41:397-403, 2003.

[155] Yao Y, Chen J, Liu L, Dong Y, Liu A: Tailoring structures and properties of mesophase pitch-based carbon fibers based on isotropic/mesophase incompatible blends, *Journal of Materials Science* 47:5509-5516, 2012.

[156] Yao Y, Liu L, Chen J, Dong Y, Liu A: Enhanced oxidation performance of pitch fibers formed from a heterogeneous pitch blend, *Carbon* 73:325-332, 2014.

[157] Yoon S-H, Korai Y, Mochida I: Spinning characteristics of mesophase pitches derived from naphthalene and methylnaphthalene with HF/BF3, *Carbon* 31:849-856, 1993.

[158] Yoon SH, Korai Y, Mochida I: Stabilization process of mesophase pitch fibers studied by thermal analysis systems. *Proceedings of 21st Biennial Conference on Carbon*, 1993, : Buffalo, NY.

[159] Yoon S-H, Korai Y, Mochida I: Assessment and optimization of the stabilization process of mesophase pitch fibers by thermal analyses, *Carbon* 32: 281-287, 1994.

[160] Yoon S-H, Korai Y, Mochida I, Kato I: The flow properties of mesophase pitches derived from methylnaphthalene and naphthalene in the temperature range of their spinning, *Carbon* 32:273-280, 1994.

[161] Yoon S-H, Korai Y, Mochia I, Yokogawa K, Fukuyama S, Yoshimura M: Axial nano-scale microstructures in graphitized fibers inherited from liquid crystal mesophase pitch, *Carbon* 34:83-88, 1996.

[162] Yoon S-H, Takano N, Korai Y, Mochida I: Crack formation in mesophase pitch-based carbon fibres: Part I. Some influential factors for crack formation, *Journal of Materials Science* 32:2753-2758, 1997.

[163] Yoon S-H: *RE*: *Personal Communication*, 2015.

[164] Yoshiya A: *Characteristics and applications of pitch-based carbon rollers*, July 2001, *Paper, Film & Foil Convertech Pacific*: 38-40.

[165] Yoshiya A: "*Carboleader*" *high-performance carbon fiber composite rollers for the film industry*, May/June 2011, *Convertech & e-Print*: 83-88.

[166] Yuan G, Li X, Dong Z, Westwood A, Rand B, Cui Z, Cong Y, Zhang J, Li Y, Zhang Z, Wang J: The structure and properties of ribbon-shaped carbon fibers with high orientation, *Carbon* 68:426-439, 2014.

[167] Yumitori S, Nakanishi Y: Effect of anodic oxidation of coal tar pitch-based carbon fibre on adhesion in epoxy matrix: Part 1. Comparison between H_2SO_4 and NaOH solutions, *Composites Part A: Applied Science and Manufacturing* 27:1051-1058, 1996.

[168] Yumitori S, Nakanishi Y: Effect of anodic oxidation of coal tar pitch-based carbon fibre on adhesion in epoxy matrix: Part 2. Comparative study of three alkaline solutions, *Composites Part A: Applied Science and Manufacturing* 27:1059-1066, 1996.

[169] Zeng S-M, Korai Y, Mochida I, Hino T, Toshima H: The creation of a skin-core structure in petroleum derived mesophase pitch based carbon fiber, *Bulletin of the Chemical Society of Japan* 63:2083-2088, 1990.

[170] Zeng SM, Maeda T, Mondori J, Tokumitsu K, Mochida I: Preparation of isotropic pitch precursors for general purpose carbon fibers (GPCF) by air blowing—III.

Air blowing of isotropic naphthalene and hydrogenated coal tar pitches with addition of 1,8-dinitronaphthalene, *Carbon* 31:421-426, 1993.

[171] Zeng SM, Maeda T, Tokumitsu K, Mondori J, Mochida I: Preparation of isotropic pitch precursors for general purpose carbon fibers (GPCF) by air blowing—II. Air blowing of coal tar, hydrogenated coal tar, and petroleum pitches, *Carbon* 31:413-419, 1993.

[172] Zhang X, Fujiwara S, Fujii M: Measurements of thermal conductivity and electrical conductivity of a single carbon fiber, *International Journal of Thermophysics* 21:965-980, 2000.

[173] http://en.wikipedia.org/wiki/pitch_drop_experimeht.

4　高性能碳纳米纤维和碳纳米管

N.Hiremath[1], *G.Bhat*[2]
[1]田纳西大学,美国田纳西州诺克斯维尔
[2]乔治亚大学,美国乔治亚州雅典城

4.1　碳纳米管(CNTs)

4.1.1　概述

本章简要介绍了碳纳米管的发现、结构、理论和合成方法。虽然理解碳纳米管的精确结构是非常重要的,但这并非易事,因为很多理论与解释它的精确结构相关[1]。本文简要介绍了碳纳米管的结构和不同的对称性。读者可以参阅参考文献以加深对碳纳米管物理特性和结构的理解。

1985年,Smalley和Kroto开始研究石墨的气化产物,其目的是了解发生在恒星上的类似过程。他们在氦气氛围下用高能激光气化石墨,最后在烟灰中发现了C_{60},一种碳纳米球,也就是著名的巴克敏斯特富勒烯。在相似的实验中,1990年Krätschmer和Huffman发现了90%的C_{60}和10%的C_{70}。1991年,日本NEC实验室的Iijima发现碳纳米管实际上是末端封闭的圆柱体,碳原子呈圆柱形排列,如图4-1所示。碳纳米管因为自身固有的强度而成为聚合物和金属基体重要的增强材料。碳纳米管的拉伸强度达到约1TPa,比同样尺寸的钢材高200倍。为了更好地了解其性质,了解碳纳米管的结构是非常重要的。碳纳米管的合成技术繁多,不同技术具有各自的优点和缺点。本文简述了每一种技术,并且列表比较了不同技术。碳纳米管有两种,单壁碳纳米管(SWNTs)和多壁碳纳米管(MWNTs)。SWNTs由单层碳原子或石墨烯组成,而MWNTs是由多层同心或螺旋状的石墨烯构成[1]。CNTs也可以直接由化学气相沉积(CVD)设备纺成纱线。

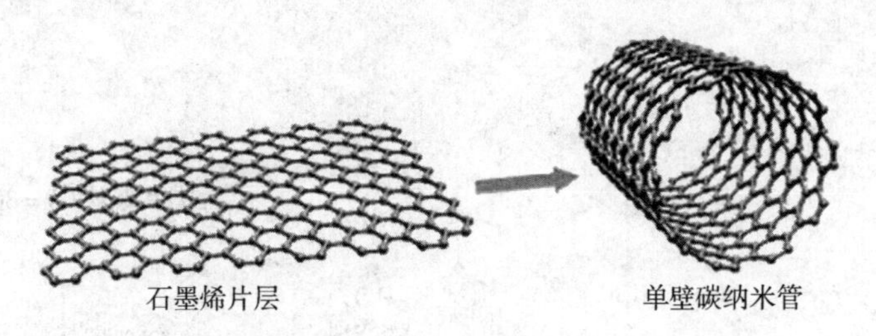

图 4-1 碳纳米管结构示意图[2]

4.1.2 结构

碳纳米管的“原型”扶椅和锯齿结构可以由三重轴和五重轴的二等分来理解。为了理解纳米管结构的手性,我们可以切开纳米管,使其变成单层碳原子,即单层石墨薄膜。尽管碳纳米管本质上是结晶的,但是很难适用于结晶学的规则。某些生物结构与碳纳米管结构相近,但是控制这些圆柱形生物结构的因素都无法充分影响碳纳米管的结构。许多科学家尝试用不同的方法解释纳米管的形成方式。理论结构分析有利于理解碳纳米管的电子和振动特性,使用高分辨率电子显微镜对于研究理解和确认 CNTs 的结构有很大的帮助[1,3]。

碳纳米管的两种对称结构可能是扶手椅形和锯齿形结构。实际上,碳纳米管上的六边形碳结构是沿碳纳米管轴向螺旋形排列。螺旋排列的程度,或者称为手性度,用 θ 来表示。可以从向量 C 的角度理解碳纳米管的结构,如图 4-2 所示,在单层石墨烯上取两个相连的等效点,记为向量 a_1 和 a_2。将单层石墨烯卷成一个圆柱体时,向量的两个端点发生重叠。从图 4-2 可知,整数(n,m)代表管状结构。因此,向量 C 可以表示为:

$$C=na_1+ma_2$$

因为 C—C 的键长是 0.142nm,则 a_1 和 a_2 的长度为 0.246nm。当 $n=m$ 时可以形成扶手椅形管状结构($\theta=30°$),当 $m=0$,则可以形成锯齿形管状结构($\theta=0$)。管状结构的直径 d 可通过下式计算[1,3]:

$$d=\frac{0.246\sqrt{(n^2+nm+m^2)}}{\pi}$$

手性的角度用 θ 表示:

$$\theta=\sin^{-1}\frac{\sqrt{3m}}{2\sqrt{n^2+nm+m^2}}$$

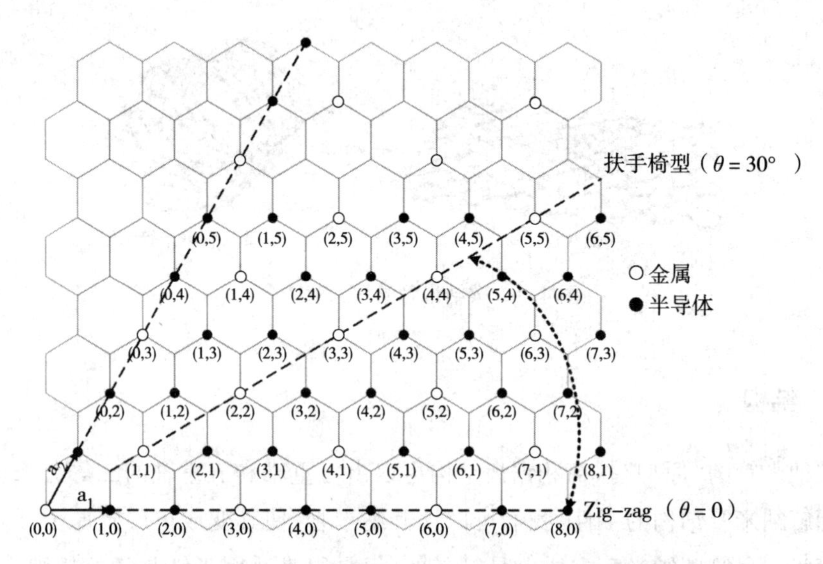

图 4-2　用于解释不同类型碳纳米管的形成过程的石墨烯片层[1]

a_1 和 a_2 是向量。空心圆点表示具有金属性质的碳原子，黑色圆点表示具有半导体性质的碳原子。

圆柱体是由碳纳米管的单元组成的，扶手椅形和锯齿形的单元结构如图 4-3 和图 4-4 所示。在扶手椅形中单元的宽度与向量 a 相同，而锯齿形的单元宽度为 $\sqrt{3}a$，单元长度则取决于碳纳米管的直径。此外，手性结构导致对称性较低。单元内的碳原子数可以用下面的公式计算：

$$N = 2(n^2 + nm + m^2)d_H \quad (n - m \neq 3xd_H)$$

和

$$N = 2(n^2 + nm + m^2)3d_H \quad (n - m = 3xd_H)$$

d_H 是 m 和 n 的最大公约数，x 是整数。

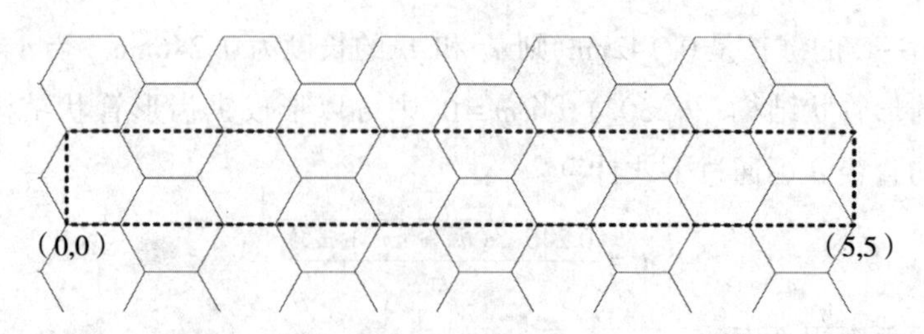

图 4-3　扶手椅形碳纳米管的典型单元结构[1]

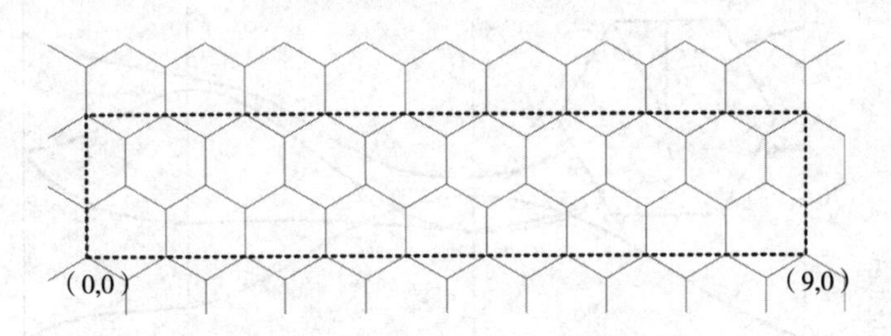

图 4-4　锯齿型碳纳米管的典型单元结构[1]

4.1.3　原理

由于碳纳米管的直径一般小于 10nm,这种结构表现出量子力学行为。许多科学家研究了碳纳米管结构的物理性质,并且认为其具有金属或半导体的性质。某些有精确直径的结构(如所有的扶手椅型结构和 n,m 为 3 的倍数的结构)表现出金属性质,其他类型则表现半导体性质。由于碳纳米管具有非常高的各向异性,所以沿着基准平面的电子迁移率较高,而垂直于平面方向的电子迁移率较低[1,3]。1947 年,Wallace 计算了平面内条带结构的导电性,而忽略了平面之间的导电性。公式如下:

$$E_{2D}(k_x,k_y) = \pm\gamma_0\sqrt{\left\{1 + 4\cos\left(\frac{\sqrt{(3)}}{2}k_x a\right)\cos\left(\frac{k_y a}{2}\right) + 4\cos^2\left(\frac{k_y a}{2}\right)\right\}}$$

式中:γ_0 是最邻近转移积分,$a=0.246\text{nm}$ 是平面内晶格常数。E 是二维 k-空间中的能量,k_x和 k_y分别是 x,y 方向的波数。

这个公式适用于每个单元有两个原子的二维石墨结构,一共产生有四个价键带(三个 σ 键和一个 π 键)。图 4-5 显示沿着 K-Γ-M 方向的二维石墨结构中 E(能量)和 k(波数)数据[4]。图 4-6 显示碳纳米管扶手椅型和锯齿型结构的能态密度[5]。

4.1.4　合成

为了获得理想碳纳米管的超级性能,保证其 100%的纯度至关重要。但是,实际上这相当困难。各种其他的碳材料如无定形碳和碳纳米颗粒等都是可能的杂质。以下简要论述了各种制备高纯度碳纳米管的技术,表 4-1 总结了各种合成技术。

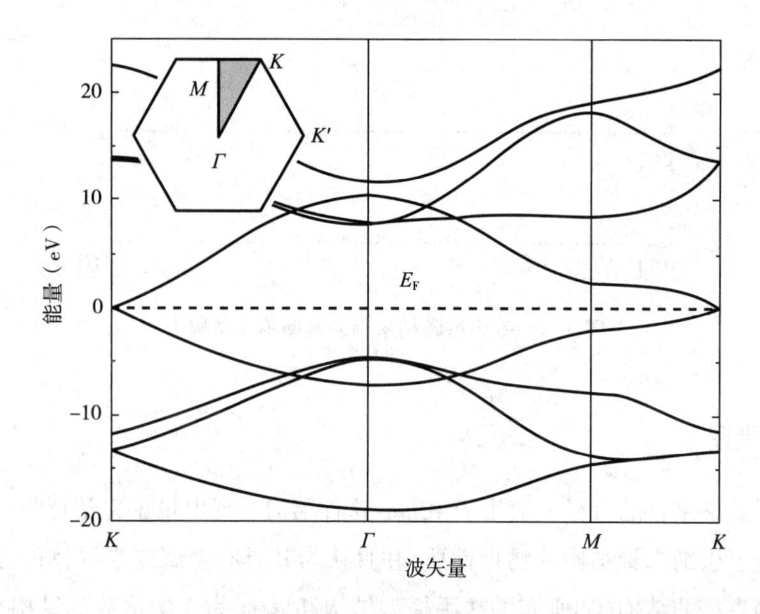

图 4-5　二维石墨结构中沿着 K-Γ-M 方向的能量与 k-矢量关系[4]

表 4-1　各种合成技术的优势和不足[9]

方法	典型产率	优点	缺点
电弧放电	30%~90%	过程简单，廉价，产量高，纯度高，直径介于 1~20nm	长度较短且随机分布，间歇制备
激光刻蚀	约 70%	纯度高，直径可控	设备成本高，间歇制备
化学气相沉积	约 95%	纯度高，长度大，过程简便，连续生产，直径介于 0.8~2nm	存在高缺陷
太阳能炉	约 60%	直径介于 1.2~1.6nm	过程缓慢，长度不可控

4.1.4.1　电弧放电法

在氦气或者氩气氛围下（100~1000torr❶），在 1mm 的间隔下对石墨电极（直径 5~20mm）施以低电压（12~25V）和高电流（50~120A）的放电，可得到碳纳米管，产率为 30%~90%，如图 4-7 所示。电弧放电法可以通过改变操作过程和条件来调节碳纳米管的性能，也可以通过改变混合气体（氩气和氦气）比例来改变性能，如：较高的氩气/氦气比时，可以得到较小直径的碳纳米管[3]。这种方法成本低廉，可以获得不同长度的高纯碳纳米管。

❶　1torr = 133.322Pa。

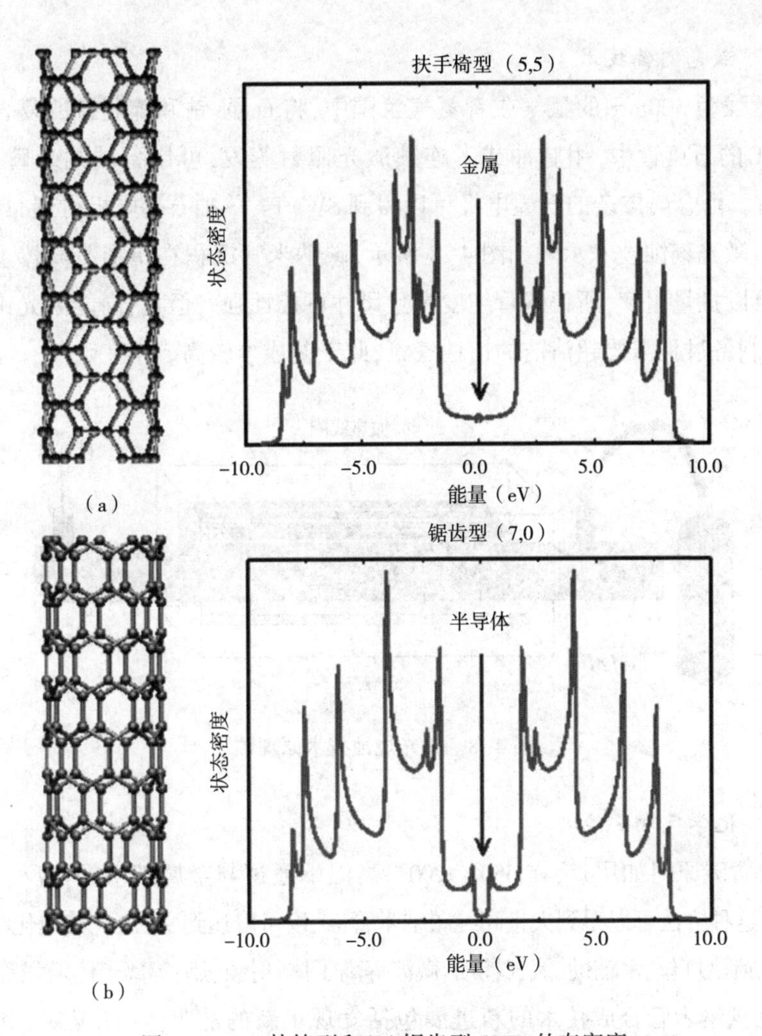

图 4-6　(a)扶椅型和(b)锯齿型 CNTs 的态密度

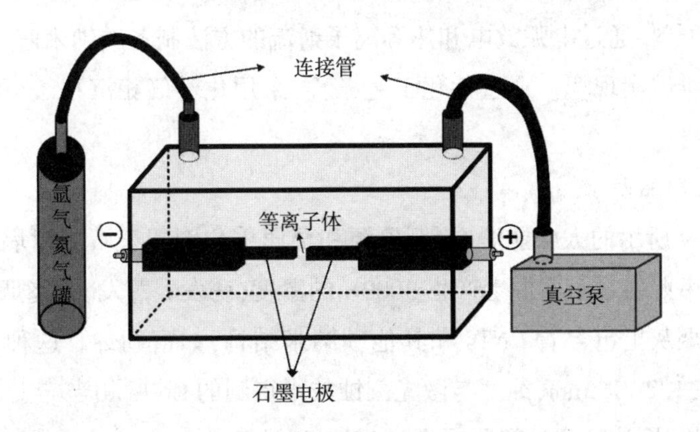

图 4-7　小电极间隙的电弧放电管示意图

4.1.4.2 激光刻蚀技术

在压强为 500torr 的氩气或者氦气氛围中，将石墨、钴和镍制备的复合电极置于 1200℃的石英管中，用脉冲或者连续激光照射蒸发，可制备碳纳米管，产率为 70%左右。由金属掺杂的石墨电极可以得到 SWNTs，单独石墨电极得到 MWNTs 和富勒烯。激光刻蚀技术示意如图 4-8 所示，碳纳米管沉积在指形冷凝棒上[3]。这种方法可以批量生产，所得碳管纯度高且尺寸可控性强。但是，高能激光束非常昂贵，并且制备过程需要超清洁的惰性气氛，此工艺成本较高。

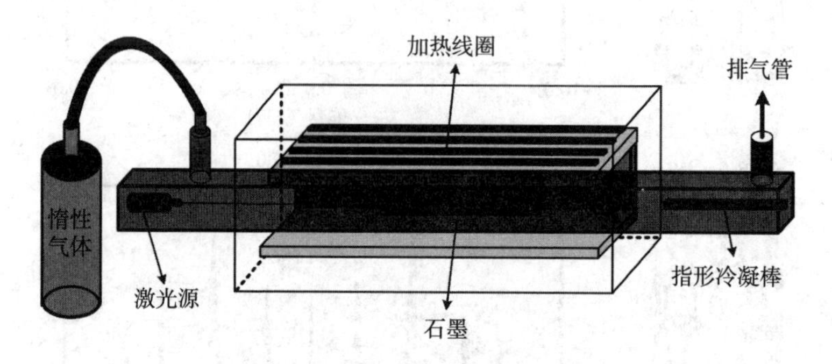

图 4-8　激光烧蚀技术原理图

4.1.4.3 化学气相沉淀

气态含碳原料如甲烷，在 550～1200℃高温下通过与金属纳米颗粒反应可得到 SWNTs。这种方法可以得到大量高纯碳纳米管(纯度可以达到 99%)。其他化学气相沉积法还包括热灯丝、水辅助、氧气辅助、微波等离子体、射频、热、等离子体增强等[3]。

一些碳纳米管合成技术的新进展包括发现了新的前驱体(如煤炭)和新的加工方法(如太阳能炉)。煤炭比石墨和高纯度烃类气源便宜得多。尽管目前已经可以以煤为原料，通过电弧放电和热等离子射流的方法制备碳纳米管，但是大规模的量产还是难以实现[6]。通过优化工艺条件，采用化学气相沉积法可以大批量地合成碳纳米管。

4.1.4.4 太阳能炉

在图 4-9 所示的太阳能炉中，石墨源和金属催化剂置于石墨坩埚中。高度定向的太阳光束照射在石墨源上产生 3000K 的温度，诱发碳蒸发，最终烟灰沉积在石墨管壁上。烟灰里包含着 CNTs 和其他碳纳米结构，如富勒烯。这种方法制备的 CNTs 直径在 1.2～1.5nm，纯度与激光刻蚀技术得到的 CNTs 相当[7-8]。然而，CNTs 的长度是随机的，这种方法过程缓慢，产量可以达到 60%。

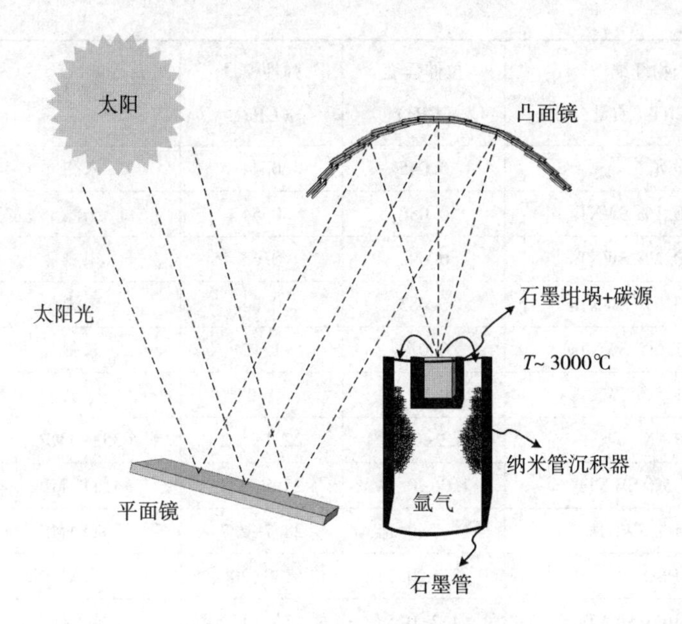

图 4-9 利用太阳能炉技术制备碳纳米管的示意图

4.2 碳纳米管基纤维

4.2.1 碳纳米管基复合纤维

碳纳米管基高性能纤维制品丰富了纺织品市场的种类，因为这些纤维均体现了其基体聚合物（如尼龙、聚酯等）的优良性能。为了制备复合纤维，许多研究者关注具有高强度优势的新工艺和新材料。碳纳米管/聚合物复合材料可以显著地提高聚合物本身的强度和模量，只是获得的增强效果还远远低于理论预期。表 4-2 总结了各种以碳纳米管为填料的复合物纤维的强度和模量[10]。

表 4-2 CNTs/聚合物复合材料及其拉伸强度、弹性模量和柔韧性

复合物纤维［聚合物+% CNTs（质量分数）］	拉伸强度（GPa）	弹性模量（GPa）	柔韧性	参考文献
碳化 PAN	2.0±0.4	302±32	未测	［20-21］
碳化 PAN+1% SWNTs	3.2±0.4	450±49	未测	

续表

复合物纤维 [聚合物+% CNTs(质量分数)]	拉伸强度 (GPa)	弹性模量 (GPa)	柔韧性	参考文献
尼龙 6	0.045	0.44	未测	[13]
尼龙 6+0.1% SWNTs	0.086	0.54	未测	
尼龙 6+0.2% SWNTs	0.093	0.66	未测	
尼龙 6+0.5% SWNTs	0.083	0.84	未测	
尼龙 6+1.0% SWNTs	0.083	1.15	未测	
尼龙 6+1.5% SWNTs	0.075	1.2	未测	
PAN	0.9±0.18	22.1±1.2	(35±9)MPa	[22]
PAN+0.5% SWNTs	1.06±0.14	25.5±0.8	(41±8)MPa	
PAN+1% SWNTs	1.07±0.14	28.7±2.7	(39±8)MPa	
PBO	2.6±0.3	138±20	未测	[23]
PBO+>10% SWNTs	4.2±0.5	167±15	未测	
PP	0.71	6.3	7.93dN/tex	[24]
PP+0.5% SWNTs	0.84	9.3	9.37dN/tex	
PP+1% SWNTs	1.03	9.8	11.5dN/tex	
PVA+>60% SWNTs	0.15	9-15	未测	[19,25]
PVA+60% SWNTs	1.8	80	570J/g	
PVA(市售品)	1.6	40	未测	[15]
PVA+>60% SWNTs	1.8	78	(120±152)J/g	
PVA+60% SWNTs	0.3	40	600J/g	[14]
PVA	1.2±0.3	21.8±3.0	(55.8±12.3)J/g	[11]
PVA+10% SWNTs	2.5±0.1	36.3±1.3	(101.4±11.4)J/g	
PVA+10% SWNTs	4.4±0.5	119.1±8.6	(171.6±30.4)J/g	
PVA	~0.4	~13	未测	[16]
PVA+1% SWNTs	~1.2	~17.5	未测	
PVA	1±0.1	45±7	(22±4)J/g	[17]
PVA	1.6±0.1	48±3	(40±6)J/g	
PVA+1% SWNTs	1.4±0.1	60±6	(29±6)J/g	
PVA+1% SWNTs	2.6±0.2	71±6	(59±7)J/g	
PVA+2%~31% SWNTs	~2.9	~244	未测	[18]

续表

复合物纤维 [聚合物+% CNTs(质量分数)]	拉伸强度 (GPa)	弹性模量 (GPa)	柔韧性	参考文献
UHMWPE	3. 51±0. 13	122. 6±1. 9	(76. 7±7. 5) MPa	[12]
UHMWPE+5% MWNTs	4. 17±0. 04	136. 8±3. 8	(110. 6±10. 5) MPa	

注 MWNT:多壁碳纳米管;PAN:聚丙烯腈;PBO:聚对亚苯基苯并二噁唑;PP:聚丙烯;PVA:聚乙烯醇;SWNT:单壁碳纳米管;UHMWPE:超高分子量聚乙烯

从表中的数据可知,含有1%(质量分数)SWNTs的碳化聚丙烯腈(PAN)纤维拉伸强度和模量分别增加了60%和49%。对于尼龙6纤维,加入1.5%(质量分数)SWNTs,拉伸强度和模量分别增加约66%和172%。类似地,对于PAN纤维,加入1%(质量分数)SWNTs,拉伸强度和模量分别增加18%和30%。Meng等报道聚乙烯醇(PVA)中加入10%(质量分数)SWNTs时,其纤维的强度增加4倍,模量则增加6倍[11]。Ruan等报道了超高分子量聚乙烯(UHMWPE)中加入5%(质量分数)MWNTs后,其强度提高18%,模量增加11%[12]。表4-2中提到的各种复合纤维将在随后的章节进行概述。图4-10(a)和(b)和图4-11(a)和(b)是表4-2中复合纤维拉伸模量和弹性模量的差别图示。

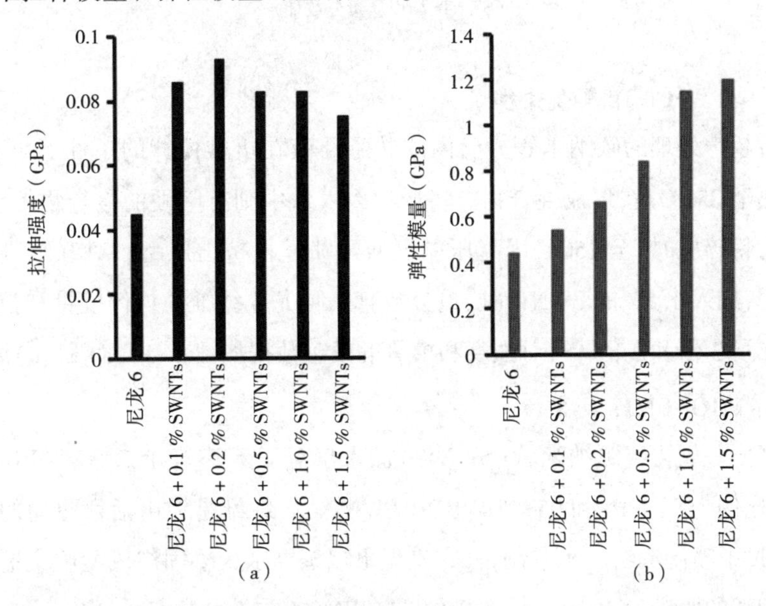

图4-10 尼龙6/CNTs复合物纤维的拉伸强度(a)和弹性模量(b)数据[13]

(SWNTs均以质量分数计)

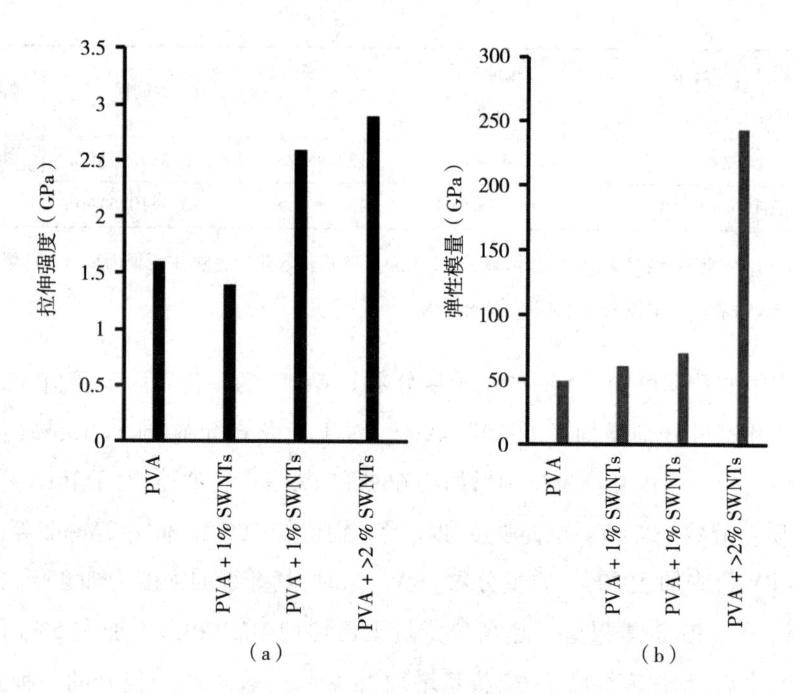

图 4-11　不同研究人员得到的 PVA—CNT 复合纤维的拉伸强度(a)和弹性模量(b)数据[17-18]
(SWNTs 均以质量分数计)

4.2.1.1　尼龙-CNTs 复合纤维

经过超声处理的碳纳米管—己内酰胺悬浮液在机械搅拌的条件下与 6-氨基己酸加热至 250℃后，形成混合物。将产物倒入水中则有坚硬的聚合物沉淀出来，将聚合物粉碎，加热至 250℃用高压氮气通过喷丝板挤出成型。对纤维进行力学测试发现，加入 1.5%的 SWNTs(质量分数)时，尼龙 6 纤维的拉伸模量和拉伸强度分别增加了 3 倍和 2 倍[13]，对强度和模量的改善数据如图 4-10(a)和(b)所示。

4.2.1.2　PBO-CNTs 复合物

将高压一氧化碳源纳米管(SWNTs)加入聚对亚苯基苯并二噁唑(PBO)聚合溶液中，比例为 90：10 和 95：5(PBO：SWNTs)。纤维是在由活塞驱动的纺丝设备上，通过干喷湿法纺丝工艺制备，在室温下以蒸馏水为凝固浴成型收集的。喷丝板与凝固浴的距离为 10cm。加入 10%的 SWNTs(质量分数)时，PBO 纤维拉伸强度提高了 50%，抗蠕变性也有所提高。

4.2.1.3 PP-CNTs复合物

将SWNTs超声分散于十氢萘中，然后加入聚丙烯（PP）颗粒。得到的粉状PP-SWNTs混合物经孔径为1.22mm的喷丝孔挤出并拉伸成纤维。尽管PP-SWNTs复合纤维的强度比不上其他复合纤维的强度，但是与PP相比，加入了1%（质量分数）的纳米管，纤维的拉伸强度提高了40%，模量提高了55%。将CNTs经超声波处理分散到表面活性剂十二烷基苯磺酸钠中，注射加入聚合物的共混体系中。得到的碳纳米管带状物干燥后对其力学性能进行表征，其强度比优质的巴基纸高十倍。将纤维打结之后发现，纤维可以在几微米范围内弯曲360°，证明纤维有很强的韧性和抗扭曲性。

4.2.1.4 PVA-CNTs复合物

在Razal，Dalton和Meng的研究工作中，采取了不同的纺丝方法制备了PVA-CNTs复合纤维[11,14-15]。Razal采取凝固纺丝的方法，将SWNTs悬浮液注射到在玻璃管中流动的聚乙烯醇溶液中。Dalton将纳米管水分散液挤出到含有PVA水溶液的旋转凝固浴中。Meng使用剪切流动凝胶纺丝法，甲醇经过搅拌对PVA-SWNTs溶液提供剪切力，并经注射成型获得纤维，于90℃和160℃受热牵伸处理。由于上述各种制备方法不同，获得的PVA-CNTs复合物纤维的拉伸强度也存在变化。

Wang等[16]将SWNTs分散在二甲基亚砜中，将PVA溶液与之混合形成PVA-SWNTs复合物。复合物进行纺丝，并牵伸5倍。加入1%（质量分数）的SWNTs大大地提高了强度，PVA-SWNTs条带的强度比等长度的PVA条带的强度提高了200%。然而，Minus[17]采取凝胶纺丝方法制备了PVA-SWNTs复合纤维，其拉伸强度高于Wang课题组所制备的复合纤维。这可能与纺丝方法、溶液制备方法、纤维直径、CNTs的纯度以及聚合物和CNTs间的界面黏合等因素有关。Young课题组[18]采用凝固纺丝的方法制备了PVA-CNTs复合物纤维，直径介于1～15μm，平均模量大约为244GP，强度约为2.9GPa。高强度与CNTs在聚合物里的均匀分散以及界面黏合作用有关。CNTs浓度越高，载荷承受作用越强。图4-11（a）和（b）分别显示了PVA纤维中CNTs含量与纤维强度和模量的变化趋势曲线。一些研究人员报道[14-15,19]PVA基复合物纤维中CNTs的含量可以达到60%（质量分数）。但是，根据文献计算的CNTs的含量不超过8%（质量分数）。从多篇研究报道分析，CNTs的用量越多，特别是添加量超过5%（质量分数）时，其在聚合物中的分散是非常困难的。因此,对于60%(质量分数)的CNTs含量很难令人信服。

4.2.1.5 UHMWPE-CNTs复合物

Ruan课题组将MWCNTs作为聚合物的增强填料,在超高分子量聚乙烯(UHWMPE)中加入5%(质量分数)CNTs后,采用凝胶纺丝法制备复合纤维,其屈服强度为4.2GPa,断裂伸长率为5%。经CNTs增强后,拉伸强度提高18.8%,延展性提高15.4%,断裂能量提高了44.2%。

4.2.2 碳纳米管基碳纤维

碳纳米管基碳纤维(CFs)的制备方法是多种多样的,例如水分散法、强酸分散、从碳纳米管中提取、以气凝胶的形式从化学沉积反应器里提取等。相对于PAN基碳纤维或沥青基碳纤维,CNTs基碳纤维的延展性更好,其结子效率约为1,而前者无法形成结节[26]。从碳纳米管中提取,以及以气凝胶的形式从化学沉积反应器里提取得到的CNTs基碳纤维的拉伸强度和模量更高。拉伸碳纤维使其与CNTs保持平行,由于CNTs之间的作用力增强,碳纤维的力学强度提高。CNTs长度增加有助于提高性能,在CNTs表面进行化学改性、γ射线交联、热处理等,可进一步增强碳管之间的相互作用,从而增强其力学性能,但抗压强度较低[26]。

在4.1.4节讨论了各种CNTs的合成技术,如果可以分离出高纯度CNTs,所得的CFs将具有更高的强度和模量。然而,在CNTs制备过程中还会产生其他结构的碳,例如富勒烯和无定形碳,这些结构会成为碳纤维的弱点和缺陷[1]。而且,超高纯度的CNTs必须在介质中良好均匀分散。一般而言,CNTs分散在合适的聚合物中且经熔融拉伸,获得高的拉伸比。提高拉伸比有利于CNTs在聚合物基体材料中整齐排列,从而增加碳纤维的强度。CNTs还可以接枝到PAN基或沥青基碳纤维上,提高聚合物基体材料排列,或者成为碳纤维中的载荷承受结构[27]。

纤维素高温分解得到的碳纳米纤维(CNFs)不含皮芯结构,在1500~2000℃碳化时,拉伸模量分别达到60GPa和100GPa[28]。生产高纯度和连续性碳纳米管,提高管之间的作用力可以得到高强度的碳纤维。为了得到更长的碳纳米管,2009年,北京大学Qunqing Li课题组利用改进的化学气相沉积法生长出超长的SWNTs[29]。以乙醇或者甲烷为碳原料,在铁钼单分散催化剂作用下,获得了高度定向排列且超长的CNTs,其长度可达18.5cm。在碳纳米管生长过程中均匀的空间温度是得到稳定电子特性的关键。然而,沿着CNTs长度方向提高机械性能对于高强材料应用也是非常重要的。2013 年,Zhang 通过浮动催化化学气相沉积法和催化剂活化/钝化控制得到了长度为 550mm 的碳纳米管。通过工艺参数优化,其拉伸应力达到 120GPa[30]。

4.3　碳纳米管纱线

将 CNTs 纺纱可得到 CNTs 纱线。从结构形成角度而言,CNTs 纱线类似于由 25~40nm 的短纤维通过取向和扭曲制备纱线。CNTs 在化学沉积反应器中生长,直接以气凝胶的形式从反应器纺制或者碳纳米管在基板上生长分批纺制,如图 4-12(a)和(b)所示。液体原料连续不断地喂入 CVD 反应器形成气凝胶,用卷绕棒(设定某一角度)在反应器中收集气凝胶,并进一步在纺轴上收集形成 CNTs 纱线。在另外一种方法中,CNTs 丝束在基板上生长,由于大的比表面积和高纯度,CNTs 相互黏结,将它们拉离基板并经过扭曲,形成 CNTs 纱线,如图 4-12(b)所示。

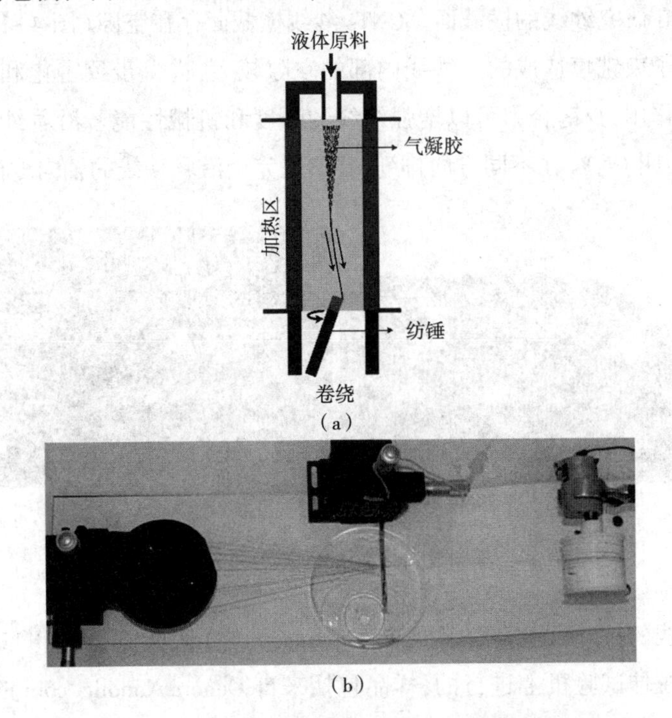

图 4-12　(a)化学气相沉积法制备 CNTs 纱线并卷绕的示意图[31]
(b)硅片上收集 CNTs 纤维并加捻制备 CNTs 纱线的示意图[32]

对购于俄亥俄州辛辛那提一家公司的 CNTs 纱线进行多种表征，如扫描电子显微镜（SEM）、透射电子显微镜（TEM）、聚焦离子束（FIB）和拉伸测试。SEM 照片显示 CNTs 纱线中有大量的空隙（图 4-13）。表面取向排列的纳米管说明通过提高纳米管的定向排列，可大大增强 CNTs 纱线的力学性能。

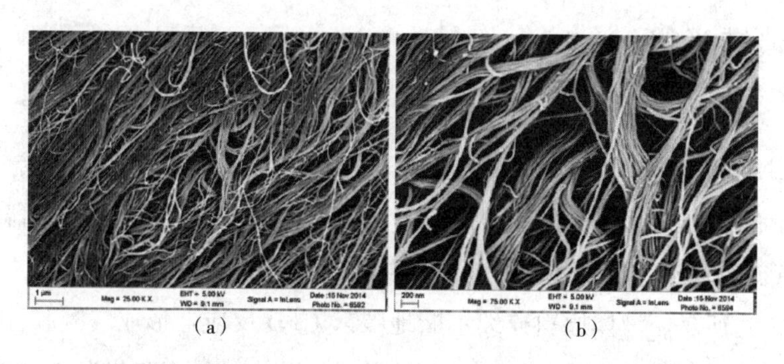

图 4-13 （a）低倍数下 CNTs 纱线的多孔结构照片以及（b）高倍数下纱线中较大的空隙

采用 FIB 研究纱线的横截面。CNTs 纱线横截面存在空隙（图 4-14）。图像中的条纹是离子束铣痕造成的。纱线内部的空隙较大，进一步致密化和增加纳米管之间的相互作用力/键合力可以增强纱线的强度和机械性能。沿着纱线长度方向铣削测试，表明 CNTs 在不同方向排列，并不是完全沿着纱线的轴向取向。

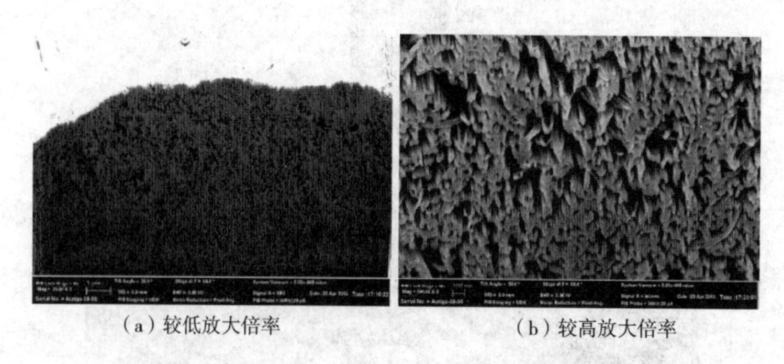

（a）较低放大倍率　（b）较高放大倍率

图 4-14 不同放大倍率下的 CNTs 纱线横截面结构

三种纱线的拉伸试验是在渥烈治（Oakridge）国家实验室（ORNL）的 MTS 系统公司的单丝拉伸试验机上进行的，样品包括来自 GeneralNanollc. com 的纱线（CY-1）、单层纱线（CY-2）和来自 nanocomptech. com 的用丙酮增密的纱线（CY-3）。测得的拉伸强度和模量如图 4-15 所示。数据之间的差异是因为纱线的堆积排列和直径差别,CY-1 平均直径在(46±4)μm,而 CY-2 和 CY-3 的直径是(62±6)μm。

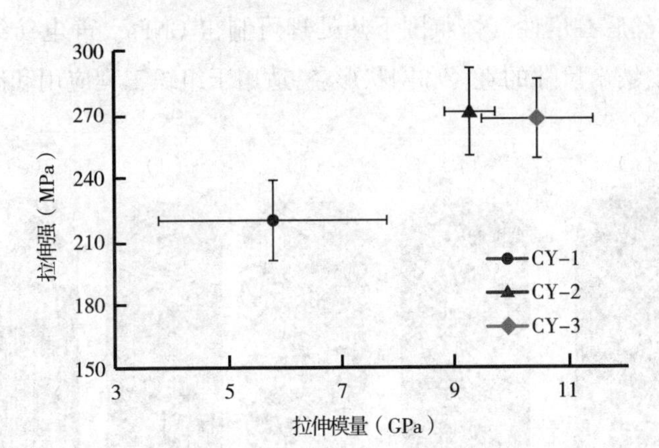

图 4-15 ORNL 检测的 CNTs 纤维纱线的拉伸性能

CNTs 纱线可以通过聚合物渗透或者辐照交联技术改善性能。例如,在碳纳米管薄膜上进行化学功能化和电子束辐照[33]。经过上述处理的 CNTs 薄膜的拉伸强度增加了 88%。交联提高了纳米管之间的结合力,离子辐射可以将单根碳纳米管或者一束碳纳米管焊接在其他纳米管上。这些技术可以提高材料的载荷承受能力而不会发生严重的强度失效。此类力学性能的大幅提升,符合在未来航空领域和先进复合材料领域的应用要求。

4.4 碳纳米纤维

4.4.1 简介

碳纳米纤维(CNFs)是基于 sp^2 杂化的线性结构,直径约为 100nm,长度约为 200μm。这些纳米尺寸直径的纤维因其独特的力学性能和化学性能而具有突出的科学价值。因为具有高的比表面积、柔韧性和高的机械性能,CNFs 可以应用于汽车和航空工业的强度复合材料、生物传感器、电极材料、超级电容器、组织工程支架等。CNFs 和 CFs 的区别在于直径不同,常规 CFs 的直径在几微米,而 CNFs 具有纳米尺寸的直径。另外,二者的几何形状也不相同。如图 4-16 所示,由含有中空锥形的 CNTs 制备的 CNFs 排列规则,沿着纤维长度方向形成截锥或者平面层状。此外,由于形成了杯叠结构,CNFs 具有半导体的特性,而且内外表面具有的化学活性，使得CNFs非常适用于催化剂、复合材料的增强填料和光化学电池等[34]。有机聚合物静电纺丝后在惰性气体氛围下热处理可制得CNFs。静电纺纳米纤维具有大的比表面积、纳米尺寸的直径和网状形貌，适用于组织工程应用和储能装置。

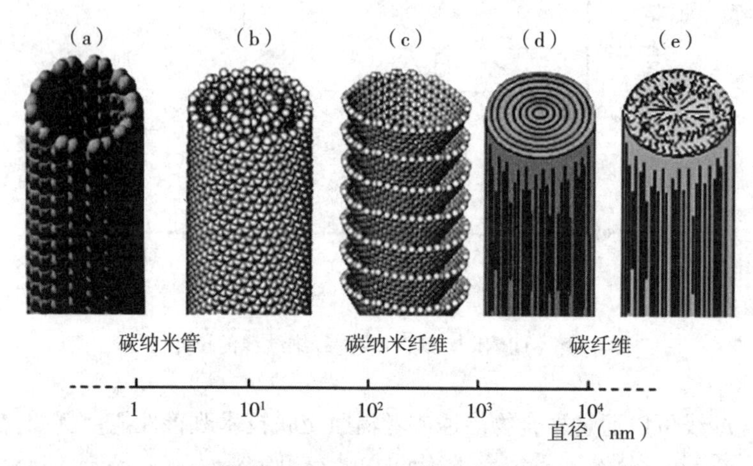

图4-16　多种纳米管结构的尺寸和形态分布示意图[34]

在20世纪70~80年代，应用于复合材料的常规碳纤维价格昂贵。苏联、日本、美国和法国开始尝试制造气相生长CNFs或者以烷烃为原料制造CNFs。以CVD法合成的CNFs与相应尺寸的CFs的性能具有一定的竞争性，且价格较低。

以甲烷或者苯为原料，用铁做催化剂，用氢气作稀释气体制造的CNFs长度可以达到200μm。20世纪80年代早期，fibrils. com（Hyperion）尝试用CVD法，以烷烃为原料，分散性纳米颗粒为催化剂，在高温下开发纳米纤维，得到的CNFs更长，并且以柱状形态互相缠绕。

1991年，应用科学公司与通用汽车研究公司联合生产并销售Pyrograf I和Pyrograf III纤维（分别为在1500℃和2900℃得到的CNFs）。纤维具有类似于螺旋缠绕带的结构，并且表面沉积有不同厚度的碳，每千克此类CNFs的成本是200美元[35]。由于比碳纳米管便宜，许多研究者已经在复合材料和复合丝中加入这种CNFs。但由于CNFs高度缠结，所以这种纤维的取向排列具有相当的难度。

由于CNFs具有导热性和导电性而被用于静电放电、射频干扰等领域。碳纳米纤维还用于制造超电容器和燃料电池膜的纸张，用于电磁干扰屏蔽，并且具有增强的二维机械性能。在注射成型热塑性零件的时候，它也具有各向同性的增强树脂的性能。

因为碳纳米纤维具有优异的机械性能、高的导电率和导热率,可广泛用于多种材料的复合,包括热塑性塑料、热固性塑料、弹性体、陶瓷和金属。而且由于纤维表面独特的性质,相对于碳纳米管,CNFs 功能化、表面改性、与基体聚合物增容要更简单易行[34-35]。

4.4.2　结构

碳纤维和石墨纤维是重要的石墨材料,它们的结构和性能与碳纳米纤维有紧密联系,在航天航空、汽车、建筑、体育运动、电子设备、生物传感器和组织工程方面的应用得到了广泛关注。碳纤维增强复合材料的比强度(强度/质量)和比模量(刚度/质量)解释了高性能的碳纤维组分对工程材料的重要性[34]。从液相生成碳纤维所需的温度和压力为三相点(T=4100K,p=123kbar❶)。在如此高的温度和压力下任何材料均无法存在,所以工业化量产是不可能的。因此碳纤维是由聚丙烯腈和沥青等有机物制备的。碳纤维的制备分为三个步骤,首先是原丝预氧化(温度在 300℃左右),然后是温度约为 1100℃的碳化,随后在高于 2500℃下的石墨化。经过碳化处理的是碳纤维(高强度),经过石墨化处理的是石墨纤维(高模量)[34]。

碳纳米纤维具有特殊的结构,就像树的“年轮”[图 4-17(a)],它是由气态烷烃化合物按照图 4-17(b)所示的催化生长过程合成的[34,36-37]。将过渡金属(如铁、镍、钴和铜)纳米颗粒铺在陶瓷基底上,然后将氢气稀释的烷烃化合物气体送入温度达到 1100℃的燃烧室中。烷烃在铁纳米粒子催化剂上分解,并吸附碳原子,形成中空且有序完整的石墨六元环结构的 sp^2 基碳纳米纤维。几十微米/分钟的增长速率使得碳纳米纤维的商业化生产成为可能[34,38]。初级中空管的形状是由催化剂纳米颗粒的形状决定的;在 CVD 过程中,初级管芯上连续沉积热解碳层,使初级空心管变厚。石墨化过程(3000℃)使碳纳米纤维外围形成完全的石墨结构,呈多边形。

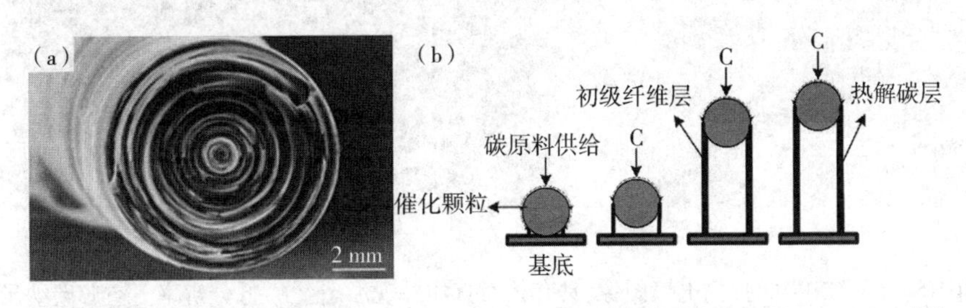

图 4-17　(a)碳纳米纤维的年轮形态和(b)碳纳米纤维的催化生长过程示意图[34]

❶　1kbar=1000bar=10^5kPa。

4.4.3 合成与制备

4.4.3.1 化学气相沉积技术

催化热化学气相沉淀法广泛应用于碳纳米纤维的大规模生产[34,39-40]。通过控制合成条件,可以控制锥角的直径、结晶度和取向。碳纳米纤维从微观结构、氧化反应和石墨化性能等方面与传统的管式碳纳米纤维进行了比较。其结构特点和低廉的成本使其可以用于吸附材料、场发射器件、储气设备和复合材料等的制造。电子显微镜图像[图 4-18(a)~(c)]显示纤维较长(~200μm)且直,沿长度方向呈空芯状,直径在 50~150nm。碳纳米纤维一个特点就是它的空芯结构。另外,它们的外径与内径之比(碳纳米纤维的壁厚)存在着差异,如透射电镜照片所示[图 4-18(d)]。研究高分辨透射电镜照片发现,碳纳米纤维存在缩短的圆锥体微观结构[图 4-18(e)];其他碳纳米纤维外部则有一层无定型碳[图 4-18(f)]。纤维的圆椎体微观结构相对于纤维轴向的角度为 45°~80°。具有 ABAB 堆叠的(110)平面

图 4-18 (a)CNFs 的扫描电镜图像,具有长而直的外观形态,(b)低分辨率下空芯碳纳米纤维的透射电镜图像,(c)大空芯结构的未涂层碳纳米纤维的透射电镜图像,(d)涂层处理后大空芯结构的碳纳米纤维的透射电镜图像,(e)未涂层碳纳米纤维的透射电镜图像(插图:碳纳米纤维的模型示意图),(f)涂层碳纳米纤维的透射电镜图像[34]

的堆积锥形石墨烯片结构主要是纳米颗粒催化剂的作用形成的,而外壁的增厚,即非晶态碳,则是在纤维生长过程中形成的[图 4-18(e)][34]。

4.4.3.2 静电纺丝技术

聚丙烯腈溶解于二甲基甲酰胺(DMF),通过喷丝头以非织造布的形式收集在接收基底上。众所周知,聚丙烯腈是碳纤维的原丝,将纳米纤维进行预氧化和碳化就可以得到碳纳米纤维。在预氧化过程中(空气气氛)聚丙烯腈纤维从白色变为深棕色,进一步碳化(氮气或氩气气氛)则变成黑色的纳米纤维网。为了保持聚丙烯腈的热固性和结构特点,还需要对纤维继续氧化稳定[41-42]。化学动力学受原丝表面积影响,通过差示扫描量热法可以理解其氧化机理[34,41-42]。典型的静电纺丝聚丙烯腈纳米纤维的扫描电子显微镜图片如图 4-19(a)和(b)所示。如图所示,纳米纤维长而且直,表面形貌随着处理温度的升高而发生改变。在这个特殊的例子中,在不同的温度下处理的纳米纤维没有表现出太明显的形态变化。然而对纳米纤维网处理温度达到2800℃时,纤维的表面从光滑变成褶皱,纤维的横截面呈现多元化。这主要是碳原子的密度和致密程度的巨大变化造成的(相对密度从 0.699 变为 1.999)[34]。静电纺丝工艺可以获得高纯度、形态均匀的纳米纤维,并具有很高的产量。

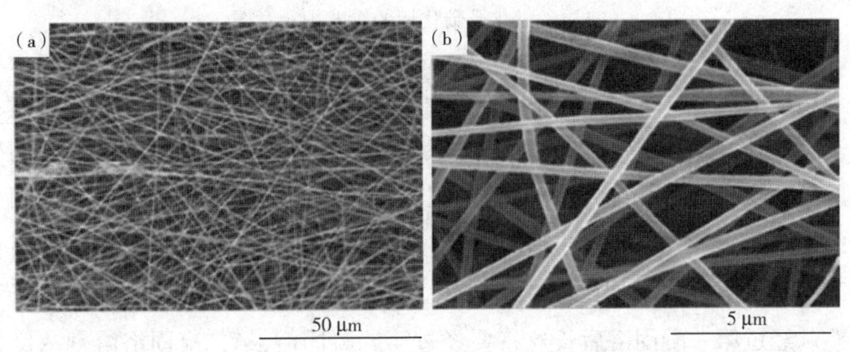

图 4-19 (a)和(b)静电纺纳米纤维的扫描电镜图像[34]

4.5 碳纳米纤维基复合长丝

本节主要论述聚丙烯腈基和碳纳米纤维基复合长丝。先将纤维级低分子量聚丙烯腈溶于 DMF,聚丙烯腈的浓度为 12%(质量分数)。再将从应用科学公司获得的经过高热处理(2900℃)的碳纳米纤维,以 3.2%(质量分数)的量加入聚丙烯腈溶液里搅拌 48h，分散均匀。分散后将溶液过滤除去聚集体。长时间搅拌可以打碎聚集体而更好地分散。过滤后的聚丙烯腈—碳纳米纤维溶液在实验室脱泡 2h，采用自制单孔湿法纺丝装置进行纺丝。如图 4-20 所示。

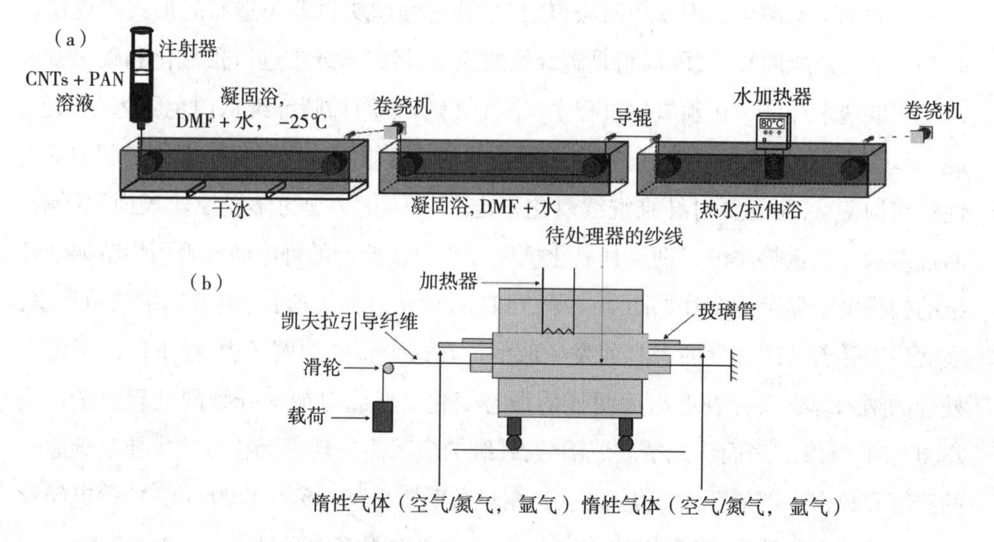

图 4-20 (a)碳纳米纤维基初生纤维湿法纺丝实验装置示意图，(b)原丝氧化及碳化用的管式炉示意图

采用 30mL 注射器(BD 公司)作为注射设备，内径 160μm 的针头(型号：30，CML 公司)用作喷丝头。凝固浴温度保持低于 0℃以降低扩散速率。较高的凝固浴温度可以产生圆形纤维，但孔隙率也很高。较低的凝固浴温度形成从椭圆到大豆形的纤维，但是在本质上纤维的形成过程是一样的。第一凝固浴的溶剂较多(65% DMF 水溶液)，牵伸比保持在 1~1.22；第一凝固浴内牵伸比过高会使纤维性能变差。经过第一凝固浴后长丝将要经过第二凝固浴，第二凝固浴溶剂浓度较低(30% DMF 水溶液)，并在 90℃热水浴中拉伸。总的拉伸比在 6~7.7，实验中较高的牵伸比会使长丝断裂。长丝的直径大约 22μm。扫描电镜和聚焦离子束(图 4-21)显示纤维的横截面内碳纳米纤维均匀地分散在聚丙烯腈基体中。初生长丝的拉伸强度和模量分别为(157.2±40.67) MPa 和(4.82±1.38) GPa。与上述湿法纺丝工艺相近的聚丙烯腈原丝的拉伸强度为(54.60±23.58) MPa。

湿法纺丝后，聚丙烯腈+碳纳米纤维复合长丝在实验室规模的管式炉中进行预氧化(300℃)和碳化(1100℃)，如图 4-20(b)所示。在预氧化过程中对纤维施加张力约 0.7GPa/1000 根长丝，在碳化时对纤维施加张力约 5GPa/1000 根长丝。其扫描电镜和聚焦离子束如图 4-21(c)和(d)所示。FIB 分析表明,纳米纤维与聚合物基体结合良好,碳化样品显示碳纳米纤维分布均匀。碳化后的纤维拉伸强度和模量分别为(427±148)MPa 和(70±8.2)GPa。与初生纤维比较,拉伸强度和模量分别提高了 2.7 倍和 14.5 倍(图 4-22)。使用更细的喷丝头可制得直径更小的初生纤维,比大直径的初生纤维缺陷更少,碳化后纤维的拉伸强度更加优异。

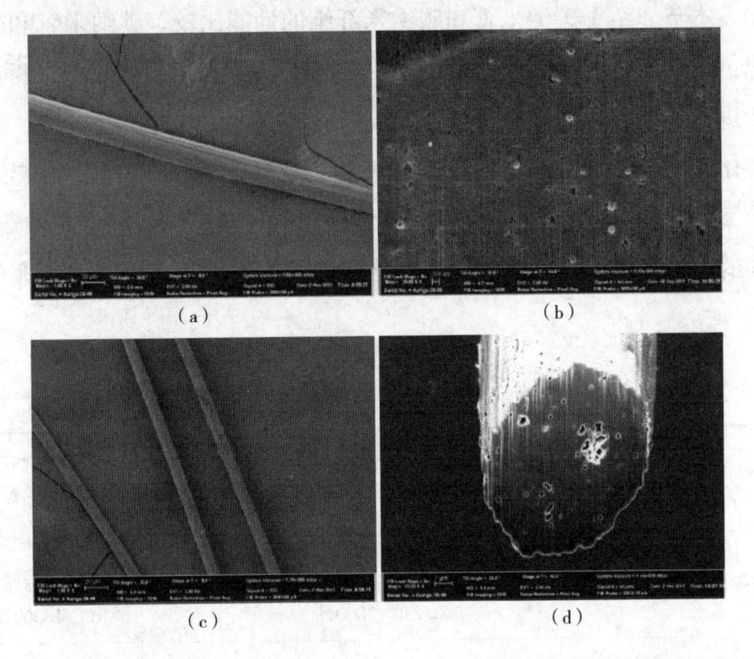

图 4-21 (a)和(b)是前驱体原丝的扫描电镜图像和聚焦离子束图像,在其截面中可以观察到 CNFs,(c)和(d)是碳化纤维的扫描电镜和聚焦离子束图像,在其横截面中可以观察到 CNFs。

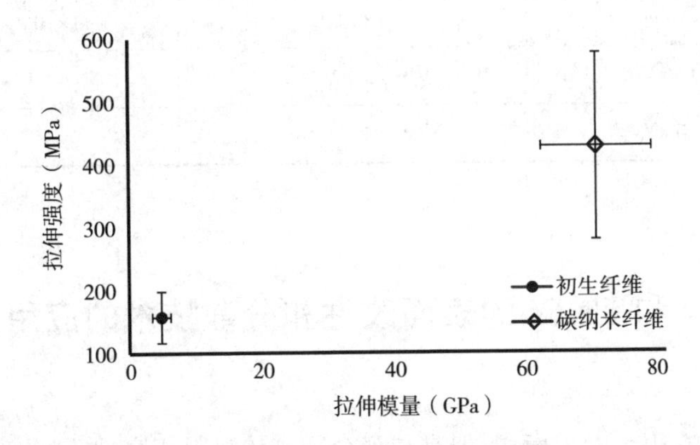

图 4-22 12%的 PAN 溶液中含有 3.2% CNFs 时得到的 PAN 复合纤维的强度与模量,与单纯 PAN 纤维相比,强度增加 2.7 倍,模量增加 14.5 倍。

4.6 CNT 和 CNF 性能比较

碳纳米管和碳纳米纤维都可以用作增强纳米材料,以提高复合纤维的力学和物理性能。本节介绍了碳纳米管和碳纳米纤维的性能比较。碳纳米管和碳纳米纤维的合成过程相似(化学气相沉积法),但其物理性质不同。表 4-3 对两者的重要物理性能进行了比较。纳米纤维的长径比小于纳米管,但是密度更高。碳纳米纤维的直径比碳纳米管大。纤维的强度和模量都比纳米管低。然而,由于纳米纤维比纳米管大,则分散性和悬浮性更好。碳纳米管的导热率比碳纳米纤维更高,但是纳米纤维的电阻率更低,因此,碳纳米纤维成为复合材料放电应用方面廉价的候选材料。

表 4-3 CNFs 和 CNTs 的物理性能比较

性能	CNFs	CNTs
直径(nm)	50~200	5~50
长度(μm)	50~100	1~100
长径比	250~2000	100~10000
密度(g/cm^3)	~2	~1.75
导热系数[W/(m·K)]	1950	3000~6000
电阻率(Ω·cm)	1×10^{-4}	$1\times10^{-4}\sim2\times10^{-3}$
强度(GPa)	2.92	10~60
模量(GPa)	240	1000

4.7 CNTs 和 CNFs 的表面改性和分散技术的应用

纳米填料有很大的表面积,但是与聚合物基体材料相容性不好,碳纳米管和碳纳米纤维的表面改性可以提高它们的分布均匀性。图 4-23 是碳纳米管电化学共价表面改性的示例。使用芳基重氮盐发生单电子还原,同时产生氮气和自由基。自由基以共价键的形式与碳纳米管表面连接。RNO 和 RBr, CH_2Cl, SO_3H, COOH 基团在碳纳米管表面发生自由基聚合。沉积层的厚度由施加的电位的大小和方向控制[43]。

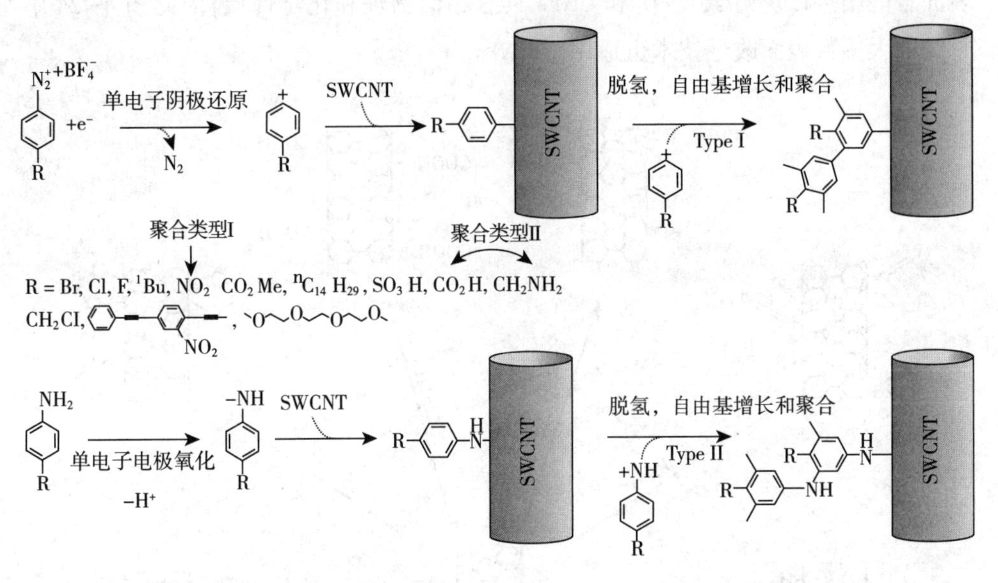

图 4-23 电化学反应导致的自由基加成反应用于 CNTs 表面改性[43]

图 4-24 总结了 CNTs 和 CNFs 的各种表面改性方法。采用硝酸或者硝酸与浓硫酸的混酸可对碳纳米管进行“切断”反应,并在断裂处生成 COOH。600℃高温下通过卤化反应,氟元素可以键合在碳纳米管的表面。然而,因为卤化反应,CNTs 失去其金属或半导体性质,成为绝缘体(sp^3 杂化)。CNTs 与十八胺发生亲核加成反应,在无溶剂条件下,使碳纳米管表面的石墨结构发生胺化。卡宾也可以与 CNTs 发生亲核加成反应。在路易斯酸存在时,氯仿与 CNTs 发生亲电加成反应,水解后,在 CNTs 表面出现羟基。亲电加成改性使得 CNTs 易于分散在常见有机溶剂中。卡宾和硝铵都可以与碳纳米管反应形成用于环加成的基团。各种类型的官能团与 CNTs 键合,引入不同的叠氮结构。在聚合物接枝方法中,碳纳米管上的接枝位点应具有石墨本质(π 键是形成共价键的基础)[44]。在单氯苯存在和超声波处理时,如聚甲基丙烯酸甲酯(PMMA)等聚合物可以和 CNTs 发生表面接枝反应,形成聚合物接枝 CNTs。其他类型的反应,如氢化和氧化或还原偶联也是

常用的表面改性方法。更多有关 CNTs 表面改性技术的信息,读者可见参考文献[45]。

对于 CNFs 的表面改性,主要是将其在不同温度下浸泡在硫酸和硝酸混合液中氧化,随后进行酰化改性。之后,经过氧化的 CNFs 和官能团之间发生反应以实现表面官能团接枝。由于 CNTs 和 CNFs 具有相似物理和化学性质,因此图 4-24 中总结的大多数表面改性技术也适用于 CNFs。

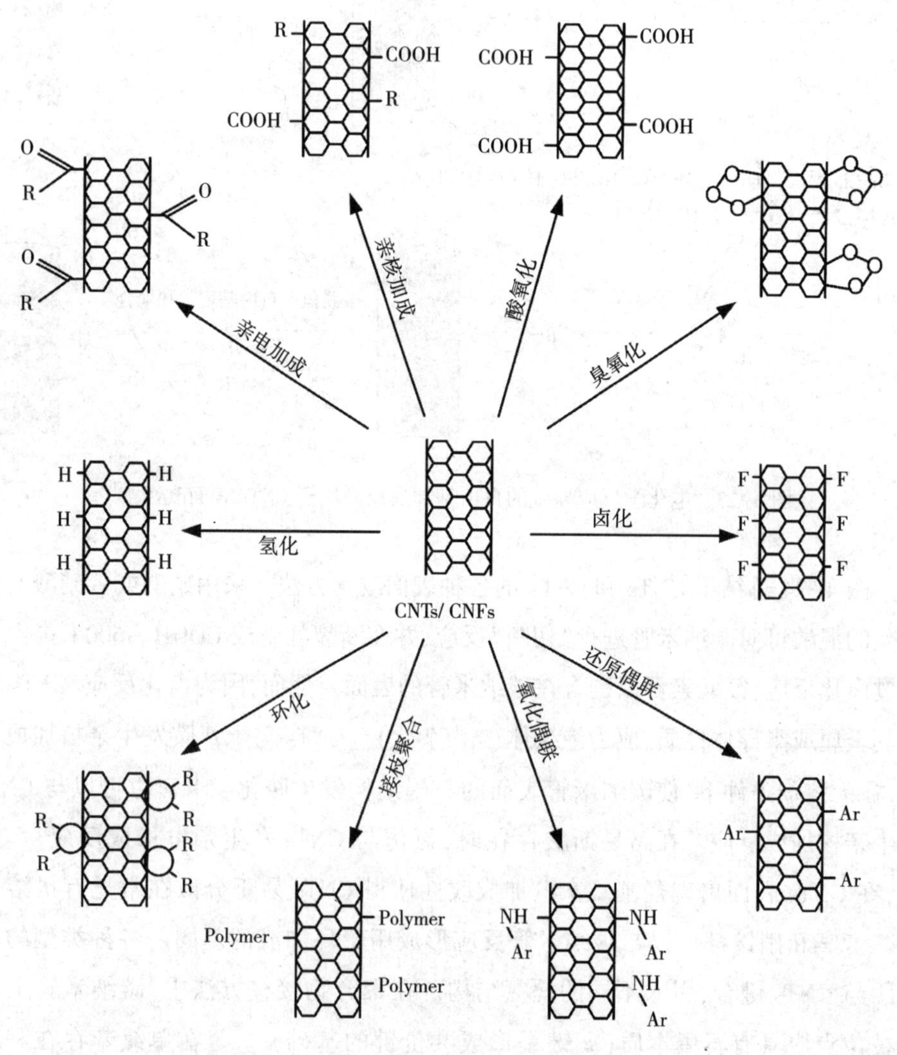

图 4-24 CNTs 和 CNFs 表面改性的常用方法总结[45]

4.8 应用

本节简要概述了碳纤维(CFs)、CNTs 或者 CNFs 与基体复合,或单独应用,或其他形式的应用。CF 基复合材料已用于整流罩、飞行操控面板、起落架舱门、地板梁和地板,以及波音 787 和空客 A350XWB 等新一代飞机的主机翼和机身结构。波音 787 Dreamliner 客机由近 50%的碳纤维基复合材料制成,而空客 A350 XWB 则含有近 53%的碳纤维基复合材料。空客公司宣称由于复合材料使用量增加,燃油的效率增加了 25%[46]。碳纤维在体育用品行业的应用占其市场份额的 18%~20%。复合材料可用于高尔夫球杆、曲棍球棒、球拍、钓鱼竿、滑雪仗、滑雪板、帆船板桅杆、船体、背包架、帐篷杆、自行车车架等。用于各种体育器材中的碳纤维不仅重量轻,而且能提高运动性能[47]。碳纤维在汽车工业应用的最新的例子是宝马 i3 电动汽车,与常规的全铝车身比较,重量减少了 550lb❶,并且由于车身减轻,汽车充满电后的续航里程增加了 80~100 英里❷。其他使用了碳纤维材料的汽车还包括阿斯顿马丁、法拉利、兰博基尼赛车等。碳纤维还用于船体,使得船体更轻、更耐用并且性能更好。碳纤维的其他主要商业用途是用于风力发电机桨叶。碳纤维应用于桨叶的径向和根部,形成桨叶的骨架,桨叶一般由玻璃纤维复合材料制成,减轻桨叶的重量对于获得最大的发电量和发电效率至关重要。

CNTs 的导电性是最早开发应用的性能之一。汽车工业领域,使用聚合物—MWNTs 材料用于消除后视镜外罩、油路管线以及过滤器的静电[48-49]。另外,在微电子工业中通常采用聚合物—CNTs 材料用于电磁干扰与屏蔽。碳纳米管与聚合物复合可以增强碳纳米管的相互作用,改善能量阻尼性质,尤其适用于体育行业,如网球拍、棒球棒、自行车架、高尔夫球杆、曲棍球杆、钓鱼竿等[50-51]。将 CNTs 制成碳纳米纤维纱线具有很高的抗张强度,可以用于对材料的电性能和机械性能有更高要求的领域[52-53]。除了聚合物—碳纳米管复合材料以外,CNTs 与金属复合也可以使拉伸强度和模量明显提高[54-55]。这种高性能的 CNTs—金属复合材料可用于飞机和汽车制造业,材料的重量和强度是这些行业的主要竞争因素[56]。目

❶ 1lb(磅)= 0.45kg。

❷ 1 英里 = 1.61km。

前,CNTs 在导电聚合物方面的应用已经开始技术研究和产品开发。由于碳纳米管的导电性较好,碳纳米管基导电聚合物涂层可防止金属腐蚀[57]。氧化铟锡由于稀土金属铟十分稀缺而非常昂贵,因此 CNTs 基的导电薄膜用于电容屏或电阻屏的优势明显[58]。SWNTs 初期用于场效应晶体管(FET)结构中,基于 CNTs 的场效应晶体管最早设计出现在 1998 年[59]。基于 SWNTs 的场效应晶体管的通道长度为 10nm,在 0.5V 电压时的电流密度接近 2.4mA/μm,大于相同尺寸的硅基晶体管器件[60-62]。CNTs 在微电子领域的应用还包括薄膜晶体管(TFT)、有机发光二极管(OLED)显示器等[63-65]。OLED 最大的优点是比 TFT 易折叠,因此未来的显示屏可以弯曲,在不破坏结构的情况下易于实现功能恢复[66-67]。笔记本电脑和移动电话中的锂离子电池使用了 MWNTs[66,68]。CNTs 也用作燃料电池的催化剂载体,将铂的使用量减少了 60%[69]。在太阳能电池中,CNTs 的使用不仅减少了不希望出现的载流子复合,而且能提高抗光氧化性[70-71]。由于 CNTs 与 DNA 和蛋白的化学和生物相容性,CNTs 用于生物传感器和医疗器械的研究持续进行中[72-73]。由于目标分子在 CNTs 表面的键合作用,基于 SWNTs 的生物传感器的电阻和光学性能都会相应发生很大的变化[74-76]。

4.9 发展趋势

CNTs 或碳纳米纤维将是未来高强度和高性能复合材料结构的重要组成。高性能复合材料具有高的强(度)质(量)比、高的能源利用效率、高的有效载荷尺寸/范围,因此应用领域广泛。然而,这些复合材料尚处于研发和应用初期,成本相对还是比较高的。降低这类复合材料的成本是该领域研究人员、企业以及用户共同关注的焦点。科研人员也正在研究将 CNTs 或 CNFs 用来增强 CFs 的性能,提高碳纤维基复合材料的应用性能。在不同领域使用经 CNTs 或 CNFs 增强的碳纤维也可以降低碳纤维基复合材料的成本。

参考文献

[1] Harris PJ: *Carbon nanotubes and related structures*, 2001, Cambridge University

Press.

[2] Prasek J, et al: Methods for carbon nanotubes synthesis—review, *Journal of Materials Chemistry* 21(40): 15872-15884, 2011.

[3] O' connell MJ: *Carbon nanotubes: properties and applications*, 2006, CRC Press.

[4] Ando T: Theory of transport in carbon nanotubes, *Semiconductor Science and Technology* 15(6): R13, 2000.

[5] Terrones M: Science and technology of the twenty-first century: synthesis, properties, and applications of carbon nanotubes, *Annual Review of Materials Research* 33(1): 419-501, 2003.

[6] Moothi K, et al: Coal as a carbon source for carbon nanotube synthesis, *Carbon* 50 (8): 2679-2690, 2012.

[7] Flamant G, et al: Solar processing of materials: opportunities and new frontiers, *Solar Energy* 66(2): 117-132, 1999.

[8] Laplaze D, et al: Carbon nanotubes: the solar approach, *Carbon* 36 (5): 685-688, 1998.

[9] Szabó A, et al: Synthesis methods of carbon nanotubes and related materials, *Materials* 3(5): 3092-3140, 2010.

[10] Song K, et al: Structural polymer-based carbon nanotube composite fibers: understanding the processing-structure-performance relationship, *Materials* 6(6): 2543-2577, 2013.

[11] Meng J, et al: Forming crystalline polymer-nano interphase structures for high-modulus and high-tensile/strength composite fibers, *Macromolecular Materials and Engineering* 299(2): 144-153, 2013.

[12] Ruan S, Gao P, Yu T: Ultra-strong gel-spun UHMWPE fibers reinforced using multiwalled carbon nanotubes, *Polymer* 47(5): 1604-1611, 2006.

[13] Gao J, et al: Continuous spinning of a single-walled carbon nanotube-nylon composite fiber, *Journal of the American Chemical Society* 127 (11): 3847-3854, 2005.

[14] Dalton AB, et al: Continuous carbon nanotube composite fibers: properties, potential applications, and problems, *Journal of Materials Chemistry* 14(1): 1-

3,2004.

[15] Razal JM, et al: Arbitrarily shaped fiber assemblies from spun carbon nanotube gel fibers, *Advanced Functional Materials* 17(15):2918-2924,2007.

[16] Wang Z, Ciselli P, Peijs T: The extraordinary reinforcing efficiency of single-walled carbon nanotubes in oriented poly(vinyl alcohol) tapes, *Nanotechnology* 18 (45):455709,2007.

[17] Minus ML, Chae HG, Kumar S: Interfacial crystallization in gel-spun poly(vinyl alcohol)/single-wall carbon nanotube composite fibers, *Macromolecular Chemistry and Physics* 210(21):1799-1808,2009.

[18] Young K, et al: Strong dependence of mechanical properties on fiber diameter for polymer-nanotube composite fibers: differentiating defect from orientation effects, *ACS Nano* 4(11):6989-6997,2010.

[19] Vigolo B, et al: Macroscopic fibers and ribbons of oriented carbon nanotubes, *Science* 290(5495):1331-1334,2000.

[20] Chae HG, et al: Carbon nanotube reinforced small diameter polyacrylonitrile based carbon fiber, *Composites Science and Technology* 69(3):406-413,2009.

[21] Chae HG, et al: Stabilization and carbonization of gel spun polyacrylonitrile/single wall carbon nanotube composite fibers, *Polymer* 48(13):3781-3789,2007.

[22] Chae HG, Minus ML, Kumar S: Oriented and exfoliated single wall carbon nanotubes in polyacrylonitrile, *Polymer* 47(10):3494-3504,2006.

[23] Kumar S, et al: Synthesis, structure, and properties of PBO/SWNT composites, *Macromolecules* 35(24):9039-9043,2002.

[24] Kearns JC, Shambaugh RL: Polypropylene fibers reinforced with carbon nanotubes, *Journal of Applied Polymer Science* 86(8):2079-2084,2002.

[25] Dalton AB, et al: Super-tough carbon-nanotube fibres, *Nature* 423(6941): 703,2003.

[26] Liu Y, Kumar S: Recent progress in fabrication, structure, and properties of carbon fibers, *Polymer Reviews* 52(3-4):234-258,2012.

[27] Song Q, et al: Grafting straight carbon nanotubes radially onto carbon fibers and their effect on the mechanical properties of carbon/carbon composites, *Carbon* 50

(10):3949-3952,2012.

[28] Deng L, et al: Carbon nanofibres produced from electrospun cellulose nanofibres, *Carbon* 58:66-75,2013.

[29] Wang X, et al: Fabrication of ultralong and electrically uniform single-walled carbon nanotubes on clean substrates, *Nano Letters* 9(9):3137-3141,2009.

[30] Zhang R, et al: Growth of half-meter long carbon nanotubes based on Schulz-Flory distribution, *ACS Nano* 7(7):6156-6161,2013.

[31] Li Y-L, Kinloch IA, Windle AH: Direct spinning of carbon nanotube fibers from chemical vapor deposition synthesis, *Science* 304(5668):276-278,2004.

[32] Zhang X, et al: Spinning and processing continuous yarns from 4-inch wafer scale super-aligned carbon nanotube arrays, *Advanced Materials* 18(12):1505,2006.

[33] Miller SG, et al: Increased tensile strength of carbon nanotube yarns and sheets through chemical modification and electron beam irradiation, *ACS Applied Materials and Interfaces* 6(9):6120-6126,2014.

[34] Vajtai R: *Springer handbook of nanomaterials*, 2013, Springer Science & Business Media.

[35] Tibbetts GG, et al: A review of the fabrication and properties of vapor-grown carbon nanofiber/polymer composites, *Composites Science and Technology* 67(7):1709-1718,2007.

[36] Baker R: Catalytic growth of carbon filaments, *Carbon* 27(3):315-323,1989.

[37] Oberlin A, Endo M, Koyama T: Filamentous growth of carbon through benzene decomposition, *Journal of Crystal Growth* 32(3):335-349,1976.

[38] Bacon R, Bowman J: Production and properties of graphite whiskers, *Bulletin of the American Physical Society* 2:131,1957.

[39] Dai H, et al: Single-wall nanotubes produced by metal-catalyzed disproportionation of carbon monoxide, *Chemical Physics Letters* 260(3):471-475,1996.

[40] Rao C, Sen R: Large aligned-nanotube bundles from ferrocene pyrolysis, *Chemical Communications* 15:1525-1526,1998.

[41] Jiang H, et al: Structural characteristics of polyacrylonitrile (PAN) fibers during oxidative stabilization, *Composites Science and Technology* 29(1):33-44,1987.

[42] Ogawa H, Saito K: Oxidation behavior of polyacrylonitrile fibers evaluated by new stabilization index, *Carbon* 33(6):783-788, 1995.

[43] Wildgoose GG, et al: Chemically modified carbon nanotubes for use in electroanalysis, *Microchimica Acta* 152(3-4):187-214, 2006.

[44] Tsubokawa N: Preparation and properties of polymer-grafted carbon nanotubes and nanofibers, *Polymer Journal* 37(9):637-655, 2005.

[45] Wu H-C, et al: Chemistry of carbon nanotubes in biomedical applications, *Journal of Materials Chemistry* 20(6):1036-1052, 2010.

[46] Boeing. http://www.boeing.com/commercial/aeromagazine/articles/qtr_4_06/article_04_2.html, 2015. Available from: http://www.boeing.com/commercial/aeromagazine/articles/qtr_4_06/article_04_2.html.

[47] Toray. http://www.toray.us/, 2015. Available from: http://www.toray.us/.

[48] Bauhofer W, Kovacs JZ: A review and analysis of electrical percolation in carbon nanotube polymer composites, *Composites Science and Technology* 69(10):1486-1498, 2009.

[49] Chou T-W, et al: An assessment of the science and technology of carbon nanotube-based fibers and composites, *Composites Science and Technology* 70(1):1-19, 2010.

[50] Gojny F, et al: Carbon nanotube-reinforced epoxy-composites: enhanced stiffness and fracture toughness at low nanotube content, *Composites Science and Technology* 64(15):2363-2371, 2004.

[51] Suhr J, et al: Viscoelasticity in carbon nanotube composites, *Nature Materials* 4(2):134-137, 2005.

[52] Bakshi SR, Agarwal A: An analysis of the factors affecting strengthening in carbon nanotube reinforced aluminum composites, *Carbon* 49(2):533-544, 2011.

[53] Kashiwagi T, et al: Nanoparticle networks reduce the flammability of polymer nanocomposites, *Nature Materials* 4(12):928-933, 2005.

[54] Coleman JN, et al: Small but strong: a review of the mechanical properties of carbon nanotube-polymer composites, *Carbon* 44(9):1624-1652, 2006.

[55] Zhang M, Atkinson KR, Baughman RH: Multifunctional carbon nanotube yarns by

downsizing an ancient technology, *Science* 306(5700):1358-1361,2004.

[56] De Volder MF, et al: Carbon nanotubes: present and future commercial applications, *Science* 339(6119):535-539,2013.

[57] Beigbeder A, et al: Preparation and characterisation of silicone-based coatings filled with carbon nanotubes and natural sepiolite and their application as marine fouling-release coatings, *Biofouling* 24(4):291-302,2008.

[58] Wu Z, et al: Transparent, conductive carbon nanotube films, *Science* 305(5688): 1273-1276,2004.

[59] Ionescu AM, Riel H: Tunnel field-effect transistors as energy-efficient electronic switches, *Nature* 479(7373):329-337,2011.

[60] Appenzeller J, et al: Band-to-band tunneling in carbon nanotube field-effect transistors, *Physical Review Letters* 93(19):196805,2004.

[61] Franklin AD, et al: Sub-10 nm carbon nanotube transistor, *Nano letters* 12(2): 758-762,2012.

[62] Jensen K, et al: Nanotube radio, *Nano letters* 7(11):3508-3511,2007.

[63] Chen Z, et al: Protein microarrays with carbon nanotubes as multicolor Raman labels, *Nature Biotechnology* 26(11):1285-1292,2008.

[64] Jung M, et al: All-printed and roll-to-roll-printable 13.56-MHz-operated 1-bit RF tag on plastic foils, *Electron Devices, IEEE Transactions on* 57(3):571-580,2010.

[65] Sun D-M, et al: Flexible high-performance carbon nanotube integrated circuits, *Nature Nanotechnology* 6(3):156-161,2011.

[66] Dai L, et al: Carbon nanomaterials for advanced energy conversion and storage, *Small* 8(8):1130-1166,2012.

[67] Rueckes T, et al: Carbon nanotube-based nonvolatile random access memory for molecular computing, *Science* 289(5476):94-97,2000.

[68] Köhler AR, et al: Studying the potential release of carbon nanotubes throughout the application life cycle, *Journal of Cleaner Production* 16(8):927-937,2008.

[69] Evanoff K, et al: Ultra strong silicon-coated carbon nanotube nonwoven fabric as a multifunctional lithium-ion battery anode, *ACS Nano* 6(11):9837-9845,2012.

[70] Gao G, Vecitis CD: Electrochemical carbon nanotube filter oxidative performance as a function of surface chemistry, *Environmental Science and Technology* 45(22): 9726-9734, 2011.

[71] Le Goff A, et al: From hydrogenases to noble metal-free catalytic nanomaterials for H_2 production and uptake, *Science* 326(5958): 1384-1387, 2009.

[72] De La Zerda A, et al: Carbon nanotubes as photoacoustic molecular imaging agents in living mice, *Nature Nanotechnology* 3(9): 557-562, 2008.

[73] Heller DA, et al: Single-walled carbon nanotube spectroscopy in live cells: towards long-term labels and optical sensors, *Advanced Materials* 17(23): 2793-2799, 2005.

[74] Heller DA, et al: Multimodal optical sensing and analyte specificity using single-walled carbon nanotubes, *Nature Nanotechnology* 4(2): 114-120, 2008.

[75] Kam NWS, et al: Carbon nanotubes as multifunctional biological transporters and near-infrared agents for selective cancer cell destruction, *Proceedings of the National Academy of Sciences of the United States of America* 102(33): 11600-11605, 2005.

[76] Kurkina T, et al: Label-free detection of few copies of DNA with carbon nanotube impedance biosensors, *Angewandte Chemie International Edition* 50(16): 3710-3714, 2011.

第二部分

高性能合成聚合物纤维

5 液晶芳香族聚酯纤维

F.Sloan
可乐丽公司(美国),美国南卡罗来纳州米尔堡

5.1 简介

工业化聚酯纤维品种和规格很多,最常见的是聚对苯二甲酸乙二醇酯(PET)纤维。高模量低收缩的PET纤维,可用于乘用车轮胎帘子线、系泊索和其他工业用途,强度达到8~9g/旦,断裂伸长率为10%~20%[1]。还有其他类型的聚酯,例如聚萘二甲酸乙二醇酯、聚对苯二甲酸丁二醇酯等。这些聚酯纤维的拉伸强度范围为4~10g/旦,断裂伸长率范围为6%~45%。相比之下,液晶芳香族聚酯(LCP)纤维的强度可达到28g/旦❶(3.4GPa),断裂伸长率仅为3%~4%。随着使用环境对尺寸稳定性和耐久性要求越来越高,包括液晶芳香族聚酯纤维在内的高性能纤维的应用日渐广泛。

第一种液晶超级纤维是芳香族聚酰胺纤维,也称为芳纶,典型代表是20世纪60年代杜邦公司开发的凯夫拉(Kevlar)纤维。芳纶的成功促使研究人员对液晶型聚酰胺和聚酯类型的聚合物纤维进行了大量的研究。Celanese公司的Calundann等做了大量的工作[2-3],研究了大量用于聚合的各种单体。尽管很多研究开发的聚合物目前已经广泛用于工程应用,但是只有一种成功用于开发纤维产品,这种纤维产品被称为液晶芳香族聚酯纤维或者芳香族聚酯纤维,商品名Vectran。

❶ 1g/旦≈0.0882N/tex≈8.82cN/tex,1tex=9旦。

5.2 液晶芳香族聚酯的发展史

和大多数工业纤维一样,液晶芳香族聚酯纤维最初的市场定位是用于客车轮胎。虽然给轮胎提供了令人感兴趣的性能,但是液晶芳香族聚酯纤维不能与轮胎工业需要的快速制造工艺相匹配。另外,比起轮胎级别的聚酯纤维,液晶芳香族聚酯纤维成本较高,从而限制了其商业化进程。

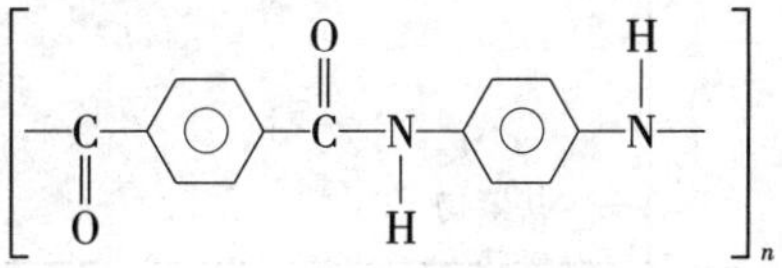

A　　B

大多数高性能聚合物具有重复单元结构。例如,把芳纶聚合物采用的二酸单体表示为 A,二胺单体表示为 B,两个单体反应后分子链就形成了规则的 A-B-A-B-A-B 类型的链结构。但是,很多芳香单体形成的重复结构具有很高的结晶度和热力学稳定性,而且理论上的熔融温度超过了实际炭化或分解温度。因此,传统的熔融加工工艺无法加工这类聚合物。这类聚合物纤维生产一般需要采用复杂的湿纺工艺,如采用强酸溶液进行湿法纺丝。

在开发液晶芳香族聚酯纤维技术时,在 Calundann 等领导下,塞拉尼斯(Celanese)公司采取了与杜邦公司开发芳纶不同的策略。为了使聚合物能够采用普通的熔融方式加工,例如注射成型和熔融纺丝,塞拉尼斯公司寻求开发具有高性能且可熔融加工的聚合物。在尝试了很多化合物后,发现大多数化合物像芳纶那样,通常在熔融前就已经达到了分解温度。最终在对双官能团单体自缩聚形成无规共聚物的研究中取得突破[2]。

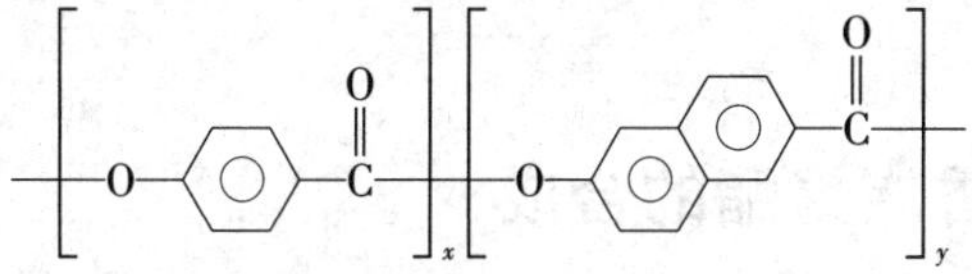

同时具有酸和醇功能基团的芳香族单体,例如羟基酸,可以发生自缩聚。采用不同类型的这种聚合物进行聚合,可得到无规共聚物,例如 A-B-A-A-B-B-A-BBB-AA 等。例如,4-羟基苯甲酸(HBA)和 6-羟基萘酸(HNA)二者反应生成共聚物。共聚后的一个性能就是共聚物的熔融温度比任意一个单体均聚物的熔点都

要低。调节单体 A 和 B 的摩尔比,可以降低熔融温度,共聚物因此可以按传统方式加工。图 5-1 中所示为可熔融加工的共聚比例范围。

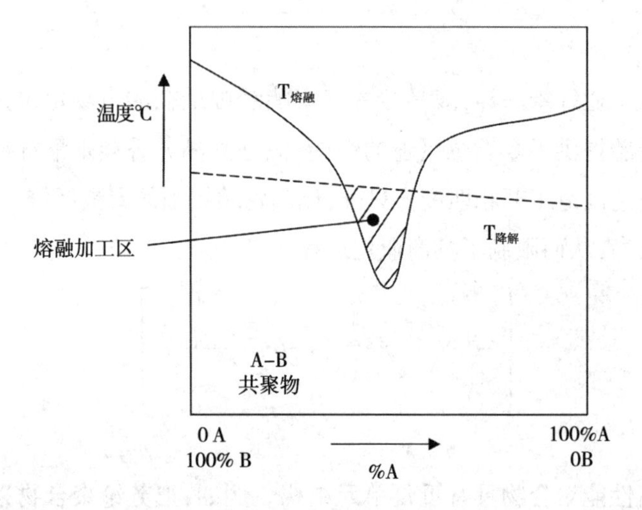

图 5-1　A∶B 无规共聚物的熔融加工区[4]

液晶聚合物由于临近芳香基团间的电子共轭效应而具有特殊的物理性质。例如,酯基和酰氨基具有多余电子,有利于形成沿着分子链方向的电子共振。当相邻的苯环位于同一平面上,分子处于能量最低状态。此时分子的结构是刚性棒状,非常有利于形成晶体有序排列。例如,当分子处于自由运动的液态时,分子的刚性棒状链段在范德瓦耳斯力作用下,相互吸引并规则排列,于是自发地形成晶体。这种在液体中形成的晶体被称为液晶。在熔融态时形成晶体的聚合物称为热致性液晶聚合物,而在溶液里(例如酸)形成晶体的聚合物则称为溶致性液晶聚合物。

$$\left[-C_6H_4-\ddot{R}-C_6H_4-\ddot{R}-C_6H_4-\ddot{R}- \right]_n$$

5.3　液晶芳香族聚酯的合成

大多数主链芳香族热致性液晶聚酯是通过缩聚反应形成的[3]。为了避免氧化,聚合需要在惰性气体氛围中进行,反应温度比单体的熔点高 50~80℃,可以添加醋酸盐作为催化剂以提高产率。对低黏度的熔体抽真空,可以排除过量的缩聚副产物(例如乙酸),使反应向正向进行从而得到较高分子量的聚合物。所得的聚合物可以像普通聚酯一样,挤出、冷却、切粒。如图 5-2 所示 HBA/HNA 聚合生成聚合物的反应式。

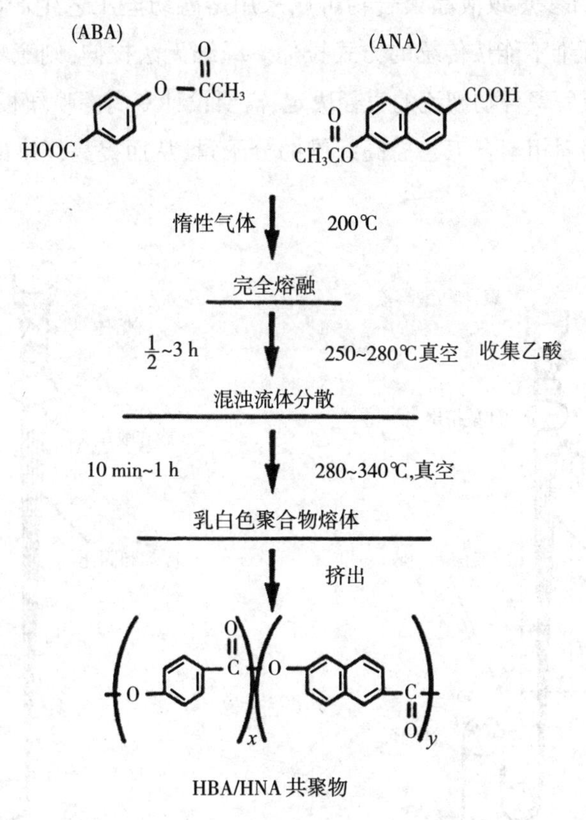

图 5-2 HBA/HNA 缩聚合成共聚 LCP 聚酯[3]

关于液晶聚合物的综述和研究众多[5-8]。重要的工业用芳香族液晶聚酯具有高强度、韧性、尺寸稳定性、耐热性和耐有机溶剂性等特性。目前,已经推向市场销售的热致性液晶聚酯有 Xydar,Vectra,Zenite 和 Laperos[9]。

5.4 液晶芳香族聚酯纤维的制造

许多高性能纤维都要通过复杂的纺丝工艺来制造,需要对具有强腐蚀性的溶剂进行回收、循环再利用。例如,芳纶的纺丝工艺流程如图 5-3 所示,需要使用强酸做溶剂。聚合物的分子量提升是在酸溶液中进行的,一旦达到目标分子量,即可进行湿法纺丝。纤维成型后,需要进行拉伸和水洗,酸液需要回收再利用。强酸的使用对溶剂处理的安全和环保具有较高的要求。

相比之下,许多热致液晶聚合物可以采用熔融纺丝工艺生产(例如图 5-4 所示),尽管这些纤维不能按传统的方式拉伸。纤维无法拉伸,则意味着纤维的直径直接由出喷丝板后聚合物细流的直径决定,需要设计专门的喷丝板和螺杆挤出机。纺丝后需要采用固相聚合工艺提高纤维的分子量,从而提高纤维的力学性能和热性能。

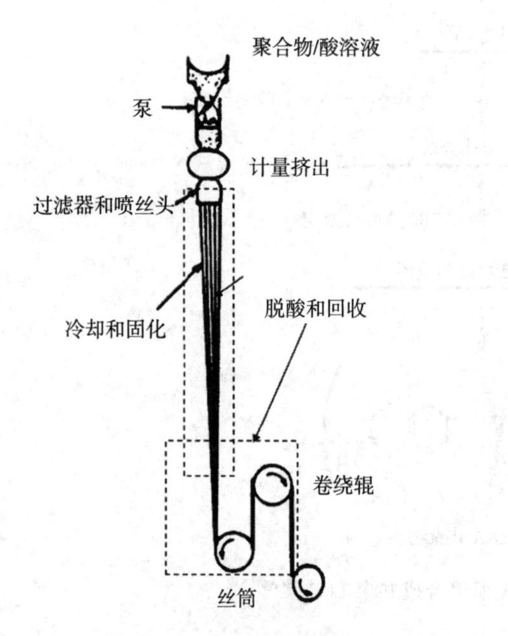

图 5-3　溶致液晶聚合物酸溶液的湿法纺丝工艺[3]

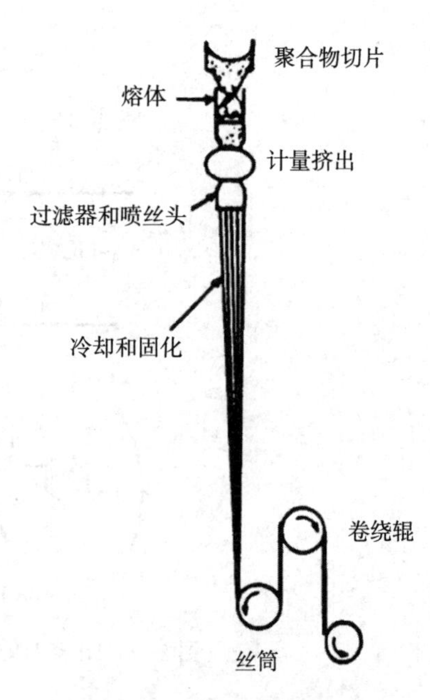

图 5-4　热致液晶聚合物的熔法纺丝工艺[3]

20 世纪 80 年代后期,Celanese 公司[10-12]与 Kuraray 公司合作,于 1990 年生产出第一种 液晶芳香族聚酯纤维[13]。自此开始,Kuraray 公司也开始商业化生产液晶芳香族聚酯纤维(商品名为 Vectran),目前的产能约为 1000 吨/年。虽然具有很重要的商业价值,但与全球芳纶超过 70000 吨/年的产量相比,Vectran 的产能还非常小。

5.5 液晶芳香族聚酯纤维的结构和性能

液晶聚合物成纤的过程中,聚合物的晶区会发生有序排列,如图 5-5 所示。对于非液晶聚合物的分子,例如 PET,也会在纤维方向排列,但是在液晶聚合物中有序排列的晶区会导致更高的力学性能。

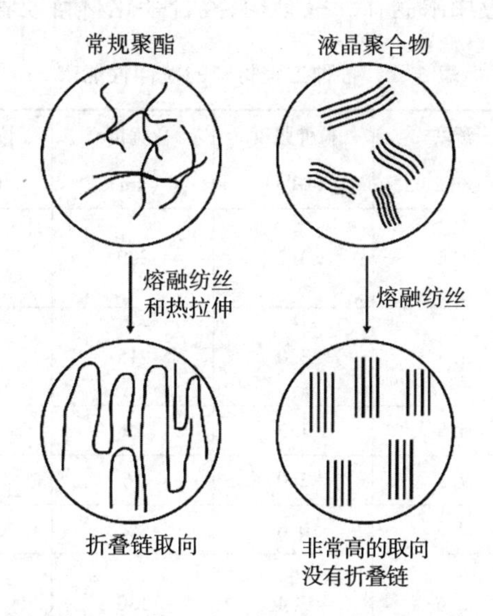

图 5-5 初生聚合物纤维的分子和晶体取向[12]

许多研究者对高性能纤维的原纤结构有过描述,如图 5-6 所示。Sawyer 等[14-16]以及 Masuda 等[17]使用扫描电镜和其他分析技术描述了液晶聚合物纤维中晶区的取向情况,发现热致液晶聚合物的晶区和溶致液晶聚合物一样与纤维的方向并不是完全平行,而是表现为轻微弯曲。这对提高液晶聚合物纤维耐压缩疲劳有利。

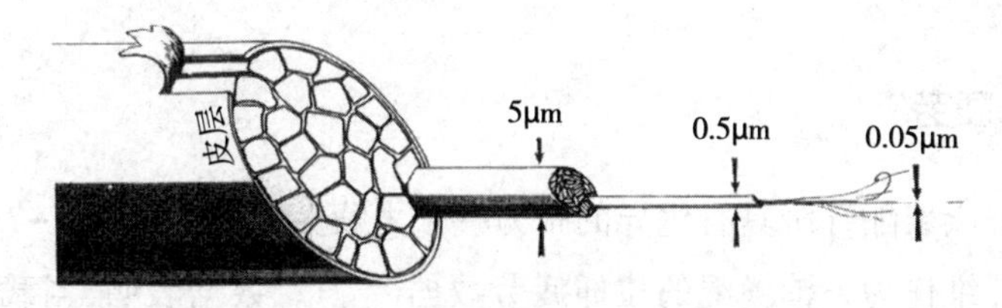

图 5-6 液晶芳香族聚酯纤维的原纤结构[14]

5.5.1 机械性能

表 5-1 比较了液晶芳香族聚酯纤维和其他工程材料的拉伸性能。它的拉伸强度比铝高 5 倍,拉伸模量相当,但是密度只有铝的一半。与芳纶和高模量聚乙烯(HMPE)一样,液晶芳香族聚酯纤维也有常规模量和高模量两个等级。(除非另有说明,本文中提供的所有液晶芳香族聚酯纤维数据均指常规模量液晶芳香族聚酯纤维样品。)液晶芳香族聚酯纤维和其他聚合物纤维的抗压强度和模量都比较低,因此在复合材料中的应用限制在二级结构、混合杂化材料或者柔性应用方面[19]。

表 5-1 各种工程材料的拉伸性能[18]

材料	密度 (g/cm^3)	拉伸强度 (GPa)	比强度[a] (km)	拉伸模量 (GPa)	比模量[b] (km)
液晶芳香族聚酯纤维(常规模量[c])	1.4	3.2	229	75	5300
液晶芳香族聚酯纤维(高模量[d])	1.4	3.0	215	103	7400
钛	4.5	1.3	29	110	2500
不锈钢	7.9	2.0	26	210	2700
铝	2.8	0.6	22	70	2600
无碱玻璃纤维增强体(E-玻璃)	2.6	3.4	130	72	2800
石墨(AS4)	1.8	4.3	240	230	13000

[a] 比强度=强度/密度(国际单位制中还除以重力加速)。也被称为断裂长度,即在垂直方向纤维能保持不断裂的最大长度。

[b] 比模量=模量/密度(国际单位制中还除以重力加速)。

[c] 常规模量液晶芳香族聚酯纤维是 Vectran HT 级。

[d] 高模量液晶芳香族聚酯纤维是 Vectran UM 级。

5.5.2 张力疲劳

液晶芳香族聚酯纤维具有优异的张力—张力疲劳性能。如图 5-7 显示了液晶芳香族聚酯纤维作为系泊缆绳的拉伸疲劳数据[20-21]。数据表明,当载荷在设计水平之内时,液晶芳香族聚酯缆绳的疲劳寿命类似于聚酯类缆绳[22]。

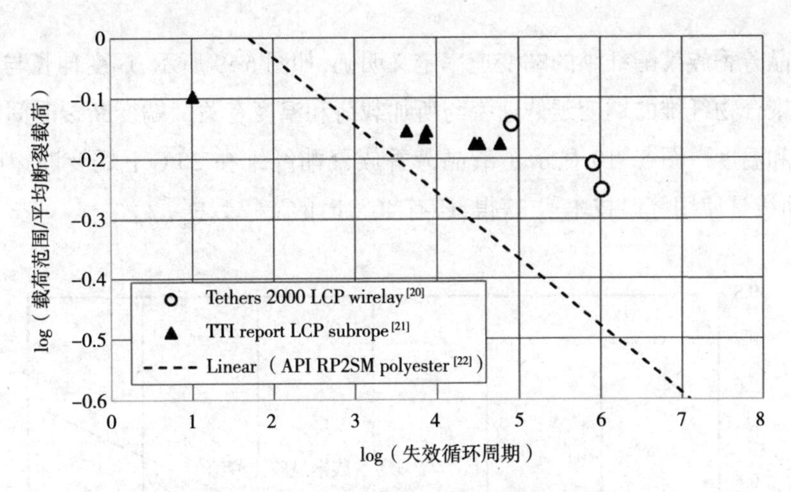

图 5-7　液晶芳香族聚酯纤维绳索的拉伸性能

5.5.3　蠕变和应力松弛

液晶芳香族聚酯纤维绳索应力松弛的早期研究数据如图 5-8 所示。在该研究中，使用套筒螺母串联来固定伸长，用载荷传感器设定几种高性能绳索的初始张力。由于应力松弛，绳索的载荷随着时间的延长而减小，当张力降至预定水平以下时，将使用螺母重置张力。将重置张力的频率作为蠕变性能的相对度量参数。研究结果表明，液晶芳香族聚酯绳索没有发生蠕变。当然，也有可能是因为载荷传感器的分辨率不够灵敏。

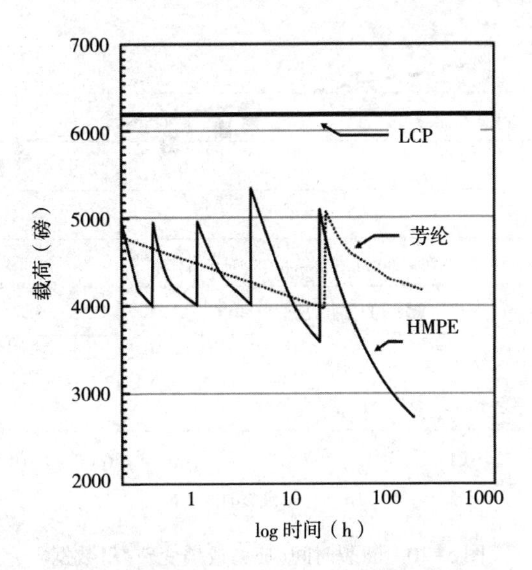

图 5-8　纤维绳索的应力松弛实验[23]

LCP—液晶芳香族聚酯纤维　HMPE—高模量聚乙烯纤维

液晶芳香族聚酯纤维的蠕变速率定义明确，如图 5-9 所示，蠕变伸长与 logt 成正比。聚合物纤维的蠕变延伸速率与所加载荷和温度有关。蠕变断裂时间也取决于载荷和温度。图 5-10 显示了液晶芳香族聚酯纤维在 25℃ 下蠕变断裂时间曲线，该曲线是使用等温技术[24]获得，还有 40℃ 时的支撑数据[25]。

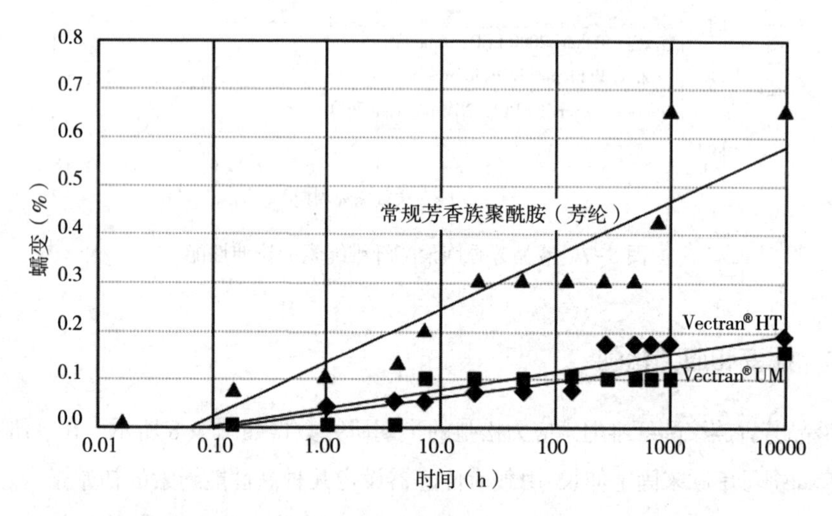

图 5-9 30%载荷下的液晶芳香族聚酯纤维和芳纶的蠕变伸长[18]

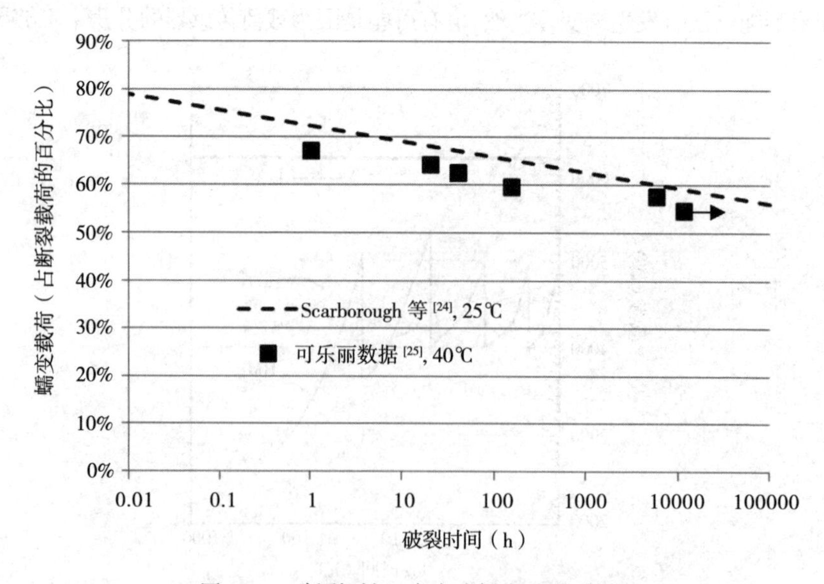

图 5-10 断裂时间(应力或蠕变破裂)数据

5.5.4 热性能

液晶芳香族聚酯纤维的加工采用熔融挤出形式,但在固态聚合过程中,聚合物的结构和分子量还发生了进一步的发展,使纤维的热性能介于热塑性和热固性聚合物之间。液晶芳香族聚酯纤维具有很好的高温尺寸稳定性和很低的收缩率,如表5-2所示。液晶芳香族聚酯纤维的极限氧指数与芳纶相似。

表5-2 LCP聚酯和芳纶的热性能比较[18]

纤维的热性能指标	LCP 聚酯纤维		芳纶	
	常规模量	高模量	常规模量	高模量
极限氧指数(%)	28	30	30	30
熔点(℃)	无	350	无	无
干热收缩(180℃,30min)(%)	<0.2	<0.1	<0.2	<0.1
沸水收缩(180℃,30min)(%)	<0.2	<0.1	<0.2	<0.1
50%强度保持温度[a](℃)	145	150	400	230
热重分析(20%,失重温度)(℃)	>450	>450	>450	>450

[a] 从图5-11估计。

如图5-11所示,和其他聚合物纤维一样,液晶芳香族聚酯纤维随着温度的升高而发生强度损失。在高温下物理性质的降低是因为结晶区域之外的非晶区域的链的运动和活化。如图5-12所示,在中等温度下短时间受热后,例如24h,剩余强度还是很高的,并且高温下反复循环加热,LCP聚酯也是很稳定的,如图5-13所示。图5-14显示了长期持续在极端温度下受热。在干热250℃,加热300h后,只有10%~20%的强度损失,如图5-14(a)所示。和其他聚酯基纤维一样,高温高湿环境对纤维具有更显著的水解作用,图5-14(b)所示。

如图5-15所示,低温下液晶芳香族聚酯纤维的强度会增加20%。NASA对极端低温下(低至-100℃)的液晶芳香族聚酯纤维性能进行了广泛研究。研究的项目包括火星探测器机器人着陆气囊、航天飞机舱外行走安全绳索和可充气帐篷[26-27]。还评估了液晶芳香族聚酯纤维在-160℃下与液化天然气直接接触方面的应用性能。

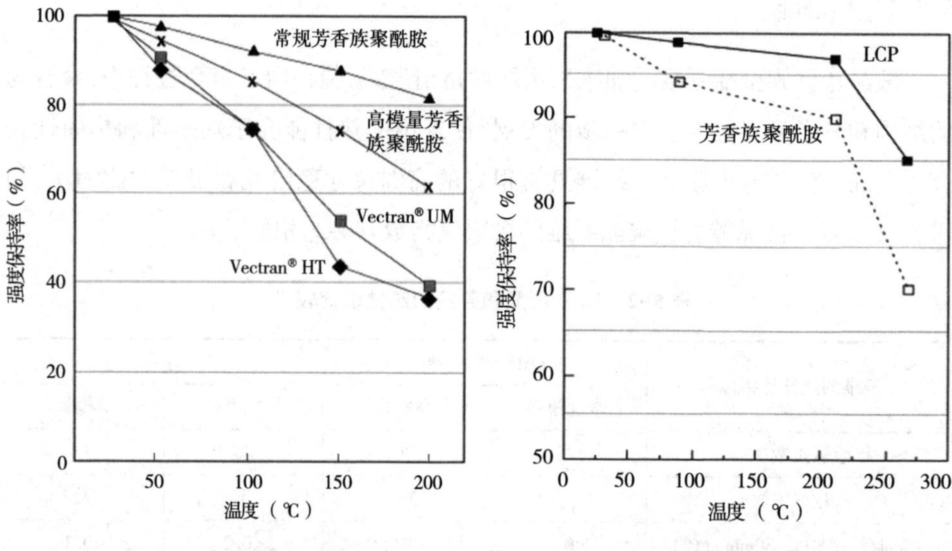

图 5-11　液晶芳香族聚酯纤维在高温下强度弱化测试[18]

图 5-12　24h 高温加热实验对液晶芳香族聚酯纤维剩余强度的影响[18]

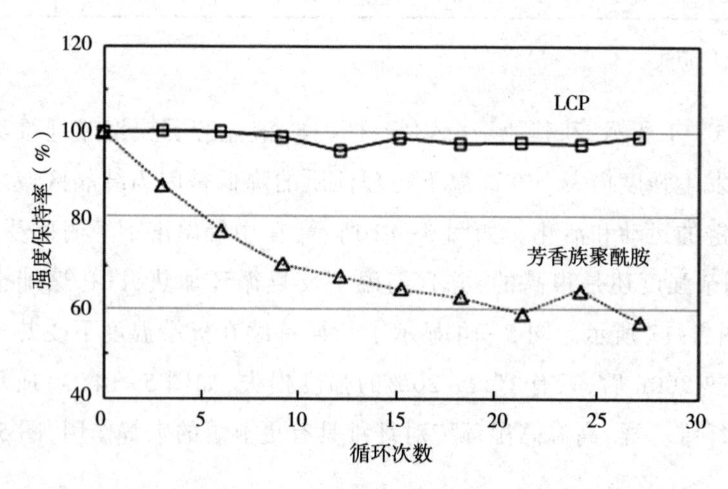

图 5-13　高温循环对液晶芳香族聚酯纤维的影响(195℃,循环周期 8h)[18]

5.5.5　化学性质

与芳纶相比,液晶芳香族聚酯纤维的一个优点是平衡回潮率很低,如表 5-3 所示。与其他疏水的聚酯相似,液晶芳香族聚酯纤维平衡回潮率接近零。这在

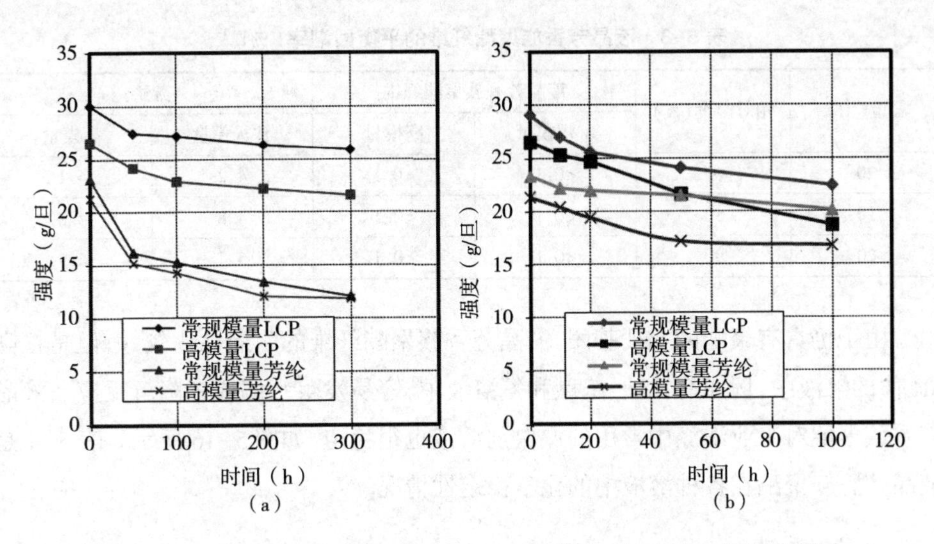

图 5-14　干热和湿热(蒸汽)条件下高温对液晶芳香族聚酯纤维的影响[18]

(a)250℃的干燥空气,(b)120℃的蒸汽

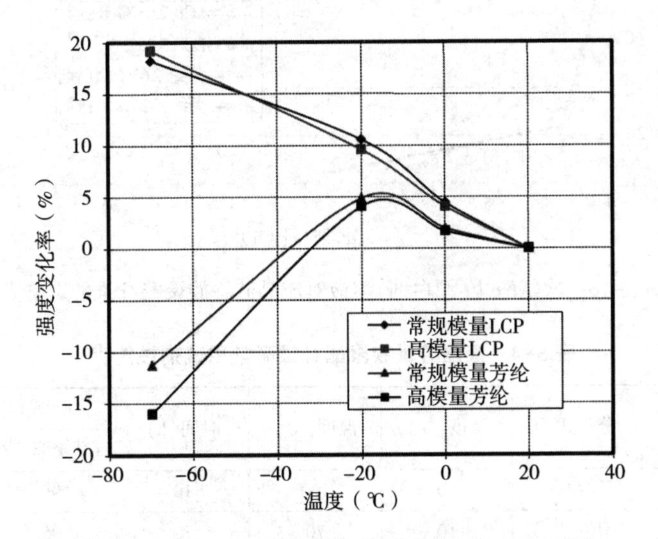

图 5-15　低温对液晶芳香族聚酯纤维强度的影响[18]

很大程度上避免了对储存环境的湿度控制要求,也不需要在聚合物熔体做涂层或外层涂覆前进行充分的预干燥操作。例如,对织物进行涂层或聚合物电缆保护套的挤压过程。在这些操作中,大量水分的存在会导致起泡或其他表面缺陷。与有关芳纶的报道一样,纤维增强复合材料从环境中的长期吸湿性,会导致微裂纹问题。

表 5-3 液晶芳香族聚酯纤维的平衡回潮率(%)[18]

温度(℃)	相对湿度(%)	液晶芳香族聚酯纤维		芳纶	
		常规模量	高模量	常规模量	高模量
20	65	<0.1	<0.1	4.2	4.1
20	80	<0.1	<0.1	4.8	4.8
20	90	<0.1	<0.1	5.4	5.5

由于仍具有聚酯的本征基团,液晶芳香族聚酯纤维的耐酸性比较好,但是在高pH值的溶液中,例如苛性钠、浓碱和氨溶液中,容易发生水解或者降解反应。液晶芳香族聚酯对工业洗涤中常用的漂白剂溶液也很稳定,如图5-16所示。表5-4是液晶芳香族聚酯在各种溶液中的化学稳定性情况。

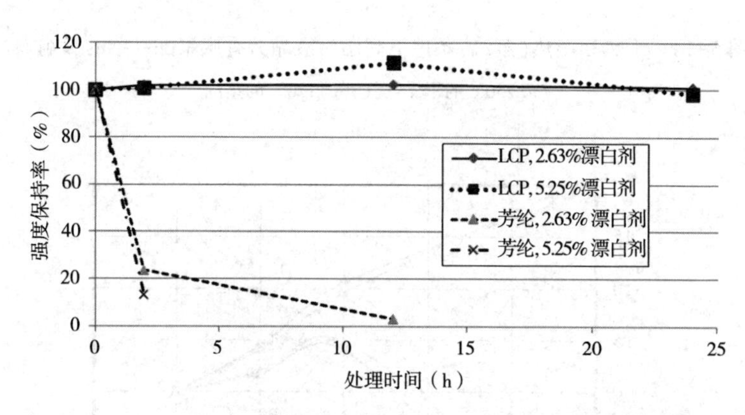

图 5-16 次氯酸盐(漂白剂)溶液对液晶芳香族聚酯纤维的影响[18]

表 5-4 液晶芳香族聚酯纤维耐常用试剂性能[18]

试剂	分子式	浓度(%)	温度(℃)	时间(h)	残留强度(%)	
					LCP 聚酯纤维	芳纶
硫酸	H_2SO_4	10	100	10	96	40
硝酸	HNO_3	10	70	10	95	23
氢氧化钠	NaOH	10	70	20	66	21
丙酮	CH_3COCH_3	100	20	10000	99	99
甲醇	CH_3OH	100	20	100	96	94
氨水	NH_4OH	10	70	24	35	95
矿物油		100	20	10000	100	100

注 完整表格参见 Vectran® grasp the world of tomorrow, technical clata brochure. Houston: Kuraray America, Inc.; 2010.

5.5.6 紫外线和辐射的影响

与许多芳香族聚合物一样,液晶芳香族聚酯纤维受到高能紫外线的辐射会产生降解。在模拟日照环境下进行的测试表明,单根纤维的降解速度很快。但是降解过程好像具有自阻塞性,而且这些效果取决于产品的形式和条件,例如直径/尺寸、表面修饰/涂层、捻度、织物经纬度等。图 5-17 表明,许多高性能纤维都会由于阳光辐照而造成强度损失。因此,应该采取简单的保护措施,例如采用密编保护套和/或进行防紫外线涂层。在最糟糕的情况下(例如,低捻度、单纤维、无涂层),液晶芳香族聚酯和其他高性能纤维经长期紫外线照射后,可能均无法保持令人满意的性能(图 5-18)。

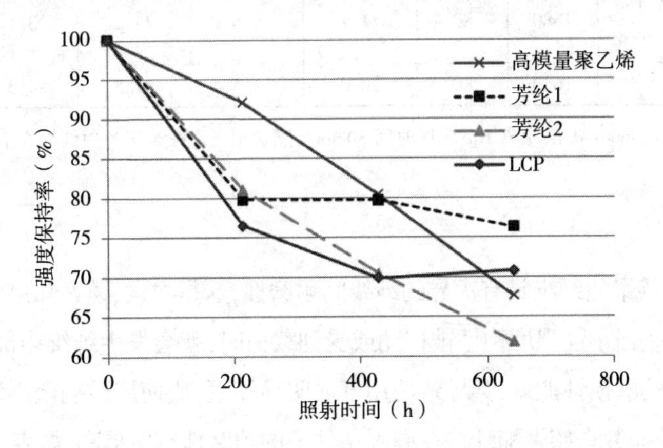

图 5-17 模拟阳光(氙弧)对直径为 6mm(1/4 英寸)的 12 股缆绳的影响[18]

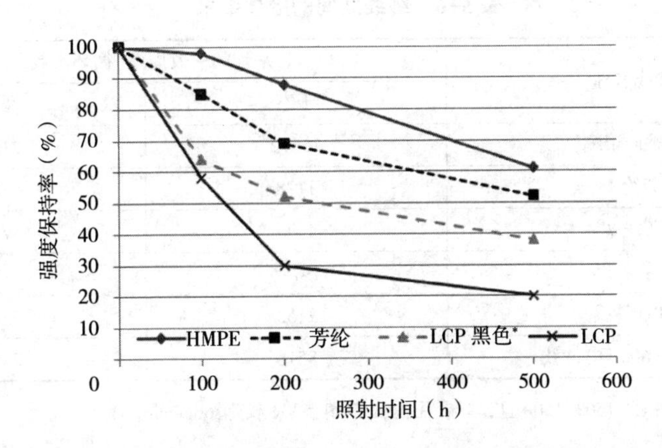

图 5-18 模拟阳光(碳弧)对细度为 1500 旦纤维的影响[18]

[*液晶芳香族聚酯(LCP)黑色为颜料染色]

微波能量能够完全透过液晶芳香族聚酯纤维，因此，液晶芳香族聚酯纤维几乎不受高能辐射的影响。表 5-5 显示了 X 射线辐照液晶芳香族聚酯纤维后的结果（γ 辐射，Co-60），总辐照时间为 30min 或 4800rad❶。测试数据表明，500Mrad 辐照后对其性能的影响很小[28]。

表 5-5　γ 辐射对液晶芳香族聚酯纤维韧性的影响[18]

样品	线密度（dtex）	捻度（捻/m）	辐照前		X 射线辐照后		强度保持率（%）
			韧性（cN/dtex）	伸长率（%）	韧性（cN/dtex）	伸长率（%）	
常规模量液晶芳香族聚酯纤维	1670	80	25.5	3.8	25.1	4.3	98
高模量液晶芳香族聚酯纤维	1580	80	21.1	2.6	23.2	3.1	110
常规模量芳纶	1670	80	20.0	4.5	21.5	4.3	108

注　软 X 射线：9600rad/h，距离 1m，辐射时间 30min。能量相当于医学软 X 射线检查中能量的 1800 倍。

5.5.7　耐磨性

液晶芳香族聚酯纤维具有优异的纱线间耐磨性，这是绳索、缆索和吊索的抗疲劳性能的重要指标。当柔性强度构件被移动或受到载荷时，就会发生纤维内部的相互作用，如果纱线之间的磨损性能差，会导致使用寿命明显缩短，或使用后剩余强度变低。与聚酯纤维相似，液晶芳香族聚酯纱线在潮湿条件下的耐磨性有所提高，如表 5-6 所示。

表 5-6　纱线之间的磨损结果[18]

纱线名称	平均的失效周期（循环次数）	
	干态	湿态
液晶芳香族聚酯纱线	16672	21924
芳纶 1	1178	705
芳纶 2	1773	759
芳纶 3	974	486
PBO 纱线	2153	—
HMPE（1600 旦）纱线	8518	23619

注　测试方法 CI-1503，1500 旦，单端，无捻，1.5 圈，500g 载荷，66c/min。

❶　$1rad = 10^{-2}Gy$。

5.5.8 挠曲疲劳

纱线或织物在反复折叠和起皱过程中的挠曲或者弯曲疲劳在很多应用中是一个重要的问题。这些织物包括绳索、篷布、充气囊和临时建筑物等。通过提高抗挠曲疲劳性能来提高产品的使用寿命是液晶芳香族聚酯纤维在应用研究中的重要内容。

由于不同聚合物纤维的抗挠曲破坏性能存在显著的不同,因此挠曲疲劳机理一直是一个值得研究的课题。例如,典型的聚酯、LCP(全芳族聚酯)和芳纶(全芳族聚酰胺)都具有类似的微纤结构。另外,高模量有机纤维的极限抗压强度是极限拉伸强度的1/10,对于所有的纤维而言,纤维挠曲破坏的第一个直观表现就是产生扭曲带。扭曲带通常解释为分子链中的位错(屈曲或断裂),可能发生在整个微原纤的尺度上,或是微纤维的同一位置重复发生挠曲或压缩应变。

尽管存在上述结构共性,但纤维在抗挠曲疲劳性能方面仍存在很大差异。常规的聚酯不能表现出高性能纤维的拉伸强度和热性能。但是,当其循环挠曲载荷占其极限断裂载荷类似的比例时,常规聚酯纤维的抗挠曲疲劳强度更高。对纱线、绳索/缆绳和织物的抗疲劳性和韧性保持能力而言,液晶芳香族聚酯纤维优于芳纶。

表5-7比较了纱线的挠曲疲劳数据。虽然芳纶的数据随品种不同而变化很大,但是液晶芳香族聚酯纤维明显优于芳纶,也优于聚对亚苯基苯并二噁唑(PBO)。因为受控组件测试通常不能反映产品在最终使用环境中的实际结果,挠曲试验数据应该被视为只是对各种材料进行排序的一种参考,表5-8提供了以细缆绳为样品的反复试验数据,相关材料的排序与其他样品测试的结果是一致的。

表5-7 弯曲疲劳数据(单纱)[18]

纱线名称	失效周期(循环次数)
液晶芳香族聚酯纤维	115113
芳纶1	5114
芳纶2	40666
芳纶3	1383
PBO	23821

注 根据ASTM D2176-97a(Tinius-Olsen)进行测试,修改后适用于纱线,1500旦,2kg重量,PBO—聚对亚苯基苯并二噁唑。

表 5-8　弯曲疲劳数据(细绳索)[18]

纱线名称	失效周期(循环次数)
液晶芳香族聚酯纤维	41909
芳纶 1	2115
芳纶 2	14963
芳纶 3	8143
PBO	25158

注　绳索结构:平行芯/挤出外层;实验条件:绳索直径为 0.085 英寸,滑轮直径为 1.78 英寸,实验载荷为 100lb,58c/min,5 个试验样品;PBO 即聚对亚苯基苯并二噁唑。

一家航空航天公司将涂层织物形式的液晶芳香族聚酯和芳纶的抗挠曲疲劳性能进行了比较。在这项研究中,两种织物都是按照相同的专利配方进行涂覆的。把样品裁剪成 1 英寸❶(纬纱方向)×60 英寸大小,模拟硬折痕和反复折叠的方式进行检测。每个循环包括将样品从中间对折,在折叠处拖动一个 10lb 的钢辊,然后在同一位置但反方向对折,再次在折叠处拖动钢辊。按照 FED-STD-191 试验方法 5102 对强度损失进行比较,如表 5-9 所示。100 次循环后,液晶芳香族聚酯韧性损失最小,拉伸破坏位置远离折痕线。芳纶强度损失显著,并且是在折痕处发生断裂破坏。

表 5-9　LCP 聚酯纤维涂层织物的抗弯曲疲劳性能[18]

基材	100 次循环后的强度损失(%)	失效断裂位置
液晶芳香族聚酯纤维织物	0.8	远离疲劳折痕
芳纶织物	22.9	位于折痕处

注　织物强度测试参照 FED-STD-191 进行,测试方法 5102,条带宽度:1 英寸。

图 5-19 显示了根据标准 ASTM D2176,纤维残余强度与挠曲循环次数的函数关系。500 次循环后液晶芳香族聚酯纤维的承载能力是芳纶的两倍,经过不断的循环之后,差距变大。显微镜检测表明,在 LCP 聚酯中,与预期一致,扭曲带的形成随着循环次数的增加而增加;然而,与芳纶的研究结果不同的是,LCP 聚酯中的扭曲带并没有迅速变成裂纹和分裂的微纤维。也许芳纶中扭曲带的形成是从很低的循环次数开始的,但是随后的材料灾难性失效掩盖或干扰了显微镜检测。

❶　1 英寸=2.54cm。

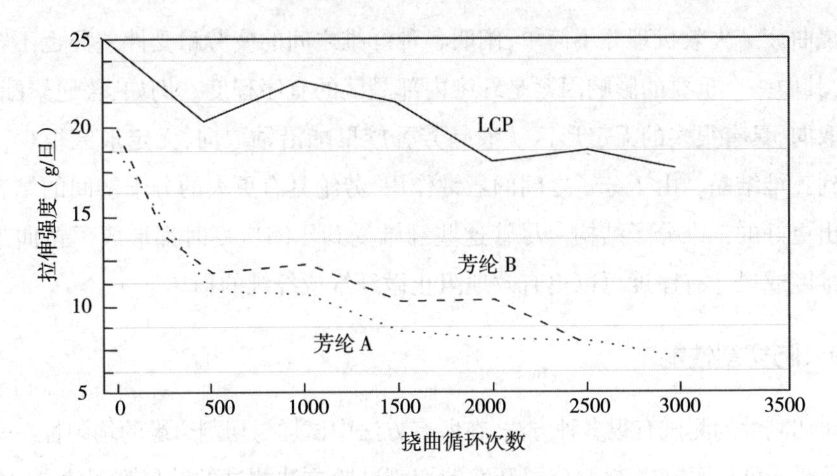

图 5-19 液晶芳香族聚酯纤维织物和芳纶织物的反复弯曲折叠实验[18]

为了更好地了解挠曲疲劳的基本机理，Saito 等利用单丝研究了反复压缩疲劳后液晶芳香族聚酯纤维和芳纶的残余强度[29-31]。图 5-20 表示的是液晶芳香族聚酯纤维经历反复压缩到接近开始形成扭曲带的临界压缩应变时的剩余强度。对于液晶芳香族聚酯而言，临界压缩应变约为 0.6%，芳纶的临界压缩应变约为 0.9%[29-30]。在临界应变 50%以内进行反复压缩只造成轻微的纤维损伤或残余拉伸强度的轻微降低。然而，在达到临界压缩应变或更高的应变下循环时，液晶芳香族聚酯在超过 10000 次循环时，其破坏程度开始明显增加，而芳纶的破坏程度在 10 次循环后即开始增加[31]。

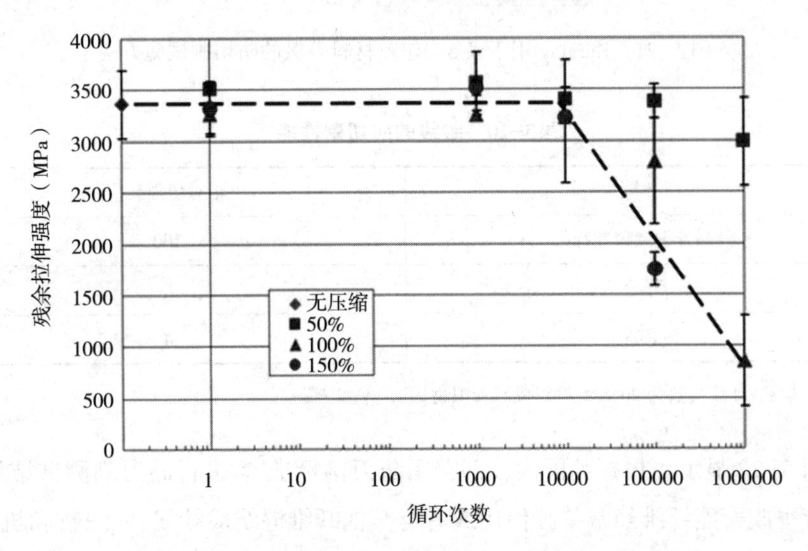

图 5-20 液晶芳香族聚酯纤维的单丝抗压缩疲劳强度[29]

挠曲疲劳失效机理并不简单，阐明各种纤维之间的疲劳耐受性差异也不容易。然而，其中一个重要的影响因素是纤维内部晶区的有序程度。例如，普通聚酯纤维沿轴取向，具有很多的无定形区。液晶芳香族聚酯沿轴取向，无定形区很少，没有观察到三维结晶。由于分子之间的氢键作用，芳纶具有更大的分子链间的结合力，体现出更好的三维分子结构。尽管这些纤维受到压缩应变时都形成了扭曲带，较低的维度或尺寸有序度可以更有效地阻止微纤维或纤维的损坏。

5.5.9 防切割性能

防切割性的测试有很多种方法，在所有方法中试样与切割边缘的均匀性/一致性至关重要。可乐丽(Kuraray)公司开发的切割试验方法测试的结果列于表5-10[18]，方法中使用的是固定的刀片和针织样品(图5-21)。

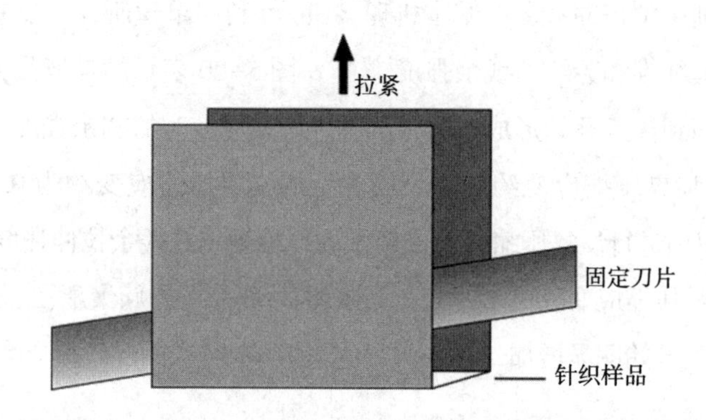

图5-21 Kuraray用于表5-10[18]材料等级的防切割试验方法

表5-10 纱线的防切割性能[18]

材料	相对切割载荷
液晶芳香族聚酯纤维	100
芳纶	73
聚酯	4

注 样品：纱线支数为20s/2s，编织成圆管织物。

图5-22显示了根据英国内政部警用防刀割标准[32]进行的刀割测试结果[25]。液晶芳香族聚酯纤维经常单独使用或者与其他纤维混纺成纱线、针织物和机织物，可用于抵抗利刃威胁。

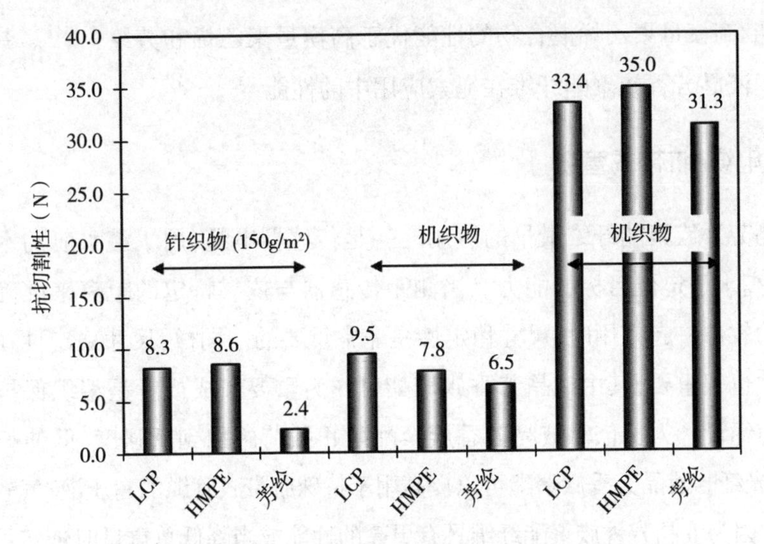

图 5-22 使用英国内政部 SDB 方法的刀割测试结果[25,32]

5.6 液晶芳香族聚酯纤维的应用

液晶芳香族聚酯纤维是当今几种商业化的高性能纤维之一,例如,高模量聚乙烯、对位芳纶、共聚芳纶、聚对亚苯基苯并二噁唑纤维等。所有这些纤维都用于要求高强度和低伸长率的领域。所以,在短期使用情况下,与高模量聚乙烯和芳纶相比,液晶芳香族聚酯纤维在拉伸性能方面性价比不占优势。然而,在要求物理性质和尺寸长期稳定性的应用领域中,液晶芳香族聚酯纤维能够满足各种温度和环境下的终端使用要求,更能体现液晶芳香族聚酯的特殊应用价值。下面将介绍其中的一些应用领域,但是,有一些特殊应用属于商业机密,无法一一介绍分析。

5.6.1 线缆和绳索

液晶芳香族聚酯纤维可应用于许多特殊的线缆和绳索,在这些应用中要求长期低蠕变延伸率。例如用于系泊缆绳、张力索、应用于机器人的制动电缆和其他特殊用途的线缆和绳索。液晶芳香族聚酯纤维和绳索也在弯曲疲劳应用方面得到使用,通常与高模量聚乙烯混合,应用于连续弯曲滑轮(CBOS)。由于对内部摩擦、蠕变和挠曲疲劳性能等具有较好的耐受性,在许多条件下,液晶芳香族聚酯或液晶芳香族聚酯/高模量聚乙烯混合物的性能优于高模量聚乙烯和芳纶[33-34]。其他文章也介绍了液晶芳香族聚酯纤维在绳索应用中的性能[35]。

5.6.2 电缆/脐带式管缆

液晶芳香族聚酯纤维最早的应用之一是传感器电缆,用于潜水艇的水听器拖缆,以提高水下定位目标的能力。当测距传感器与依靠特定的距离来准确编译输入数据的软件一起使用时,尺寸稳定性是非常重要的。同样,尺寸稳定性在电动机械电缆中也很重要,其中液晶芳香族聚酯可作为重要组成或者是编织保护套的一部分。缆绳设计人员依靠液晶芳香族聚酯阻止载荷施加到低强度、低伸长的材料上,例如光纤。液晶芳香族聚酯可以提高用于特殊脐带式管缆的高压液/气软管的破裂强度。因为液晶芳香族聚酯纤维具有更高的性能或当降低总重量时依然可以保持良好的性能,根据设计的需要,使用液晶芳香族聚酯纤维可以减少产品的直径。

电缆制造也受益于液晶芳香族聚酯纤维的低平衡回潮率。当用高温聚合物熔体(例如尼龙或者聚氨酯)对液晶芳香族聚酯电缆进行快速涂覆时,很低的吸湿率可以减少水汽挥发,从而减少气泡产生。另外液晶芳香族聚酯很低的吸湿率可以减少对储存或干燥条件的特殊需要,例如,不需要精心控制储存仓库的温度和湿度情况。

5.6.3 防护织物

如前所述,液晶芳香族聚酯纤维具有优异的防切割(砍刺)性能,并且在洗涤过程中无收缩或者破损。因此,液晶芳香族聚酯纤维的工业应用逐渐增长,例如在手套或者防护服等期望长期多次循环使用的防护装备领域。与更常见的间位和对位芳纶制成的手套相比,液晶芳香族聚酯制作成本较高,因此,必须在成本与更长使用寿命之间找到平衡点。对于利用率较高且需要多次循环利用的产品,液晶芳香族聚酯制品的初始成本可分摊到更长的使用周期中。因此,初始的制作成本略高也是合理的。

5.6.4 编织带和吊索(带)等

许多公司使用液晶芳香族聚酯纤维制作吊索,这类纤维及纱线之间摩擦的耐久性以及在炎热天气(或起吊被暴晒的高温物件)时的高强度保留性,确保了起重操作的安全性和较长的使用寿命。类似的应用还包括重型设备紧固带和安全约束系统。

5.6.5 柔性复合材料

如前一节所述,与对位芳纶相比,液晶芳香族聚酯纤维的一个显著优势是能够反复进行低曲率弯曲,而不会对纤维造成损坏。这个性能使其可用在需要承受多次反复弯曲循环的涂层织物或柔性复合材料领域。例如,在军事和工业应用中,有许多充气结构,在不使用的时候为了便于存放,涂层织物需要折叠打包。但还会反复经历展开、充气、放气并再次打包的过程。液晶芳香族聚酯具有优异的抗挠曲疲劳性能,使飞艇、临时障碍物、应急建筑物(帐篷)等充气产品的使用寿命和整体产品耐久性大大延长。液晶芳香族聚酯纤维和织物在可充气产品中的应用是最近一篇综述文章的主题[19],读者可参阅了解。

5.6.6 刚性复合材料

尽管液晶芳香族聚酯纤维的压缩性能远低于碳纤维或玻璃纤维,但液晶芳香族聚酯纤维在刚性复合材料中有许多应用。因为液晶芳香族聚酯纤维与其他有机纤维相似,压缩强度和模量较低,所以不能用于材料的主要结构。但是,液晶芳香族聚酯纤维与玻璃纤维或碳纤维混合可以抵抗冲击(如,提高冲击后的压缩性能)、增强振动阻尼性能。在某些情况下利于定向设计用户友好的失效模式,以减少灾难性失效可能造成的二次影响。液晶芳香族聚酯纤维也可用作预成型缝合线,以增强抗分层性和/或在初始固化阶段保持叠层图案[36-38]。液晶芳香族聚酯纤维具有很低的平衡回潮率,因此不会导致航空复合材料发生诸如基体塑化、邻近金属腐蚀或微裂纹等与长期湿汽有关的故障问题。

5.6.7 其他

液晶芳香族聚酯纤维集中了耐热和尺寸稳定性以及耐磨、抗挠曲疲劳等性能的优势。主要用于在不同载荷和不同环境中要求尺寸和性能稳定的领域。典型的应用包括军事、航空和工业市场等。许多情况下使用液晶芳香族聚酯纤维主要是为了延长使用寿命或者扩宽操作窗口,以便与高模量聚乙烯或芳纶等高技术纤维的竞争中有更成功的应用。

5.7 发展趋势

尽管液晶芳香族聚酯纤维具有优异的综合性能,但对其性能的改进研究一直在持续。例如,对液晶芳香族聚酯纤维在绳索、吊索和电缆产品中纱间耐摩擦性能的改善。可采取的方法包括:增强纤维的表面光洁度或者润滑性,提高纤维/成品的耐热性和通过改变纤维尺寸而改变接触面积。

对液晶芳香族聚酯缆绳进行大尺寸 CBOS 测试表明,在轮上弯曲测试中,由于摩擦产生的高温条件下造成标准硅油润滑剂的流动性呈现增加的趋势。高温降低了油的黏度,并最终从结构中挤出,这对抗疲劳性能明显不利。可乐丽(Kuraray)公司最近开发了一种分子量更高的硅油,可以在更高的温度下循环使用。纱线之间的磨损试验结果如图 5-23 所示。

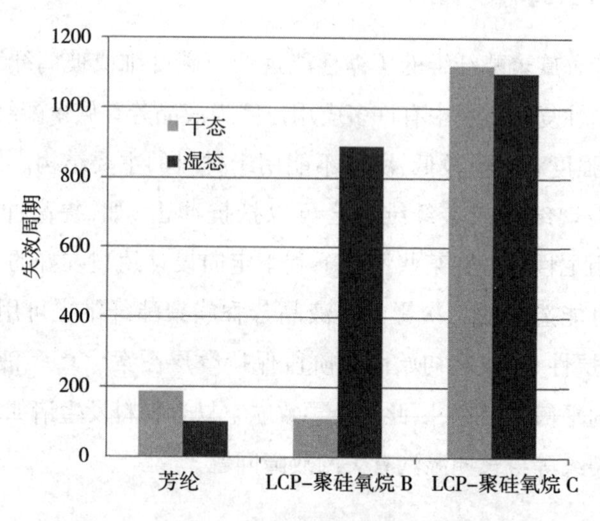

图 5-23　用改良的整理剂改善纱线的耐磨性[39]

另一个研究兴趣是增加纤维的直径。熔融纺丝工艺的一个优点是可以制造不同尺寸和截面形状的纤维。几种不同直径的圆形截面纤维的磨损测试表明,纤维的直径与纱线之间的耐磨性有很强的相关性(图 5-24[39])。这些数据表明,由更粗的纤维制成的缆绳可以延长使用寿命。但是,在连续的反复弯曲过程中,大直径的缆绳内部会产生具有潜在破坏性的热量积累。这种热量是由于上百万根单丝连续接触摩擦造成的。因此,粗纤维可以通过减少纤维之间的接触面积而降低大直径缆绳使用时的最高温度[40]。

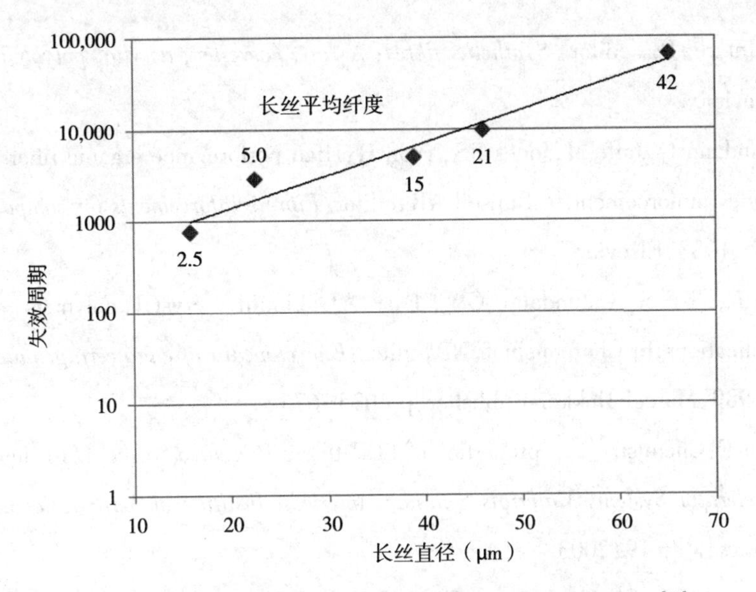

图 5-24 液晶芳香族聚酯纤维直径对纱线磨损性能的影响[39]

5.8 结论

液晶芳香族聚酯纤维具有高强度和低伸长率的优点,是芳纶和高模量聚乙烯纤维等高性能纤维的替代品和补充。液晶芳香族聚酯纤维是现有的最高强度的聚酯基纤维,有和 PET 一样的尺寸稳定性和化学稳定性。航空航天、军事和工业市场的许多设计师和终端用户都在利用此类纤维独特的低蠕变性、热稳定性和高耐用性等综合性能,尝试将其应用于从北冰洋深海到火星表面的各种环境中。深入持续研究纤维改性将进一步提高液晶芳香族聚酯纤维的性能,扩展其应用领域。

液晶芳香族聚酯纤维目前仍主要由可乐丽(Kuraray)公司生产,自 1990 年以来他们一直是此类纤维的主要供应商,未来几年,可能会陆续有其他公司可生产此类纤维。随着产品从小体量的补缺型市场拓展到大批量的主流市场,未来液晶芳香族聚酯纤维产能的扩大将是一种必然。

参考文献

[1] McIntyre JE, editor: *Synthetic fibres: Nylon, polyester, acrylic, polyolefin*, 2005, Elsevier.

[2] Calundann G, Jaffe M, Jones RS, Yoon H: High performance organic fibers for composite reinforcement. In Bunsell AR, editor: *Fibre reinforcements for composite materials*, 1988, Elsevier.

[3] Chung T-S, Calundann GW, East AJ: Liquid-crystal polymers and their applications. In Cheremisinoff NP, editor: *Encyclopedia of engineering materials* vol. 2, 1989, Marcel Dekker Publisher, pp 625-675.

[4] Sloan F: Chemistry and properties of LCP fibers. *Presented to the AIAA Aerodynamic Decelerator Systems Materials Seminar, American Institute of Aeronautics and Astronautics*, May 19, 2003.

[5] Donald AM, et al: *Liquid crystalline polymers*, 2005.

[6] Chung TS: *Thermotropic liquid crystal polymers*, 2001.

[7] McChesney CE: Liquid crystal polymers. *Engineered materials handbook, vol. II-Engineering plastics*, 1988, ASM International.

[8] Dobb MG, McIntyre JE: Properties and applications of liquid-crystalline main-chain polymers, *Advances in Polymer Science* 60/61: 61-98, 1984: Springer-Verlag.

[9] Schottek J: *Liquid crystal polymers (LCPs)*,: Kunststoffe International, No. 10 Munich, October 2007, CH Verlag.

[10] Beers DE: Melt-spun wholly aromatic polyester. In Hearle JWS, editor: *High-performance fibres*, Cambridge, England, 2001, Woodhead Pub. Ltd (in assoc. with The Textile Institute), pp 93-101.

[11] Beers DE: Liquid crystal Vectran fiber. *Paper presented at Hi-Tech Textiles held at Greenville, SC, USA*, Aurora (CO, USA), July 20-22, 1993, Maclean Hunter Presentations, 312 pp, pp 221-237.

[12] Beers DE, Ramirez JE: Vectran high-performance fiber, *Journal of the Textile In-*

stitute 81(4):561–574,1990.

[13] Nakagawa J:Spinning of thermotropic liquid–crystal polymers.*Advanced fiber spinning technology*,Cambridge,England,1991,Woodhead Publishing Ltd..

[14] Sawyer LC,Chen RT,Jamieson MG,Musselman IH,Russell PE:The fibrillar hierarchy in liquid crystalline polymers, *Journal of Materials Science* 28:225–238,1993.

[15] Sawyer LC, Chen RT, Jamieson MG, Musselman IH, Russell PE: Microfibrillar structures in liquid–crystalline polymers,*Journal of Materials Science Letters* 11:69–72,1992.

[16] Sawyer LC,Jaffe M:The structure of thermotropic copolyesters,*Journal of Materials Science* 21:1897–1913,1986.

[17] Masuda K,Takeda T,Nishizawa T:Studies on orientation of thermotropic aromatic copolyester by fused state NMR.In Aoki H,et al:*Advanced materials '93*,*II/A*:*Biomaterials*, *organic and intelligent materials*, *Trans Mat Res Soc Jpn* vol. 15A,1994.

[18] technical data brochure*Vectran® grasp the world of tomorrow*,Houston,Kuraray America,Inc.2010.

[19] Sloan F:Liquid crystal polyester fiber in flexible composite applications.*Proc. Sampe* 2012 *Baltimore*,May 21–24,2012,:Soc.Adv.Matls & Process Engr.,SKU 57–2019.

[20] *Fibre tethers* 2000:*High–technology fibres for Deepwater tethers and moorings*, 1995,Joint Industry Project,Noble Denton Europe,National Engineering Lab, Tension Technology International.

[21] contract report TTI–IMLR–2009–645*Strength and fatigue characterization of Vectran fibre ropes–final report*,2011,Tension Technology International Ltd..

[22] API RP2SM*Recommended practice for design*,*manufacture*,*installation*,*and maintenance of synthetic fiber ropes for offshore mooring*,2001,American Petroleum Institute.

[23] Allan P:*Final test report Vectran fibers*,*contract report*,Lima(PA),1989,Whitehill Manufacturing Co..

[24] Scarborough SE, Fredrickson T, Cadogan DP, Baird G: Creep testing of high performance materials for inflatable structures. *Proceedings SAMPE International Symposium, Long Beach, USA*, May 18-22, 2008.

[25] *Vectran™ technical brochure*, Tokyo, 2015, Kuraray Co., Ltd..

[26] Hinkle J, Timmers R, Dixit A, Lin JKH, Watson J: structural design, analysis, and testing of an expandable Lunar habitat. 50*th AIAA Structures, Structural Dynamics and Materials Conference, Palm Springs, USA*, May 4-7, 2009, AIAA, pp 2009-2166.

[27] Fette RB, Sovinski MF: *Vectran fiber time dependent behavior and additional static loading properties*, : NASA/TM-2004-212773, December 2004.

[28] : technical brochure *Vectra® liquid crystal polymer (LCP)*, 2000, Celanese/Ticona.

[29] Saito H, Inaba S, Nakahasi M, Katayama T, Kimpara I: Residual strength of organic mono-filaments after compressive loading. *Proceedings* 18*th International Conference on Composite Materials, ICCM-18, Jeju, Korea*, August 21-26, 2011.

[30] Inaba N, Nakahashi M, Saito H, Kimpara I, Oomae Y, Katayama T: Study of residual tensile strength after compressive load for organic fiber. *Proceedings* 1*st Japan Conference on Composite Materials, JCCM-1, Kyoto, Japan*, March 9-11, 2010, : [in Japanese].

[31] Saito H, Inaba S, Nakahasi M, Kimpara I: *A study of residual tensile strength of organic fibers after compression loading*, : Technical Report to Kuraray Co., Ltd, April 28, 2010.

[32] Malbon C, Croft J: *Slash Resistance Standard for UK Police* (2006), 2005, : Home Office Scientific Development Branch, HOSDB Pub No 48/05.

[33] Sloan F, Bull S, Longerich R: Design modifications to increase fatigue life of fiber ropes. *Proc. Oceans* 2005 vol.1, 2005, Marine Technology Society, pp 829-835.

[34] Novak G, Winter S: Use of high-modulus fibre ropes in rope drives. *OIPEEC Conference/*5*th International Ropedays-Stuttgart*, March 2015, pp 165-190.

[35] Sloan F: Pitfalls of comparative rope materials testing using accelerated methods. *Presented at 9th Intl Rope Technology Workshop, Texas A&M Univ., Marine Technology Society*, March 22-24, 2011.

[36] Tan KT, Watanabe N, Iwahori Y: Stitch fiber comparison for improvement of interlaminar fracture toughness in stitched composites, *Journal of Reinforced Plastics and Composites* 30:99-109, 2011.

[37] Jegley DC: *Experimental behavior of fatigued single stiffener PRSEUS specimens*,: NASA/TM-2009-215955, 2009.

[38] Wood MDK, Tong L, Luo Q, Katzos A, Rispler AR: Failure of stitched composite laminates under tensile loading-experiment and simulation, *Journal of Reinforced Plastics and Composites* 28:715-742, 2009.

[39] Uehata A, Sloan F: Developments in liquid crystal polymer (Ar-ester) fibers. *Presented at the Techtextil North America Symposium, Las Vegas, April* 21-23, 2009.

[40] Sloan F: Damage mechanisms in synthetic fibre ropes. *Proc. OIPEEC Conf/3rd International Stuttgart Ropedays*, March 18-19, 2009, I.M.L.Ridge, pp 259-271.

6 高性能刚性棒状聚合物纤维

G.Li

东华大学,中国上海松江区

6.1 简介

航空航天工业和安全防护产业的发展,极大地推动了高性能聚合物材料的发展。例如,高强度、高模量、优异的耐热性和阻燃性对于航空航天和极端条件下防护方面的应用至关重要。

理论上,刚性棒状芳杂环聚合物具有满足上述材料所要求的特质。美国空军于20世纪50年代开始设计和合成刚性棒状芳杂环聚合物[1-7]。SRI国际公司、陶氏化学公司、塞拉尼斯公司、杜邦公司等,在20世纪70~80年代为发展刚性棒状聚合物做出了巨大贡献。经过长期努力和广泛的研究,选择了聚对亚苯基苯并二噁唑(PBO)、聚对亚苯基苯并二噻唑(PBZT)和聚间亚苯基苯并二咪唑(PBI)作为有价值的刚性棒状聚合物,并制成高性能纤维[8-9]。

1983年塞拉尼斯(Celanese)公司将PBI纤维商业化,热稳定性优异,热分解温度(T_d)高达550℃[10]。1991年东洋纺(Toyobo)联合陶氏化学公司(Dow)开发PBO纤维。由于某些原因,陶氏终止PBO纤维的研发,东洋纺获得独立授权生产PBO纤维,并于1998年实现产业化,商品名Zylon[11]。Zylon性能优异,拉伸强度和模量分别达到5.8GPa和180GPa,热分解温度达到650℃,极限氧指数为68%[12-13]。但是Zylon的缺点是纵向抗压强度较低,只有0.6GPa,限制了其在某些复合材料中的应用。后来Akzo公司宣布制造了聚亚苯基吡啶并双咪唑(PIPD,也叫M5)纤维,提高了耐压强度[14-16]。尽管刚性棒状芳杂环纤维具有热稳定性,但它们的力学性能主要取决于分子链的构象、分子间作用力和加工技术。

6.2　刚性棒状聚合物的合成

由于刚性单体在常见的有机溶剂中溶解性差,且熔融温度较高,所以刚性单体线性聚合制备刚性聚合物是很困难的。虽然可以采用缩合聚合进行合成,然而从科学发现到实现商业化是很困难的[17-20]。如图 6-1 所示,PBO 是由 4,6-二氨基间苯二酚二盐酸盐(DAR)和对苯二甲酸(TA)在多聚磷酸(PPA)中制备的[13,17-18]。

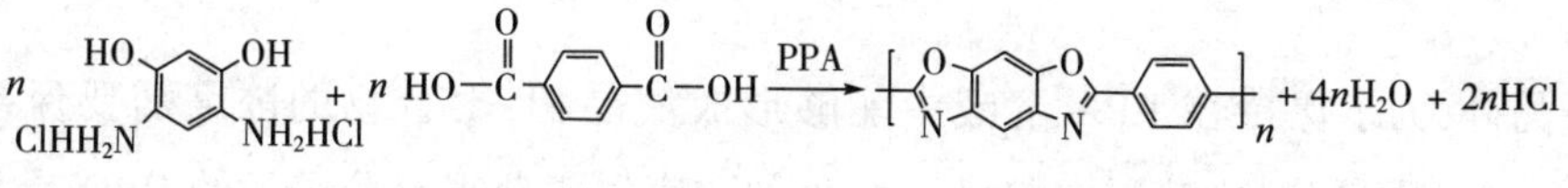

$$n\ \mathrm{HO,OH,ClHH_2N,NH_2HCl} + n\ \mathrm{HO{-}\overset{O}{C}{-}C_6H_4{-}\overset{O}{C}{-}OH} \xrightarrow{\mathrm{PPA}} [\mathrm{PBO}]_n + 4n\mathrm{H_2O} + 2n\mathrm{HCl}$$

图 6-1　聚对亚苯基苯并二噁唑(PBO)的合成过程(PPA:多聚磷酸)

PBO 的聚合机理已经有其他文献进行了描述[21-24]。下面概括几点技术要点。第一,DAR 的脱氯化氢作用在聚合前完成,脱除氯化氢将产生大量的泡沫。为了避免对苯二甲酸等固体颗粒被这些泡沫黏附在内壁上,必须限制这些泡沫的形成,从而保证体系内两单体的化学计量比。为了控制产生泡沫的水平,Wolfe 等采用对反应混合物保持低温或者定期冷却的方法[13,17-18]。在这种方法中,脱除氯化氢需要很长时间。Jiang 等发明了脱氯化氢的新技术,高压下[$(3\sim5)\times10^5$Pa]脱除氯化氢,如图 6-2 所示[25-27]。这种方法有效地限制了泡沫的量,可以在较短的时间内以较高的温度脱除氯化氢,从而提高聚合效率。例如,在实验室按照 30℃—60℃—70℃—90℃程序温度脱除氯化氢需要 140~160h;而在 120℃和 4×10^5Pa 压力下完成这个步骤只需 30~40h 就足够了[26-27]。另外,两种单体的化学计量比可以保持不变。

第二,和一般的逐步聚合不同,PBO 低聚物并不是被两种单体随机封端的。由于 TA 在 PPA 中的溶解性较低,在 PBO 低聚物的链端只有 DAR[21-23]。为了便于对苯二甲酸(TA)的溶解,TA 的粒径要小于 10μm,最好小于 5μm。否则,TA 在完全溶解前会附着在低聚物上,从而阻碍分子量的增加和向列相液晶的形成。Wolfe 认为向列相液晶的形成可以提高聚合速度和最终产物的分子量[13,29-30]。原因是向列相中分子的有序排列大大提高了低聚物链端基团的反应活性[13,29]。

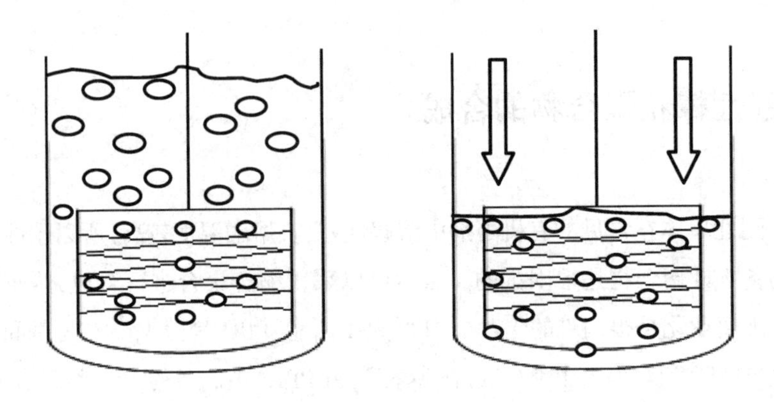

图 6-2　常压(左)和高压(右)中脱氯化氢

另外,为了保持在 PPA 溶液中能够形成液晶相,聚合物的浓度需要保持在 5%~20%(质量分数)范围内[29-30]。溶液的浓度对于获得高分子量的 PBO 是关键因素之一。在反应体系中,PPA 同时具有溶剂、催化剂和脱水剂的作用[21-23]。另外,在聚合反应结束时,维持 P_2O_5 的含量大于 82%,最佳含量为 84%,对于获得高分子量的 PBO 也很重要。P_2O_5 的详细调控方法详见文献 23 和 24。

除了 P_2O_5 含量的调控,温度对于 PBO 的聚合反应也是重要的参数。脱除氯化氢之后,反应混合物在 130~150℃ 放置数小时,以便彻底除去氯化氢。然后,升温至 160~170℃,保持数小时。最后,将混合物喂入双螺杆挤出机,温度上升到 180~190℃ 进一步聚合,同时进行液晶纺丝[31-32]。

聚亚苯基苯并二噻唑(PBZT)的聚合方法和 PBO 类似,当然需要用 2,5-二氨基-1,4-苯二硫醇二盐酸盐(DABDT)代替 DAR。首先用硫氰酸铵将对苯二胺转化为双硫脲,合成 DABDT。DABDT 与溴环化,然后水解生成易氧化的单体钾盐。在还原条件下用盐酸分离得到 DABDT。DABDT 和 TA 的缩聚反应是在 PPA 中按两步法进行的[4,30]。第一步是在加入 TA 之前,在 60~80℃ 用氮气完全除去 DABDT 中的氯化氢。由于 DABDT 极易氧化,而 TA 在 PPA 中溶解性较差(TA 在 140℃ 时的溶解度为 0.0006g/1g PPA[13]),因此,反应的关键因素是 DABDT 的纯度和 TA 的粒径,所以其粒径应该小于 10μm 以确保溶解。第二步是加入 P_2O_5 使其含量达到 82%~84%,以获得高分子量的聚合物。将单体、PPA 和 P_2O_5 于 90℃ 下进行搅拌混合,固体完全溶解后,将体系缓慢升温到 190~200℃ 反应 8~10h。

同样的方法,PIPD 可以由 2,3,5,6-四氨基吡啶(TAP)和 2,5-二羟基对苯二甲酸(DHTA)制备,如图 6-3 所示。

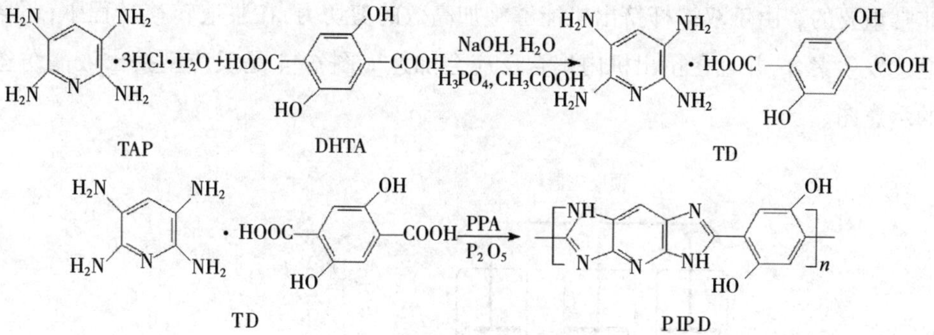

图6-3 PIPD的合成路线

（DHTA：2,5-二羟基对苯二甲酸；PIPD：聚多联吡啶咪唑；

TAP：2,3,5,6-四氨基吡啶；TD是TAP和DHTA以1∶1比例形成的复合物）

TAP和DHTA是聚合单体。TAP盐酸盐是经2,6-二氨基-3,5-二硝基吡啶还原获得，后者是在氮气和氢气气氛中由2,6-二氨基吡啶在浓硫酸和磷酸中硝化制得的。将硝化介质改为发烟硫酸后，硝化反应得到高纯产物，纯度为90%~95%；氢气还原制备得到聚合级的晶体（TAP·3HCl·H_2O），产率是85%[14]。DHTA是通过二乙基琥珀酰琥珀酸酯在酸介质中芳构化（30% H_2O_2水溶液和催化剂碘化钠在乙酸中回流[33]），然后经过水解而得。PIPD聚合有两种合成路线。一种是传统的方法，与PBO或PBZT的合成方法类似，用TAP盐酸盐和DHTA。另外一种路径是TAP∶DHTA为1∶1复合物（或简写为TD复合物）开始聚合，TD复合物是从TAP磷酸盐衍生而来，反应进行比较快，一般需要4~8h，并且聚合物的分子量比较高[14]。均聚物的制备是将TD复合物、PPA和掺杂微量锡粉的P_2O_5加入反应器，用氮气置换空气，浆料搅拌均匀后升温到130~140℃，搅拌反应至少1.5h，然后升温到180℃，再搅拌1~2h，即可得到高分子量PIPD聚合物。

6.3 刚性棒状聚合物纤维的制备

由PBO和PPA组成的聚合物纺丝液的黏度非常高，甚至在高温下几乎是不流动的。因此将预聚物浆液从反应器转移到双螺杆挤出机对于PBO纤维的制造是非常重要的。由于双螺杆挤出机能够施加高效的剪切力,在浆液转移过程中,还会继续发生聚合,并且在挤出机内聚合反应会加速。图 6-4 是反应型挤出液晶纺丝的示意图。

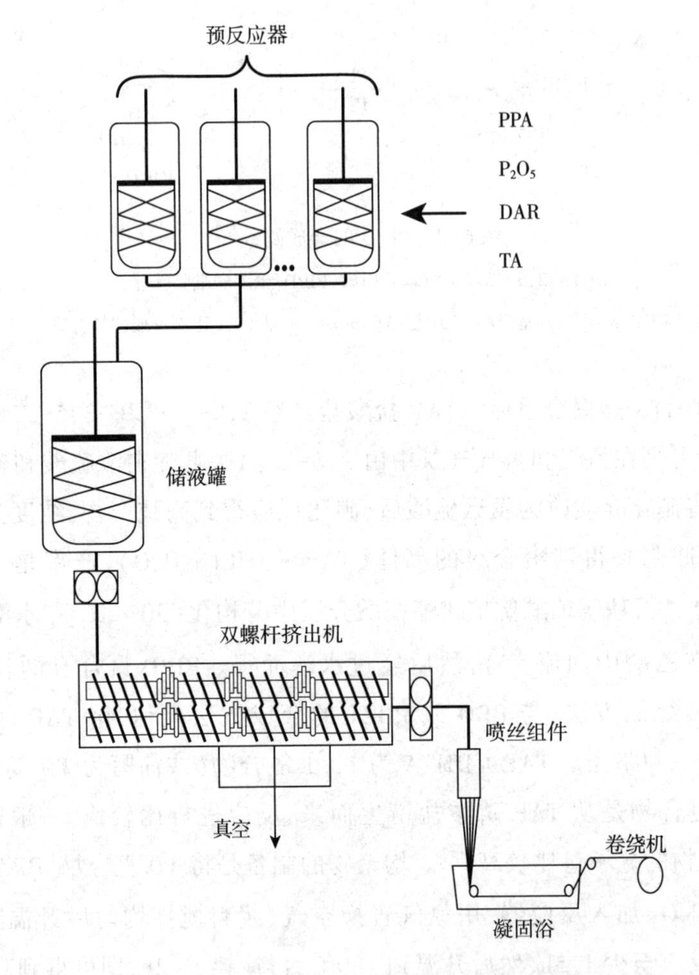

图 6-4　反应型挤出液晶干喷湿纺纺丝工艺示意图[25-26]

(DAR:4,6-二氨基间苯二酚二盐酸盐;PPA:多聚磷酸)

聚合获得的 PBO/PPA 向列相液晶纺丝液可直接进行纺丝而不需要聚合物沉淀和再溶解。再次溶解 PBO 制备高浓度的溶液几乎是不可能的,因为 PBO 很难溶解于大部分有机溶剂,甚至是强酸也很难溶解 PBO。图 6-4 是干喷湿法纺丝的加工方法。技术路线分为几步:

(1)高温高压下液晶溶液的挤出;

(2)在进入凝固浴之前,细流经过热空气气隙;

(3)在凝固浴中去除 PPA 后,纺丝液细流变成了固态聚合物纤维;

(4)凝固后的纤维在后处理过程中经过水洗、干燥和张紧热处理。因此,这些步骤中涉及的每一个因素都可能影响 PBO 纤维的结构和性能。

聚合物的浓度与反应器中的浓度相同,为 10%~15%(质量分数),最佳的温度为 160~190℃。室温下水或 10%(质量分数)的 PPA 水溶液是常见的凝固剂。凝固速率可以通过改变浴温和凝固剂组成来控制。凝固条件对纤维的最终结构有显著影响。当凝固浴温度在 25~55℃(分别为 25℃、35℃、45℃、55℃)范围内变化时,结晶度变小,分别为 89%、85%、81%和 80%。PBO 纤维的表面形貌也因凝固浴温度的不同而不同(图 6-5)[31]。初生纤维表面形貌形成的主要因素是溶剂(PPA)和沉淀剂(水)的通量比及凝固纤维表层的硬度。当凝固浴温度较低时,扩散系数较小,从而降低了纺丝液细流的凝固速率。

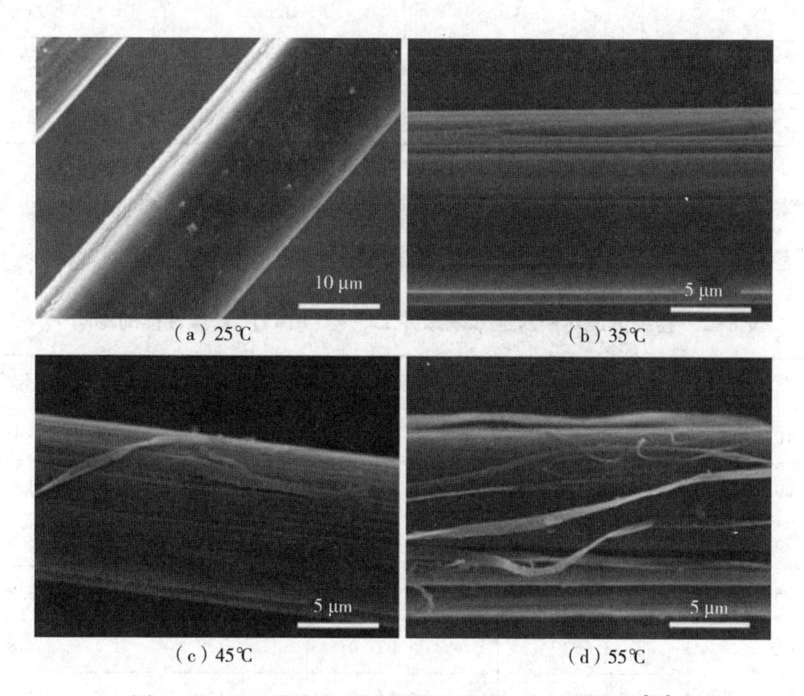

(a) 25℃　(b) 35℃　(c) 45℃　(d) 55℃

图 6-5　PBO 纤维在不同凝固浴温度下的表面形貌[31]

由于初生纤维内部和外部的凝固化程度不同,则纤维表层的厚度和硬度逐渐增大。温和的扩散过程利于初生纤维形成圆形截面,且表面光滑规则。圆形截面可以减轻应力集中,使拉伸后的纤维在后续加工过程中更加对称地承受应力,有利于提高 PBO 纤维的强度。

然而当凝固浴温度较高时，因为溶剂和沉淀剂的强烈的反扩散作用使得纤维的表层变得坚实。聚合物的凝固速率变得很高，表层的厚度和硬度都很大，大大抑制了纤维芯层部分的溶剂的扩散，造成初生纤维内外层应力差异增大。最后，初生纤维的表皮塌陷，在其表面形成一些断裂部位[31]。

据报道，缓慢的凝固过程容易形成聚合物和溶剂的共晶[34]，并导致形成层状结构，而高凝固速率往往形成纳米原纤结构[34]。这可能正是高温凝固浴时，PBO 纤维表面出现大量断裂纤维的原因[31]。所以随着凝固浴温度降低，DHPBO 纤维的力学性能（拉伸强度和拉伸模量）的提高是合理的（表 6-1）。

表 6-1　不同凝固浴温度下二羟基 PBO 纤维的力学性能[31]

温度（℃）	拉伸强度（GPa）	拉伸模量（GPa）	断裂伸长率（%）
25	5.33	165	2.93
35	4.85	106	4.30
55	3.53	106	3.33

除浴温外，卷绕速度也是决定 PBO 纤维结构和性能的重要因素[32]。表 6-2 显示了卷绕速度对 PBO 初生纤维性能的影响。

表 6-2　卷绕速度对聚对亚苯基苯并二噁唑（PBO）[a] 纤维性能的影响[32]

卷曲速度（m/min）	线密度（dtex）	拉伸强度（GPa）	拉伸模量（GPa）	断裂伸长率（%）
10	5.31	3.0	101	3.0
20	4.97	3.1	104	3.0
75	3.91	4.6	122	3.8
85	3.71	4.8	125	3.8
105	3.66	5.0	129	3.8
110	3.29	5.2	131	3.8

[a]PBO 聚合物的特性黏度约为 30dL/g。

表 6-2 列举的结果并不难理解。当挤出速度一定时，增加卷绕速度，大分子的取向也会增加，因此液晶溶液在气隙中发生了更多的伸长流动。实际上，气隙对纤

维的高性能起着重要的作用，经过气隙后，在纺丝细流以及新形成的纤维表面可以形成非常薄的保护层。在随后的凝固浴中，该保护层影响沉淀剂扩散进入纤维，从而减少纤维内部产生微孔和微细结构[35-37]。

PIPD 纤维也采用干喷湿纺技术制备[14,38-39]。纺丝工艺和 PBO 纤维相似。也就是说，聚合后的 PIPD/PPA 浆液可以直接用于纺丝。PIPD 聚合物的分子量控制在 60K~150K。纺丝浆液温度保持在 160~180℃，浓度为 15%~20%（质量分数）。据报道，PIPD 初生纤维的拉伸强度和模量已分别达到了 5. 36GPa 和 350GPa，拉伸模量高于 PBO 纤维（180GPa）。

得到的刚性棒状纤维可以在真空或者氮气条件下经 500~700℃的热处理。在热处理过程中，为了提高纤维的力学性能，需要使纤维处于一定的张力状态。沿着纤维轴向拉伸，可以提高分子链取向、结晶度和径向有序性，提高拉伸性能，特别是提高模量[40]。对于 PBO 纤维，在 550~600℃的氮气条件下，停留约 10s，拉伸强度为 400~500MPa[41]。

值得注意的是，热处理参数对拉伸性能没有直接的影响，温度上升到 700℃，拉伸模量也几乎保持不变[42-43]。为了获得高模量的 PBO 纤维，需要先进行无水凝固，然后再进行热处理。东洋纺（Toyobo）公司的 Kitagawa 报道的 PBO 纤维杨氏模量可以提高 30%，与水相凝固相比，无水凝固可以将模量由 258GPa（PBO HM）提高到 352GPa（PBO HM+）。但是，纤维的拉伸强度并没有相应提高，PBO HM+的拉伸强度为 4. 72GPa，而 PBO HM 的拉伸强度为 5. 59GPa[43]。表 6-3 对两者性能进行了比较。

表 6-3 不同类型 PBO 纤维的力学性能

纤维类型	拉伸强度（GPa）	模量（GPa）
PBO AS	5. 55	187
PBO HM	5. 59	258
PBO HM+	4. 72	352

注 PBO AS：PBO 初生纤维；PBO HM+：采用非水凝固浴凝固的初生纤维经过热处理后得到的高模量 PBO 纤维；PBO HM：高模量 PBO 纤维；PBO：聚对亚苯基苯并二噁唑。

无水凝固过程中进行的缓慢凝固过程会导致热处理后产生不同的纤维结构。小角度 X 射线散射分析表明，与 PBO HM 纤维相比，在 PBO HM+纤维的轴向没有出现周期性的电子密度波动[34]，说明其结构更加均匀。PBO HM 纤维中的电子密度波动是由于有序区和无序区之间结构上的明显差别而引起的。有序区域形成三维晶格，无序区域可能包含分子链末端、不规则构象等缺陷[35-36]。

6.4 刚性棒状聚合物纤维的结构与性能

由 PBO/PPA 和 PBZT/PPA 液晶溶液纺丝得到的 PBO 和 PBZT 纤维的基本结构是取向微纤形成的互穿网络结构[44]。Cohen 和 Thomas 研究了 PBZT 和 PBO 纤维的结构形成过程[44-46]。他们认为，当向列相刚性棒状聚合物溶液刚刚接触凝固浴时，聚合物溶液细流形成溶胀的微原纤网络。在凝固浴中，溶剂与凝固剂发生双扩散，细流形成紧密的固体纤维。由几个刚性棒状分子链组成的初级微纤的直径为 7~10nm。然后，初级微纤聚集在一起形成微米尺寸纤维，如图 6-6 所示[43]。

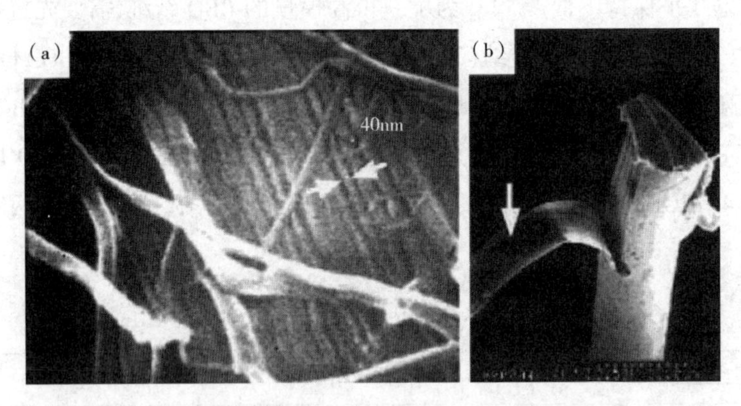

图 6-6 聚对亚苯基苯并二噁唑(PBO)纤维形貌[43]

PBO 纤维的横截面分为两部分。一部分是位于纤维外表面的无微孔层，厚度小于 0.2μm；另一部分是除了外表层以外含有微孔的区域(图 6-7)。图 6-7(a)和(b)的透射电镜的图片证实了 PBO 纤维的结构[43]。

许多研究人员对刚性棒状纤维的晶体结构进行了研究[47-59]。PBO、PBZT 和 PIPD 都属于单斜晶系(表 6-4)，其晶胞结构示意图如图 6-8 所示[59]。

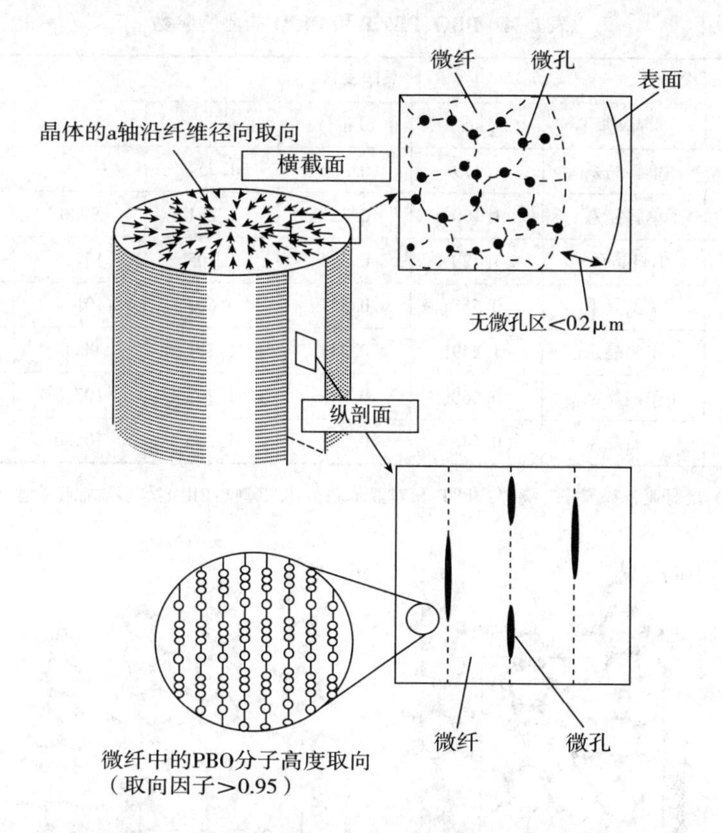

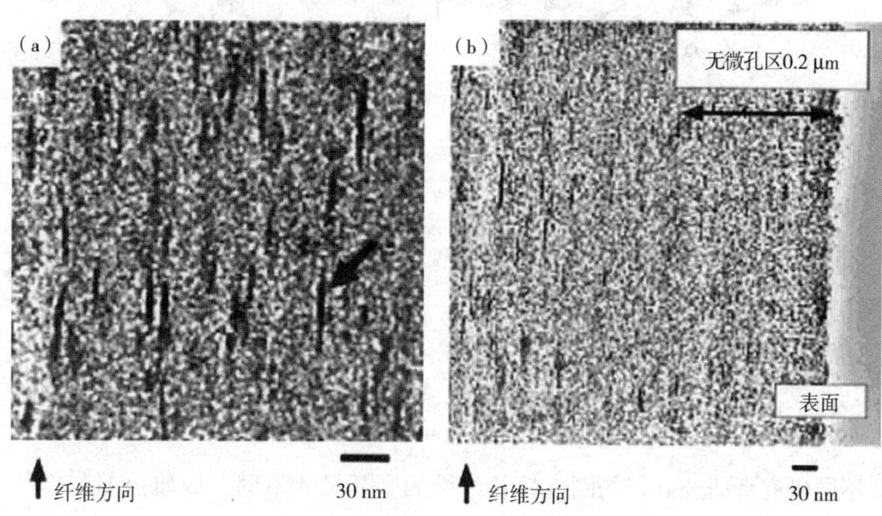

图 6-7 聚对亚苯基苯并二噁唑纤维的结构模型[43]

和电镜照片(a)微孔区域(b)无孔区域[43]

表 6-4　PBO、PBZT 和 PIPD 的晶胞参数

聚合物	晶胞参数					参考文献
	晶型	a(nm)	b(nm)	c(nm)	γ(°)	
PBZT	单斜晶系	1.179	0.354	1.251	94.0	[48,51]
	单斜晶系	1.160	0.359	1.251	92.0	[53]
PBO	单斜晶系 c	1.120	0.354	1.205	101.3	[48,51]
	单斜晶系	0.565	0.357	0.603	101.4	[53]
PIPD	单斜晶系	1.249	0.348	1.201	90.0	[39]
	单斜晶系	0.668	0.348	1.202	107.0	[59]
	三斜晶系	0.648	0.348	1.201	105.0	

注　PBO：聚对亚苯基苯并二噁唑；PBZT：聚对亚苯基苯并二噻唑；PIPD：聚多联吡啶咪唑。

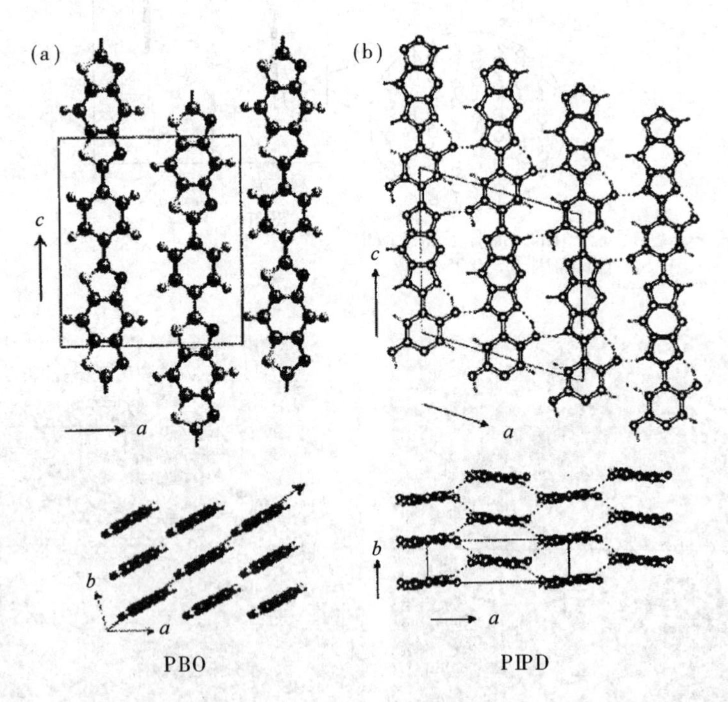

图 6-8　聚对亚苯基苯并二噁唑(PBO)和聚多联吡啶咪唑(PIPD)晶胞结构[59]

不同研究者研究获得的刚性棒状纤维的微晶尺寸不同。例如，Adams 等[49-51]指出，PBO 初生纤维晶体尺寸为长 5.2nm 和宽 5.4nm，经过热处理后晶体增长为长 5.7nm 和宽 10.6nm。而 Thomas 等[52]发现 PBO 初生纤维晶体尺寸平均为长 10.2nm 和宽 5.4nm，经过 600℃处理后晶体尺寸变为长 10.2nm 和宽 10.0nm，进一

步加热到650℃,晶体尺寸为长14.2nm和宽19.4nm。热处理后沿 c 轴的微晶生长受限,表明PBO初生纤维中已经存在较高的轴向有序性。PBZT纤维热处理后,沿 a 轴和 b 轴方向晶粒尺寸的增大比例分别为6.7和3.1[57]。PBO初生纤维和热处理后PBO纤维的晶体平均轴向间距分别为2.5nm和3.13nm[54-55]。

Kitagawa及其合作者用暗场成像比较了PBO HM纤维、PBO HM+纤维和PIPD纤维的微晶尺寸[56,58],还计算了晶界角,即沿纤维轴向相邻晶体中晶格边缘间夹角的平均值。如表6-5所列,PBO HM+沿纤维轴方向的持久长度(或持续长度)比PBO HM纤维长,晶界角比PBO HM纤维小,这也是PBO HM+纤维的模量(320GPa)比PBO HM纤维模量(260GPa)高的可能原因。尽管PIPD纤维的轴向晶体尺寸与PBO HM纤维基本相同,且晶界角大于PBO HM纤维,但其模量高达328GP。原因可能是PIPD中的羟基可以产生分子间的作用力,在纤维形变过程中具有应力传递的作用,从而导致纤维的模量较高[59]。

表6-5 纤维轴向平均晶体尺寸和晶界角

	PBO HM	PBO HM+	PIPD
径向晶体尺寸(nm)	6.7	6.8	5.1
轴向结晶尺寸(nm)	4.4	4.7	4.3
晶界角(°)	1.25	0.95	2.34

表6-6列出了不同刚性棒状纤维的力学性能[41-43]。发现PBO纤维的拉伸强度和拉伸模量明显高于对位芳纶(Kevlar),分解温度达到600℃左右。值得注意的是,PBO纤维的力学性能取决于聚合物分子量、纺丝工艺和纤维的后处理。PBO的特性黏度达到30dL/g左右,这是制备高性能PBO纤维所必需的。杂质、空隙、表面损伤和晶体错位等缺陷,都会降低刚性棒状纤维的力学性能[40]。

表6-6 各种纤维的力学性能

纤维类型	密度(g/cm^3)	拉伸强度(GPa)	拉伸模量(GPa)	断裂伸长率(%)	分解温度(℃)	极限氧指数(%)
PBO AS	1.54	5.8	180	3.5	650	68
PBO HM	1.56	5.8	270	2.5	650	68
芳纶 Kevlar 49	1.44	3.6-4.1	130	2.8	550	28
PIPD(M5)纤维	1.7	3.5-4.5	330	2.5	500	>50

续表

纤维类型	密度（g/cm^3）	拉伸强度（GPa）	拉伸模量（GPa）	断裂伸长率（%）	分解温度（℃）	极限氧指数（%）
钢丝	7.8	2.8	200	1.4	—	—
聚酯纤维	1.38	1.0	15	20	260[a]	17

[a] 聚合物的特性黏度是决定纤维力学性能的关键因素，即分子量大小。

在应用场景的温度、光强以及湿度等条件下，刚性棒状聚合物纤维的强度和模量的稳定性是一个重要的考量因素[60-61]。研究PBO初生纤维（AS）、PBO HM和对位芳纶纤维在不同环境条件下的拉伸强度和模量保持率，得出温度对拉伸强度和模量的影响如图6-9所示。

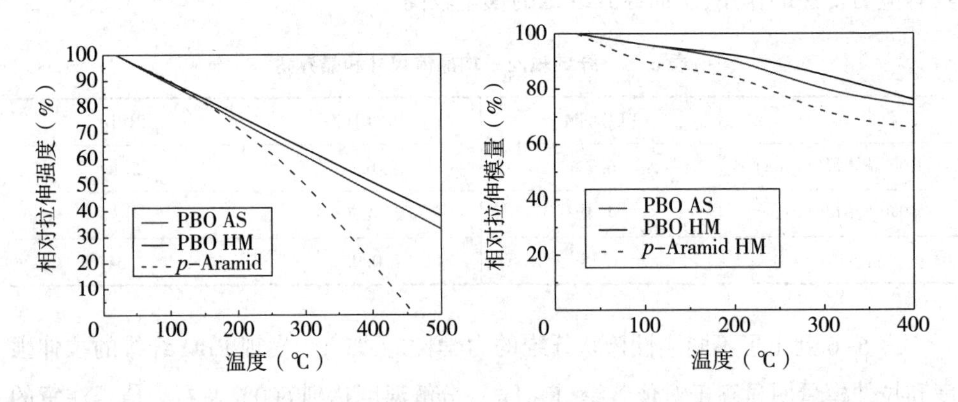

图6-9 温度对不同PBO纤维拉伸强度和模量的影响

（PBO AS：初生纤维；PBO HM：高模量PBO纤维；PBO：聚对亚苯基苯并二噁唑）

PBO初生纤维、PBO HM纤维和对位芳纶的拉伸强度和模量均随温度的升高而降低。400℃时，PBO HM纤维模量和强度保持率分别为75%和50%。对位芳纶保持率比PBO HM要低一些，分别为65%和30%。此外，高温高湿对纤维强度有很大影响（图6-10）。在饱和蒸汽条件下，250℃处理50h后PBO HM的强度保持率低于20%，而在180℃经过50h受热，强度保持率为45%。对位芳纶在250℃下30h后几乎丧失拉伸强度。紫外线照射对刚性棒状纤维的力学性能也具有破坏性。暴露于紫外光500h后，PBO HM只能保持30%的拉伸强度（图6-11）。此外，可见光下也会降低PBO纤维的强度。据报道，距离样品

150cm 处放置两个 35W 荧光灯照射 1 个月，PBO 纤维的拉伸强度降低到初始值的近 70%。

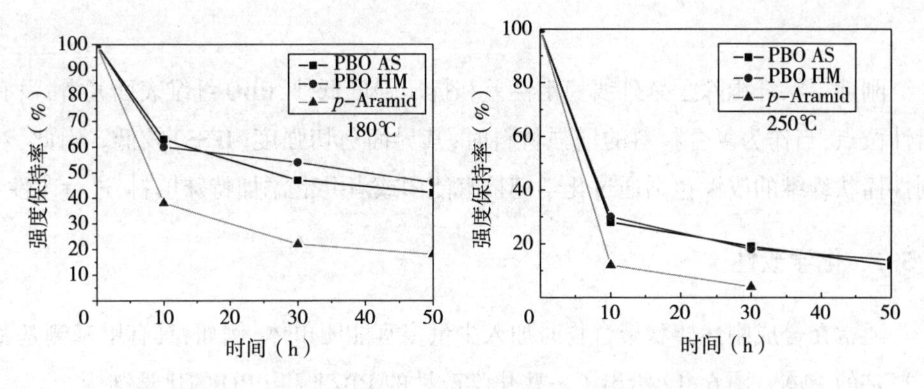

图 6-10　固定温度下，时间对不同纤维拉伸强度的影响

（PBO AS：初生纤维；PBO HM：高模量 PBO 纤维；PBO：聚对亚苯基苯并二噁唑）

与碳纤维和无机纤维不同，刚性棒状纤维在复合材料应用方面的抗压强度表现并不突出。PBO 纤维的抗压强度为 200～400MPa，Kevlar 大约在 400MPa。在这些刚性棒状聚合物纤维中，PIPD 纤维的抗压强度最高，约为 1GPa。相比之下，碳纤维的抗压强度在 1～3GPa 之间，而 Al_2O_3 和 SiC 纤维的抗压强度甚至可以达到 7GPa。因此，人们已经开始通过物理和化学技术进一步提高刚性棒状纤维的机械性能的稳定性和抗压强度[14,16,39,57,62-75]。

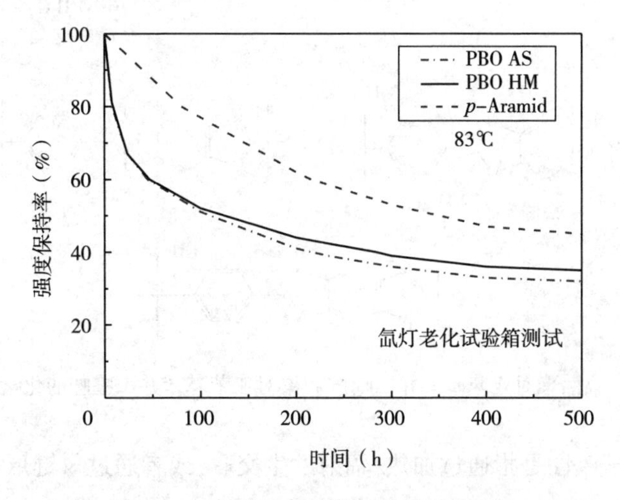

图 6-11　强度与紫外线照射时间的关系

6.5 刚性棒状聚合物纤维的改性

刚性棒状纤维除了紫外线稳定性差和抗压强度低外,PBO 纤维表面光滑,没有活性位点,当作为复合材料的增强材料时,其界面剪切强度(IFSS)较低。因此,对刚性棒状纤维的改性包括通过化学键接官能团或者共混添加特殊填料,进行改性。

6.5.1 化学改性

通常在合成刚性棒状聚合物时加入少量多官能团单体,例如,具有甲基侧基和二羟基的单体。图 6-12 给出了一些化学改性的 PBZT 和 PBO 的化学结构。

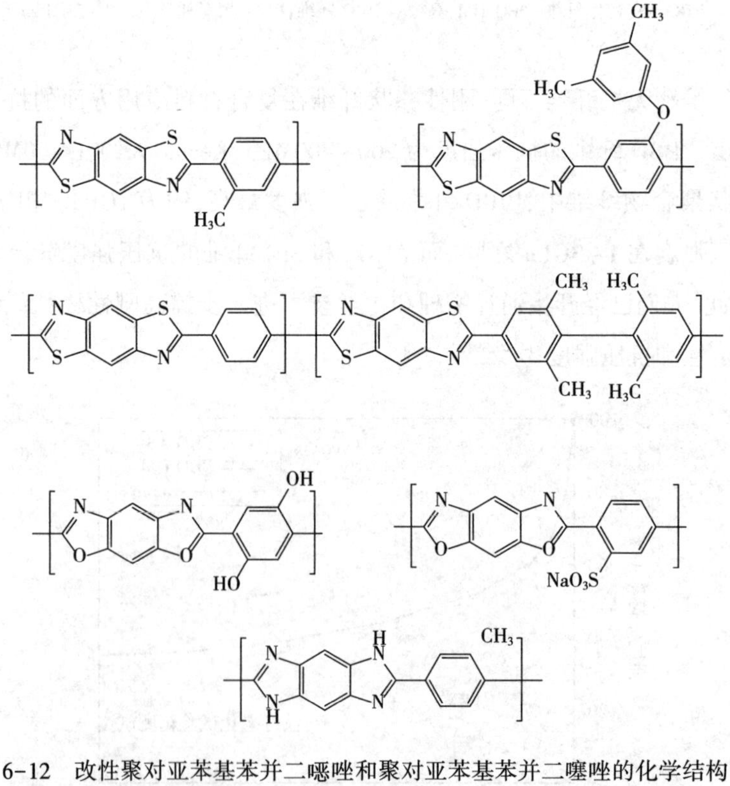

图 6-12 改性聚对亚苯基苯并二噁唑和聚对亚苯基苯并二噻唑的化学结构[68]

大多数化学改性是指通过加热/辐射发生交联,或者通过氢键形成分子间作用力。含有侧甲基的聚对亚苯基苯并二噻唑(MePBZT)初生纤维可溶于甲磺酸,但是经过 475℃和 550℃热处理后,纤维在甲磺酸里不再溶解。^{13}C 固体核磁共振证实热处理后其发生交联(图 6-13)[64-65]。

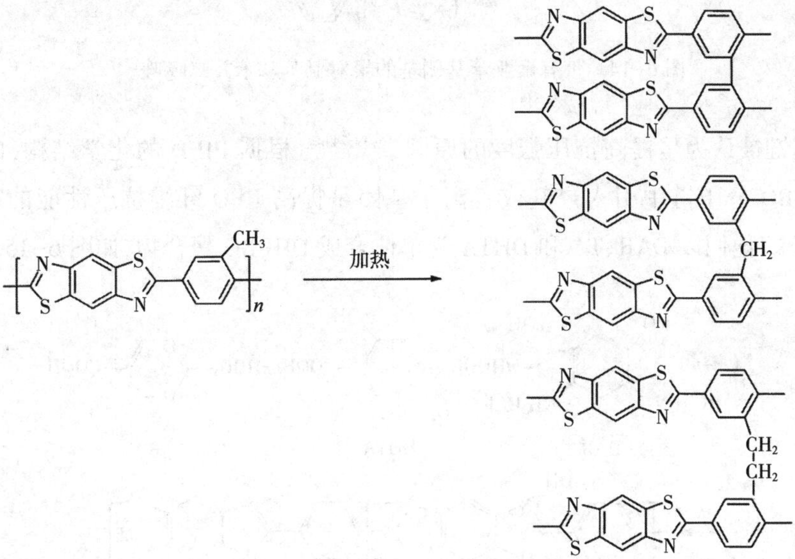

图 6-13 含有侧甲基的聚对亚苯基苯并二噻唑经过热处理后可能的结构变化

经过 525℃紧张热处理,MePBZT 的抗压强度达到 440MPa,而 PBZT 纤维经过类似处理后,抗压强度为 220MPa[64]。有文献报道了一种可以形成三维共价键网络的四甲基联苯 PBZT。由于甲基的空间位阻作用,使两个苯环平面呈 90°时,四甲基联苯基团也许处于最低能态。因此,联苯基之间的交联可能在二维空间中发生。含 25%四甲基联苯 PBZT 的共聚 PBZT 纤维(co-PBZT)经过热处理后,抗压强度是 PBZT 纤维的 3 倍[73]。

陶氏公司的 So 等研制了含聚苯硫醚(PPS)侧基的 PBO(图 6-14)[66]。研究表明,根据不同应用,在空气中经过 260~370℃热处理后,PPS 发生了扩链反应和交联反应。PBO-PPS 纤维在氮气中于 600℃热处理 30s 之后,纤维不溶于 MSA,在 MSA 中也不发生降解,也能证明纤维发生了交联。交联纤维的抗压强度比未改性 PBO 纤维高 20%左右。但是,由于纤维中 PPS 颗粒引起的缺陷,PBO-PPS 纤维的拉伸强度仅为未改性 PBO 纤维的 60%左右。

与 PBZT 纤维和 PBO 纤维结构相似的 PIPD 纤维的抗压强度达到 1GPa,比 PBZT 纤维和 PBO 纤维都要高很多。杂环中的 N 原子和 OH 中的氢原子形成的分

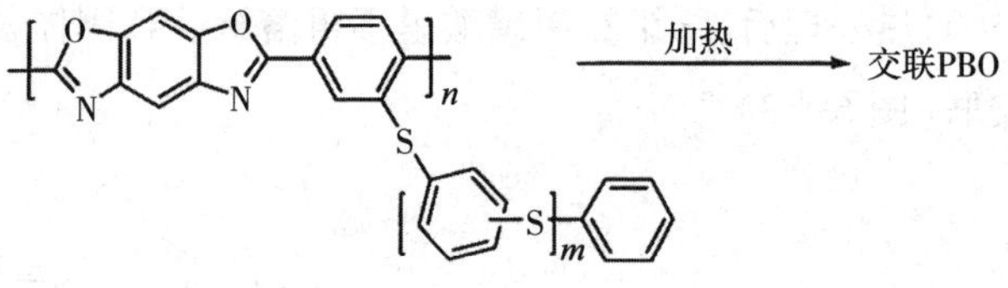

图 6-14 带有聚亚苯基侧基的聚对亚苯基苯并二噁唑[28]

子间氢键被认为是提高抗压强度的原因[16,39,74]。根据 PIPD 的化学结构，Li 等提出在 PBO 分子链中引入羟基或者离子基团是提高 PBO 纤维抗压性能的有效方法[75-83]。他们以 DAR、TA 和 DHTA 为单体合成 DHPBO 聚合物，如图 6-15 所示。

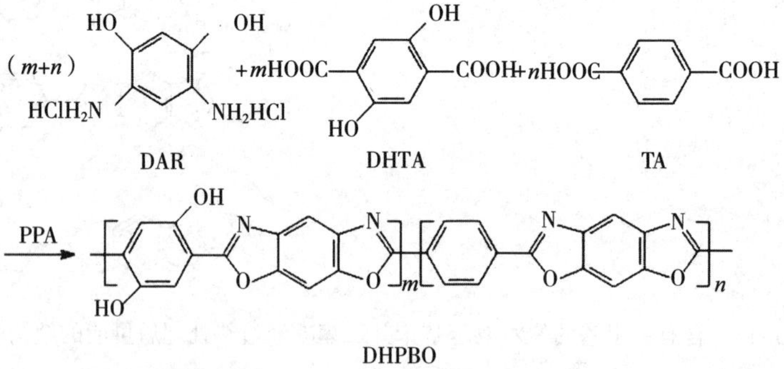

图 6-15 以 DAR、DHTA 和 TA 为原料合成 DHPBO

（DAR：4，6-二氨基间苯二酚二盐酸盐；DHTA：2，5-二羟基对苯二甲酸；PPA：多聚磷酸；TA：对苯二甲酸）

当 DHTA 的摩尔比达到 10%时，DHPBO 初生纤维的抗压强度达到 750MPa，而 PBO 纤维的抗压强度为 430MPa[75-80]。图 6-16 显示了由轴向压缩引起的 PBO 和 DHPBO-10%纤维表面扭折带的扫描电镜的典型图像。在相同的压缩载荷下，PBO 纤维表面的扭折带十分明显，而 DHPBO-10%纤维表面仍然保持光滑均匀[79]。

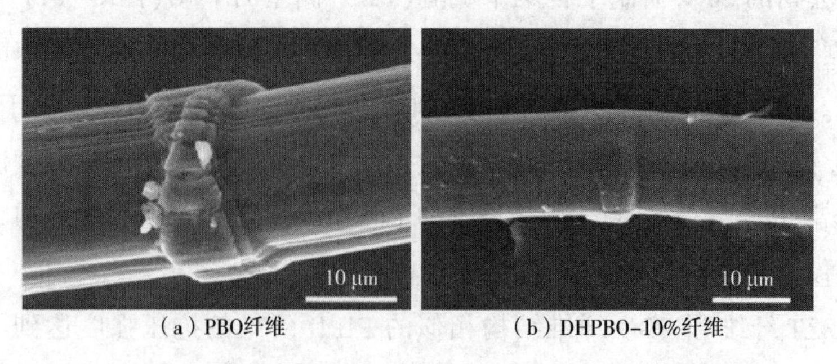

（a）PBO纤维 （b）DHPBO-10%纤维

图 6-16 由轴向压缩弯曲引起的纤维表面扭折带的扫描电镜图像[79]

通过对 DHPBO 纤维在不同温度下的红外光谱分析,可以推断出相邻分子链的羟基可以形成分子间氢键。图 6-17 说明 DHPBO 纤维相邻分子链之间的可能相对位置和 DHPBO 纤维随后形成的分子间氢键。DHPBO 分子链上有羟基,可以形成分子间氢键、分子内氢键。因此,这可能是 DHPBO 纤维的抗压强度高于 PBO 纤维的原因。

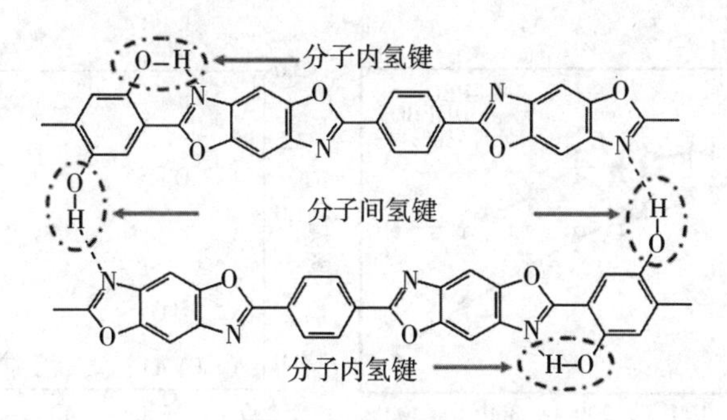

图 6-17　DHPBO 中的氢键作用[79]

分子链中的羟基除了增强纤维的抗压强度外,纤维与基体材料之间的界面相互作用也因羟基而得到改善。含 5%和 10%DHTA 的 DHPBO 纤维的 IFSS 分别为 16.8MPa 和 18.9MPa,而 PBO 纤维的 IFSS 为 9.8MPa[76]。DHPBO 纤维/环氧树脂的 IFSS 明显高于 PBO 纤维/环氧树脂。如图 6-18 所示,抽拔实验后,DHPBO 纤维表面残留的环氧树脂比 PBO 纤维表面多[80-81]。这进一步证明了界面黏结性的

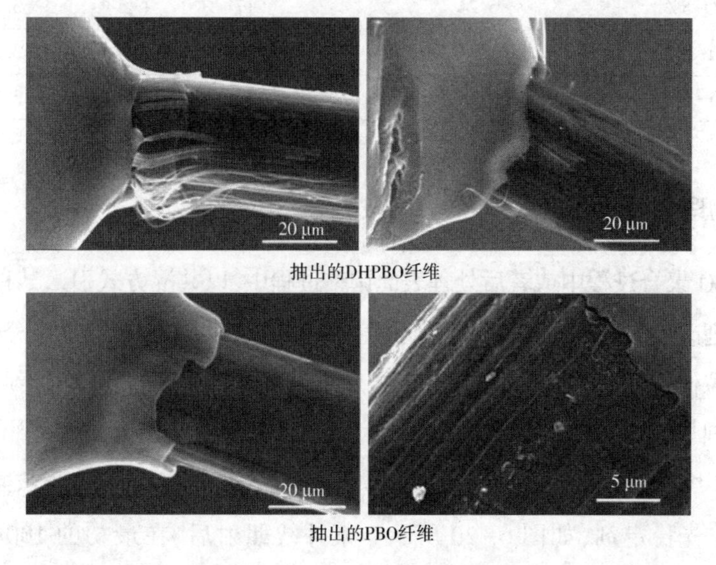

图 6-18　抽拔实验中抽出的纤维表面形态扫描电镜照片[76]

增强。同时 DHPBO 纤维具有更好的抗紫外性能[81-83]。紫外光辐照相同的时间，DHPBO-10%纤维保持更高的强度(图 6-19)。研究表明,羟基的存在没有显著地使机械性能变差的报道(表 6-7)。总之,DHTA 共聚改性 PBO 是改善纤维性能的有效途径之一。

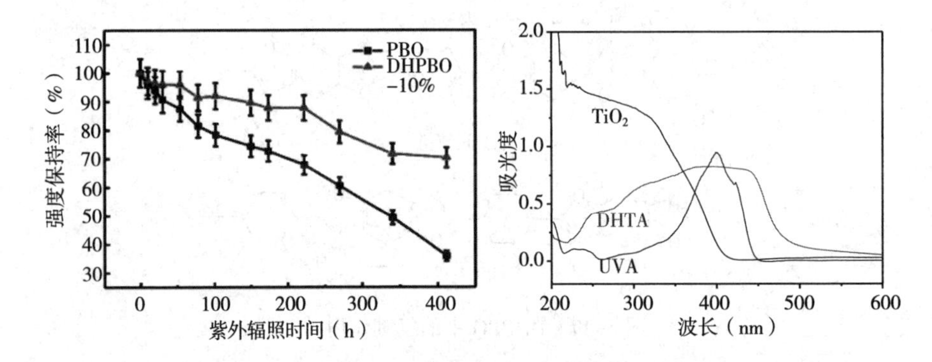

图 6-19 PBO 及 DHPBO-10%纤维在紫外光照射后的强度保持率(左图)以及添加剂的紫外线吸收率(右图)[81]

表 6-7 PBO 和 DHPBO 纤维的拉伸性能

纤维类型	拉伸强度(GPa)	拉伸模量(GPa)	断裂伸长率(%)
PBO	5. 52	172	3. 60
DHPBO-5%	5. 24	171	3. 30
DHPBO-10%	5. 05	143	3. 27
DHPBO-20%	4. 45	106	3. 35

6. 5. 2 物理改性

在 PBO 聚合过程中或者后处理表面调整过程中,以共混方式引入某种添加剂是常用的物理改性方法。Kumar 等[84-85]报道称,在 PBO 里加入 10%(质量分数)单壁碳管可以将拉伸强度提高 60%,但是由于结果难以重复,改性的有效性受到一定质疑。将光稳定剂与单体一起加入反应体系时,可在一定程度上提高耐光性[81-82,86-87]。

Jin 等[86]将 Eastobrite OB-1[2,2′-(1,2-二乙二烯基-4,1-亚苯基)双苯并噁唑]用作光稳定剂,如图 6-20 所示。紫外线照射后,在最初的 100h 内,所有纤维样品的拉伸强度和伸长率均明显下降。对于 PBO 纤维,辐照 100h 后,拉伸强度和伸长率仅保持了 50%和 60%,随后辐照至 310h 两者分别缓慢下降到 44%和 50%。同时,添加 0.05%~0.2%(质量分数)的 OB-1 可以显著地提高拉伸强度和伸长率。照射 100h 后,OB-1/PBO(0.05%)的强度和伸长率均为初始值的 70%,照射 310h 后仍保留初始值的 60%左右。对于 OB-1/PBO(0.2%)纤维,照射 310h 后的强度和伸长率保持率分别为 65%和 70%,与 PBO 纤维相比分别提高了 47%和 40%。

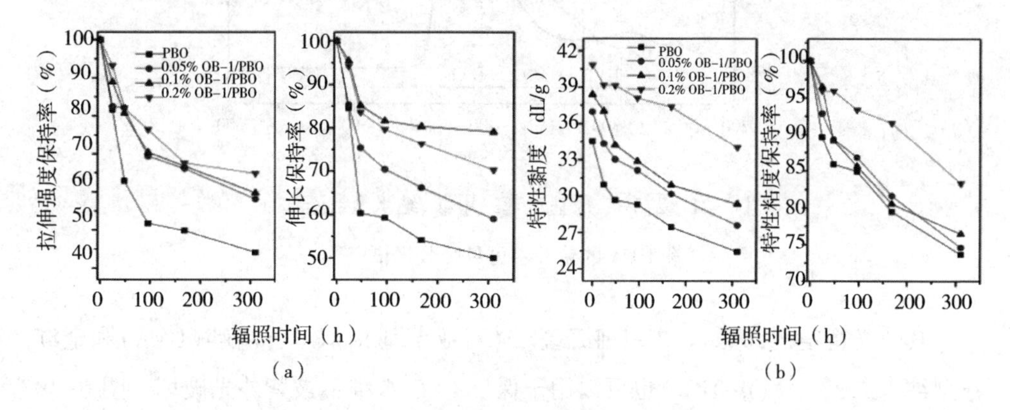

图 6-20　拉伸强度和伸长保持率(a)及特性黏度及其伸长保持率(b)与紫外辐照时间的关系

图 6-21 说明 PBO 纤维同时吸收 UVA-UVC 和可见光,在 248nm 和 282nm 处各有一个强的吸收峰,在 404nm 和 428nm 处各有一个最强的吸收峰;另外,OB-1 在 200~500nm 波长范围内的吸收峰值的位置分别为 228nm、238nm、399nm 和 423nm,并且在 307~430nm 的波长内显示出比 PBO 纤维更强的吸收峰。因此 OB-1 可以吸收 300~400nm 的高能紫外线,然后将其转化为低能可见光(400~500nm),从而避免聚合物发生紫外辐射降解。它与 PBO 一样,具有噁唑环状结构,在 PBO 敏感的波长具有较强的吸收能力,是 PBO 纤维有效的一种紫外光稳定剂。

由图 6-20(b)可知,PBO、OB-1/PBO(0.05%)和 OB-1/PBO(0.1%)纤维的特性黏度下降趋势相同;而 OB-1/PBO(0.2%)纤维的特性黏度则缓慢下降,并保持较高的保持率。很明显在相同的紫外照射条件下,OB-1/PBO 纤维的特性黏度的保持率高于 PBO 纤维。经 310h 的紫外线照射后,PBO 纤维和 OB-1/PBO 纤维的特性黏度保持率均在 73%以上。表明分子链共价键断裂,但不是很严重,OB-1 在一定程度上可以保护 PBO 免受光降解。

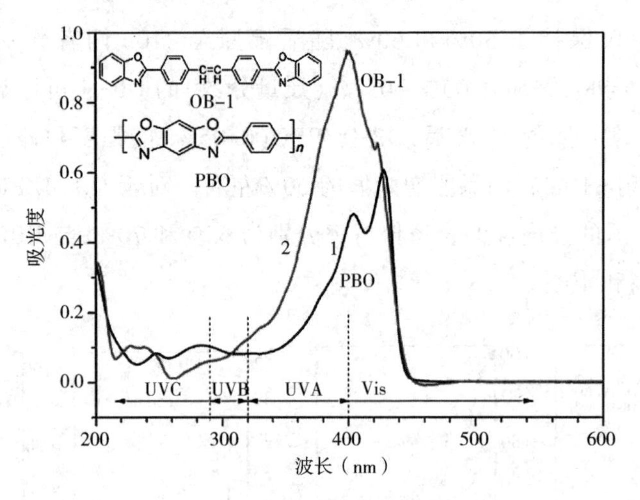

图 6-21　2,5-二羟基对苯二甲酸、纳米金红石 TiO_2 和 UVA 的紫外—可见吸收光谱[86]

其他光稳定剂，例如 2,2′-[亚乙基二(对亚苯基)]双苯并噁唑(UVA)和金红石型纳米二氧化钛(n-TiO_2)也可以用于保护 PBO 纤维不被紫外光破坏。图 6-19(b)比较了 DHTA、n-TiO_2 和 UVA 的紫外—可见吸收光谱。n-TiO_2 在 200～350nm 处表现出最强吸收峰。如图 6-22 所示，与 PBO/UVA 相比，PBO/n-TiO_2 在紫外线照射相同时间后，具有较高的拉伸强度保持率；PBO/n-TiO_2 具有较高的拉伸强度保持率是因为 n-TiO_2 和 DHTA 具有双重稳定作用[82]。

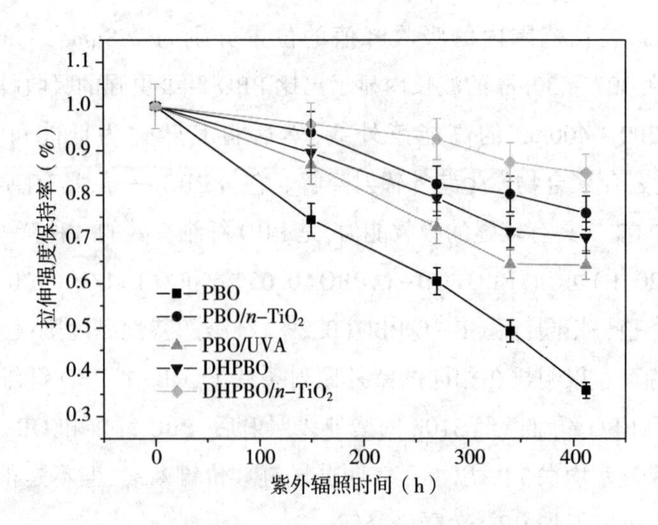

图 6-22　紫外线照射后纤维的拉伸强度保持率[82]

6.6 刚性棒状聚合物纤维的应用

刚性棒状聚合物纤维的性能特点是高强度、高刚度、优异的热稳定性和阻燃性等,可应用于适宜的领域。例如,PBI 和 PBO 纤维是用于防火服和特殊军用防护服的理想材料。PBO 纤维抗切割性能优异,可用作生产安全手套的材料。PBO 纤维制成的耐热辊、毡和织物可用于铝合金和玻璃生产行业。PBO 纤维也是新型气球式降落伞的备选材料,荷兰腾卡特(TenCate)公司生产了一种称为 Millenia 的 PBO/对位芳纶的混纺织物,具有质轻、超强和低热应力等性能,用于制造防火服。Millenia 具有优异的抗切割和防刺穿性能以及固有的耐热性和阻燃性,经历闪燃之后能够依然保持柔韧性和强度[88]。二次机会防弹衣和装甲控股公司[Second Chance Body Armor and Armor Holdings(USA)]在美国警用防弹衣中使用了 PBO 纤维[89]。Navtec 公司(美国)使用 PBO 纤维制造高强度拉伸材料,例如电缆、电线和绳索[90]。在航天航空领域,美国宇航局使用 PBO 纤维材料进行太空长期数据的采集。PBO 编织绳可以帮助维持聚乙烯超压气球的结构[91]。2002 年测试的火星探测气球原型使用了 PBO 纤维制成的加强筋[92]。在赛车领域,从 2001 年开始在 F1 赛车中使用 PBO 绳索将车轮固定在底盘上,用于防止车轮因为事故弹射到人员密集区而造成危险。从 2007 年赛季开始,驾驶舱必须使用 PBO 制成的防穿刺材料进行保护[93]。受 2009 年赛车手 Felipe Massa 受伤事故影响,从 2011 年开始,在头盔遮阳面罩的顶部增加 PBO 加固条,提供额外的保护。2008 年 Indy 赛车联盟开始使用 PBO 纤维材料作为屏障以保证赛事安全[94]。

PBO 纤维是制备复合材料的重要增强材料。近 20 年来,纤维增强聚合物(FRP)复合材料是结构应用中最常见的复合材料。因为结合了高强和轻质的特点,2005 年 Furukawa Electri(日本)研发了 PBO-FRP 复合材料,用于制造小直径、高强度光缆组件和室内电缆[95]。可实现的磁场强度取决于导体的应变极限和增强材料的强度和刚度。在佛罗里达州的美国高磁场实验室,PBO 纤维用于产生高强磁场的增强材料,开发 100-T 脉冲磁铁[96]。PBO-FRP 片材已在日本三洋新干线得到应用,用作加固材料。混凝土结构和建筑物的增强和修复也已经成为 PBO 纤维应用的新领域之一[97]。传统的加固技术,例如钢板外部补强、表面混凝土涂层和焊接钢筋网复杂费时且增加结构本身的重量,当发生地震或者其他自然灾害时,结构的惯性力增加,容易导致产生严重的附生灾害。因此,用纤维增强聚合物代替传统的加固方法,应该是一种较好的抗震加固方法。目前,一种新型的无机基体(例如水泥砂浆)也可能成为持久耐用环氧树脂的替代品。水泥砂浆的复合材料通常称为纤维增强水泥(FRCM)复合材料。FRCM 复合材料是现代建筑物的新型选择,可防止现有结构的破坏,延长建筑的使用寿命[97-99]。

6.7 结论

虽然 PBO、PIPD 等刚性棒状聚合物纤维实现产业化至今已超过 10 年,但应用范围和应用量仍然十分有限。其中高成本是主要阻碍因素之一,另外一个主要瓶颈是对特定应用的研究不足,无法很好地支撑其实际应用。产品的设计、加工和性能评估是一项系统性的过程,包括不同的学科专业基础,也离不开新型机器和设备的辅助开发。此类刚性棒状纤维产品的开发趋势应以需求为导向,重点是扩大其应用领域和生产效率,同时也需要逐步降低其生产成本。

参考文献

[1] Arnold FE, Van Deusen RL: *Macromolecules*2:497,1969.

[2] Arnold FE, Van Deusen RL: *Journal of Applied Polymer Science*15:2035,1971.

[3] Wolf JF, Arnold FE: *Macromolecules*14:909,1981.

[4] Wolf JF, Loo BH, Arnold FE: *Macromolecules*14:915,1981.

[5] Wellman MW, Adams WW, Wolff RA, Dudies DS, Wiff DR, Fratini AV: *Macromolecules*14:935,1981.

[6] Chu SG, Venkatraman S, Berry GC, Einaga Y: *Macromolecules*14:939,1981.

[7] The materials science and engineering of rigid-rod polymers. In Adams WW, Eby RK, Mclemore DE, editors: *Nater. Res. Soc. Symp. Proc*vol. 134, 1989, : Pittsburgh (PA).

[8] Yang HH: *Aromatic high strength fibers*, New York, 1989, John Wiley.

[9] Hearle JWS: *High - performance fibers*, (Cambridge, UK), 2001, Woodhead Publishing Ltd..

[10] Bourbigot S, Flambard X: *Fire and Materials*26: 155, 2002.

[11] Kuroki T, Tanaka Y, Hokudoh T, Yabuki TK: *Journal of Applied Polymer Science*65: 1031, 1997.

[12] Kitagawa T, Yabuki K, Young RJ: *Polymer*42: 2102, 2001.

[13] Wolf JF: In Mark HF, editor: *Encyclopedia of polymer science and engineering*vol. 11New York, 1988, John Wiley, p 601.

[14] Sikkema DJ: *Polymer*39: 5981, 1998.

[15] Lammers M, Klop EA, Northolt MG: *Polymer*39: 5999, 1998.

[16] Sirichaisit J, Young RJ: *Polymer*40: 3421, 1999.

[17] Wolf JF.US Pat 4335700 1980.

[18] Wolf JF, Sybert PD, Sybert JR.US Pat 4533692, 4533693, 4533724 1987.

[19] Lysenko Z.US Pat 4766244 1988.

[20] Morgan TA, Nader BS, Vosejpka P, Wu W, Kenda AS.WO95/23130 1995.

[21] So YH: *Journal of Polymer Science, Part A: Polymer Chemistry*32: 1899, 1994.

[22] So YH, Heeschen JP, Bell B, Bonk P, Briggs M, DeCaire R: *Macromoles*31: 5229, 1998.

[23] So YH, Heeschen JP: *Journal of Organic Chemistry*62: 3552, 1997.

[24] So YH, Suter UW, Romick J: *Polymer Preprint*40: 628, 1999.

[25] Jiang JM, Zhu HJ, Li G, Jin JH, Yang SL: *Journal of Applied Polymer Science*109: 3133, 2008.

[26] Jiang JM, Jin JH, Yang SL, Li G: *Chinese Journal of Materials Research*20: 435, 2006.

[27] Li G, Jiang JM, Jin JH, Yang SL.Chinese Patent ZL 02160543.2.

[28] So YH: *Progress in Polymer Science*25: 137, 2000.

[29] Choe EW, Kim SN: *Macromolecules*14: 920, 1981.

[30] Wolfe JF: Rigid-rod polymer synthesis: development of mesophase polymerization in strong acid solution. In Adams WW, Edy RK, Mclemore DE, editors: *The materials science and engineering of rigid - rod polymers*vol. 134, 1989, pp 134 -

183:Boston.

[31] Zhang T, Jin JH, Hu DY, Yang SL, Li G, Jiang JM: *Science in China, Series E: Technological Sciences*52:906,2009.

[32] Zhu HJ.Doctoral thesis of Donghua University 2008.12.

[33] Sikkema DJ: *Nitration of pyridine-2,6-diamines*, : US Patent 5,945,537,1999.

[34] Rakas MA, Farris RJ: *Journal of Applied Polymer Science*40:823,1990.

[35] Allen SR, Filippov AG, Farris RJ, Thomas EL: *Macromolecules*14:1138,1981.

[36] Allen SR, Filippov AG, Farris RJ, Thomas EL, Chenevey EC: *Journal of Applied Polymer Science*26:291,1981.

[37] Allen SR, Farris RJ, Thomas EL: *Journal of Materials Science*20:2727,1985.

[38] Lammers M, Klop EA, Northolt MG, Sikkema DJ: *Polymer*39:5999,1998.

[39] Klop EA, Lammers M: *Polymer*39:5987,1998.

[40] Allen SR, Farris RJ: In Adams WW, Eby RK, Mclemore DE, editors: *The materials science and engineering of rigid-rod polymers*vol.134,1989, p 297: Boston.

[41] Pottick LA, Farris RJ, Thomas EL: *Polymer Engineering & Science*25:284,1985.

[42] Kitagawa T, Ishitobi M, Yabuki K: *Journal of Polymer Science, Part B: Polymer Physics*38:1605,2000.

[43] Kitagawa T, Murase H, Yabuki K: *Journal of Polymer Science, Part B: Polymer Physics*36:39,1998.

[44] Cohen Y, Thomas EL: *Polymer Engineering & Science*25:1093,1985.

[45] Cohen Y, Thomas EL: *Macromolecules*21:433,1988.

[46] Cohen Y, Thomas EL: *Macromolecules*21:436,1988.

[47] Minter JR, Shimamura K, Thomas EL: *Journal of Materials Science*16:3303,1981.

[48] Fratini AV, Cross EM, O'Brion JF, Adams WW: *Journal of Macromolecular Science, Part B: Physics*24:159,1985-1986.

[49] Krause SJ, Haddock TB, Vezie DL, Lenhert PG, Hwang WF, Price GE, et al: *Polymer*29:1354,1988.

[50] Kumar S, Warner S, Grubb DT, Adams WW: *Polymer*35:5408,1994.

[51] Fratini AV, Lenhert PG, Resch TJ, Adams WW: *Materials Research Society Symposia Proceedings*134:431,1989.

[52] Martin DC, Thomas EL: *Macromolecules*24:2450, 1991.

[53] Takahashi Y: *Macromolecules*32:4010, 1999.

[54] Tashiro K, Yoshino J: *Macromolecules*31:5430, 1998.

[55] Tashiro K, Hama H, Yoshino J, Abe Y, Kitagawa T, Yabuki K: *Journal of Polymer Science, Part B: Polymer Physics*39:1296, 2001.

[56] Takahashi Y, Sul H: *Journal of Polymer Science, Part B: Polymer Physics*38: 376, 2000.

[57] Hu XD, Jenkins SE, Min BG, Polk MB, Kumar S: *Macromolecular Materials and Engineering*288:823, 2003.

[58] Kitagawa T, Yabuki K, Wright AC, Young RJ: *Journal of Materials Science*49: 6467, 2014.

[59] Hageman JCL, Van der Horst JW, De Groot RA: *Polymer*40:1313, 1999.

[60] Chae HG, Kumar S: *Journal of Applied Polymer Science*100:791, 2006.

[61] Toyobo Inc. http://www. toyobo. co. jp/e/seihin/kc/pbo/manu/fra _ manu _ en _. htm.

[62] Kozey VV, Jiang H, Mehta VR, Kumar S: *Journal of Materials Research*10:1044, 1995.

[63] Kozey VV, Kumar S: *Journal of Materials Research*9:2717, 1994.

[64] Mehta VR, Kumar S, Polk MB, Vanderhart DL, Arnold FE, Dang TD: *Journal of Polymer Science, Part B: Polymer Physics*34:1881, 1996.

[65] Dang TD, Wang CS, Click WE, Chuah HH, Tsai TT, Husband DM, et al: *Polymer*38:621, 1997.

[66] So YH, Bell B, Heeschen JP, Nyquist RA, Murlick CL: *Journal of Polymer Science, Part A: Polymer Chemistry*33:159, 1995.

[67] Jenkins S, Jacob KL, Kumar S: *Journal of Polymer Science, Part B: Polymer Physics*36:3057, 1998.

[68] Bai Y. M.S. thesis, Georgia Institute of Technology 1998.

[69] Yang F. M.S. thesis, Georgia Institute of Technology 1998.

[70] Dean DR, Husband DM, Dotrong M, Wang CS, Dotrong MH, Click WE, et al: *Journal of Polymer Science, Part A: Polymer Chemistry*35:3457, 1997.

[71] Yang F, Bai Y, Min BG, Kumar S, Polk MB: *Polymer*44:3837, 2003.

[72] Jenkins S, Jacob KI, Kumar S: In Rozenbaum BA, Sigalov GM, editors: *Heterophase network polymer, synthesis, characterization and properties*, 2002, Talor and Francs.

[73] Hu X, Kumar S, Polk MB: *Macromolecules*33:3342, 2000.

[74] Takahashi Y: *Macromolecules*35:3942, 2002.

[75] Zhang T, Yang SL, Hu DY, Jin JH, Li G, Jiang JM: *Polymer Bulletin*62:247, 2009.

[76] Zhang T, Hu DY, Jin JH, Yang SL, Li G, Jiang JM: *European Polymer Journal*45: 302, 2009.

[77] Zhang T, Jin JH, Yang SL, Li G, Jiang JM: *Carbohydrate Polymers*78:364, 2009.

[78] Hu DY, Zhang T, Jin JH, Yang SL, Li G: *Acta MateriaeCompositaeSinica*26: 78, 2009.

[79] Zhang T, Jin JH, Yang SL, Li G, Jiang JM: *ACS Applied Materials & Interfaces*1: 2123, 2000.

[80] Zhang T, Jin JH, Yang SL, Li G, Jiang JM: *Journal of Macromolecular Science, Part B. Physics*48:1114, 2009.

[81] Zhang T, Jin JH, Yang SL, Li G, Jiang JM: *Polymers for Advanced Technologies*20, 2009.

[82] Zhang T, Jin JH, Yang SL, Li G, Jiang JM: *Acta ChimicaSinica*68:199, 2010.

[83] Luo KQ, Jin JH, Yang SL, Li G, Jiang JM: *Materials Science and Engineering B*132:59, 2006.

[84] Kumar S, Dang TD, Arnold FE, et al: *Macromolecules*35:9034, 2002.

[85] Walsh PJ, Hu XB: *Journal of Applied Polymer Science*102:3891, 2006.

[86] Jin JH, Li G, Yang SL, Jiang JM: *Iranian Polymer Journal*21:739, 2012.

[87] Jin JH, Yang SL, Li G, Jiang JM: 高分子通报, 2013: [年].

[88] http://tencatefrfabrics.com/fire-service/firefighter-outer-shells/millenia-xt/.

[89] https://en.wikipedia.org/wiki/Armor_Holdings.

[90] http://www.navtecriggingsolutions.com/pbo-rigging.html.

[91] https://en.m.wikipedia.org/wiki/Zylon.

[92] Seely L, Zimmerman M, McLaughlin J: *Advances in Space Research*33:1736, 2004.

[93] Formula One press release: *FIA Rules & Regulations Sporting Regulations* 2007, :

Super Visor - Formula One helmets become even safer, March 30, 2011, Formula1.com.

[94] *Indy-car Upgrades Planned for* 2008, September 07, 2007, AutoWeek.com.

[95] Yasutomi T, Tsukamoto M, Nakajima F, Rintsu Y: *Technical Report of IEICE OCS*105:61, 2005.

[96] Schneider-Muntau HJ, Han K, Bednar NA, Swenson CA, Walsh R: *IEEE Transactions on Applied Superconductivity*14:1153, 2004.

[97] Antino TD, Carloni C, Sneed LH, Pellegrino C: *Engineering Fracture Mechanics* 117:94, 2014.

[98] Carozzi FG, Milani G, Poggi C: *Composite Structures*107:711, 2014.

[99] D'Ambrisi A, Feo L, Focacci F: *Composites Part B: Engineering*43:2938, 2012.

7 高性能聚乙烯纤维

J.M.Deitzel,P.McDaniel,J.W.Gillespie Jr.
特拉华州立大学,美国特拉华州

7.1 前言

聚乙烯纺制纤维的研究已有70年的历史[1-6],最初由熔融纺丝制得的PE纤维的拉伸强度小于1GPa,拉伸模量为10~20GPa。目前产业化的超高分子量聚乙烯(UHMWPE)纤维的平均拉伸强度约为3.7GPa,拉伸模量约为130GPa[7-8](表7-1)。

表7-1 不同方法制备的PE纤维的性能参数比较[17]

纺丝方法	拉伸强度范围(GPa)	拉伸模量范围(GPa)
熔融纺丝并牵伸	≤1.0	10~90
PE单晶叠层牵伸纺丝	0.5~1.0	20~220
表面纺丝	1.0~4.0	30~140
凝胶纺丝	1.0~4.0	20~130

PE纤维详尽的发展历史可以用一本单独的专著进行综述,其内容远远超出了本章涵盖的范围。本章内容的选择是基于提供有关PE纤维发展的历史路线图,重点介绍将拉伸性能提高10倍的关键因素,并介绍一些最新的研究工作。目的是让读者了解加工条件是如何影响纤维中复杂的相态组成、形态演变及其最终的机械性能。

关于这个主题,多年来很多研究者已从不同角度撰写了大量优秀的综述和可供参阅的文献,对于希望深入了解某种特定主题的读者,可以在参考文献部分找到引用的原始文献目录。

PE 属于聚烯烃类有机化合物，而聚烯烃是种类最多的聚合物材料[9]。PE 由乙烯单体，用过氧化物作引发剂，经自由基聚合反应制得[10-11]，或使用有机金属催化剂，如 Ziegler-Natta 催化剂[11-12]或最新的茂金属催化剂[11,13]以离子聚合的方式制备。

自由基机理得到的 PE 是一种支化结构，通常称为低密度聚乙烯（LDPE）。支链的存在会抑制结晶，该材料的密度在 0.9~0.94g/cm^3。而离子聚合得到的 PE 为几乎没有支链结构的线型高分子链[12]。由于支链及其他缺陷较少，离子聚合得到的 PE 具有较高的结晶度和密度，其密度在 0.94~0.97g/cm^3[14]，通常称为高密度聚乙烯（HDPE）。HDPE 线型分子链结构有利于制备高性能纤维，是本章讨论的主要聚合物。

PE 分子链是由 C 原子排列形成的结构简单的线型链，但通过对其分子结构进行精准控制及对原料进行精细加工，可获得不同性能的 PE 产品。例如，低分子量 PE，通称为石蜡[1]，是一种蜡状物质，可用于包括汽车蜡、绝缘材料、蜡烛和食品密封剂等多个领域。

这类材料几乎没有机械强度，熔化温度也很低[15]。在该分子量范围内的 PE 是高度结晶的，并且几乎不具备形成连续纤维所必需的链缠结。

随着分子量的增加，材料的拉伸强度和热稳定性显著增加[16-17]。这在很大程度上是由于链缠结的增加以及同一条分子链会跨越不同的晶区[11]。分子量在 10^4~10^5Da 范围内的 PE 广泛用于饮料容器以及复合装饰材料等领域[9]。

该分子量范围内的 PE 易于熔融加工，产品形式也多种多样，包括涂料、薄膜、注塑品及纤维等。该分子量范围内的 PE 纤维采用常规熔融纺丝，然后经冷拉伸以获得更大的拉伸性能[16-21]，可用于制造高强度绳索和室外防水苫盖等。熔喷法生产的非织造或纺黏织物可用于过滤和医用服装领域。

分子量接近和超过 100 万 Da 的 PE 称为超高分子量聚乙烯（UHMWPE），可用于制备高性能纤维，适用于弹道材料及需要轻质和高强的领域。UHMWPE 纤维具有优异的断裂强度、良好的耐磨性、低摩擦系数和良好的耐化学性[17]。

由于其分子缠结程度很高，熔体黏度非常高，且拉伸困难[17,21]，所以 UHMWPE 的纺丝加工非常困难。商业化的 UHMWPE 纤维是由溶剂化凝胶法纺成，其拉伸比超过 50 倍[22-23]，纤维结晶度很高，沿纤维轴向的分子取向程度也非常高。表 7-2

比较了几种高性能合成纤维的拉伸性能。

表 7-2 多种合成纤维的力学性能

材料	拉伸强度(GPa)	拉伸模量(GPa)	密度(g/cm^3)
钢丝[a]	~2	~200	~7.75
中间相沥青基[b] 碳纤维	3.6~3.9	520~880	2.1~2.2
PAN 基碳纤维[c]	4.9~6.4	230~294	1.7~1.8
S-Glass 玻璃纤维[a]	~80	~4.5	~2.5
UHMWPE 纤维[d]	2.5~3.7	70~133	0.97
芳纶[a,e]	3~3.4	70~185	1.44

数据来源:

[a] Dupont Kevlar Technical Guide.

[b] Nippon Graphite datasheet.

[c] Toray datasheet.

[d] Honeywell Spectra datasheets.

[e] Kumar, Indian Journal of Fiber and Textile Research 1991;10:52.

7.2 高性能聚乙烯纤维的制备

将聚合物加工成纤维的目的是优化聚合物材料的微观结构或形态,使其具有满足特定应用所需的机械性能。在大多数应用高性能纤维的领域,往往需要在拉伸强度、模量和断裂应变三个指标间进行权衡。Hearle 和 Greer[24] 确定了决定纤维最终机械性能的六个关键属性,这些属性是有序度、有序相畴的局域度、局域单元的长宽比、局域单元的尺寸、取向度和分子链延展度。

(1)有序度——就 PE 而言,是指纤维中总结晶度和结晶完善程度。

(2)有序相畴的局域度、局域单元的长宽比、局域单元的尺寸——晶区和无定形区以及中间相(即介晶相、受限无定形区等)的形态(或形状)和分布[25-30]。

(3)取向度——不同相畴中取向分子偏离纤维拉伸方向或纤维轴向的程度。

(4)分子链延展度——PE 分子沿纤维轴伸长的程度。

上述四个因素中,每一个都影响临界缺陷沿轴向和径向的载荷传递路径和分布,进而决定纤维的最终性能[30]。

广泛而言,对于柔性的线形聚合物,纺丝工艺是通过拉伸流动实现上述目标。拉伸流动中,聚合物链发生伸展拉伸,形成长纤维晶体束。影响上述六个属性的一些关键材料和加工参数包括:聚合物重均分子量(M_w)、纺丝温度和剪切速率等[17,31-34]。就PE而言,使柔性链伸直所需的拉伸流动可以通过以下方式实现:在PE平衡熔融温度以下冷拉熔纺纤维;在非常高的应变速率下拉伸PE熔体;采用亚浓溶液中纺丝或溶胀后的UHMWPE挤出并在高温下牵伸等。下文将对上述各个加工方式进行简要说明。

7.2.1 熔融纺丝及牵伸

7.2.1.1 冷拉

PE分子的独特之处在于即使在远低于PE晶体的平衡熔融温度(约140℃)下,结晶区和无定形区中的分子仍具有显著的运动能力[29,31]。正因为如此,在85℃左右即可通过纤维或者薄膜的拉伸诱导PE分子链取向并退火处理。

20世纪70年代早期,Ward及其同事开始详细研究制备高模量PE纤维的方法,将PE进行熔融纺丝,然后在低于其熔融温度下对初生丝进行拉伸[16,18-20]。1970年,Andrews和Ward对具有非常精确分子量分布的一系列线性PE制得的纤维进行了冷拉研究。在这项工作中,先纺制PE纤维,随后将其分别在室温和高温下拉伸,再进行拉伸性能测试。实验中发现,纤维可达到的最高拉伸比取决于PE的重均分子量。当拉伸比从7倍增加到13倍时,纤维的拉伸模量从4GPa增加到20GPa[16,21]。

20世纪70年代之后,Barnham和Keller[35-36]、Capaccio和Ward、Wilding和Ward以及其他研究者[18-20,32-34]发表了一系列文章,探讨了温度、分子量、应变速率和拉伸比对不同等级的线性PE(包括HDPE和UHMWPE)拉伸强度和模量的影响。

这一时期的主要发现[16,18-20,31]是线性聚合物通常具有"自然拉伸比"(初始截面与最终截面的比值),它可以用来表征具有特定分子量分布的聚合物材料的最大延展性。在更高温度下进行拉伸才能达到材料的最大伸长状态。对于已知分子量分布的聚合物材料,应选择合适的拉伸温度,保证分子链具有一定的流动性,既能允许链相互移动,又不能有太大移动,以避免在拉伸过程中发生分子链的松弛。也就是说,需要保持分子链处于拉伸流动的状态[21]。

7.2.1.2 熔融牵伸

研究结果已经表明,PE 牵伸丝的模量随着牵伸比增加而明显增加,但当分子量接近 10^6Da 时,仅通过熔融纺丝和冷拉伸所得纤维的用途还是有限的[37]。众所周知,线性聚合物的熔体黏度随着重均分子量的增加而增加[38]。因此,分子量超高的 PE(即 UHMWPE)基本不可能从熔融状态直接纺丝形成纤维。此外,随着分子量的增加,自然拉伸比显著降低[16,18-20]。当 UHMWPE 分子量大于 10^6Da 时,自然拉伸比只有 5 倍左右,大大降低了通过冷拉伸可获得的分子链的伸长率[21]。

在 20 世纪 80 年代后期,Bashir、Odell 和 Keller[37,39-40]研究了直接在熔融状态下拉伸制备 PE 纤维和薄膜的可能性。由分子量为$(0.5\sim1.0)\times10^6$Da 的 PE 样品制成的薄膜,以足够高的应变速率拉伸,产生熔融状态下的拉伸流动。然后淬火冻结流动诱导产生的微结构,获得的薄膜的拉伸模量为 60~80GPa,拉伸强度约为 1.5GPa。此外,对结晶形态的研究表明,在高度拉伸纤维中存在常见晶体形态是原纤晶体和串晶。然而,他们发现当分子量高于 10^6Da 时,由于很高的熔体弹性,对模压薄膜的拉伸成了很大的难题,并且,模压的 UHMWPE 膜保留有粒料的一些形态结构。

分子链的高度缠结抑制了 UHMWPE 颗粒之间的完全相互扩散,因此在薄膜中存在尺寸较大的晶粒结构。随后,Bashir 和 Keller 尝试研究 HDPE 与少量 UHMWPE[例如 3%(质量分数)]的混合物进行熔融拉伸制备纤维的可能性,并获得一些成功的实验结果[40]。该工艺获得的 PE 纤维的拉伸模量比未共混的 HDPE 纤维的模量要高一些,但仍低于用溶液和凝胶纺丝工艺法制备纤维的拉伸模量[17]。

7.2.2 聚合物溶液纺丝

7.2.2.1 溶液生长晶体的牵伸

PE 单晶可以从稀溶液(一般是高温二甲苯溶液)中生长,并对其结构进行研究[41-44]。一般的操作方法是,将 PE 溶解在高温溶剂(如二甲苯或十氢化萘)中,然后迅速冷却至恰好低于 PE 在溶液中的平衡熔融温度(T_{m0})。冷却后,形成 PE 的片晶,并从溶液中沉淀出来。片晶通常很薄,且表面平整,呈菱形,是由垂直于片晶表面方向的折叠链取向规则排列而成[41-43]。单晶的厚度由结晶温度(T_c)决定,T_c越高,厚度越大[43]。

在20世纪60年代早期,Statton及其合作者已证实可以将压缩叠合的PE单晶片毡在高温条件下拉伸成丝,所得纤维的拉伸模量为10GPa,拉伸强度为0.67GPa[44]。此后,Barnham和Keller以及Kanamoto[45]等又研究了不同分子量和拉伸温度的影响。最高牵伸倍数超过100倍,由UHMWPE晶体所得纤维的拉伸模量可高达160GPa。虽然这种纤维制备方法很难量化生产,但证明了由溶液中获得PE晶体能够制备出"自然拉伸比"大大提高的纤维材料。

7.2.2.2 表面纺丝法

在20世纪60年代后期,Pennings及其合作者首先观察到,在高于PE折叠链片晶生成的温度时,如果以足够大的速率连续搅拌PE溶液以创造一种拉伸流动的条件,可诱导PE在溶液中结晶。Pennings认为上述现象的原因是,搅拌叶片附近的流场导致较高分子量的分子被拉伸,降低了晶体成核的阻碍。在这种状态下形成的晶体呈细长纤维状,晶体直径在100Å❶~1μm[46]。

后来的研究表明,这些长纤维状晶体为在合适条件下折叠链晶体的成核提供了有利的表面[47]。这些外延晶体的生长沿着纤维状晶核的长度方向间隔形成,这种特殊的晶体形态称为"串晶"[17,48]。最初,人们认为串晶中间的纵向内核晶体是由高分子量的伸直链晶体组成,而横向的外延晶体是由低分子量分子链形成的,并没有与内核晶体中的分子链相互交并。然而,后期研究表明,在热的溶剂中洗涤可以减小横向外延晶体的尺寸[49],但仍然保留了少量的外延晶体,说明内核晶体与外延晶体中的分子链并非完全孤立的。

Hill,Barnham和Keller的后续工作证明[35],在纤维状晶体的横向外延生长过程中可以在低于原结晶温度下的不同温度退火而改变。可观察到从溶液中生长出的光滑细丝状晶体,作者称之为"微串晶(microkebabs)",并且过程是可逆的。因此,作者推测认为,溶液中生长的纤维状晶体表面实际上具有细毛状结构,这些细毛状结构是一些未完全排列到纤维状晶体主体中的分子链的末端,且具有一定的长度。在适当条件下,这些自由的链端可以形成折叠链片晶或者形成无确定结构的鞘层[17,35]。

Zwijnenburg和Pennings首次报道成功进行了溶液生长法连续制备PE纤维

---

❶ 1Å=0.1nm。

的研究[50,51]。将一根种子纤维浸入高温 PE 流动溶液中,当种子纤维沿与溶液流动相反方向缓慢拉动时,在其表面附近产生伸展流动区域,促进纤维状 PE 晶体的成核和生长。当种子纤维从溶液中缓慢拉出时,PE 纤维状晶体附着在种子纤维的末端,形成由溶液生长的纤维状晶体组成的连续纤维[17]。该方法称为自由生长法。

Zwijnenburg 和 Pennings 还报道了另一种制备方法。在两个同心圆柱体的间隙中为 PE 溶液创建拉伸流动条件,其中内圆柱体旋转,外圆柱体保持静止(图 7-1)。与第一种方法相似,将种子纤维插入溶液中并沿与内圆筒旋转相反的方向移动,种子纤维末端接触旋转圆筒的表面,在种子纤维的末端会形成溶液中生长出的纤维状 PE 晶体(图 7-1)。采用这种方法,只要持续加入新的 PE 溶液,就可以对得到的纤维状 PE 晶体纤维进行连续卷绕。Barham 和 Keller[36] 利用该方法,制得的 UHMWPE 纤维的拉伸模量为 150GPa,拉伸强度为 4.5GPa。这种纤维生产的新方法称作表面纺丝,尽管能成功制备纤维,但生产速度极慢,不可能量化生产。然而,Pennings 和 Keller 观察发现,在表面纺丝过程中生产的晶体纤维实际上是从旋转圆筒表面形成的凝胶中拉伸而来,为今天已商业化的凝胶纺丝制备高性能 PE 纤维的方法提供了关键思路。

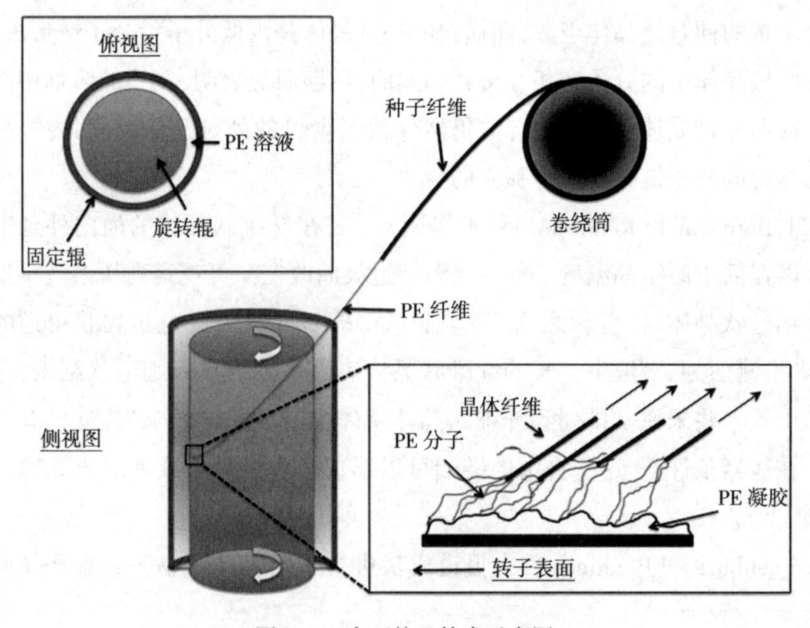

图 7-1　表面纺丝技术示意图

聚合物溶液在同轴圆筒的间隙内受到剪切作用。在旋转圆筒的表面发生拉伸流动,诱导产生低缠结程度的 PE 凝胶层[36]。种子纤维插入溶液并接触运动表面,缓慢抽出时会从凝胶中形成一束纤维状晶体纤维。

7.2.3 凝胶纺丝制备 UHMWPE 纤维

了解 PE 凝胶的性质是掌握凝胶纺丝技术生产 PE 纤维的关键。在现有工艺中,PE 的凝胶是 UHMWPE 在高温溶剂中溶胀形成的[22-23,17]。提高 PE 的分子量和溶液浓度能促进凝胶的形成。凝胶状态是理想的纺丝前驱体,因为它与熔融态相比,显著减少了拓扑约束的程度,也就是说,聚合物的链缠结浓度较低。研究表明,溶液浓度不同,链缠结程度也不同。Prevorsek 和 Kavesh 发现,聚合物溶液的质量浓度为 5%~8%时,可拉伸性最佳[23]。

在这种思路中,溶剂充当了体系的增塑剂,从而增加了自由体积,使分子链能够相互移动。还应注意,在这种情况下,凝胶是微晶物理交联而不是化学交联体系。Barham 和 Keller 按照热行为的不同,确定了凝胶网络中三种类型的连接:胶束、纤维状晶体和折叠链晶体[17]。高分子量聚乙烯凝胶中最常见的网络连接类型是纤维状晶体和折叠链晶体。连接的具体类型并不重要,事实上,首先就存在晶体网络结构更重要。然而,扩展研究这些结构能够提供一些有用的思路。Barham 和 Keller 认为折叠链式晶体连接的凝胶受到拉伸时,可能会导致晶体解折叠[17]。这点很重要,因为如前所述拉伸的片晶是目前可实现的最高刚度和强度的结构。

如今,凝胶纺丝工艺是生产高性能 PE 纤维的主要方式。UHMWPE 纤维的商品包括霍尼韦尔生产的 Spectra 纤维系列和帝斯曼生产的 Dyneema 纤维。通过挤出及多段热拉伸工艺可制得高强高模的纤维材料[22-23,52-54]。第一步,将 PE 凝胶挤出并经过冷却槽拉伸(即冷拉伸),使纤维成形。此时分子链因喷丝孔的剪切作用而发生轻微取向。第二步,经冷却槽后,纤维随即被加热并拉伸。该过程对纤维中纳米晶和介晶结构的演变非常重要。本文中前缀 nano 指的是 10~100nm 的长度范围,meso 指的是 $10 \sim 10^3$nm 的长度范围。研究表明,PE 纤维的最佳拉伸温度高于 110℃[31,48]。

在此温度时,与晶区中 PE 分子相关的 α 松弛被活化,利于折叠链片晶的解折叠,进一步促进纤维状晶体的生长,在纤维状晶体中,分子链呈高度伸展状态[30-31,33,52-55]。获得优异机械性能的关键是高牵伸倍数。如前所述,PE 分子量的增加会使拉伸强度增加[38]，而增加拉伸倍数则能得到更高的模量[30]。这一现象通常归因于分子和晶体取向的增加[57]，以及晶体的完善程度提高(伸展链晶体比折叠链片晶更好)。

然而，研究还发现，当最大拉伸倍数达到一定数值后，晶体取向和模量不再有大的变化[53]。有些研究发现[6]，牵伸过程除了影响整体结晶度和晶体取向发生变化以外，也使得介晶尺寸的结构发生变化，有利于改善拉伸力学性能。加工过程中纤维的微观相态构成和介晶尺度结构的演变，及其对纤维力学性能的影响将在下一节讨论。

7.3 高性能聚乙烯纤维的层级结构

7.3.1 PE 纤维的相态构成

Bunn 和 Alcock 在 1944 年首次发表了关于 PE 晶胞参数的研究结果[56]。他们在室温下用广角 X 射线衍射(WAXD)对 PE 薄膜进行了测试，表明其属于一种斜方晶相，晶胞参数为 a-7.42Å，b-4.93Å，c-2.534Å。高温实验表明，晶胞的膨胀主要发生在 a 轴上，有序结构在 126℃左右消失。作者推测，a 轴的这种变化是由于 PE 分子的全反式平面构象的扭曲所致，属于向准六方堆积的转变。许多研究人员后续的研究表明[58]，当受约束的超拉伸 PE 纤维被加热时，都是先形成六方晶相，之后才成为各向同性熔体。

Bunn 和 Alcock 也是最早提出 PE 纤维的冷拉机理的研究人员，其中涉及 PE 晶体的解离。20 世纪 50 年代中期，一些研究人员观察到，经过大幅度冷拉后的 PE 薄膜和纤维的 WAXD 衍射图中出现某些额外的衍射信号，无法用 Bunn 和 Alcock 提出的斜方晶系结构解释[59-60]。这些额外衍射信号后来被解释为斜方晶胞变形所致的亚稳单斜晶胞[61-63]。这种单斜晶体在超拉伸 PE 纤维中已经被广泛报道[6,25]，如图 7-2 所示。图 7-2(a)是相应的赤道线上的强度积分谱图，图 7-2(b)是由霍尼韦尔公司提供的 Spectra S130 纤维的 2D WAXD 图。可以看出，在 2θ 约 19°处的小衍射峰对应于 PE 单斜晶胞的(010)晶面衍射，占衍射图总面积约 4%[6]，这与其他文献报道的结果一致[25]。

除了这些不同的晶相外，利用固态核磁共振(NMR)和 WAXD 测试还观察到中间相态[25-28,30]。该中间相由轴向取向的聚合物链组成,其主要具有反式构象,但缺乏与斜方晶相相关的横向有序[25]。Wunderlich 等采用固态核磁共振研究表明[25],该中间相中的分子链具有比结晶区分子链高 100 倍的运动能力,但比纯无定形区中分子链的运动能力小 1000 倍。利用实时傅里叶变换红外光谱(FTIR)[64]和拉曼红外光谱(IR)[65]对 UHMWPE 纤维进行测试,以表征拉伸测试过程中的分子链构象的变化。

(a)

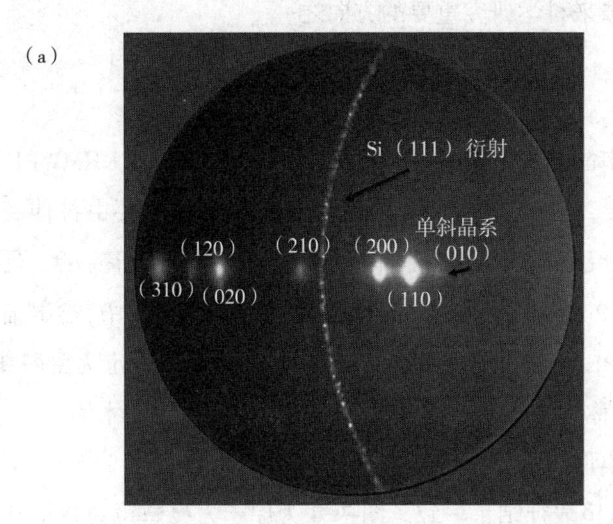

(b)

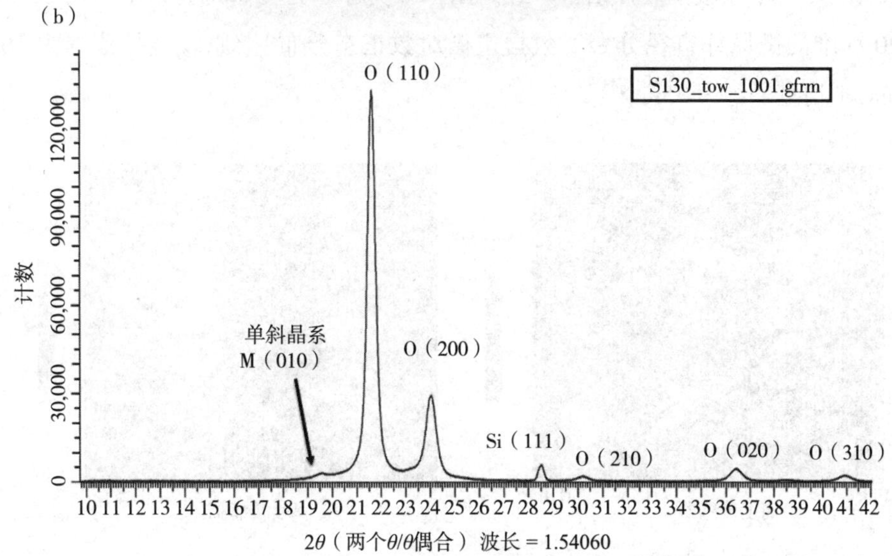

图 7-2 Spectra S130 纤维的 X 射线衍射数据表明纤维中存在单斜晶系和斜方晶系的混合晶型

结果表明,对纤维逐渐增加载荷过程中,纤维中的无定形区和中间相要比结晶区的应变大得多。这项研究工作支持如下观点,即拉伸过程中 PE 纤维的应力分布是不均匀的,并且载荷路径取决于相态的组成和形态[30]。

尽管这些光谱技术已经对 UHMWPE 纤维的相态组成特点及相态对所施加的载荷如何响应提供了重要的信息和认知,但是关于这些相态在整个纤维中的空间分布以及它们如何相互连接传递载荷的认知还非常缺乏。开发先进的显微技术来探究这些问题将是未来科学研究重要的方向之一。

7.3.2 微原纤

纤维状晶体或串晶结构对熔融—拉伸或溶液纺丝制备的 UHMWPE 纤维的最终机械性能非常重要。最初,研究者认为这些纤维状晶体主要由拉伸变化的晶体组成[3],但随后的研究表明,纤维状晶体由一系列无定形分子链接的更小晶体构成[25,30]。Kavesh 和 Prevorsek[66]在其 1995 年发表的研究论文中,尝试描述了凝胶纺丝制备的 UHMWPE 纤维的层状结构,将这些纤维状晶体确定为凝胶纺丝 PE 纤维的基本构筑单元,称为微原纤。本文的后续章节将沿用这一术语。

这些微原纤聚集形成大原纤束,大原纤束组成纤维。如图 7-3 所示,这种结构与文献[6,47,69]中显微镜表征结果一致。图 7-4 为原子力显微镜观察得到的 Spectra S130 纤维的微原纤直径分布。数据遵循对数正态分布,微原纤直径范围为 10~80nm,平均直径约为 35nm[6]。

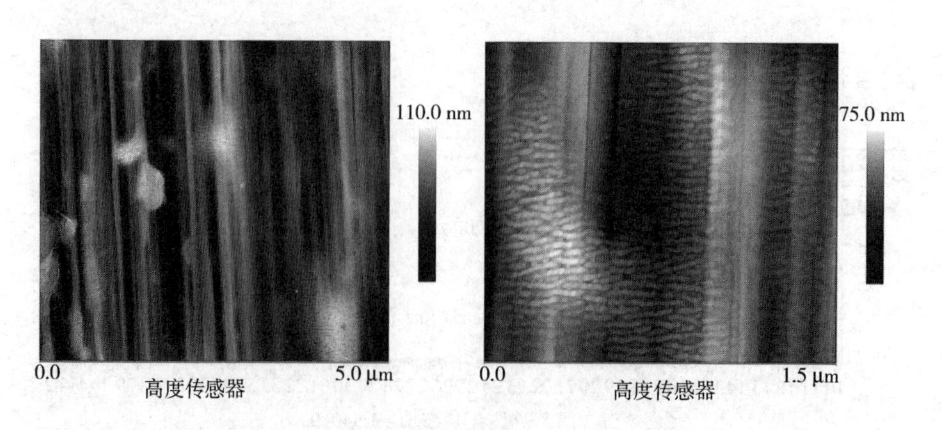

图 7-3 S130 纤维表面的原纤和外延结构[6]

[纤维表面进行 5μm 扫描(左),对不同纤维进行 1.5μm 扫描表明外延结构的大尺寸相畴]

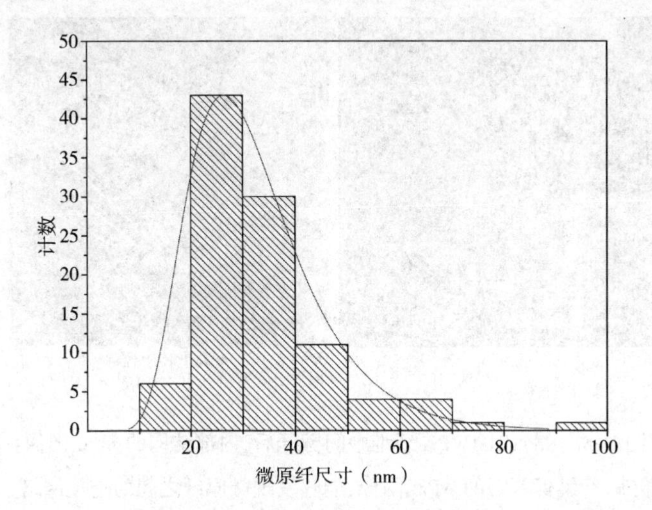

图 7-4 高强度 130 旦 Spectra 纤维中的微原纤尺寸分布[6]

（呈现对数正态分布，主要的尺寸宽度介于 20~40nm）

有意思的是，当 McDaniel 等将此结果与不同拉伸倍数所得纤维的测试结果进行比较时，发现微原纤的平均直径随拉伸倍数增加仅有微小变化，但直径分布显著变窄。这与 Pennings 等早期发表的研究结果一致[47]，并且表明纤维的高温拉伸过程是一种平衡过程，较大的微原纤被拉伸，而较小或者不稳定的原纤结构则发生熔融[6]。

运用多种光谱技术，如 FTIR、WAXD、固态 NMR、拉曼光谱等，研究人员能够较清晰地了解微原纤内晶区、链接分子、中间相之间是如何相互连接的。但尚不清楚微原纤是如何聚集成束（大原纤）以及载荷是如何在这些原纤间传递的。Litvinov 等[30]的研究结果表明，高温拉伸会导致较小的微原纤合并进入较大的伸直链晶体中。对于熔融—拉伸所得纤维和薄膜而言，Bashir 等[37,40]提供的研究证据表明，在一定条件下，微原纤可以通过小尺寸的折叠链晶体连接，形成交错的串晶结构。在其他情况下，当微原纤（相当于串晶中的纵向纤维状晶体）间距过于接近时，难以促进折叠链晶体的生长，微原纤就是简单地堆积在一起，中间的表面链（Barham 和 Keller 提出的毛发状纤维状晶体的“毛发”部分[17]）由相邻的微原纤共享。

用扫描电子显微镜（SEM）对不同拉伸阶段的凝胶纺纤维进行表征，结果表明，在拉伸的初始阶段，微原纤形成了由未拉伸的片晶连接的网络结构[47]。高分辨率原子力显微镜（AFM）测试表明[6]，在高度拉伸后纤维中依然存在该网络结构。对不同拉伸倍数下所得长丝表面断裂微原纤的测试，证实了 2D 网络结构的存在，如图 7-5 所示。

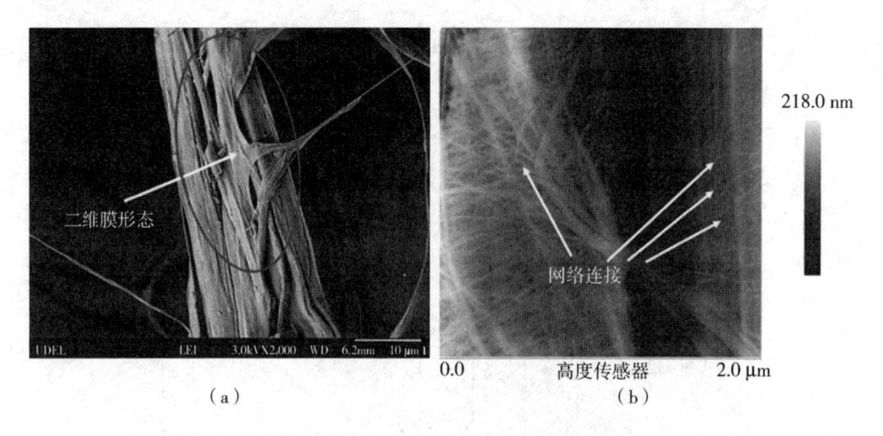

(a) (b)

图 7-5 (a)UHMWPE 纤维中间劈开后,内部结构的 SEM 图像;
(b)纤维劈开后的 AFM 图像,能够发现微原纤之间的连接网络

图 7-5(a)为从中间劈开的 UHMWPE 纤维的高分辨率 SEM 图。除了微原纤结构外,还有类似一种薄膜结构从纤维被抽出的形态,这表明微原纤之间具有较强的横向相互连接。在图 7-5(b)为中间劈开的 Spectra S130 纤维的高分辨 AFM 图,从图中可以看到各个微原纤间的连接,形成了二维网络。该网络的性质及其对拉伸性能和横向的载荷传递性能的影响是一个正在进行研究的领域。

7.3.3 外延结构

刚挤出的凝胶纤维即初生丝主要由折叠链片晶和带有大薄片晶的串晶组成[18,50]。当其受到高温下的拉伸时,由于折叠链片晶转变成微原纤(相当于串晶中的纤维状晶),折叠链片晶的尺寸和数量减少。不同研究团队通过显微镜和原位小角 X 射线散射的测试,报道了这种转变的存在[47,55]。

但是,Maganov[67],Strawhecker[68]和 McDaniels 等[6]利用 AFM 技术观察了市售超拉伸 UHMWPE 纤维表面的外延结构。图 7-3 为 Spectra S130 纤维表面的低倍和高倍 AFM 图。在低倍图中,沿纤维长度方向可见较多的外延结构的聚簇。在更高倍率下(右图)可见穿过多个微原纤的薄片状结构。McDaniel[6]对其进行了退火实验,表明这些结构在高于 130℃的温度下会进一步增厚,与聚合物折叠链片晶的退火现象一致,而不会发生低分子量材料形成的结构熔化。

对超薄切片进行测试,并未发现这些大尺寸结构存在的证据[6],然而,也不能排除 Barham、Keller、Thomas 等[17,69]描述的微串晶的存在。此外,这些较大的外延结构很有可能存在于空隙处,因其有足够的空间可以允许外延结构的成核和生长不受限制。

7.3.4 微孔

最开始人们就知道凝胶纺所得纤维中含有大量微孔，是由于在拉伸过程中溶剂的挥发导致的[22,50]。将不同拉伸倍数下所得 UHMWPE 纤维的超薄切片进行 AFM 测试，发现即使在高倍拉伸后的纤维中，这些微孔仍然存在。这些结果说明，拉伸过程有助于将微纤固结成束，并且通常是使纤维中自由空隙变为沿着拉伸方向取向的椭圆形微孔（图 7-6），其直径约为 100nm，长度大于 1μm。Litvinov 等还观察到超高拉伸倍数下纤维中纳米级空隙的生长，并推测这些是由于 PE 晶体的断裂而形成的[30]。对已有文献的统计结果显示，关于这些介孔级非均匀结构对纤维力学性能影响的研究信息很少，表明这将可成为未来的研究方向之一。

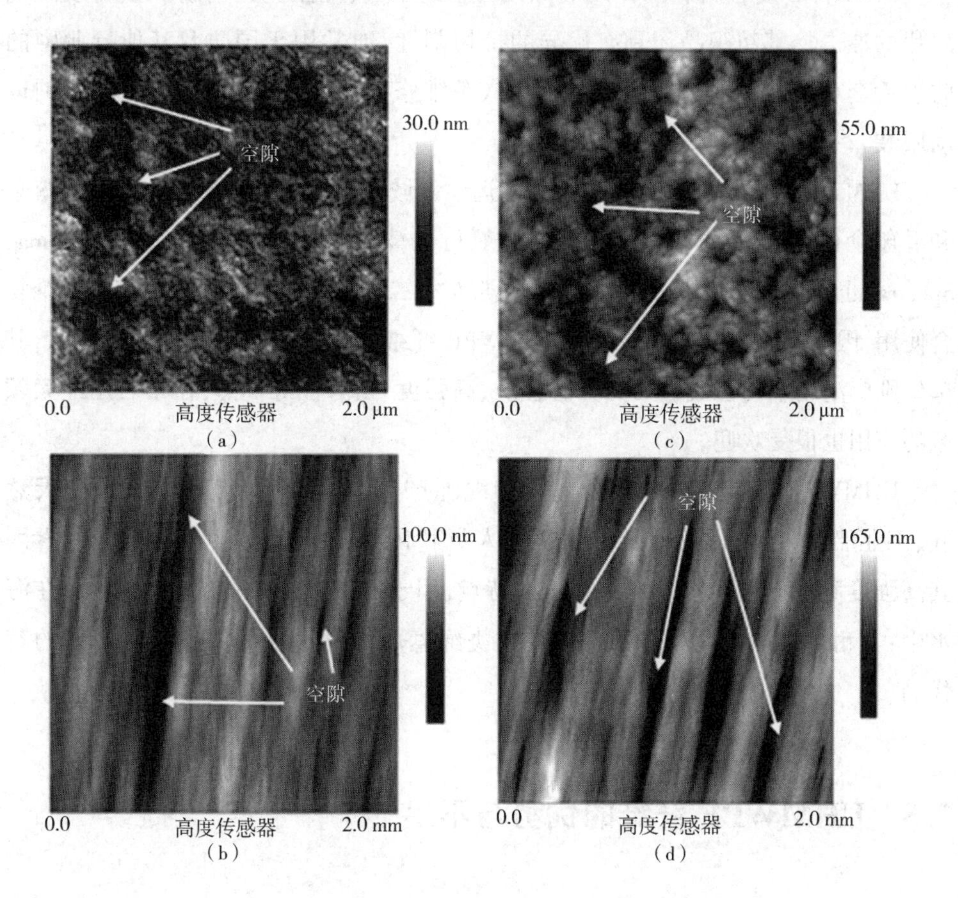

图 7-6 纤维超薄切片的 AFM 图像[6]

（a）拉伸前纤维的轴向结构；（b）拉伸前纤维轴向的内部结构图像；
（c）拉伸后纤维的轴向结构；（d）拉伸后纤维轴向的内部结构

7.4 高性能聚乙烯纤维的应用

高性能PE纤维因其质轻，且具有极高的强度、刚度和耐久性，广泛用于商业和国防领域。例如，用于防弹衣和复合头盔中金属和陶瓷插片的背板材料等[73]。在这类应用中，多层浸渍有热塑性弹性体树脂（聚氨酯，Kraton嵌段共聚物等）的单向UHMWPE织物以0~90°的层间角规则排列，制成很厚的复合材料，然后与防冲击板材（通常是陶瓷或金属）黏合复合。

UHMWPE复合材料的作用类似接球手的手套，能阻止抛射物和金属或陶瓷碎片的冲击。其纺织品还具有优异的抗切割性，通常用于国防及其他行业中的防护手套和服装，包括食品制备行业、汽车维修行业以及运动防护服，如击剑运动服装。

UHMWPE纤维在要求质轻、高强的运动领域应用广泛。如滑翔伞以及降落伞和滑翔伞的悬挂绳索，以及用于竞技航行的索具。UHMWPE纤维（Dyneema、Spectra）也可以用于制作高性能船帆，通常与第二种纤维如碳纤维或Kevlar纤维复合使用，因后者的耐蠕变性更高。UHMWPE纤维也可用于射箭竞赛中的弓弦，其单丝则广泛用于钓鱼线。因其具有轻质、高强度、耐磨性等优点，在攀岩用绳索领域的应用也很受欢迎。

UHMWPE纤维还用于各种绳索和缆绳产品，服务于海上石油开采和天然气、工业船舶、建筑行业以及民用急救人员和休闲游艇行业。UHMWPE绳索因其高强度和低密度（约0.97g/cm^3）的特点，用于水上运输中的绳索，可漂浮在海水中；其耐磨性和抗化学侵蚀性也使这类绳索成为腐蚀性环境中金属线缆的替代品。

7.5 UHMWPE纤维的优势与不足

UHMWPE纤维凝胶纺丝技术是近50多年来人们对柔性线型聚合物在溶液和熔融状态下基本流变行为研究的结果。在材料开发过程中获得的认知也是现代聚合物科学理论基础的重要组成部分。UHMWPE 纤维具有优异的比拉伸强度、模量和韧性,是其他市售高性能纤维无法达到的。尽管商品化的纤维性能已经有所提高,但其平均拉伸性能,特别是拉伸强度仍未达到理论预测值,因此依然存在进一步工艺优化的可能性。

对于要求轻质、高刚度和强度、高耐化学性和耐久性的应用领域,UHMWPE 纤维和纺织品是理想选择。然而,这种材料低的玻璃化转变温度和熔融温度,使其不适于高温下使用。此外,PE 的优异耐化学性和化学惰性使其与其他材料制备复合材料时,树脂与纤维的黏合强度成为关键的技术挑战。

7.6 发展趋势

当今,对高强、轻质纺织品的需求很大,这促使人们对 UHMWPE 纤维及其复合材料的进一步研发产生了兴趣。为进一步改善其力学性能,人们将继续对凝胶纺纤维中超拉伸对纤维结构和性能的影响进行研究[6,30,56,68]。对环境和全球变暖的担忧催生了人们对开发可再生资源制备 PE 合成单体及使用更环保溶剂开发凝胶纺丝工艺的研究兴趣[70]。过去十年来的重大研究成果已用于生产含有纳米级填料的高性能 PE 纤维,如功能化纳米氧化铝填料[71]和纳米纤维素纤维填料[72],以实现 PE 纤维热、机械和电气性能的进一步改善。

参考文献

[1] Bunn CW:Transactions of the Faraday Society 35:482-491,1939.

[2] Keller A:Philosophical Magazine 2:1171-1175,1957.

[3] Pennings AJ:Journal of Polymer Science,Part C 16:1799-1812,1967.

[4] Treloar LRG:Polymer 1:95-103,1960.

[5] Zwick MM:Applied Polymer Science Symposium 6:109,1967.

[6] McDaniel PB,Deitzel JM,Gillespie JW Jr.:Polymer 69:148-158,2015.

[7] Dyneema spec sheet;http://www.dsm.com/products/dyneema/en_US/home.html.

[8] Honeywell spec sheet;http://www.honeywell-advancedfibersandcomposites.com/.

[9] Nwabunma D, Kyu T, editors: Polyolefin composites, 2007, John Wiley and Sons, Inc.

[10] Beasley JK: Journal of the American Chemical Society 75: 6123-6127, 1953.

[11] Odian G: Principles of polymerization, 2004, John Wiley and Sons, Inc..

[12] Natta G: Journal of Polymer Science 33: 21-48, 1959.

[13] Chien JCW, Wang BP: Journal of Polymer Science, Part A: Polymer Chemistry 26: 3089-3102, 1988.

[14] Peacock AJ: Handbook of polyethylene: structures, properties and applications, 2000, Marcel Dekker, Inc..

[15] Wunderlich B: Thermal analysis of polymeric materials, 2005, Springer Verlag.

[16] Andrews JM, Ward IM: Journal of Materials Science 5: 411-417, 1970.

[17] Barham PJ, Keller A: Journal of Materials Science 20: 2281-2302, 1985.

[18] Capaccio G, Ward IM: Nature Physical Science 243: 130-143, 1973.

[19] Capaccio G, Ward IM: Polymer 15: 233-238, 1974.

[20] Capaccio G, Ward IM: Polymer Engineering & Science 15: 219-224, 1975.

[21] Eichhorn SJ, Hearle JWS, Jaffe M, Kikutani T: Handbook of textile fiber structure volume 1: Fundamentals and manufactured polymer fibers, 2009, Woodhead Publishing Limited.

[22] Smith, P., & Lemstra, P.J. (1982). Patent No.4344908. USA.

[23] Kavesh, S., & Prevorsek, D.K. (1982). Patent No.4413110. USA.

[24] Hearle JWS, Greer R: Textile Progress 2, 1970.

[25] Fu Y, Chen W, Pyda M, Londono D, Annis B, Boller A, et al: Journal of Macromolecular Science, Part B: Physics 35: 37-87, 1996.

[26] Cheng J, Fone M, Reddy VN, Schwartz KB, Fisher HP, Wunderlich B: Journal of Macromolecular Science, Part B: Physics 32: 2683-2693, 1994.

[27] Hu W-G, Schmidt-Rohr K: Polymer 41: 2979-2987, 2000.

[28] Tzou DL, Schmidt-Rohr K, Spiess H: Polymer 35: 4728-4733, 1994.

[29] Chen W, Fu Y, Wunderlich B, Cheng J: Journal of Polymer Science, Part B: Polymer Physics 32: 2661-2666, 1994.

[30] Litvinov VM, Xu J, Melian C, Demco DE, Moller M, Simmelink J: Macromolecules

44:9254-9266,2011.

[31] Wilding MA,Ward IM:Journal of Polymer Science,Polymer Physics Edition 22:561-575,1984.

[32] Capaccio G,Crompton TA,Ward IM:Polymer 17:644-645,1976.

[33] Kanamoto T,Sherman ES,Porter RS:Polymer Journal 11:497,1979.

[34] Pennings AJ,Torfs J:Colloid and Polymer Science 257:547,1979.

[35] Barham P,Hill M,Keller A:Colloid and Polymer Science 258:899-908,1980.

[36] Barham PJ,Keller A:Journal of Polymer Science,Polymer Letters Edition 17:591-593,1979.

[37] Bashir Z,Keller A:Colloid and Polymer Science 267:116-124,1989.

[38] Fatou JG,Mandelkern L:Journal of Physical Chemistry 69:417-428,1965.

[39] Odell JA,Grubb DT,Keller A:Polymer 19:617,1978.

[40] Bashir Z,Odell JA,Keller A:Journal of Materials Science 19:3713-3725,1984.

[41] Geil PH:Polymer single crystals,Huntington,NY,1973,Robert E. Krieger Publishing Company.

[42] Wunderlich B:Macromolecular physics volume II crystal nucleation,growth and annealing,1976,Academic Press.

[43] Cheng SZ:Phase transitions in polymers:the role of metastable states,2008,Elsevier Science.

[44] Statton WO:Journal of Applied Physics 38:4149,1967.

[45] Kanamoto T,Tsurata A,Tanaka K,Takeda M,Porter RS:Polymer Journal 15:327,1983.

[46] Pennings A:Journal of Polymer Science:Polymer Symposium :55-86,1977.

[47] Pennings A,Smook J,de Boer J,Gogolewski S,van Hutten P:Pure and Applied Chemistry 55:777-798,1983.

[48] Van Hutton P,Koning C,Pennings A:Journal of Materials Science 20:1556-1570,1985.

[49] Keller A,Willmouth FM:Journal of Macromolecular Science - Physics B6:493,1972.

[50] Zwijnenburg A,Pennings A:Colloid and Polymer Science 254(10):868-

881,1976.

[51] Zwijnenburg A,Pennings A:Colloid and Polymer Science 253:452,1975.

[52] Smith,Lemestra:Journal of materials Science 15:505,1980.

[53] Hoogsteen W,van der Hooft R,Postema A,ten Brinke G:Journal of Materials Science 23:3459-3466,1988.

[54] Hoogsteen W,Kormelink H,Eshuis G,ten Brinke G,Pennings A:Journal of Materials Science 23:3467-3474,1988.

[55] Ohta Y, Murase H, Hashimoto T: Journal of Polymer Science, Part B: Polymer Physics 48:1861-1872,2010.

[56] Bunn CW,Alcock TC:Transactions of the Faraday Society 41:317-325,1945.

[57] Northolt M,Hout R:Polymer 26:310-316,1985.

[58] Rastogi S,Odell JA:Polymer 34:1523-1527,1993.

[59] Natta G:Makromolekulare Chemie 16:213,1955.

[60] Slichter WP:Journal of Polymer Science 21:141,1956.

[61] Teare PW,Holmes DR:Journal of Polymer Science 24:496,1957.

[62] Walter ER,Reding FP:Journal of Polymer Science 21:557-558,1956.

[63] Keller A:Nature 169:913,1952.

[64] Wool RP,Bretzlaff RS,Li BY,Wang CH,Boyd RH:Journal of Polymer Science, Part B:Polymer Physics 24:1039-1066,1986.

[65] Prasad K,Grubb DT:Journal of Polymer Science,Part B:Polymer Physics 27:381-403,1989.

[66] Kavesh S,Prevorsek DC:International Journal of Polymeric Materials 30:15-56, 1995.

[67] Magonov SN,Sheiko SS,Deblieck R,Moller M:Macromolecules 26:1380-1386, 1993.

[68] Strawhecker KE,Cole DP:Morphological and local mechanical surface characterization of ballistic fibers via AFM,Journal of Applied Polymer Science 131,2014.

[69] Brady JM,Thomas EL:Polymer 30:1615-1622,1989.

[70] Rajput AW,Aleem A,Arain FA.International Journal of Polymer Science,Volume (2014),Article Number:480149.http://dx.doi.org/10.1155/2014/480149.

[71] Yeh JT, Wang CK, Yu W, Huang KS: Polymer Engineering and Science 55, 2015.

[72] Yeh JT, Tsai CC, Shao JW, Xiao MZ, Chen SC: Carbohydrate Polymers 101: 1-10, 2014.

[73] Bhatnagar A, editor: Lightweight ballistic composites: Military and law-enforcement applications, 2006, Honeywell International.

8 高性能聚丙烯纤维

S.Mukhopadhyay, B.L.Deopura
印度理工学院德里分校,印度新德里

8.1 简介

聚丙烯(PP)纤维通常通过熔融纺丝途径制备,由两个阶段组成:纤维挤出与热和机械牵伸。在喷丝孔出口和导出辊(第一导丝辊)之间,PP 纤维被预牵伸、水冷却、分丝(对于复丝而言),并干燥去除表面水分。熔融聚合物从口模挤出后即受到预牵伸,使纤维直径减小。控制牵伸均匀性的因素是聚合物熔体挤出量和纺丝速度。然后进入冷却槽,冷却固化成型,预牵伸工艺完成(图 8-1)[1]。

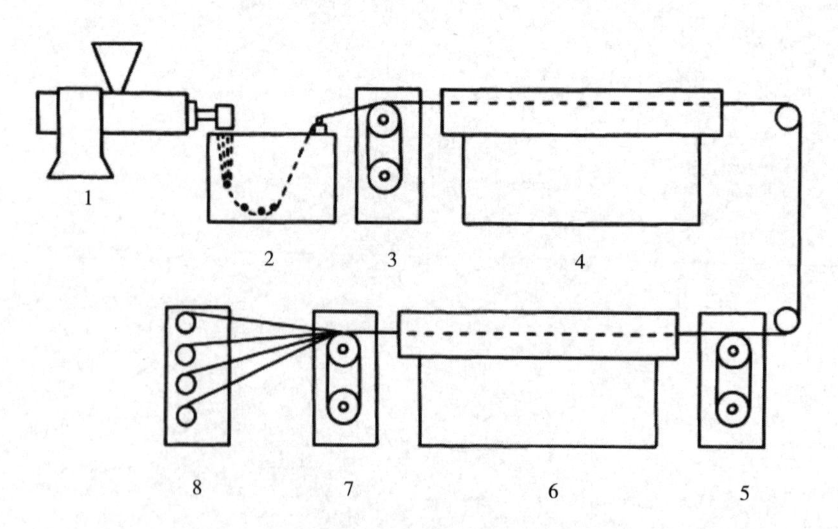

图 8-1　PP 纤维的熔融挤出制备过程示意图[2]

1—螺杆挤出机　2—冷却水槽　3—牵出罗拉　4—牵伸热箱
5—牵伸罗拉　6—松弛定型热箱　7—松弛罗拉　8—卷绕

全同立构 PP 在低于 100℃的较低温度下牵伸时,会发生应变硬化并且牵伸倍数通常在 7~9,称为自然牵伸比。为了获得更高的牵伸倍数,牵伸温度通常为 110~170℃。由于初生纤维具有较高的结晶度,为 50%~60%,因此接近熔点的高牵伸温度可将片晶软化并将其转化为伸直链晶体。在牵伸过程中,纤维的结晶结构从片晶变为纤维状晶[2]。

8.2 高性能聚丙烯纤维的制备

自从发现熔融纺丝能够制造聚合物纤维以来,纤维制造商一直在寻求提高聚合物纤维的强度和性能稳定的方法。为开拓纺织服装以外的应用领域,需要纤维的强度和稳定性更高。这种非服用用途(也称为产业用途)包括轮胎帘子线、缝纫线、船帆布、用于路基建设或其他土工织物(布、网或垫)、工业传送带、复合材料、建筑用织物;软管补强材料、层压织物、绳索等。

因此,高模量、高强度纤维的开发引起了纤维科学家的极大兴趣。初生纤维没有足够的强度,基本无法应用。要获得所需的强度,必须使聚合物分子链在纤维轴向取向。研究人员已尝试通过各种途径来制备高模量纤维,碳纤维、芳纶、凝胶纺超高分子量聚乙烯纤维的开发为复合材料领域开辟了新的应用前景。虽然开发技术取得了很大进展,但目前超高模量聚乙烯纤维的拉伸模量最大只有 120GPa[3],拉伸强度约为 4.0GPa[4]。与之对比的是,聚乙烯的理论最大模量约为 250GPa。

对于 PP 纤维而言,也存在类似的情况。商品化 PP 纤维的模量和强度分别在 4~8GPa 和 0.35~0.6GPa,而通过 X 射线技术测量[5-6],PP 的理论模量为 35~42GPa,理论强度为 3.9GPa[7],远高于目前商品化 PP 纤维。因此,研究人员一直努力去制备更高模量、更高强度的 PP 纤维。

经过分子设计或形态特征控制可获得超高模量纤维。分子设计通常是改变分子链的平均长度、堆积的规则程度以及链的刚度。纤维形态学的方法则是利用纤维中存在的固有力学各向异性,使其在纤维轴向进一步排列。

有两种方法可以使分子链与纤维轴平行排列:一种是在外力场作用下使分子链预先排列,并在伸展状态下结晶,即纤维在凝胶纺丝过程形成;另一种是将柔性分子在熔体或溶液中形成折叠晶体,然后通过固态形变将其展开。通常可以通过牵伸来实现,即让纤维通过两个具有速度差的导辊。大多数文献报道的PP纤维都是通过第二种方法制造的。

牵伸的目的是形成长的分子链,对于全伸展的分子链而言,其理论模量取决于共价键的延展性和可变形性。如前所述,聚合物的牵伸仍存在一共性的难题,即在柔性分子体系中,很难获得连续平稳的应力转移所需的分子链伸展程度,任何试图使分子链完全伸展的过程都会受到构象熵的阻碍,因为后者更倾向于让分子回复其本来的无规构象。

而且,牵伸有时可能仅导致分子链取向而没有完全伸展,但牵伸的最终目的是使分子链伸展。例如,对于聚乙烯,固态下牵伸倍数为4~10倍时,能使样品取向但不能使其分子链伸展。若要使分子链伸展,需要更高的牵伸倍数(30~100倍),但由于存在导致分子链收缩的构象熵,高倍数牵伸并不容易实现[8]。

根据牵伸条件的不同,纤维的牵伸可以非均匀或均匀的方式来进行。均匀牵伸一般在较高温度和较低变形速度下进行,纤维直径在牵伸过程中连续减小。在这种牵伸过程中,试样长度方向上的所有位置均受到均匀同等牵伸。

而在非均匀牵伸过程中,试样上的所有位置并非受到同等牵伸,而且牵伸是通过细颈的逐渐伸长来实现的。科学家们认为,在这种牵伸过程中,片晶会分裂成较小的微晶,而片晶的这种不连续行为是造成纤维直径突然变化的原因,表现为细颈化。在较高的牵伸倍数下,纤维会变白且不透明,这种现象在工业实践中为大家所熟知,与微空隙结构的形成有关。由于后纺处理是制造高模量PP纤维的主要途径,因此有必要对影响该纤维可牵伸性的因素进行讨论。

纤维的性能受各种因素的影响,如分子量、分子量分布、挤出温度、挤出速度、空气流速、卷绕速度和温度。

8.2.1 原料参数

(1)样品的分子量。聚合物可牵伸性随分子量增加而增强,到达到一定分子量之后,可牵伸性则开始降低。对于PP而言,分子量为$(6.7\sim7.8)\times10^4$时最好,之后就开始降低[9]。通过对分子量为180000~400000的PP进行大量实验研究,Wills等指出分子量为181000时,所得纤维的拉伸模量最大。一般而言,聚合物原料的分子量越高,意味着具有越高的拉伸黏度、越高的结晶度及越高的强度和模量。但是,分子量太高的聚合物,可纺性会变差。Capaccio等[11]报道了分子量和牵伸倍数间的反比关系。成核速率也与分子量成反比,这意味着制得的纤维结晶度较低[12]。

(2)多分散性。较高的分子量分布意味着制品机械性能不良,但加工容易。低分子量的部分起到增塑剂的作用。因此,分子量分布变宽,制品可牵伸性提高;而且这种具有较高分散性的聚合物制品可在较低应力下屈服。许多专利都提出所加工的聚合物需要具有特定的多分散性。

(3)初始形态。具有近晶结构(类晶体结构)的材料比单斜晶(α-晶)的材料可牵伸程度更高,如PP。初生纤维中存在的或通过快速冷却获得的不均一的晶体结构有利于牵伸。

(4)喂入丝的结构。喂入丝应具有低的结晶度。为便于进一步牵伸,应抑制纺丝过程中丝条的结晶。

(5)添加剂的影响。一些添加剂有助于纤维的牵伸。对于PP而言,添加2%~5%的硬脂酸锌、硬脂酸钙、蜡/石蜡可提高纤维的高速可牵伸性,提高最大牵伸倍数,并减少空隙形成[6]。

8.2.2 工艺参数

(1)温度。挤出温度对于控制聚合物的黏度非常重要。纺丝线上的应力随挤出温度升高而降低。同样牵伸温度也会影响纤维拉伸性能。虽然在高倍牵伸时,需要避免热量聚集,但是为了确保纤维拉伸而不断裂,还必须提供足够的热量。

通常,均匀牵伸只能在较高温度下进行,而样品在冷拉时会产生细颈化。牵伸一般在纤维的T_g和T_m之间进行,提高温度接近T_m通常能使纤维承受更高倍数的牵伸。拉伸温度的提高降低了拉伸张力。同时,自然牵伸比降低而最大牵伸比则变大。对于PP而言,两段牵伸能得到更好的牵伸效果,第一阶段温度为60℃左右,第二阶段温度在120~140℃。

图8-2为样品在不同温度下的载荷与伸长的关系。从图中可知,在低温时,通常表现为脆性破坏(a);随着温度升高,样品依次发生韧性破坏(b)、细颈收缩和冷拉(c),最后是类橡胶行为(d)[13]。

(2)纺丝速度和时间。在纺丝阶段,时间起着至关重要的作用。对于给定分子量的聚合物,纤维强度会随纺丝速度和时间的改变而变化。如果纺丝速度太高,则会导致熔体破裂。最大纺丝速度和时间受分子量制约,和分子量之间的关系如式(8-1)所示,其中SS表示纺丝速度,M_W表示分子量[14]。

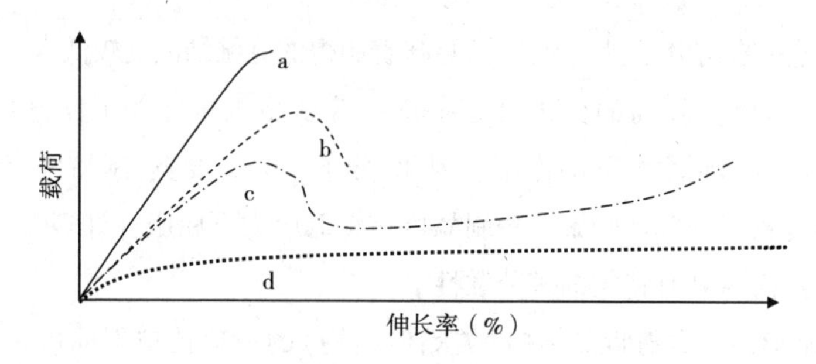

图 8-2　PP 纤维在不同温度下的拉伸曲线

$$SS_{max} = 1858.4 - 2.7966 \times 10^{-2} \times M_W + 1.6703 \times 10^{-7} \times (M_W)^2 - 3.8969 \times 10^{-13} \times (M_W)^3 \quad (8-1)$$

时间也是影响可牵伸性的重要因素,其取决于牵伸速度。牵伸速度应该保证纤维有时间吸收加热器的热量。在高于玻璃化转变温度时,研究了不同牵伸速度对聚对苯二甲酸乙二醇酯(PET)、聚对苯二甲酸丁二醇酯(PBT)和尼龙-6(PA6)的影响。牵伸诱导结晶的时间取决于牵伸速度,较高的牵伸速度提高了聚合物的内部温度,从而影响结晶速度。

(3)纺程应力和卷绕速度。纺程中纤维的应力应尽可能低,以避免发生应力诱导结晶。纺程应力是卷绕速度和喷丝头牵伸比的函数,后者是指熔体挤出喷丝孔后到固化之前的尺寸变化。同样,卷绕速度也不能过快,以减小牵伸结晶。卷绕速度越高,纺程应力也越高,从而导致较大的喷丝头牵伸。

(4)牵伸步骤。已经证实,多级牵伸比单级牵伸具有更好的效果。Wang 等报道了两步牵伸获得 PP 纤维比单步牵伸纤维具有更好的力学性能。第一段在相对较低的温度(60℃左右)进行,第二段在 140℃牵伸。Ito 等已经证实两阶段牵伸工艺有利于制备高强度 PET 纤维[15]。其研究表明,在第一阶段牵伸中产生的初始相形态对于第二阶段牵伸后达到的最终力学性能非常重要[16]。

(5)牵伸环境。以两步牵伸工艺对无定形初生纤维和已在 CO_2 中进行原位牵伸后的纤维进行牵伸。发现可以将已原位牵伸后的纤维再伸长 50%,从而获得更高的力学强度、结晶度和取向度。CO_2 诱导生成的形态有利于结晶。在 230℃牵伸时,可以获得具有非常高结晶度(65%)的纤维。CO_2 对于加工和制备高性能 PET 纤维是有效的。

(6)冷却特征。聚合物熔体离开喷丝头后,就开始冷却。冷却的形式很多,如自然冷却,即在熔体细流通过甬道后用空气冷却;或进入液体骤冷。熔体细流在空气中的冷却速率远远超过15℃/min,若采用液体冷却,冷却速率则更快。高的冷却速率可以避免聚合物过度结晶,而结晶程度对后续牵伸过程有明显影响。

人们采用多种牵伸方式制备高模量聚丙烯纤维。表8-1中总结对比了制备高模量PP纤维不同方法的工艺参数以及纤维性能。

表8-1 PP纤维不同牵伸工艺的比较

样品编号	牵伸形式	原料性状(MFI/M_W)	牵伸温度	流程连续性	生产速度	纤维性能	参考文献
1	两步牵伸	MFI:35	Ⅰ段:60℃ Ⅱ段:140℃	连续进行	~200m/min	强度:1GPa 模量:7.1GPa	[17]
2	固定载荷热箱牵伸	MFI:0.61 M_W:~4.7×10^5	Ⅰ段:130℃ Ⅱ段:130℃	间歇式	~1.8cm/min	强度:1.05GPa 模量:8.9GPa	[18]
3	张力位伸	MFI:0.91 M_W:~1.8×10^5	Ⅰ段:110℃ Ⅱ段:163℃	间歇式	~2.8cm/min	模量:12GPa	[19]
4	热夹持牵伸	M_W:~6×10^5PP	Ⅰ段:115℃ Ⅱ段:170℃	间歇式	~2cm/min	强度:0.2GPa 模量:13.2GPa	[20]
5	牵伸—退火交替	M_W:~7.4×10^5	Ⅰ段:150℃ Ⅱ段:170℃	间歇式	~5cm/min	强度:0.2GPa 模量:15GPa	[21]
6	凝胶纺丝后热牵伸	M_W:~3.4×10^6PP	Ⅰ段:150℃	连续进行	~2cm/min	强度:1.4GPa 模量:39GPa	[22]
7	口模牵伸	—	155℃	间歇式	~2m/min	模量:20GPa	[23-24]
8	牵伸后定型	MFI:17和35	60℃和160℃	间歇式	~2m/min	强度:0.711GPa 模量18.06GPa	[25]

注 MFI:熔融指数;M_W:分子量。

8.3 高性能聚丙烯纤维的结构和性能

目前,已有多种制备高模量聚丙烯(PP)纤维的工艺。为了获得优异的机械性能,高模量纤维中应该形成分子链连接的伸直链晶体网络结构。在这种结构中,无定形区的链运动受到极大抑制[26]。X射线衍射、差示扫描量热法、核磁共振、红外光谱、光学和电子显微镜及动态黏弹性测量等多种技术手段可用于表征高模量和高强度纤维的超分子结构。

表征高模量 PP 纤维的主要手段之一是本征双折射值的测定。获得双折射数值后，与 X 射线衍射测试组合，可以解析区别 PP 晶区和无定形区的双折射（图 8-3）[27]。一般获得的双折射结果包括晶区和非晶区对整体取向的贡献[28]。在牵伸—热定型过程中[29]，由于牵伸温度接近熔点，纤维分子链同时被牵伸和热定型，所有熔融温度为牵伸温度及更低温度的晶体均熔化并发生重结晶，形成熔点更高的晶体，因此使得 PP 的熔融峰变窄，说明其晶体尺寸更均一，如表 8-2 所示。

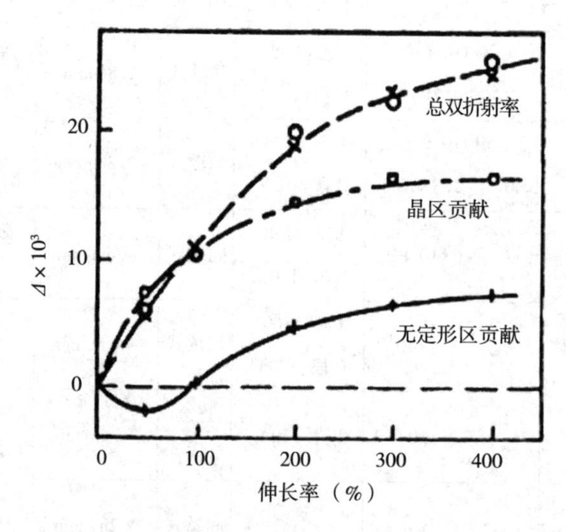

图 8-3　牵伸后全同 PP 中的晶区和无定形区对整体双折射率的贡献程度比较

表 8-2　牵伸定型 PP 纤维的 DSC 数据比较

样品	牵伸比	结晶度 $\chi_{(DSC)}$（%）	T_m（峰顶温度，℃）	峰宽（℃）
D1	7.6	52	169	47
DHS11	8.6	58	169	44
DHS13	12.7	65	169	39
DHS14	14.7	67	169	32
DHS22	9.5	64	169	40
DHS23	14.4	68	169	33
DHS24	19.3	72	169	25

另一种工艺,是专利中[30-32]叙述的利用梯度加热器对纤维进行牵伸。发现牵伸纤维的初始模量是牵伸比的唯一函数,与初始形态和分子量无关。经梯度牵伸的 PP 样品具有高牵伸比和高初始模量的特征。拉伸模量反映了材料的平均结构,拉伸强度则与结构中最弱部位有关。纤维的拉伸强度由本征特性确定,如原料聚合物的本征弹性模量、分子间作用力和链长度分布(即分子量分布)。后纺工艺改善了纤维的机械性能,但也容易导致诸如不均匀性和空隙等缺陷。

因此,在非常高的牵伸倍数下,虽然模量会随之增加,但强度会受到影响。在梯度牵伸工艺中,由于形成了独特的微观结构,因此纤维能同时获得高模量和高强度。梯度牵伸可以达到高牵伸倍数,但也可以保证低的空隙含量。牵伸倍数达 17 倍时,纤维的空隙率仍非常低。在接近熔点的梯度加热器上增加纤维的牵伸比,纤维的牵伸应力降低,其特征表现为几乎没有空隙(9×10^{-4})存在。这是梯度牵伸样品可获得高强度的主要原因之一。

原料的初始形态会极大地影响牵伸行为[33]。在平行于片晶表面方向上施加力,由于分子间作用力弱,片晶中折叠的分子链可以很容易地被从晶片中拉出。该技术适用于超高分子量聚乙烯纤维的制备,也可应用于分子量超过 10^6g/mol 的全同立构 PP 的纺丝加工。

8.4 高性能聚丙烯纤维的应用

在单丝加工中,将纤维挤出到水浴中,通常将每根纤维牵伸至 250 旦,然后将不同的纤维组合制成绳索。多束纤维扭编成股线,股线扭编形成绳索。股线通常编织成轻型绳索,单丝也可织成织物,PP 单丝的最大应用是制备非织造织物。

在纺黏和熔喷法制造的非织造布中,生成的纤维是连续的长丝,而不是短纤维,并且当纤维被挤出时不需梳理,仅收集成网。当然,聚丙烯的短纤维可经过梳理或气流成网,然后黏合,形成非织造织物。

纺黏和熔喷非织造织物的复合材料,通常称为 SMS 织物,有很多用途。然而,一些专门领域需使用高模量 PP 纤维。有专利报道,全部或部分由高模量 PP 单丝制成的织物可增强水泥制品[34]。PP 单丝纱线的 3%正割弹性模量至少为 100g/旦。高模量 PP 纤维制备的织物对水泥复合材料中的碱性条件具有本征耐受性，断裂伸长率也较低。高模量 PP 可加入成核剂以改善拉伸性能，获得期望的牵伸倍数。

另一项专利[35]报道了一种气流成网复合物，其包含吸收剂、黏合剂和合成纤维。其中合成纤维的模量大于 2g/旦，卷曲率小于 30%。黏合剂约占复合物重量的 3%~15%，合成纤维约占复合物重量的 10%~50%。

黏合剂选用常规胶乳体系、热熔黏合剂、黏合纤维，或上述体系的混合物。水吸收剂包括天然吸水剂或超吸水性聚合物，或其组合。天然吸水材料选自木浆绒毛、棉、棉短绒和再生纤维素纤维。高吸水性聚合物选自琼脂、果胶、瓜尔胶和合成水凝胶聚合物。合成纤维可以是平均长度为 3~18mm 的 PP 纤维。

在另一专利中[36]，报道了一种保护性抗冲击材料及制备方法，该材料由热塑性聚合物纤维制成的织物和置于纤维间隙中的聚合物基质组成，这种材料的强度不低于 0.4GPa，弹性模量不低于 5GPa。聚合物基质材料的弹性模量在 0.2×10^6 ~ 3×10^6 psi❶ 之间。聚合物纤维可以是凝胶纺聚乙烯纤维、PP 纤维等。聚合物基质材料与织物相同。制造该抗冲击材料的方法包括制备一种熔融聚合物材料的基体，这种聚合物材料不吸收某种类型的能量，并且具有特定的熔融温度。将熔点高于基质熔点的聚合物纤维织物置于基质中，并施加 1000~6000psi 的压力，使织物附着在基体中。然后将温度提高到织物的熔融温度，在最短时间内使织物和基体完成黏合，然后再快速冷却至低于织物熔点。

8.5 结论

PP 纤维具有如下优点，结构紧致、结晶度高、回潮率极低，对化学品、霉菌、昆虫、汗渍、腐殖质、污渍和土壤具有高耐受性。PP 纤维具有良好的蓬松性和覆盖性，并且重量非常轻。在所有合成纤维中产生的静电最低[37]，还具有良好的可洗、快干性能，并且热舒适性良好[38]。

PP 作为聚合物也有一些缺点，不过这些缺点仅体现在纤维用于服装应用的情况。由于其结构因素，除非经过改性处理，单独的 PP 纤维织物难以上染。高结晶

---

❶ 1psi = 6.89kPa。

度和差的导热性导致其纹理化能力受限。与聚酯和聚酰胺相比,PP 的抗紫外线性能低、热稳定性差以及耐蠕变性差也是其工业应用中的一些缺点。

8.6 发展趋势

生产更细的用于制造非织造布的 PP 长丝具有很好的应用前景,其中一个比较受关注的领域是将玻璃微纤与静电纺 PP 纤维混合组成过滤材料。PP 纤维在杂化复合材料中的应用[40]也受到了很多关注和探索。PP 纤维在混凝土中使用[41-42]也受到了关注,用 PP 纤维[43]、碳纤维、玄武岩纤维和玻璃纤维等增强后的水泥,经过热压充气处理后表现出了有趣的机械和微观结构变化。

参考文献

[1] Galanti A, Mantell C: *Polypropylene fibers and films*, New Jersey, 1965, Springer Science.

[2] Peterlin A: Mechanical properties of fibrous structure. In Ciferri A, Ward IM, editors: *Ultra-high modulus polymers*, London, 1977, Applied Science, pp 279-320.

[3] Kalb B, Penningsa AJ: *J Mater Sci* 15:2584, 1980.

[4] Smook J, Flinterman M, Pennings AJ: *Polym Bull* 2:775, 1980.

[5] Todokoro H: *Polymer* 25:147, February 1984.

[6] Mirabella FM Jr.: *J Polym Sci Part B Polym Phys* 25:591, 1987.

[7] He T: *Polymer* 27:253, February 1986.

[8] Keller A: *Future Trends Polym Sci Technol* :185, 1989.

[9] Ahmed M: *Polypropylene fibres-science and technology*, New York, 1982, Elsevier Scientific Publishing Company, p 277.

[10] Wills AJ, Capaccio G, Ward IM: *J Polym Sci* 493, 1980.

[11] Capaccio G, Crompton TA, Ward IM: *J Polym Sci Polym Phys Ed* 14:1641, 1976.

[12] Ahmed M: *Polypropylene fibres-science and technology*, New York, 1982, Elsevier Scientific Publishing Company, p 187.

[13] Ward IM:*Structure and properties of oriented polymers*,1997,Chapman and Hall.

[14] USP 4228118 A, Wen - li Wu, William B. Black, Process for producing high tenacity polyethylene fibers,Published 14.10.1980.

[15] Ito M,Takahashi K,Kanamoto T:*J Appl Polym Sci* 40:1257,1990:[Compendex World Textiles].

[16] Ito M,Tanaka K,Kanamoto T:*J Polym Sci Polym Phys Ed* 25:2127,1987:[INSPEC Compendex].

[17] Wang,et al:*J Text Inst* 86:383,1995.

[18] Sheehan WC,et al:*J Appl Polm Sci* 8:2359,1964.

[19] Candia,et al:*J Appl Polm Sci* 46:1799,1992.

[20] Laughner,et al:*J Appl Polm Sci* 36:899,1988.

[21] Kunugi:*Oriented polymer materials*,1996,Oxford,p 394.

[22] Cannon:*Polymer* 23:1123,1982.

[23] Ward IM:In Lemstra PJ,editor:*Integration of fundamental polymer science & technology* vol.2,1988,Chapman and Hall,p 559.

[24] Taraiya AK,Richardson A,Ward IM:*JAPS* 33:2559,1987.

[25] Kar P::phd thesis *High modulus polypropylene filaments:preparation,structure and properties*,1998,:12-18.

[26] Karger-Kocsis J,editor:*Polypropylene-an A-Z reference*,1999,Dordecht:Kluwer Academic Publishers.

[27] Ward M:*Structure and properties of oriented polymers*,1997,Springer-Science+Business Media,B.V..

[28] Samuels RJ:*J Polym Sci A* 3:1741,1965.

[29] Kar P:*High modulus polypropylene filaments:preparation,structure and properties*,:[Ph.D.thesis],February 1999,IIT.

[30] Mukhopadhyay S,Deopura BL,Alagirusamy R:Mechanical properties of polypropylene filaments drawn on varying post spinning temperature gradients,*Fibers Polym* 7(4):432-435,2006.

[31] Mukhopadhyay S,Deopura BL,Alagirusamy R:*J Appl Polym Sci* 101:838,2006.

[32] Mukhopadhyay S,Deopura BL,Alagirusamy R:*J Text Ins* 96:349,2005.

[33] Kunugi T: In Karger-Kocsis J, editor: *Polypropylene-an A-Z reference*, 1999, Dordecht: Kluwer Academic Publishers.

[34] EP 1718789 A4 20101020(EN). Fabric reinforced cement.

[35] Ouederni M, Campbell K: *Air-laid web with high modulus fibers*, 2003, US 20030003830 A1, Published 2 January.

[36] Klocek P, MacKnight WJ, Farris RJ, Lietzau C: *High strength, high modulus continuous polymeric material for durable, impact resistant applications*, 1996, US 5573824 A, Published: November 12.

[37] http://www.engr.utk.edu/mse/Textiles/Olefin%20fibers.htm.

[38] Slater K: Comfort properties of textiles, *Text Prog* 9(4):12-15, 1977.

[39] Malkan. Advancements in polyolefin resins for polymer-laid nonwovens. In: Hi-Perfab '96 Conference, Singapore, April 24-26, 1996.

[40] Yap SP, Bu CH, Johnson Alengaram U, Mo KH, Jumaat MZ: Flexural toughness characteristics of steel-polypropylene hybrid fibre-reinforced oil palm shell concrete, *Mater Des* 57:652-659, May 2014.

[41] Flores Medina N, Barluenga G, Hernández-Olivares F: Combined effect of Polypropylene fibers and Silica Fume to improve the durability of concrete with natural Pozzolans blended cement, *Constr Build Mater* 96:556-566, October 15, 2015.

[42] Liu L-F, Wang P-M, Yang X-J: Effect of polypropylene fiber on dry-shrinkage ratio of cement mortar, *Jianzhu Cailiao Xuebao/J Build Mater* 8(4):373-377, 2005.

[43] Onur Pehlivanlı Z, Uzun İ, Demir İ: Mechanical and microstructural features of autoclaved aerated concrete reinforced with autoclaved polypropylene, carbon, basalt and glass fiber, *Constr Build Mater* 96:428-433, October 15, 2015.

9　高性能尼龙纤维

M.Najafi[1], *L.Nasri*[2], *R.Kotek*[1]

[1] *北卡罗来纳州立大学,美国北卡罗来纳州*

[2] *特鲁兹施勒公司,瑞士温特图尔*

9.1　简介

尼龙或聚酰胺(PA)是继聚酯后第二个重要的纺织用化学合成聚合物[1],由化学家 Wallace H. Carothers 于 20 世纪 30 年代在杜邦研究所开发成功[2]。其具有优异的刚度、韧性、润滑性、耐热性、耐疲劳及耐磨性等特性,使其成为通用的热塑性聚合物材料之一[3]。所制备的尼龙纤维广泛用于纺织品、服装和其他工业产品[4]。

能满足特定技术要求或功能的尼龙纤维被称为高性能(技术)尼龙纤维。根据用途,高性能尼龙纤维可分为几类,如高模高强(HM-HT)纤维、阻燃纤维、耐化学性纤维和导电纤维[5]。其中,HM-HT 纤维特别值得关注,它具有高抗拉性以及良好的化学和热稳定性[6]。因此,本章的重点是 HM-HT 尼龙纤维的制造及其特性。

HM-HT 尼龙纤维由脂肪族聚合物制成,其结构为亚甲基单元$(CH_2)n$ 通过酰氨基团(肽键)连接在一起。PA 分为尼龙-*n*(PA-*n*)或尼龙-*mn*(PA-*mn*),其中 *m* 和 *n* 代表单体单元中的碳原子数(图 9-1)[3]。尼龙以两种不同的方式商业化生产:氨基酸或等摩尔量二元胺和二元羧酸进行缩聚和内酰胺的开环聚合。PA-6 和 PA-66 集拉伸强度、易加工性和耐磨性于一体,是尼龙纤维的两个主要品种。

$$\text{Nylon-}n\text{:}\ \left[(NH—CO)—(CH_2)_{n-1} \right] \qquad (1)$$

$$\text{Nylon-}mn\text{:}\ \left[(NH—CO)—(CH_2)_{n-2}—(CO—NH)—(CH_2)_m \right] \qquad (2)$$

图 9-1　尼龙-*n* 和尼龙-*mn* 的化学结构[3]

尼龙-6由己内酰胺开环聚合制得,而尼龙-66则是己二酸和己二胺缩聚合成[7-8]。高韧性、高弹性、对橡胶的良好附着力、耐磨性和耐化学性使尼龙纤维适用于各种工业用途,如轮胎帘子线、手术缝合线、摩擦轴承、布料、线、绳索和网[7,9]。

HM-HT尼龙纤维与其他同类产品相比具有一些技术和经济优势。它不像生产芳纶那样需要高度复杂的工艺和高生产成本,如M5,Zylon和Kevlar的生产(图9-2),这类刚性聚合物通常难以加工,因为它们在熔融之前会化学分解,并且需要强酸溶剂来使纤维成型[6,10]。此外,尼龙具有比其他柔性聚合物[例如聚丙烯(PP)、聚乙烯(PE)和聚对苯二甲酸乙二醇酯(PET)]更高的熔点,因此它具有更广泛的应用潜力。但工业用尼龙纤维比其他工业用纤维(例如碳纤维、芳族聚酰胺纤维)的拉伸强度低得多(图9-2),这限制了它们在工业产品中的使用。

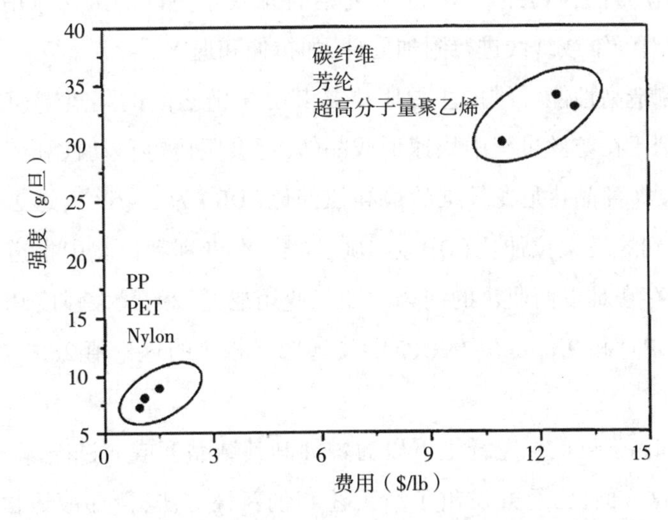

图9-2　一些工业纤维的性能和成本比较[10]

研究表明,强度(韧性)和刚度(模量)与分子取向和纤维内链端的数量有关。因此,为了制造更强的尼龙纱线,大分子需要沿纤维轴完全伸展和取向,并且需要减少链端缺陷[11]。这些可通过改变纤维成型过程和热机械处理来实现。在本章中,我们将首先阐述制备HM-HT尼龙(PA-6和PA-66)纤维的纺丝方法和处理方法的最新进展,然后对这种高性能纤维的结构、性能和应用进行详细描述。

9.2 高性能尼龙纤维的制备

9.2.1 纤维成型

纤维成型和处理的方法在提供结构和抗拉性能方面起着关键作用。纤维的形状是在纺丝过程中形成的,而它们的结构则主要是在拉伸过程中形成的[8]。熔融纺丝[12-13]、干法纺丝[14-15]、湿法纺丝[15-17]和凝胶纺丝[18-19]等已用于生产尼龙纤维。

其中,由于熔融纺丝从原理及经济上最简单、环保,在纺丝过程中没有化学反应,也没有复杂的传质和废物回收系统,而这些是其他纺丝方法所必须的工艺过程[20-22],因此熔体纺丝与之相比更受关注。但是,传统的熔融纺丝制备出的尼龙纤维,强度和模量低,断裂伸长率高,不适合性能要求更高的工业应用。为了改善力学性能,需对纤维或纱线进行附加处理,如拉伸和退火[21-22]。

用尼龙制造高性能纤维的主要阻碍是其分子链之间的强氢键(H-键)作用。这些氢键有利于在纺丝过程中快速形成晶体,但会阻碍链移动性和分子取向以获得更高的强度。商品化尼龙纤维的最高拉伸比(DR)为5~6[23],远远低于工业用PE纤维能达到的最大拉伸比(DR为100)[24]。在专利和论文中报道的力学性能值较高,但仍存在难以商业化的问题。如工业用尼龙纱的最大强度和模量分别为1N/tex(约1GPa)和9N/tex(约9GPa)[6],远低于相应的理论值28.3~31.9GPa和183~263GPa[25]。

高模量和高强度的尼龙纤维可以通过抑制其结晶度或通过破坏/弱化氢键来获得[26]。在这方面,已经开发出了新工艺和创新性方法,例如液体恒温浴(LIB)法[27]和SymTTec技术[28]。下面首先回顾传统生产工业用尼龙纤维的纺丝工艺和后处理方法,然后将详细阐述这些创新性方法。

9.2.2 熔融纺丝

熔融纺丝是生产合成纤维最简单的纺丝方法。在熔融纺丝时聚合物熔体通过喷丝板挤出到冷却环境中,随后挤出的熔体被拉伸变细并集结成丝束(图9-3)。这种方法适用于尼龙等这类在熔融状态下足够稳定、黏度足够低以便用于挤出的聚合物[29]。与其他纤维成型技术相比,熔融纺丝优势明显。此外,由于纺丝生产线可以采用较高的卷绕速度,因此熔纺的生产率较高。

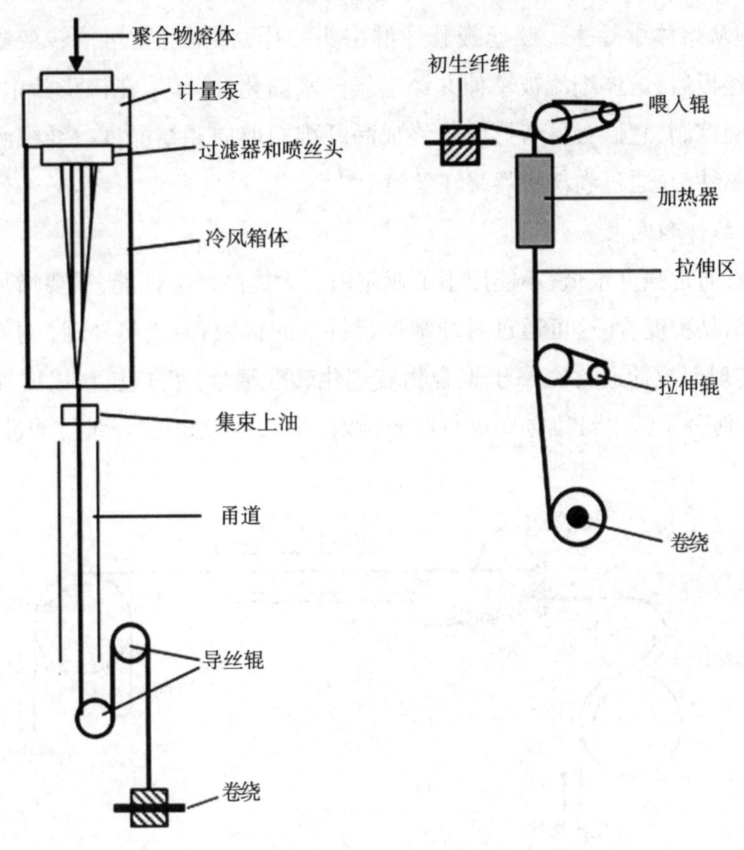

图 9-3 尼龙纤维熔纺和拉伸示意图[31]

熔纺也是一种非常简单和环保的方法,它没有其他纺丝技术所必须的复杂化学反应和传质过程。熔纺纤维中不易出现孔洞和缺陷等,因此易获得具有均匀结构的纤维。利用特殊设计的喷丝孔结构[22,30],可以容易地得到具有不同横截面(例如圆形、三叶形、五边形)的纤维。

熔融纺丝工艺包括以下几个步骤:熔融、挤出、拉伸、固化和卷绕(图 9-3)。聚合物熔体可以通过熔融聚合物切片获得或直接来自于聚合釜。切片熔纺时,由于水分会导致聚合物降解和纤维质量变差,因此聚合物水分含量需在纺丝之前降低到一定的水平(约 0.12%)。聚合物在纺丝线上需经过几个步骤才能成为纤维(图 9-3)。首先,将聚合物切片在挤出机内熔融并输送到计量泵中。纺丝温度通常比聚合物熔点(T_m)高30~40℃,以降低熔体黏度并有利熔体挤出。计量泵将熔体输送到纺丝组件,纺丝组件包含顶盖、分配板、过滤介质和喷丝板。顶盖和分配板将聚合物均匀地分布在纺丝组件内,过滤介质将固体杂质(例如凝胶和颗粒杂质)和气泡从熔体中除去。喷丝板就像淋浴头一样,将聚合物熔体转变成多个细流。出喷丝板后,熔体细流被牵伸并经空气或水固化/冷却。在该步骤中,温度和湿度需精确控制,它们会显著影响最终成品纤维的取向和结晶度。纤维经真空吸枪集束成单纱,并通过卷绕机卷绕在丝筒上[7,30]。

9.2.2.1 拉伸和退火

初生丝通常强度很低,不能用于工业应用。为提高纤维性能,需要增加分子链的取向和结晶程度,而这可通过对纤维进行特定的机械和/或热处理(例如拉伸和退火)来实现。拉伸通常在高于聚合物玻璃化转变温度(T_g)进行,以增加链的移动性,拉伸使分子链沿纤维轴向进行取向排列。图9-4为尼龙纤维拉伸过程。

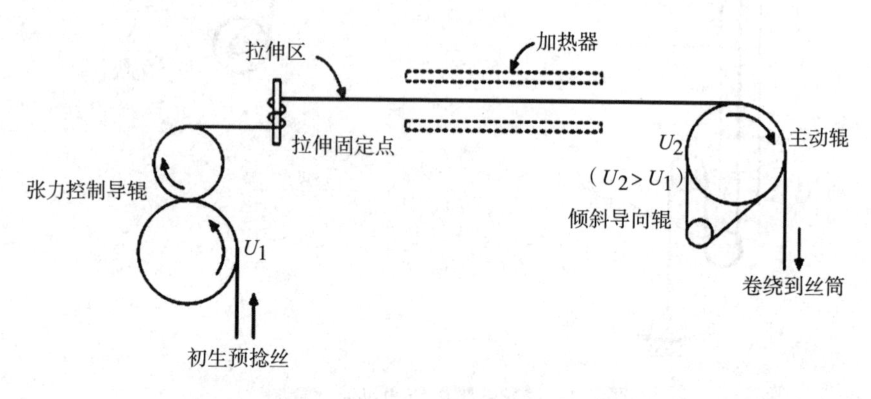

图9-4 尼龙纤维拉伸过程[9]

如图9-4所示,束丝先经过一组喂入辊,然后再经另一组辊拉伸,该辊称为拉伸辊。辊之间的纤维可通过加热器或惰性气体加热。DR为拉伸辊(U_2)和进料辊(U_1)之间的线速度比。当用于服装时,尼龙纤维的拉伸倍数为2~2.5倍;而对于工业用途,纤维的需拉伸较高的倍数为4~5倍[9]。

除拉伸外,还可对初生丝或拉伸丝进行退火以增加晶粒尺寸和结晶度。在退火过程中,纤维长度基本保持恒定,有时可以施加少量的张力以控制尺寸稳定性和载荷—伸长行为。退火温度通常在T_g和T_m之间,以便为链的折叠和晶体的生长提供足够的分子运动能力[8]。

在工业化生产中，对纤维的拉伸和退火处理可在熔融纺丝之后完成，也可以在纺丝过程中一步完成。据此，熔融纺丝工艺可分为两大类：两步法（常规熔融纺丝法）和一步法（纺—牵一步法）。在两步法中，低取向丝（LOY）先以 1000～1500m/min 速度卷绕成型，平衡放置 4～12h 之后，再在拉伸机上以 400～1000m/min 的速度进行拉伸，得到具有更高机械性能的全拉伸丝（FDY）。

专利文献[32-40]描述了纤维在熔融纺丝过程中或之后的多种拉伸工艺方法，可以对纤维进行多次拉伸以增加其强度和模量，以满足不同的应用。例如，1992 年 Clark 和 Cofer[33]设计了一种生产高性能尼龙纤维的多级拉伸工艺。该工艺包括三个拉伸步骤，每个步骤包含七个辊和一些加热区域（箱）（图 9-5）。每个步骤均改变拉伸倍数和温度，经多级拉伸后，所得纤维强度达 12g/旦，模量达 75.4g/旦，断裂伸长率最低可至 11.3%。

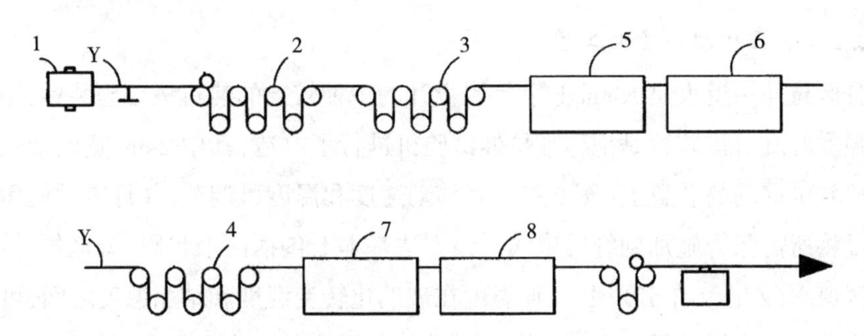

图 9-5 尼龙纤维的多级拉伸工艺，包括三段热拉伸 2、3 和 4（牵伸比分别为 3.28、1.79 和 5.89），两个热箱 5 和 6，以及两个定型热箱 7 和 8[33]

两步法虽然提高了纤维的力学性能，但生产成本高，生产效率低、能耗高。为解决这些问题，将拉伸和纺丝工艺整合到一步连续工艺中，即纺—牵一步法工艺，其中纤维在筒管成型前先进入具有不同温度和旋转速度的多个驱动辊[7,30,41]。图 9-6 为尼龙 6 轮胎帘子线的纺—牵一步工艺示意图。

由图可见，通过设置在喂入辊和拉伸辊之间的中间辊将牵伸区域分成了两个或更多个区域。1984 年，Koschinek 等[39]使用纺—牵一步工艺生产聚酯和聚酰胺工业用纤维。在拉伸倍数为 1.5 和 5.2 时（即第一和第二拉伸区），卷绕速度为 2850m/min 条件下，可得到高强（9.04N/tex 即 10.21g/旦）、低伸长率（8%）的 PA-6 纤维。

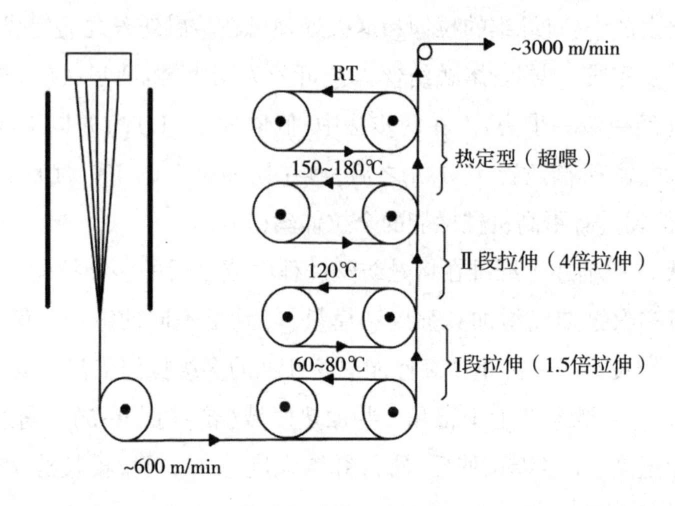

图 9-6 尼龙 6 轮胎帘子纱生产的纺—牵一步工艺[41]

9.2.2.2 分区拉伸—退火工艺

分区拉伸—退火是 Kunugi 等[42-43]设计的一种较老的热机械处理装置,用于生产高强度纤维。该装置是把标准拉伸试验机进行了改造,其中 2mm 宽的带式加热器连接到可移动的装置上(图 9-7),其移动速度和温度可调节,并且通过使用合适的重量将所需张力施加到纤维末端。该方法基本上包括两个步骤:分区拉伸(ZD)和分区退火(ZA)。在 ZD 段,拉伸温度在玻璃化转变温度和结晶温度之间,可得到高度取向的无定形纤维。在 ZA 中,对纤维施加更高的张力和温度以使纤维中形成完善的伸直链晶体。为得到高强高模纤维,需多次重复拉伸和/或退火步骤。

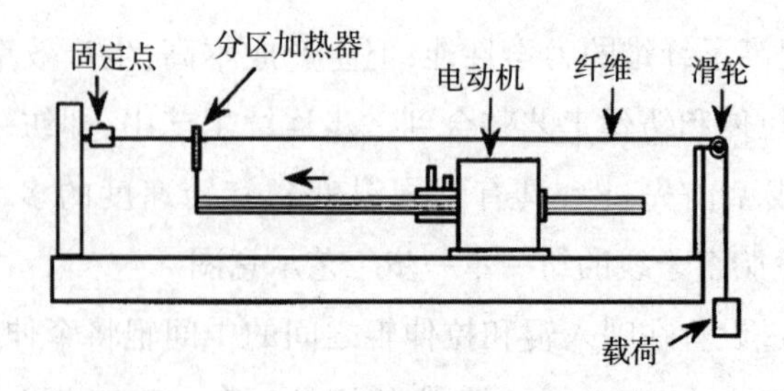

图 9-7 用于分区拉伸/退火的设备示意图[44]

ZD-ZA 这种处理工艺已经在几种聚合物纤维制备上应用,如 PA、PET、PP 和 PE。对于尼龙-6 纤维,在经过 ZD(一次)和 ZA(六次)[42,44]处理之后,强度和模量分别增加至 1GPa 和 10GPa。同样对于尼龙-46 纤维,经三次高温区拉伸(HT-ZD)

强度和模量能分别增加到1GPa和7.2GPa,断裂伸长率也降低到10.3%[45]。

几种基于ZD-ZA处理的方法已经应用于尼龙纤维的制备。Kunugi及其同事[44]开发了一种振动热拉伸(VD)方法来制备高模量尼龙-6纤维。如图9-8所示,该装置包括电炉,放大器和配备有加速度器的振动器。使用2~20000Hz范围内的振动频率,并选择最佳振幅以使拉伸倍数尽可能高。将尼龙-6纤维用VD(两次)和ZA(一次)处理后,得到高强高模低伸纤维,强度为0.8GPa,模量为23GPa,伸长率为4.3%。

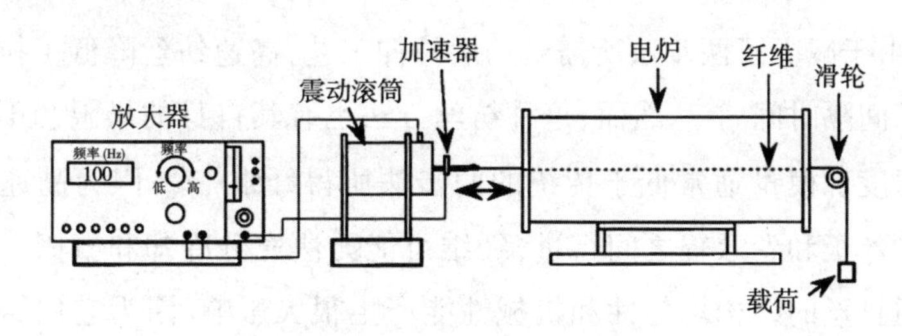

图9-8　振动式热拉伸机原理图[44]

此外,Suzuki等[46]研究了高张力退火(HTA)对尼龙-66纤维拉伸强度的影响。在该方法中,纤维在接近断裂强度的极高张力下退火,使非晶相内的缠结分子完全拉伸。再经HT-ZD(两次)和HTA(三次)处理后,所得纤维的拉伸强度达1.42GPa,杨氏模量达12.3GPa。

在另一项研究中,Suzuki和Ishihara[47]利用二氧化碳(CO_2)激光加热和退火来改变尼龙-6纤维的拉伸性能。在该技术中,连续波CO_2激光束放置在喂入和卷绕轴之间。CO_2激光器的作用是在张力下加热纤维。对纤维进行几次激光加热的ZD-ZA处理后,拉伸倍数为5.2时,动态储能模量为22GPa。

尽管ZD-ZA方法非常简单且易于使用,但无法在工业规模的生产上使用。首先,拉伸和/或退火步骤需要重复几次后得到高强度和模量的纤维;其次,由于该技术需分批操作,每次只能处理有限长度的纤维。此外,用于拉伸/退火阶段的带式加热器的速度极低(10~40mm/min)。

需要多次重复和极低的速度肯定会影响最终产品的生产效率。为解决这些问题,Suzuki等[48]开发了该技术的连续形式,与间歇技术相比,具有更高的速度(240mm/min)。用连续方法对尼龙-66纤维处理三次后,强度和模量增加至

1.2GPa 和 8GPa,断裂伸长率降低至 11%。然而与间歇形式类似,连续工艺仍需要进行多次循环,才可以得到高的拉伸强度,并且速度仍然不足以用于商业化。

9.2.2.3 高速纺丝

高速纺丝是一步法的另一种形式,其中较高的卷绕速度(>3000m/min)用于提高纤维拉伸强度。该技术原理是通过在纺丝线上施加更高的卷绕速度而省掉拉伸过程。与两步法相比,高速纺丝具有如下优点:生产率高,生产过程简化,能耗、劳动力和生产成本较低。其中,高速纺丝的生产效率比传统的两步熔融纺丝高 6~15 倍。

此外,由于减少了两步法所需要的后拉伸工艺,高速纺丝降低了拉伸和纺丝之间的工艺间隔时间[29]。然而,这种纺丝方法也有其自身的局限和不足。高速纺纤维的强度和模量通常低于传统的两步法所得纤维[49]。因为高速纺时丝条更快地在喷丝板和卷取辊之间行进,纤维可能无法充分冷却和凝固。这个问题尤其是对粗旦丝的结构均匀性和机械性能产生很大影响,因为它们需要更长时间的冷却。

高速纺丝对拉伸性能的影响可以通过分子取向和晶体形成来解释。较高的速度增加了结晶速率并降低了分子链运动能力和结晶时间。起初,较高的卷绕应力主要增加双折射和结晶度,导致纤维具有更高的强度、更高的模量和更低的伸长率(图 9-9)。然而,当达到临界速度以上,分子链运动能力和结晶时间显著降低,导致纤维取向、结晶和拉伸性能降低(图 9-9)[13]。

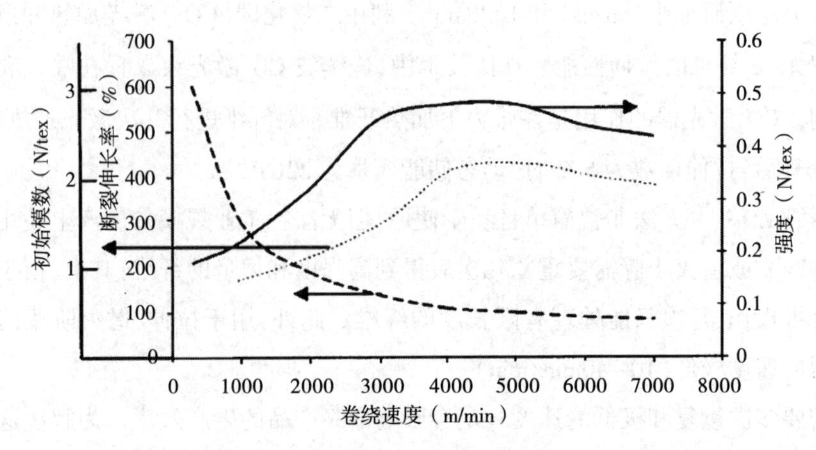

图 9-9 卷绕速度对 PA6 纤维强度、初始模量和断裂伸长率的影响[31]

为了获得更高的拉伸性能,可以用更高分子量的聚合物做原料。在较高分子量下链间更多的缠结可以使最终纤维具有更高的取向性、结晶度和机械性能[105]。除此之外,在高速纺丝(即纺—牵一步工艺)过程中对纤维进行拉伸可以改变拉伸特性。但问题是在这种高速纺技术中使用的高速卷绕和快速气流会大大增加分子取向并限制了纤维的可拉伸性(图 9-10)。

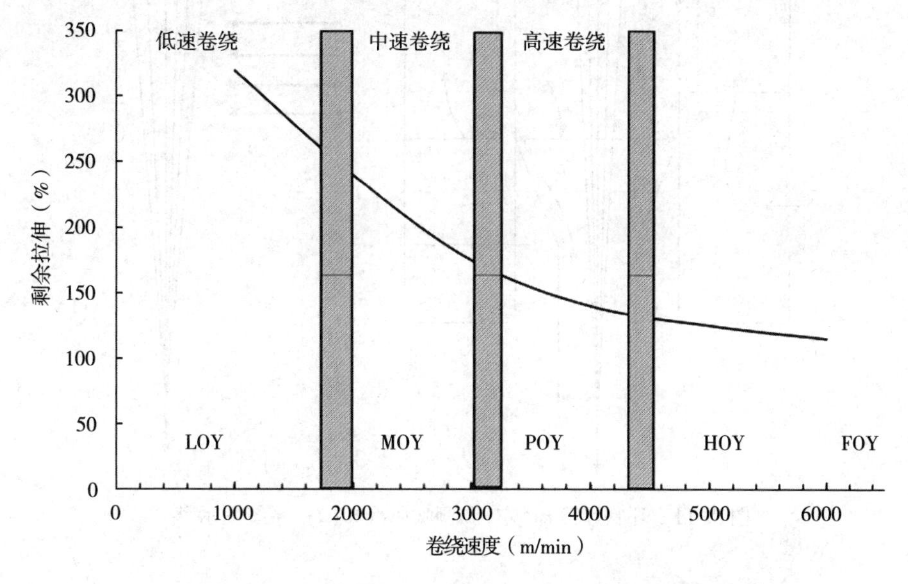

图 9-10 卷取速度对尼龙纤维残余拉伸率的影响[31]

LOY、MOY、POY、HOY 和 FOY 分别代表低、中、预、高度和全取向丝

2005 年,Samant 和 Vassilatos[50] 开发了气动冷却技术(环吹风冷却),以提高高速纺时的纤维拉伸性。该方法是将纤维挤出到惰性冷却气体中(如氮气),以控制它们的温度及其降温过程,如图 9-11 所示,冷却气体沿挤出的丝条的方向流动以使它们固化。这种冷却设计降低了纤维运行的空气动力学阻力,使纺丝过程中丝条具有较低的双折射和较高的拉伸倍数。此外,丝条张力降低后,在较高的卷绕速度断裂减少,成品率提高。

该新型冷却系统已在不同纺丝速度下的尼龙-66 纺丝工艺中应用。据报道,在 3660m/min 纺丝速度下气动冷却所得纤维强度高达 10. 8g/旦,拉伸倍数为 5. 5,这高于侧吹风冷却得到的纤维的性能,即纤维强度 9. 6g/旦及拉伸倍数 4. 8。通过环吹风冷却,5500m/min 纺丝速度下所得纤维强度达到 10. 8g/旦,相当于现有冷却

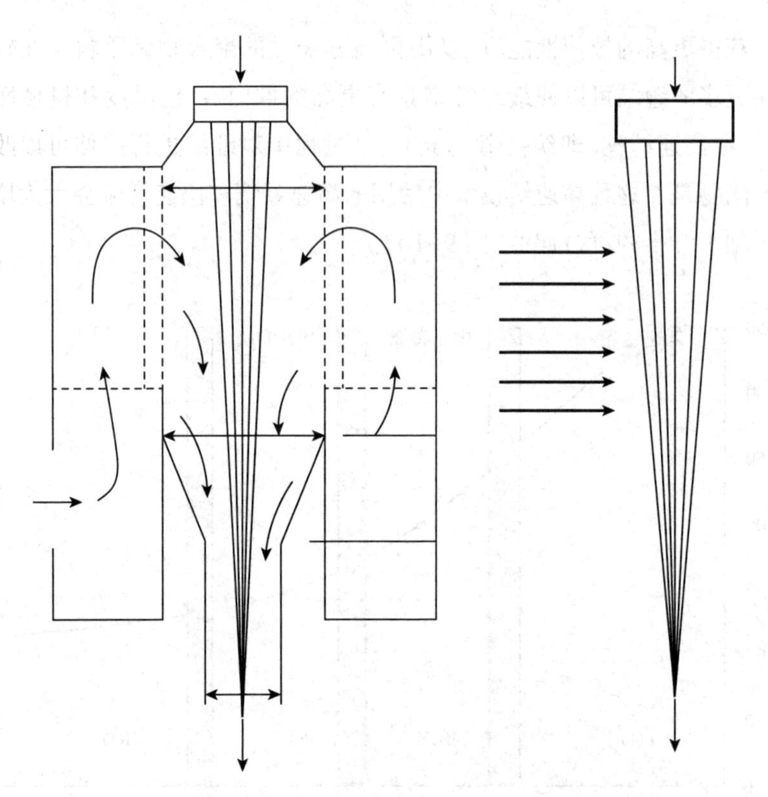

图 9-11　环吹风冷却(左)和侧吹风冷却(右)系统图示[50]

技术在 3000m/min 纺丝速度下所得的强度,表明生产效率提高了 0.8 倍。

此外,1997 年 Schippers 和 Lenk[51] 探索了在喷丝头区域对聚合物熔体进行进一步的加热,以改善纤维拉伸性能。该热量由环形加热带或电阻加热丝产生,并被导向一个锥形表面,该锥形表面面向喷丝板(图 9-12)。加热器的温度在 300~800℃的范围内。这样的高温可以使聚合物分子链保持更长时间的熔融状态,减少分子取向,同时增加纺丝拉伸过程中的纤维伸长率和拉伸倍数。伸长率增加的程度取决于辐射温度和丝条的旦数,对于较粗的丝条,影响较小,可能需要较高的辐射温度。该方法适用于 PA 和聚酯熔融纺丝。

9.2.2.4　固相聚合

高相对黏度(RV)尼龙是纤维生产的理想原料,可以提高纤维强度以及耐化学性和耐磨性。增加 RV 的一种方法是尼龙聚合时增加催化剂量,但是存在的问题是难以获得高质量的高 RV 产物,因为高催化剂用量往往导致发生高度交联和/或支化。另一种方法是固相聚合(SSP),是指将聚合物片(如切片、薄片、粒子等)加

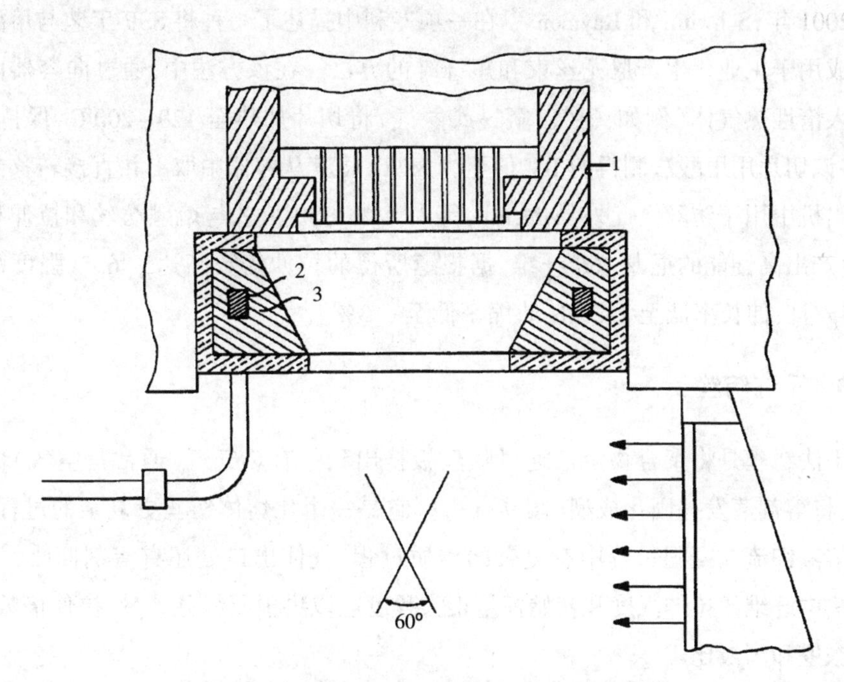

图 9-12 熔融纺丝喷丝板下方加热器示意图[51]

1—纺丝组件 2—环形加热带 3—辐射加热器

热至低于熔点的高温,以促进分子中残留的末端基团之间进一步反应,增加聚合物的分子量[52-53]。

以尼龙切片为原料的 SSP 工艺存在的问题是,由于所得聚合物具有高熔融黏度,常常使其挤出过程变得非常复杂。聚合物在熔融过程中可能发生降解,使分子量降低和聚合物质量下降。此外,分子链之间的高度缠结也会限制纤维拉伸和力学性能[54]。这些问题限制了 SSP 工艺与熔融纺丝工艺的结合。在 20 世纪 70 年代,研究人员发现将 SSP 方法用于尼龙纤维,可以改善拉伸性能[52,54]。例如,Silverman 等[54]将 SSP 工艺应用于拉伸后的尼龙纱线。利用 SSP 工艺在 160℃ 下处理 8h 后,尼龙分子量从 35000 增加到 52000,强度从 5. 65g/旦增加到 7. 49g/旦,模量从 38g/旦增加到 51g/旦,伸长率从 17. 4%降低到 15. 1%。1991 年 Knorr[55]在拉伸之前将 SSP 工艺应用于尼龙纤维。SSP 可以改变初生纤维的形态,使它们所能获得的拉伸倍数很高。利用改进的拉伸试验机将固态聚合后的尼龙-66 纤维进行了热拉伸,据报道,纤维的拉伸倍数高达 6. 98,强度高达 11. 51g/旦,伸长率低至 12. 5%。

2001 年,Schwinn 和 Raymon[53]在一项专利中描述了一种将 SSP 工艺与熔融纺丝集成用于工业化生产尼龙丝束和短纤维的方法。在该方法中,通过向容器内循环通入惰性热气体(例如,氮气、氩气或氦气)将切片加热至 120~200℃,保持 4~24h。该切片用甲酸法测得的 RV 值至少为 90,将其从容器中取出并直接转移到熔融挤出机中用于纺丝。此外,Yildririm 等人[56]将 SSP 工艺与熔融纺丝和拉伸相结合,生产出高性能的尼龙-66 纤维,据报道所得的拉伸倍数高达5~6.5,强度高达 11.34g/旦,伸长率低至 13.9%,收缩率低至 6.3%。

9.2.3 干法纺丝

干法纺丝是将聚合物溶液通过喷丝板挤出到一有热气流(通常是空气)的甬道内,将溶剂蒸发并固化成型(图 9-13)。它是一个比熔体纺丝更复杂的过程,聚合物溶液细流在凝固过程中有复杂的传质过程,气体出口处还有溶剂回收[22,57]。该方法中纤维的拉伸强度和初始模量很大程度上取决于原料分子量、拉伸倍数、聚合物浓度和固液比[14]。

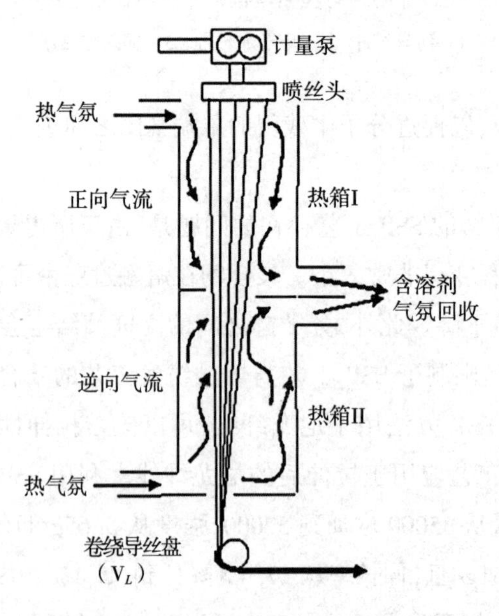

图 9-13 典型的干纺工艺示意图[57]

关于尼龙-6 的干法纺丝已有了一些研究。Gogolewski 和 Penning[14]用甲酸/氯仿($HCOOH/HCCl_3$)作为混合溶剂,配制尼龙-6 溶液,进行纺丝。$HCCl_3$作为不良溶剂提高了链缠结并使拉伸倍数增加至 10 倍，约是传统熔体纺丝可实现的拉伸倍数的两倍。其报道所得纤维最高强度和模量分别为 1GPa 和 19GPa，优于熔纺纤维。在另一项研究中，Smook 等人[15]用甲酸/二氯甲烷（$HCOOH/CH_2Cl_2$）为溶剂，进行 PA-6 干法纺丝，但获得的拉伸倍数和纤维强度不如熔纺纤维。

9.2.4 湿法纺丝

湿法纺丝是生产合成纤维最古老的方法。它是将聚合物溶液挤出到凝固浴中，聚合物从溶液中凝固出来形成固体纤维（图 9-14）。凝固浴含有与溶剂可混溶但与聚合物不互溶的低分子量物质。湿法纺丝的复杂性和存在的诸多问题使其无法广泛用于聚合物成纤。丝条卷绕速度取决于液体浴中的流体动力学阻力，并且很少超过 50~100m/min。

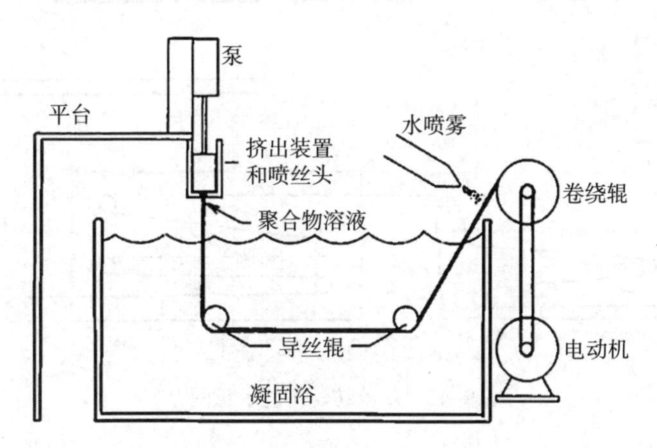

图 9-14　湿法纺丝工艺示意图[16]

此外，湿法纺丝因为纤维形态受到沉淀/凝固浴的条件/组成的显著影响，要获得具有均匀结构和直径的纤维非常困难。实际上，湿纺纤维通常具有高孔隙率和表面缺陷，这些固有问题导致其比熔纺纤维拉伸性能更差[22]。Hancock 等人[16]研究了各种尼龙的湿纺，包括尼龙-6 和尼龙-66，但拉伸强度均没有超过 0.15g/旦，可能是因为用于纺丝的原料分子量过低（3×10^4 g/mol）；在另一项研究中，Smook 等[15]用较高分子量的尼龙-6（5×10^5 g/mol）湿纺，配制了两种不同的纺丝溶液：硫酸（96%~100%）和甲酸/氯化锂，所得纤维的强度较高，分别为 6cN/tex 和 57cN/tex（0.68g/旦和 6.44g/旦）。

9.2.5 凝胶纺丝

凝胶纺丝,也称为干湿法纺丝,是针对高分子量聚合物的一种纤维成型方法(图 9-15)。该方法中,处于部分液态的聚合物保持分子链一定程度的相互作用,使纤维中的分子链产生强的链间力[58,61]。该技术的成功在于减少凝胶中的链缠结以及在流场中高效拉伸大分子[59]。但这种纺丝技术在 PA 上应用的并不成功,因为 PA 分子链内有强氢键,这使得纤维的超拉伸变得困难。

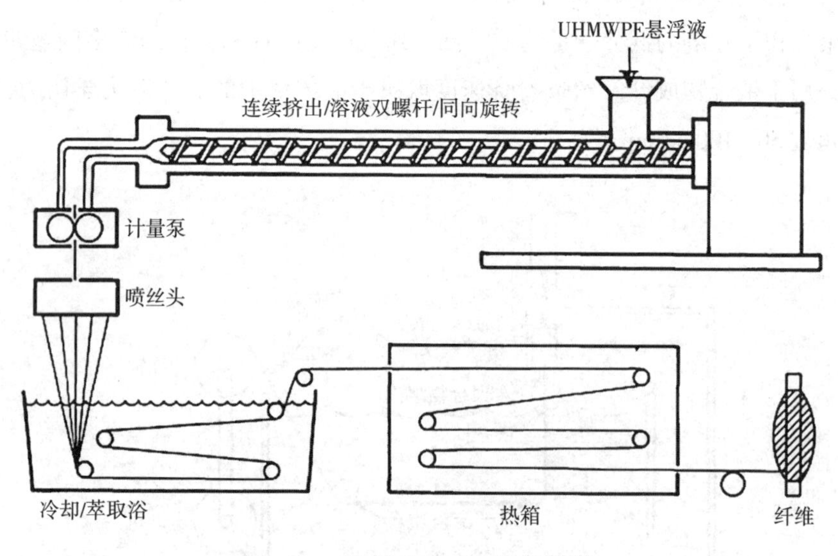

图 9-15 凝胶纺丝工艺示意图[61]

Jia 及其合作者[18]用甲酸和无水 $CaCl_2$作为纺丝溶液,用四氯乙烷/氯仿溶液作为凝固浴进行了凝胶纺丝。$CaCl_2$的作用是与酰胺基团形成配位结构,部分地破坏氢键并增加纤维的可拉伸性。所得纤维在拉伸 8 倍后,强度为 413MPa,模量为 28.8GPa,伸长率为 50.2%。在类似的研究中,Zhang 等[60]在将纤维拉伸 10 倍后,拉伸强度为 530.5MPa,初始模量为 32.3GPa,断裂伸长率为 27.1%。此外,Cho 等[19]探索了尼龙-6 在苯甲醇溶液中的凝胶纺丝。所得纤维进行了两步拉伸(总拉伸倍数为 6.2)后,纤维的强度为 0.6GPa,模量约为 6.2GPa。Gupta[26]研究了两种不同分子量(63000g/mol 和 550000g/mol)PA-6 的凝胶纺丝和拉伸过程。较高分子量聚合物所纺纤维在热拉伸 8.97 倍后,获得了 1.23GPa 的高强度和 25GPa 的高模量。

9.2.6 添加增塑剂和纳米填料后纺丝

如上所述,尼龙中的强氢键降低了分子链的运动能力,不利于获得高拉伸倍数。为了提高纤维的拉伸性能和力学性能,需要抑制或削弱这种氢键。而这可以通过在纤维形成过程中添加增塑剂来实现,增塑剂可以暂时破坏分子链间的氢键,促进它们的运动。因增塑剂的存在会降低纤维力学性能,纤维后处理完成后需除去增塑剂。碘、氨、无机盐和路易斯酸等都已被用于脂肪族尼龙的塑化[62-69]。

Afshari 等人[70]研究了 $GaCl_3$ 络合改性尼龙-66 纤维的力学性能,以高分子量尼龙-66(1.75~2×10^5g/mol)为原料,经干喷湿纺法制备了纤维。图 9-16 为其纺丝工艺示意图。从图可见,聚合物溶液被挤出到空气中并在进入凝固浴之前被拉伸。X 射线衍射(XRD)结果显示(图 9-17),PA 与路易斯酸的配位导致衍射图中完全没有结晶峰,即形成了完全无定形的纤维。

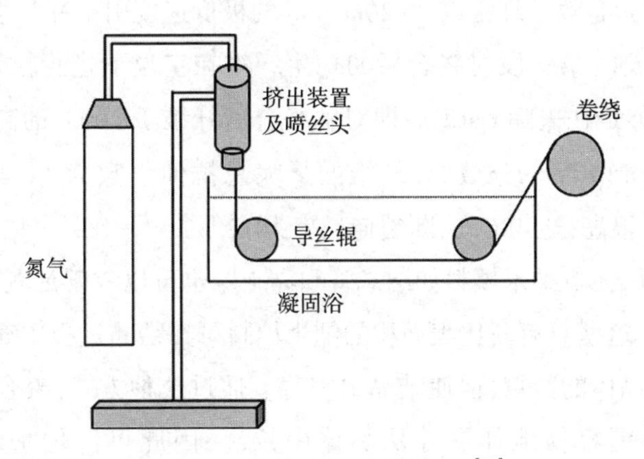

图 9-16 干喷湿纺工艺示意图[70]

络合改性后的纤维在室温下可很容易地拉伸至 7 倍(即冷拉伸)。它们还将再生(解络合)纤维进行了热拉伸处理,在拉伸倍数为 13.8 时,纤维的强度较低,仅有 0.343GPa,而模量较高,达 12.98GPa,断裂伸长率较低,为 12.3%。络合后纤维和再生纤维强度较低的原因是由于纤维内部存在不均匀性或缺陷所致。

Wei 等[71]研究了 $CaCl_2$ 含量对熔纺尼龙-6 复合纤维(即 PA-6/$CaCl_2$)拉伸和力学性能的影响。结果表明,其力学性能与拉伸比或拉伸温度均得到改善。在 120℃下拉伸 7 倍后,3% $CaCl_2$ 含量时所得纤维最大拉伸强度为 0.6GPa,初始模量为 8.5GPa。在另一项研究中,Yang[23]等研究了 $CaCl_2$ 在高分子量(3×10^5~4×10^5)

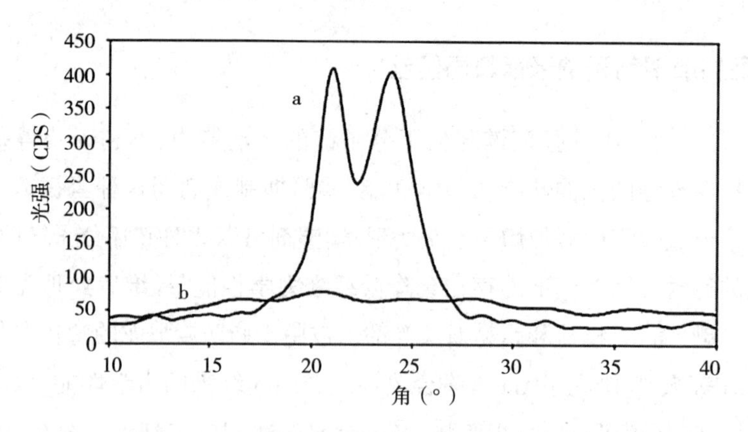

图 9-17　解络合并拉伸的尼龙-66 纤维(a)和
尼龙-66/$GaCl_3$ 络合纤维(b)的 X 射线扫描结果[70]

尼龙-6 甲酸溶液干法纺丝中的作用。该研究发现 0.15~0.30 摩尔分数的 $CaCl_2$ 对 PA-6 的络合较为有效。纤维以 2~20m/min 的极低速度引出并收集。收集的初生纤维用两段法拉伸:第一段对络合后的初生纤维在室温下进行拉伸,拉伸倍数为 3~8;第二段拉伸是在去除 $CaCl_2$ 后即对解络合后纤维于 200℃的高温下进行。当 $CaCl_2$ 添加量为 0.15 摩尔分数时,纤维的最大总拉伸倍数为 14.4,强度较低,为 660MPa,而模量很高,达 48GPa,断裂伸长率为 17.3%。

除增塑剂外,无机纳米填料如纳米管和黏土等也可以改善尼龙-6 纤维的拉伸性和拉伸强度。这些具有高比表面积的纳米填料可在结晶过程中充当有效的成核剂,减少纤维内晶体的数量,但使结晶更完善。通过这种方式,聚合物分子链变得更易运动,可以更容易地伸展并从晶体中拉出,因此可以增加纤维的拉伸倍数[72-73]。还有一些研究者探索了纳米级黏土对尼龙-6 复合纤维拉伸强度和拉伸倍数的影响。例如,Yeh 等[73]研究了尼龙-6 黏土改性材料中树脂及黏土含量和拉伸温度对其熔纺纤维拉伸性和拉伸强度的影响。0.5%(质量分数)的黏土含量和 120℃拉伸温度时,获得最大拉伸倍数为 7.5,强度为 5.8g/旦。Tsai 等[72]报道了类似的结果,研究了凹凸棒石对熔纺尼龙-6 纤维的拉伸性能的影响。

9.2.7　液体恒温浴法(LIB)

LIB 是一步法熔融纺丝工艺的改进形式,其特点是在喷丝头和卷绕辊之间增加了恒温液体浴[27](图 9-18)。该液体槽可以提供若干可控加工变量(如温度、张力和时间),从而改变纤维的拉伸性能。液体温度比聚合物原料的 T_g 高 30~40℃,能使分子链有足够的运动能力以进行取向。

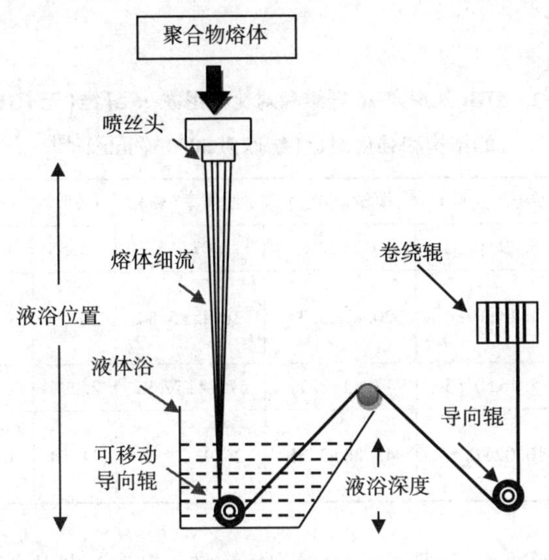

图 9-18 液体恒温浴熔纺工艺[75]

当丝条以高速(>1000m/min)进入浴槽时,聚合物链在可移动熔融状态下更长时间地经受高张力和恒定温度($>T_g$)的共同作用。在这种方式下,结晶过程延迟,聚合物分子链有机会在纤维中更彻底地伸直、取向和有序排列。需要说明的是,这种恒温浴槽方法有几种不同的形式,但它们的原理和目的都是相同的。在最终的设计中,液体浴槽水平放置在卷绕辊和喷丝头之间,称为水平"液体"恒温浴(HIB)方法[74],使之具备工业生产的可行性(图 9-18)[10]。

液体浴槽方法与其他熔体纺丝技术相比更具优势,其原因则可通过分子取向和晶体的形成来加以解释。在传统的熔体纺丝和拉伸过程中,因为晶体形成受到固态下聚合物分子链运动性较差的影响[20],通常导致晶体分子取向度较低。同样在高速纺丝中,聚合物分子链之间的快速结晶可降低链的移动性,并阻碍进一步的分子取向,进而影响纤维的机械性能。而这些均可在 HIB 方法中很好地得以解决,首先因为液体具有的阻力,会使纤维的整体取向均匀地增加;进而在低拉伸倍数下,通过取向的非晶区域的结晶转变,可以使纤维实现最大程度的结晶[49]。

液体恒温浴技术已经在几种半结晶聚合物(如 PP[21,76]、聚萘二甲酸乙二醇酯[77,78]、PET[49,79-85]、聚对苯二甲酸丙二醇酯[86]、PA-6[75,87])中得以应用,制备了具有与熔纺纤维力学性能相当甚至更好的纤维。表 9-1 显示了拉伸前后,HIB 法所得尼龙-6 纤维的结构和强度特性。由表可知,纤维的强度增加到 5.46g/旦,增大约 44%;模量增大到 17.33g/旦,增大约 69%;伸长率则降低至 67.74%,约降低 41%。

表 9-1 HIB 法尼龙-6 纤维和对比样尼龙-6 纤维(无 HIB 时)的结构和强度对比(纺速为 3000m/min)[75]

样品	强度(g/旦)	模量(g/旦)	伸长率(%)	X_c(%)	F_{OA}	f_c	f_a
未拉伸丝	3.79±0.33	10.26±2.54	115.07±13.20	15.55	0.42	0.97	0.37
拉伸丝(拉伸比=1.38)	4.48±0.36	20.83±3.37	38.45±5.84	20.50	0.43	0.9862	0.50
未拉伸丝(HIB 法)	5.46±0.53	17.33±2.11	67.74±17.92	25.90	0.70	0.9837	0.54
拉伸丝(HIB 法,拉伸比=1.38)	10.02±0.53	43.88±9.35	26.93±2.48	34.74	0.56	0.9849	0.58

这种变化仅通过将纤维导入热液体浴(T=88℃)中几毫秒就可获得。在 165℃热拉伸后,纤维强度从 5.46g/旦增加到 10.02g/旦,增加 84%,模量从 17.13 增加到 43.88g/旦,增加 154%,伸长率从 67.74%降至 26.93%,降低 60%。这种力学性能的显著变化是在聚合物为低数均分子量(M_n约为 23000Da)样品,并在非常低的拉伸倍数(1.38 倍)下获得的。而若获得上述力学性能的纤维,用传统的熔体纺丝和拉伸工艺时,需要更高数均分子量的聚合物、更高拉伸倍数(5~6 倍)以及多级拉伸工艺。

HIB 法制备的尼龙纤维的取向度和结晶度均有增强,如表 9-1 所示。HIB 法使纤维的无定形各向同性因子(F_{OA})从 0.42 增加到 0.7,增加 66.6%,结晶度(X_c)从 15.55%增加到 25.9%,增加 66.55%。此外,这种处理使非晶取向因子(f_a)从 0.37 提高到 0.54,提高了 46%。出现上述现象的原因是由于液体的高温和摩擦阻力。事实上,当液体温度(88℃)高于聚合物 T_g时,非晶相中的分子链具有足够的运动能力,使其在液体高摩擦阻力下取向度和结晶度变得更高。

PA 分子链中酰胺基团之间的氢键也会促进纤维内部的结晶。表 9-1 还展示了 1.38 倍拉伸对纤维结构参数的影响。HIB 拉伸纤维的 F_{OA}降低至 0.56,同时将其结晶度 X_c和无定形区取向因子 f_a分别增加至 34.74%和 0.58。F_{OA}的减少归因于在拉伸过程中取向的非晶相转变为结晶相所致[75]。

HIB 方法的一个重要特征是能形成纤维的特定微观结构[21]。图 9-19 为拉伸后的 HIB 法纤维和对比纤维(无 HIB)的形貌对比。从图中可观察到,对比样中具有不均匀的空隙结构,其可以进一步发展为裂纹或裂缝,从而显著劣化纤维的性能。但是,HIB 拉伸纤维外观上能清楚地看到紧密纤维结构,如图 9-19 所示。紧密的形貌能为纤维表面到中心的载荷传递提供相当大的表面积,从而对纤维力学性能有很大贡献。这种具有高结晶度和高分子取向的特定微观结构对于 HIB 拉伸纤维的优异力学性能而言是尤为重要的[75]。

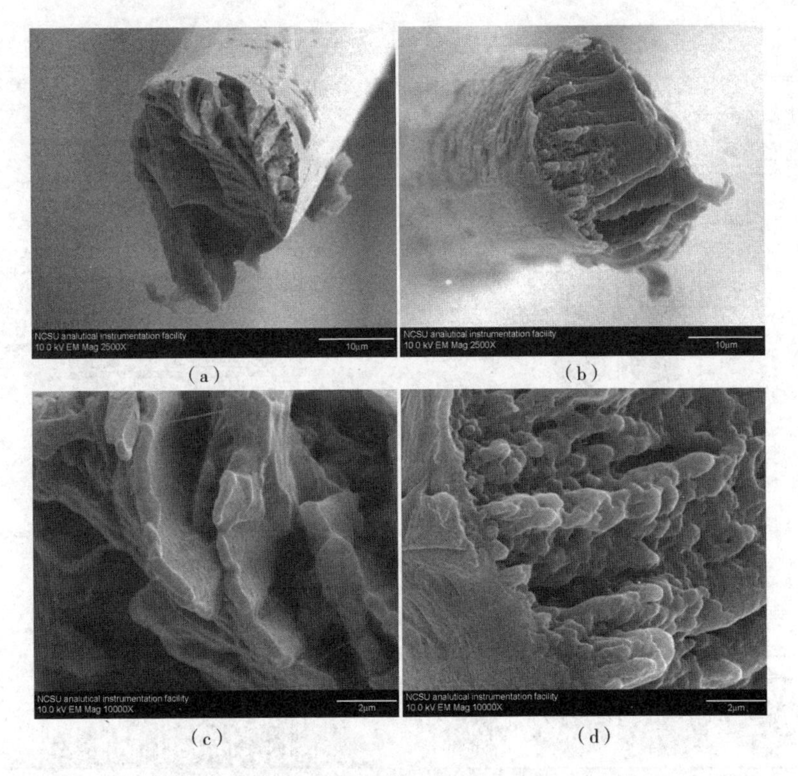

图 9-19　1.38 倍拉伸后,对照样品和 HIB 法尼龙-6 纤维的横截面形貌图[75]

对照样品为(a)和(c),HIB 法样品为(b)和(d)

9.2.8　SymTTec 工艺

如前所述,纺丝过程中聚合物熔体经过一系列工艺过程变成纤维/纱线。在每个步骤中,大分子都要经历一定的张力和温度作用,如果这些参数不能准确控制会增加所得纤维结构的不均匀性,导致其力学性能较低。因此,获得高强度和高模量纤维需要更好地控制纺丝线上各个部分的张力、温度和时间参数。这也成为SymTTec工艺的设计基础，是SwissTex公司于2008年设计的新型纺丝—拉伸工艺。SymTTec工艺，也称全对称工艺，是一种创新的挤出纺丝方法，生产高性能聚酰胺和聚酯纤维。在该工艺中，对纺丝线上所有单一工艺相关组件的设计和/或控制进行了修改，以使纺丝工艺中的不同部分完全对称（图9-20）。这种对称性改善了熔体分布的均匀性和单根纤维的均匀性，并使纤维具有更高的力学性能。图9-21比较了SymTTec工艺所得纤维与一些商品尼龙-6纤维的力学性能的结果[28]。

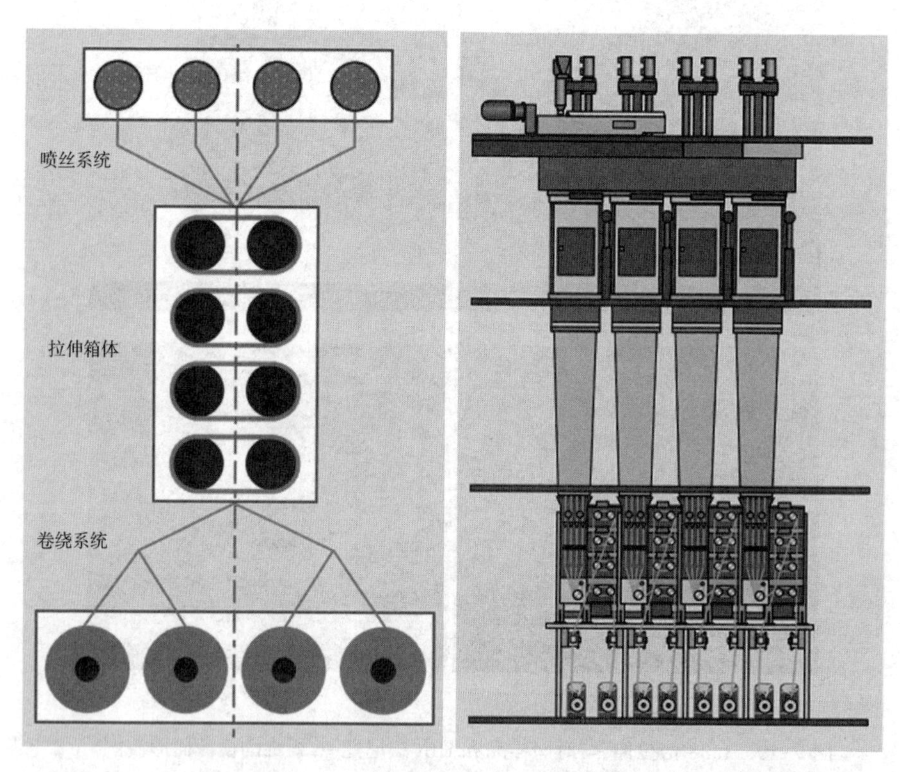

图9-20 SymTTec工艺的全对称结构（左）和4组16个纺丝位（右）示意图[28]

SymTTec工艺将纤维强度提高至90cN/tex（10.17g/旦），并将断裂伸长率降至12%以下，纤维质量优异，并优于商品化的同类产品。SymTTec工艺特别关注熔体的生成和挤出。聚合物切片的质量决定了纤维的质量。因此，SwissTex公司开发了特有的调节、供应和配料计量系统。对于工业用纤维，可以在切片中加入热稳定剂或颜料。重量计量系统（图9-22）用于聚合物进料，它可以将切片精确且恒定地

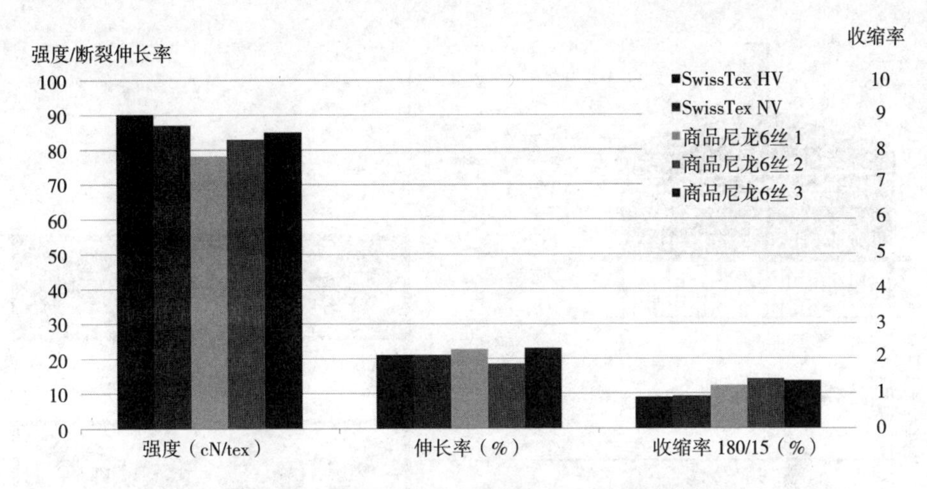

图 9-21 SwissTex 纤维和商用尼龙-6 纤维的拉伸性能。HV 和 NV 分别指高黏度切片和正常黏度切片[28]

输送到挤出机中。挤出机也针对高黏度聚合物经过专门设计，以确保良好的熔体质量，并提高纺丝过程中的分子链的拉伸性。

图 9-22 带 SymTTec 重量计量系统的挤出机[88]

SymTTec 工艺对挤出系统进行了很多改进。针对每种聚合物切片，对挤出机螺杆的几何形状单独进行改造。此外，最后四个加热区域通过空气冷却以改变调节时间。挤出机还配备了很多传感器和控制软件，可以精确快速地调节温度和其他控制参数。除此之外，对纺丝组件也进行了改进，以增加单根纤维之间的均匀性。纺丝组件，如分配板和过滤器经过重新设计，以确保良好的熔体分配、高过滤能力和高的纤维规整度（图 9-23）。

在纺丝生产线上安装了压力容器，确保了所有纤维都经历相同的机械和热历史，增加了纤维的均匀性，并使最终纤维具有更高的力学性能[28,88]。

SymTTec 工艺也改进了拉伸和冷却工艺。快速的晶体形成速度和纤维间的强摩擦作用是导致聚酰胺纺丝中纤维断裂的两个主要原因。晶体的作用类似于分子

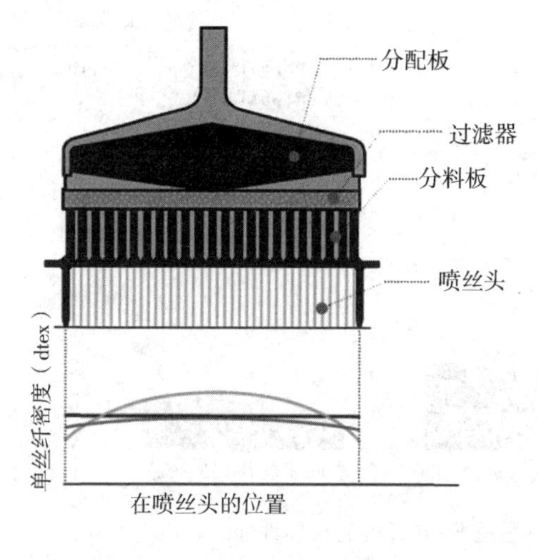

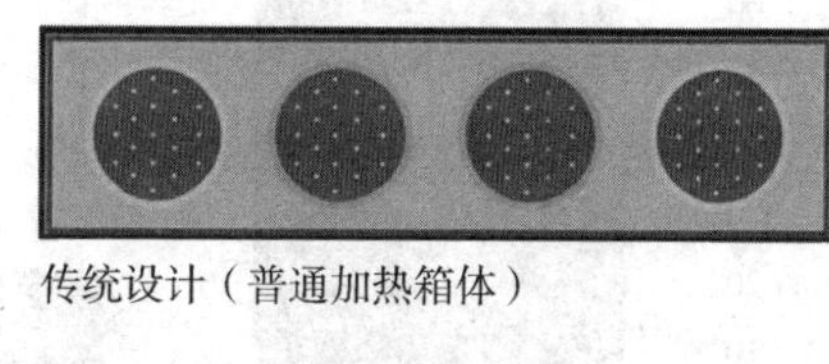

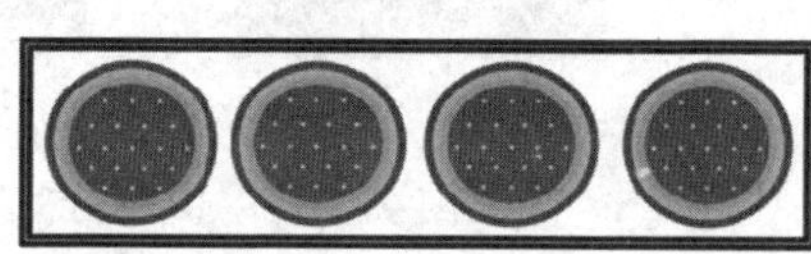

图 9-23 SymTTec 设计的高质量熔体纺丝箱体(左图)，对纤维丝束精确热处理的单独加热箱体(右图)[28]

链之间的交联，限制了它们的运动和纤维的拉伸。为了延迟结晶，需要精确控制丝条温度和冷却过程。

为此，每个纤维束都安装了单独的加热箱体，以提供良好的热处理，增加纤维结构和性能的均匀性(图 9-23)。通过这种方式，丝条温度保持在接近纺丝组件中的熔融温度，使分子链运动性更高，纤维可拉伸性更好。此外，还对空气冷却的参数进行精确监测，如风温、相对湿度和风速，以控制纤维中晶体的形成速率。

为避免气流扰动，增强冷却期间丝条的稳定性，将喷丝板、冷却装置和冷风管的孔分布作为一个整体系统进行建模模拟。此外，冷风管经过重新设计，以优化空气流动，消除冷却过程中的任何气流扰动(图 9-24)。除控制结晶速度外，通过更好地设计纺丝生产线、牵伸辊和卷绕机，减小丝条和其所经表面之间的摩擦力以减少纤维断裂。图 9-20 为 SymTTec 工艺中纤维从喷丝板到卷绕机的路线行进示意图。

新设计的纺丝生产线能使纤维以非常竖直的路径运行，且摩擦点很少。专门设计的上油装置和牵伸箱体上大的入口设计也减少了纤维摩擦和喂入角度，最大限度地减少了纺丝过程中纤维断裂的可能性[28,88-89]。

卷绕机和牵伸辊是 SymTTec 工艺中最具技术优势的部分。挤出系统配有两个卷

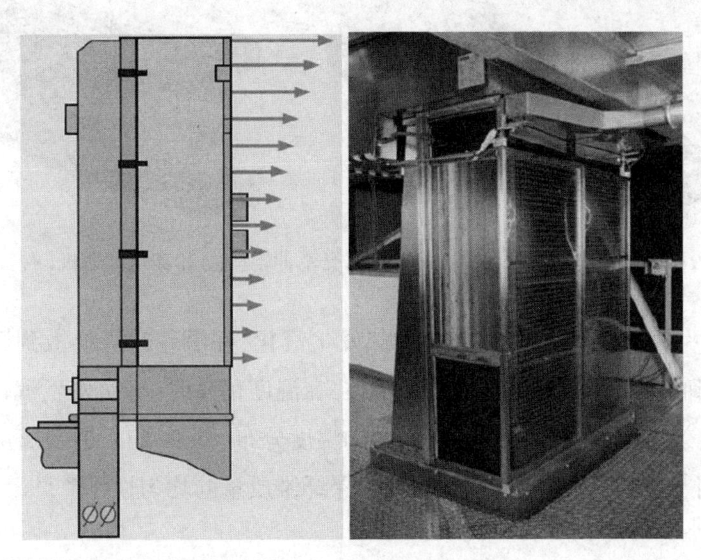

图 9-24 SymTTec 工艺中无空气扰动的冷却吹风系统。
其中,冷风管不再是一个被动系统,对纤维冷却有相当大的影响[28]

绕辊,每个卷绕辊具有两个端头(图 9-20 和图 9-25),以确保卷绕时几何形状的对称性,避免不同部位纤维的质量差异。此外,牵伸箱体还设一个喂入辊和四个双壳拉伸辊(即 RIEVAP 拉伸辊;图 9-26),用于制造高强度尼龙纤维(图 9-25)。

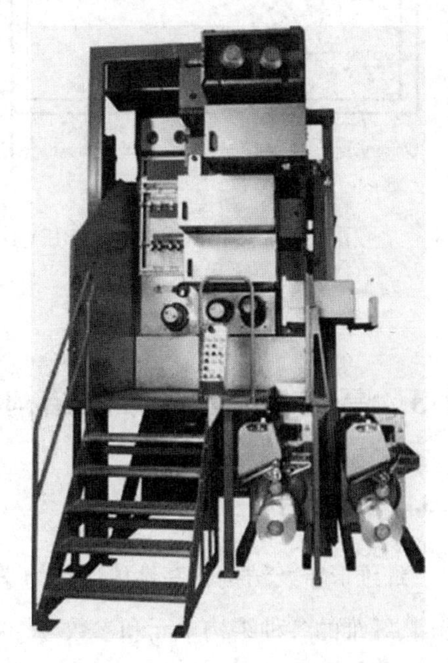

图 9-25 SymTTec 技术中的牵伸辊[28]

RIEVAP 牵伸辊的表面经等离子技术涂覆,延长其使用寿命,并稳定纤维质量。此外,辊的表面质量很高,也避免了在纤维表面造成任何缺陷,有助于提高其力学性能。RIEVAP 辊能够保证对纤维的传热均匀性。RIEVAP 的传热机制是基于热管原理。图 9-27 为装有液体的双壳体热管机构。由于用于沸腾和冷凝的液体具有高传热系数,热管在两个界面之间的热传导非常高效。

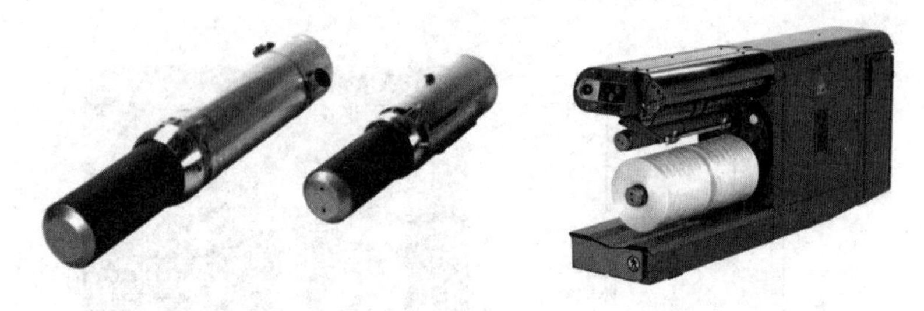

图 9-26 SymTTech 技术中 RIEVAP 双壳牵伸辊(左)和高速卷取机(右)[28]

如图 9-27 所示,液体通过感应加热发生汽化,并沿着热管扩散到牵伸辊的表面,当冷丝到达辊表面时,蒸汽冷凝成液体,在温度稍高时,再次发生汽化。这种传热系统在有效工作区可以实现绝对一致的温度分布(图 9-27),并显著减少牵伸辊的加热时间及对载荷变化的响应时间,确保纤维质量的均匀性[28,88-89]。

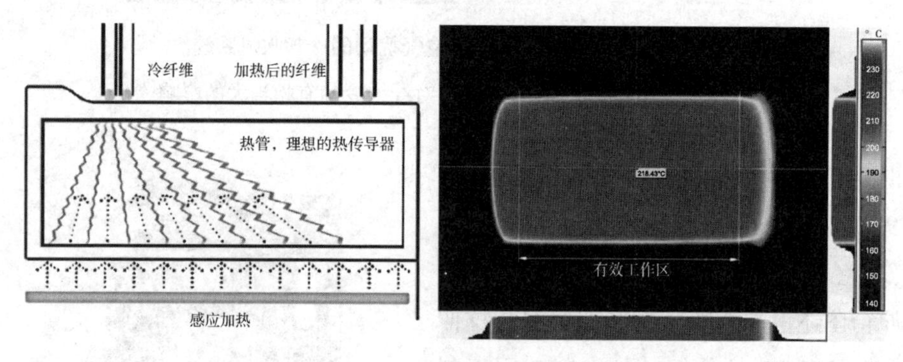

图 9-27 热管机构(左)和 RIEVAP 牵伸辊上非常均匀的温度分布(右)[89]

9.3 高性能尼龙纤维的结构和性能

9.3.1 纤维结构

纤维形貌及结构在高性能纤维力学性能中起着重要作用。当纤维在载荷下变形时,纤维的各种结构单元和参数会影响由表面到中心的载荷传递机制。结晶度、晶粒尺寸和种类、分子链取向和无定形结构是影响纤维强度、模量和断裂伸长率的重要因素[90]。工业用纤维通常在结晶相和无定形相呈现高结晶度、大晶粒尺寸和分子链高度取向的特征。

为了将纺织纱线运用到工业中,需要厘清和改变纤维的微-纳结构。以下将详细描述尼龙纤维的各种结构元素,并就其对纤维力学性能的作用方式进行阐述。

工业尼龙纤维通常由熔融纺丝—牵伸生产。熔融纺丝中的拉伸流动和拉伸过程中的塑性变形会在纤维内部形成微原纤形态[9]。已经建立了几种用于识别尼龙纤维中各种结构和形态特征的模型。对于许多实际用途来说,也许最适用的模型是 Murthy 等针对尼龙-6 提出的多级纤维结构模型(图 9-28)[91]。

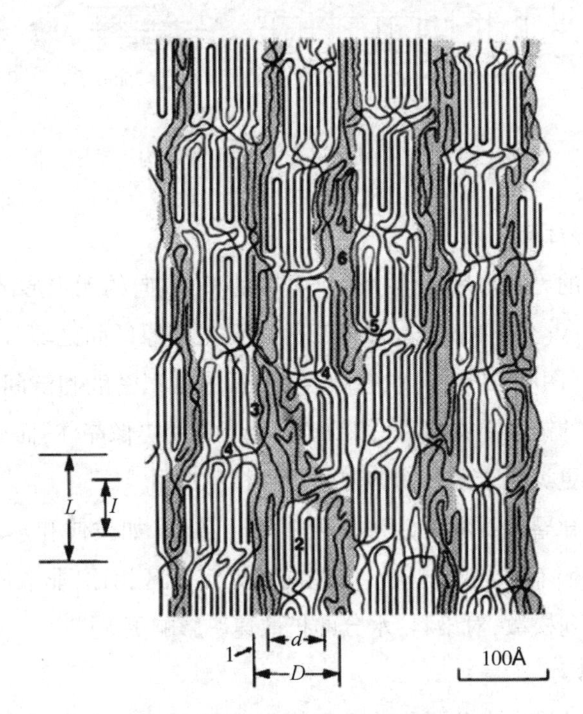

图 9-28　尼龙-6 纤维的形态模型[91]

1—原纤　2—微晶　3—原纤间区域中的部分伸展分子链

4—无定形区间的连接分子链　5—自由链末端　6—空隙和原纤间无定形区

该模型包含三个不同的相,即结晶相、非取向(各向同性)无定形相和取向(各向异性)无定形相。在结晶区域中存在微晶,其所有方向上的尺寸通常为 5~20nm。微晶也称为片晶,因为在理想条件下(如从溶液中结晶)它们可以形成薄的片状晶体,厚度 5~20nm,宽度仅为微米级。在每个片晶内部,聚合物分子链在片晶厚度方向上来回折叠[31,92]。

片晶由层间非晶区内的分子连接在一起(图 9-28 和图 9-29)。连接分子链由拉伸过程中链的解折叠转变而来,并且它们的强度和长度显著影响着纤维的断裂。在单轴应力下,片晶沿纤维轴向堆叠排列并形成原纤,其应变和模量与纤维相同(图 9-29)。原纤之间的空间由微孔和无定形链填充。通常认为微孔是纤维拉伸失效的起始点,它们可以进一步发展并转变为裂缝,导致纤维断裂[31,92-93]。

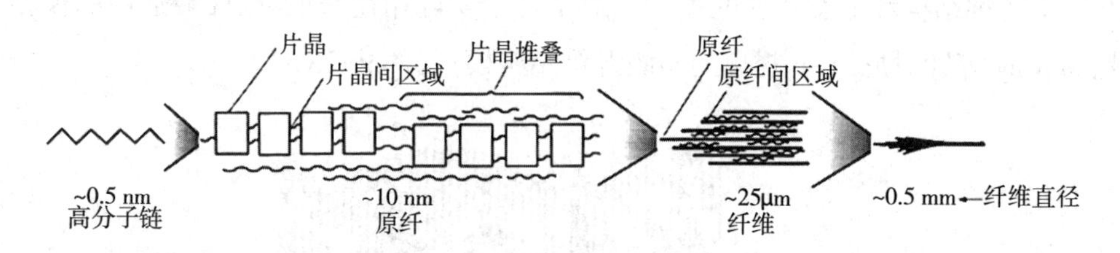

图 9-29　尼龙-6 纤维不同尺度上的结构示意图[94]

9.3.1.1　无定形结构

尼龙纤维中的无定形区域包括两个不同的相:取向的无定形区(各向异性)和非取向的无定形区(各向同性)。取向部分主要位于原纤间区域,未取向部分主要位于片晶间区域(图 9-29)[94]。这些无定形区的堆积密度和链间结构各不相同。取向无定形区内的链段更密集,它们的链间相互作用更像晶体,而非取向无定形区的这种相互作用更类似于聚合物熔体中的链相互作用[95]。

这种结构差异导致两种无定形区域对加工条件(如拉伸和热定型)和环境条件(如湿度和温度)有不同的响应。与取向的无定形区相比,非取向无定形区内的聚合物分子链排列松散,对染料/水分的扩散速率影响更大[96]。

9.3.1.2　晶体结构

尼龙的晶体结构由大分子的构象和横向堆积而成。通常,聚酰胺分子链的堆积方式有利于所有可能氢键的形成。因此,分子链采用完全伸展或略微扭曲的构型,以使晶体结构所占据的体积和势能最小化,同时使相邻链段之间保持适当距离产生相互作用。在聚酰胺中,这种相互作用包括可影响晶体内分子链排列的氢键和范德瓦耳斯力。相邻链中的 NH 和 CO 之间的氢键以二维片状排列,它们再通过范德瓦耳斯力形成三维晶格,这构成了尼龙晶体结构的主要特征。

单斜、三斜和菱形晶格是尼龙晶系三个常见的晶胞类型。晶胞的尺寸和形状由晶体内氢键形成的二维片状结构的堆叠来确定[1,11]。

已经确定的几种尼龙的晶体结构中,α 和 γ 是两种主要的晶体形式,其他(即

β、δ、λ、近晶相和亚稳相)则是这些晶型的各种衍生晶型。这两种晶型在分子链排列方向和构象所形成的结构上是不同的。在 α 晶型中,分子链反向平行排列,具有完全伸展的锯齿形构象,而在 γ 晶型中,分子链以扭曲螺旋构型平行排列[92]。

在两种晶型中分子链之间的相互作用是不同的。在 γ 晶型中,扭结结构使得酰胺基团在分子片层内和分子片层之间形成氢键;而在 α 晶型中,氢键仅在分子片层内形成[1,4,11]。α 和 γ 晶体的形成取决于聚酰胺结构中酰胺基团之间的 CH_2 的数量。在具有较长 CH_2 链的尼龙(PA-8,PA-10 和 PA-12)中,γ 晶型是稳定形式;在具有较短 CH_2 链的尼龙(PA-4 和 PA-6)中,α 晶型是稳定形式。此外,具有奇数—奇数、奇数—偶数和偶数—奇数 CH_2 链的尼龙主要以 γ 形式结晶。图 9-30 显示了 PA-6 和 PA-66 的晶体结构。PA-6 既可以形成 α 型结晶,又可以形成 γ 型结晶。

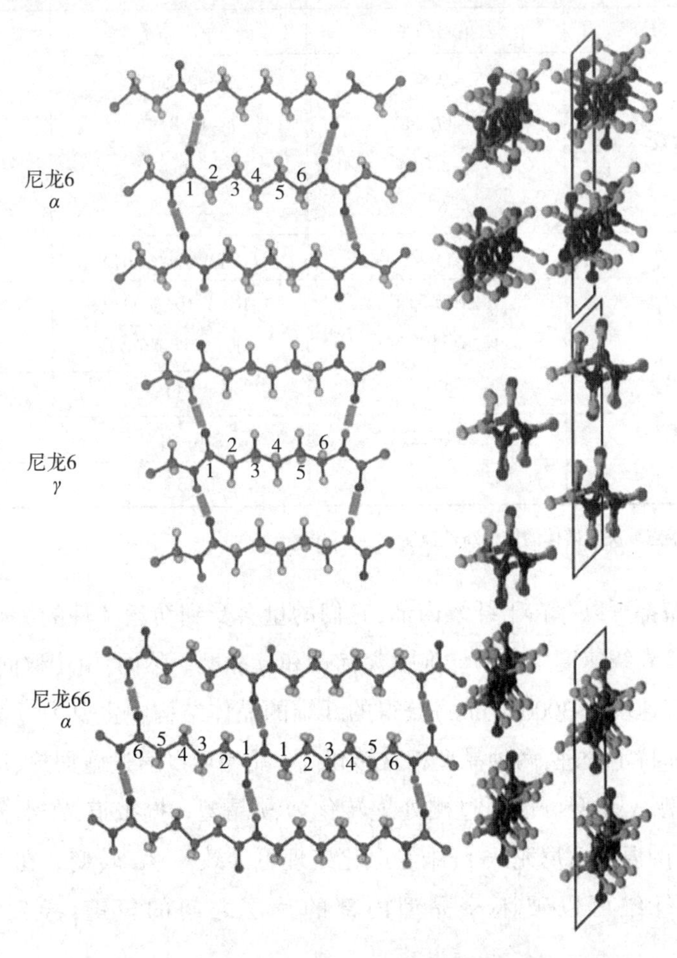

图 9-30 尼龙 6 和尼龙 66 的 α 和 γ 晶体结构[3]

然而,PA-66 没有 γ 晶型,因为它具有中心对称结构而没有分子链的方向性[90,92]。尽管结构不完全相同,上述两种尼龙中最稳定的晶体结构都是 α 晶型。在尼龙-66 中,晶胞具有三斜晶系结构,而在尼龙 6 中,晶胞具有单斜晶系结构。

α 和 γ 晶型具有其自身的物理和机械性能,并且可以基于纺丝条件和特定处理不同在纤维中形成。表 9-2 比较了 PA-6 的两种晶型的一些物理性质。α 晶型在热力学上更稳定,而 γ 晶型在动力学上更稳定。α 晶型的模量、密度和熔点也高于 γ 晶型[97]。α 晶型可以通过由熔体或溶剂中缓慢结晶形成,γ 晶型则可以通过快速结晶产生。

表 9-2　尼龙 6 纤维 α、γ 晶型的物理性质与结构特征比较[97]

	α 晶	γ 晶	文献
晶体结构	单斜晶系	单斜晶系	[89]
晶格常数	a=9.56Å b=17.24Å c=8.01Å β=67.5°	a=9.56Å b=15.8-16Å c=16.88Å β=121°	[28,94]
晶体反射	(200),(002/202)	(001),(200/20$\bar{1}$)	[28,95-96]
密度,ρ(g/cm^3)	1.23(实验值) 1.23(计算值)	1.16~1.19(实验值) 1.16(计算值)	[94]
熔解热,$\Delta H°_f$(g/cm^3)	241	239	[94]
熔点(℃)	220~221	210~217[a]	[97-98]
模量(GPa)	295	135	[99]

[a] 结晶相的熔点取决于熔体的熔融纺丝速度。

两种晶型都可以存在于纤维内部,它们的量会受到纺丝条件的影响。常规熔融纺丝以中等卷绕速度生产的纤维中含有 α 和 γ 晶型。然而,由于取向诱导结晶,以更高的卷绕速度(>3000m/min)获得的纤维的晶体结构中主要为 γ 晶型。通过在纤维上施加特定处理,两种晶型相互转化。γ 晶型可以通过施加热、应变或吸水转化为 α 晶型,α 晶型可以通过碘处理转化为 γ 晶型。据报道,在水分存在条件下,在>100℃的温度下尼龙-6 纤维经退化处理可导致 γ→α 转变。在高温和高拉伸比下拉伸纤维可以破坏 γ 晶型内部的片层之间的氢键,导致 α 晶型的形成[7,90,92,102]。

9.3.1.3 表征

尼龙纤维的结构可以通过广角X射线衍射方法表征。图9-31为含有α和γ晶体的尼龙-6纤维赤道方向典型的X射线衍射图,反映了X射线强度(I)与布拉格角(2θ)的关系。通过峰值位置参数(例如峰宽和峰值位置)解析各峰和弥散峰,识别无定形散射和晶面。例如,$2\theta=20.4°$和23.60°处的两个峰是对应α(200)和α(002/202)晶面衍射峰,即α_1和α_2;$2\theta=21.65°$和23.15°处的两个峰是相关的γ(001)和γ(200/201)晶面衍射峰,即γ_1和γ_2;以22.15°为中心的宽弥散峰与非晶相反射有关。

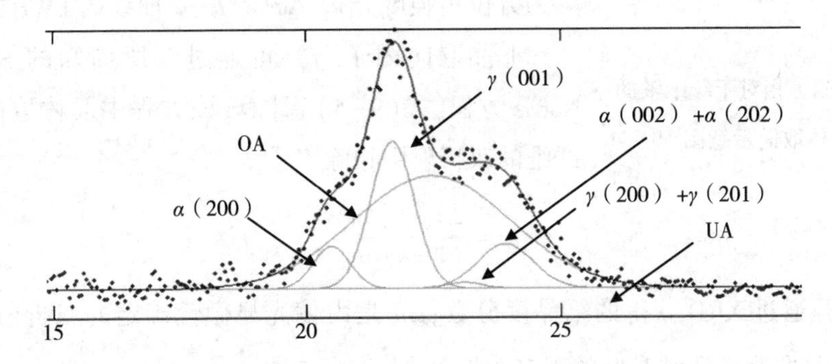

图9-31 尼龙-6纤维中晶区、取向无定形区(OA)和非取向无定形区(UA)的X射线强度解卷积(I)与布拉格角(2θ)曲线关系[75]

为确定结晶和无定形部分的参数,从图中的第一个点和最后一个点连线创建基线。基线和解卷积峰将XRD图划分为与结晶相、取向无定形相和非取向无定形相相关的三个不同区域(图9-31)。纤维结晶度由结晶衍射面积与衍射曲线总面积之比确定,非晶相各向同性因子是择优取向的非晶相的比例[103]。通过以下等式从赤道X射线扫描图可以计算样品的结晶度(X_c)和非晶相各向同性因子(F_{OA}):

$$X_c = \frac{A(C)}{A(C) + A(OA) + A(IA)} \times 100 \tag{9-1}$$

$$F_{OA} = \frac{A(OA)}{A(OA) + A(IA)} \tag{9-2}$$

式中:$A(C)$,$A(OA)$和$A(IA)$分别是结晶峰面积、无定形取向面积(即基线上方的弥散峰)和无定形非取向面积(即基线下的区域)。

表观晶粒尺寸(ACS)由Scherrer方程计算:

$$ACS = \frac{0.9\lambda}{(\Delta 2\theta)\cos\theta} \tag{9-3}$$

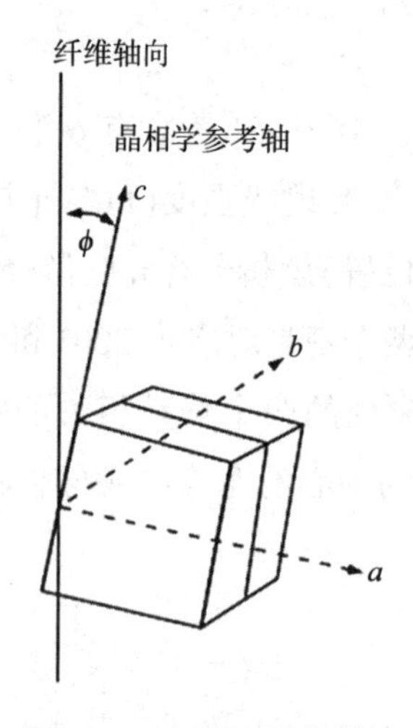

图 9-32　相对于纤维轴的晶体取向示意图[7]

式中：θ 是峰值位置对应的衍射角的一半；λ 是 X 射线波长；$(\Delta 2\theta)$ 是以弧度表示的晶体衍射峰的半高宽（FWHM）。

晶体取向因子（f_c）与所有晶轴相对于纤维轴的取向分布有关（图 9-32）[7]。它是纤维轴和特定晶轴间角度的函数，可以使用 Herman 函数确定：

$$f_c = [3\langle\cos^2\varphi\rangle - 1]/2 \tag{9-4}$$

式中：φ 是晶轴与纤维轴之间的角度；$I(\varphi)$ 是晶体衍射峰的方位角强度分布；$\Delta\varphi$ 是 I—φ 曲线的 FWHM。

非晶取向因子（f_a）可通过众所周知的 Stein 和 Norris 方程[式（9-5）]计算，该方程中晶体取向要从纤维的双折射中扣除[21,98]。

$$f_a = \frac{\Delta n - \chi f_c \Delta n_c^\circ}{(1 - \chi)\Delta n_a^\circ} \tag{9-5}$$

式中：χ 是通过 XRD 获得的结晶度分数；Δn 是由偏光显微镜确定的双折射；Δn_a°，Δn_c°分别是非晶区和结晶区的固有双折射[103]。

9.3.2　纤维性能

工业用尼龙的纤维特性由分子结构和分子排布决定。尼龙的分子结构包括酰胺键（NHCO）和亚甲基（CH_2）。酰胺基团可以在纤维内部的分子链之间形成强氢键。这种强氢键可赋予尼龙纤维高温强度、低温韧性及出色的高弹性，以及其他性能如刚度、独特的耐损性、耐磨性、低摩擦系数和良好的耐化学性[7-9]。尼龙的分子排布与纤维内聚合物分子链的排列有关。尼龙是一种柔韧的热塑性聚合物，在高温条件下纤维内可产生取向和结晶。

无定形区和结晶区在分子取向、分子链运动能力、分子链堆砌、H 键数量和分子链间距离等方面均有不同。这种结构差异导致无定形区和结晶区对热、化学品、湿气和载荷的响应不同。因此纤维结构以及分子结构可以影响高性能尼龙纤维的拉伸强度、热和化学性质。

9.3.2.1　拉伸性能

拉伸或机械性能是尼龙纤维最重要的特性。代表纤维对力和形变的响应行为,并决定了它们对特定应用领域的适用性[31]。工业用纤维的力学性能主要包括拉伸强度(韧性)、杨氏(初始)模量、断裂伸长率(应变)和收缩率。强度是破坏纤维所需的比应力[式(9-6)]的量。模量与纤维对加载的初始响应有关,并且等于初始点处应力—应变曲线的斜率(图 9-33)[104]。

比应力(韧性)= 载荷/质量/单位长度 (9-6)

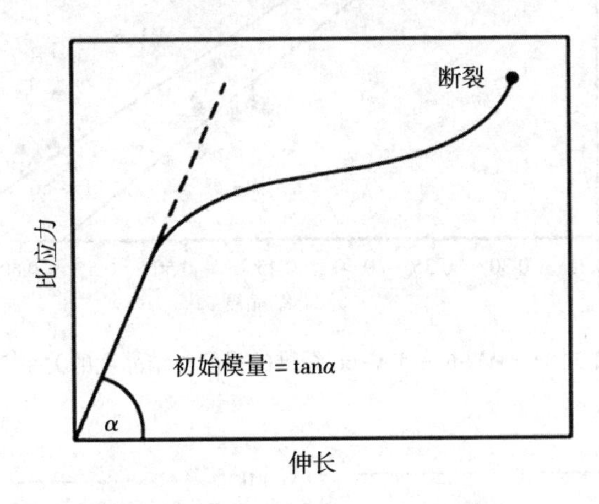

图 9-33 应力—应变曲线示意图[104]

断裂伸长率(应变)[式(9-7)]是纤维受力断裂时的伸长量。收缩是热加工过程中聚合物分子链的缩短或解取向,代表的是纤维尺寸稳定性。这些力学特性取决于纤维结构、聚合物分子量和热历史[31]。强度(韧性)和刚度(模量)与分子链取向和纤维内链端数量有关[11]。此外,纤维/聚合物的收缩与无定形区分子链的松弛、晶体重组、重结晶和小晶粒的熔融有关[92,103]。尼龙纤维中的晶体形成和分子链的取向增加了强度和模量,降低了伸长率(图 9-34)和收缩率。

拉伸应变 = 伸长/初始长度 (9-7)

高卷绕速度和/或热机械处理会诱导纤维内部的结晶和取向。高卷绕应力可以增加结晶度、晶粒尺寸和双折射,降低尼龙纤维中的无定形区的比例[100]。拉伸会增加取向无定形区和晶相的晶粒尺寸、含量和取向度,同时降低非取向无定形区的比例(图 9-35 和图 9-36)[103,107]。退火(热定形)也可以提高结晶因子,如结晶度、晶粒尺寸(图 9-37)和晶体取向,处理温度会对其产生影响[101,106,108]。这种高结晶性和无定形参数使得工业用尼龙纤维具有高强度、高模量、低伸长率和低收缩率。

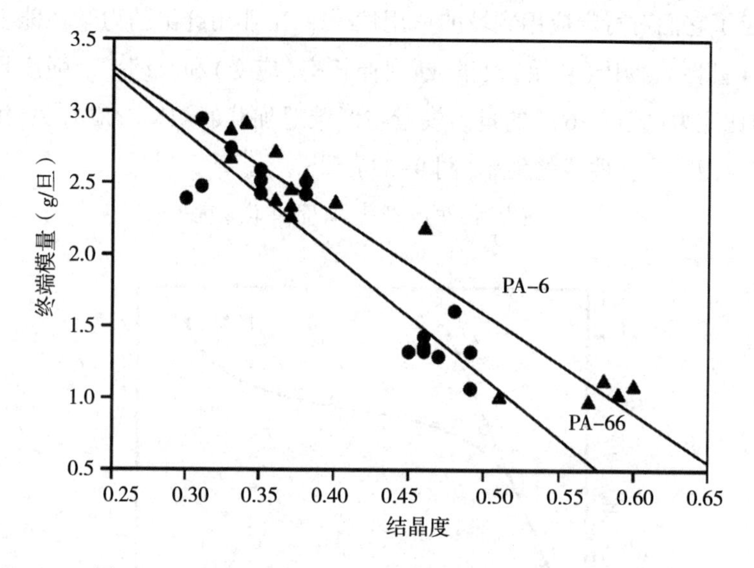

图 9-34 PA-6 和 PA-66 纤维的强度与结晶度的关系[8]

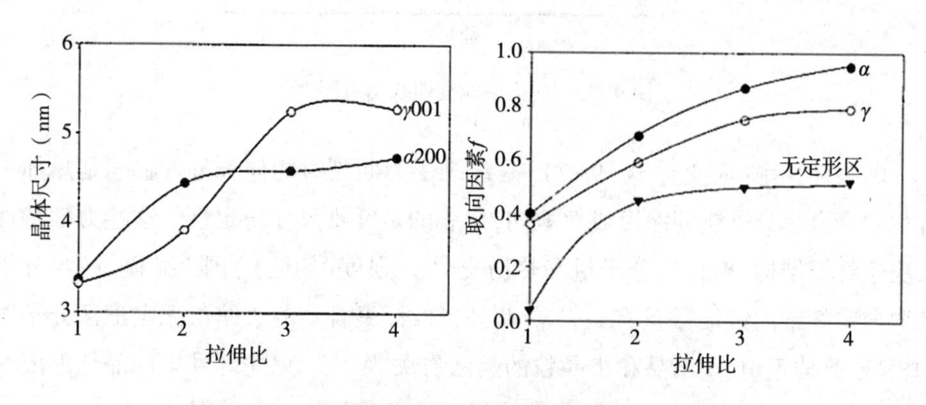

图 9-35 拉伸比对 PA-6 纤维晶体尺寸(左)与晶区和无定形区取向因子(f)(右)的影响[107]

9.3.2.2 热性能

尼龙纤维的热性能在确定工艺条件和产品应用方面具有重要作用。聚合物结构中的酰胺键在很大程度上影响了其热行为。尼龙的熔点(T_m)和玻璃化转变温度(T_g)随着聚合物重复单元中酰胺基团数量增多而增加(图 9-38),但是并非有规律增加,NHCO 基团间 CH_2的偶数或奇数会对其产生影响[9,31]。表 9-3 比较了尼龙-6 和尼龙-66 纤维的一些热性能。

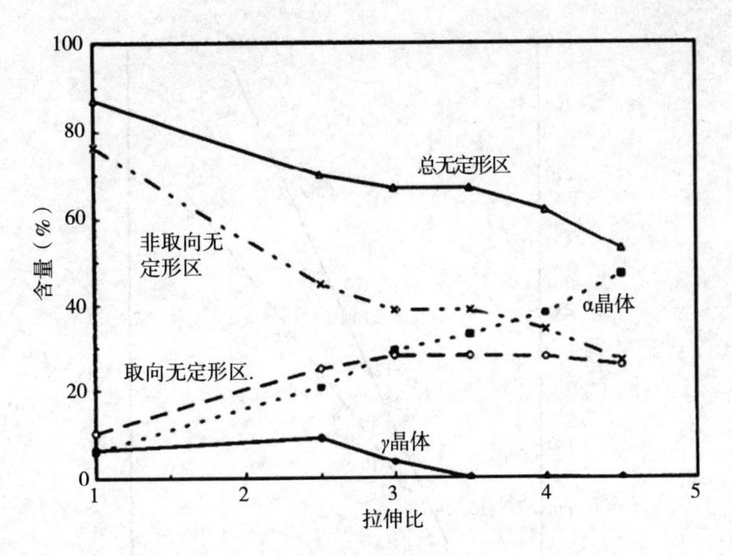

图 9-36　尼龙-6 纤维不同拉伸比时晶体(α 和 γ)、无定形非取向区(UNOR)和无定形取向区含量的变化[103]

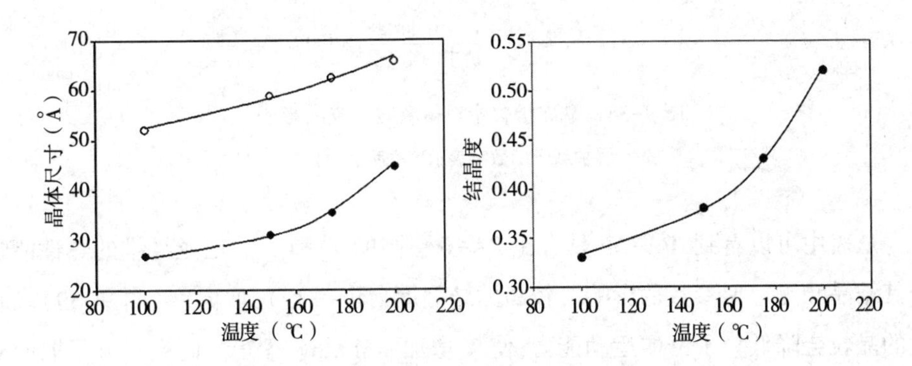

图 9-37　退火温度对 PA-6 纤维 α(●)和γ(○)晶体尺寸(左)和结晶度(右)的影响[108]

表 9-3　尼龙-6 和尼龙-66 纤维的热和吸湿性能[31]

热和吸湿性能	尼龙-6	尼龙-66	文献
熔点(℃)	215~220	255~260	[31]
玻璃化转变温度(℃)ᵃ	45~75	60~80	[7]
最高设定温度(℃)	190	225	[31]
回潮率(21℃,65% RH)(%)	2.8~5.0	4.0~4.5	[2]

[a] 玻璃化转变温度取决于各种参数,包括纤维的回潮率。

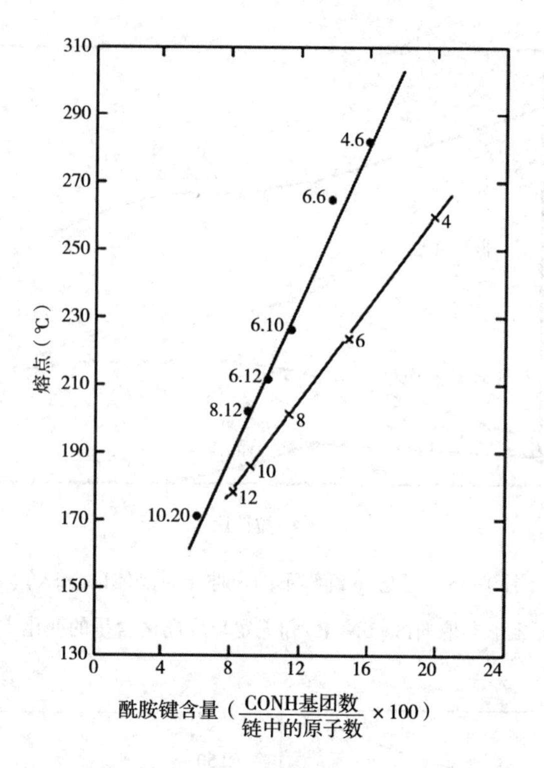

图 9-38 酰胺键含量对聚酰胺熔点的影响[2]

（曲线上的数字表示聚酰胺品种）

从表中可以看到，PA-66 具有比 PA-6 更高的 T_m和 T_g。尼龙纤维的热性能也受其结晶和无定形参数的影响。较高的结晶度（图 9-39）、取向度（图 9-39）和较大的晶粒会降低分子链的运动能力，使 T_g增加。Murthy 等[92,96]研究了分子取向对 PA-6 纤维 T_g的影响。发现由于区域内分子链的高取向和较低的运动能力导致取向的非晶相（即 T_g=80~90℃）具有比未取向的组分（即 T_g=30~50℃）更高的 T_g。

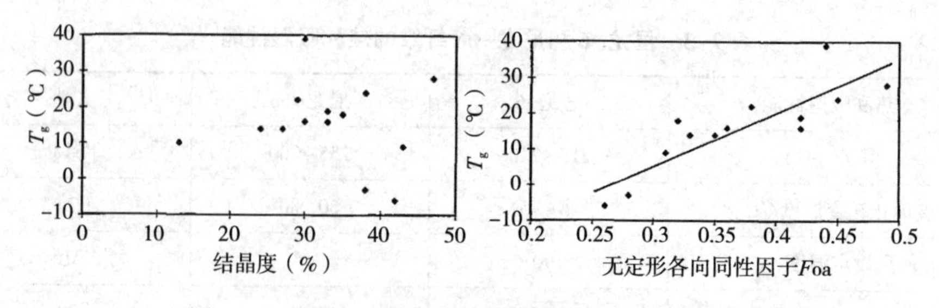

图 9-39 尼龙-6 纤维的 T_g与结晶度的关系（左）及

与无定形各向同性因子（F_{oa}）的关系（右）[96]

与常规尼龙纤维相比,高性能尼龙纤维通常具有更大的晶体尺寸、更高的结晶度和更高的无定形取向度,因此在高温下显示出更好的抗热变形性。

9.3.2.3 化学性质

工业用尼龙纤维的化学或降解性质与酰胺基团在酸、碱、醇等条件下的反应有关。尽管靠近 NHCO 的 CH_2基团可以参与某些反应,但 CH_2基团一般是化学惰性的。PA-6 和 PA-66 对大多数化学品(如碳氢化合物、脂肪和油)具有良好的耐受性,但可被强碱、醇和酸降解。碱性和酸性条件下可以使尼龙水解,而高浓度的酚和酸也能溶解尼龙。另外,酰胺基团也易受热、氧、光和湿气的影响[7,9]。

熔融纺丝过程中的高温可使 PA 分解成二氧化碳、氨和水。PA-6 和 PA-66 长时间暴露于紫外线辐射下会导致光氧化降解并降低其强度。尼龙纤维本质上也是部分亲水的,随着尼龙牌号数字的增加,尼龙的含水量趋于降低(表 9-3)。水分可以在 PA 分子链之间形成氢键,增加分子链的运动能力并使纤维溶胀[7,9,31]。由于水分主要在无定形区域扩散,高性能尼龙纤维因其高取向和结晶性而具有低吸湿性。

9.4 高性能尼龙纤维的应用

2011 年,Technon OrbiChem 公布了世界主要纤维品种的产量数据[109]。如图 9-40 所示,尼龙纤维的全球产量在过去 25 年中几乎保持不变,并且预计仍将保持其现有产量[109]。图 9-41 还显示了全球各地区尼龙纤维的产量。目前尼龙纤维的产量约为 400 万吨,预计到 2025 年将增加到 480 万吨。东北亚和东欧的尼龙纤维产量有所减少,预计未来仍将延续这一趋势。中国目前是世界上最大的尼龙制造商,预计在未来十年内将保持其领导地位[109]。

尼龙纤维主要用于地毯和服装,它具有外观保持性好、卓越的耐磨性和良好的染色性等特性[8]。然而,在过去的几年里,由于聚酯纤维优异的易护理性和抗皱性,尼龙在纺织和地毯应用中的一部分市场份额已被聚酯替代[9]。

尼龙-6 和尼龙-66 是用于生产纤维的最常见的聚酰胺品种。其他尼龙,如 PA-4、PA-11、PA-12 和 PA-46 在工业领域也有一定应用[7],但是此类尼龙纤维具有吸湿性大、生产成本高、聚合产率低、尺寸稳定性差和力学性能差等问题,使得它们的产

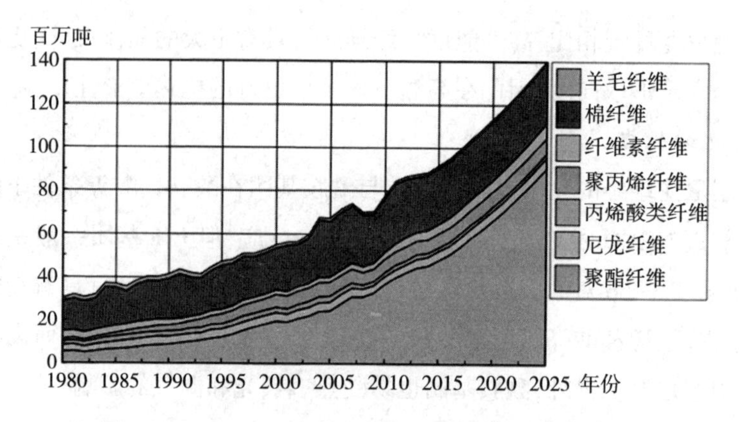

图 9-40 1980~2025 年全球纤维产量情况及预测[109]

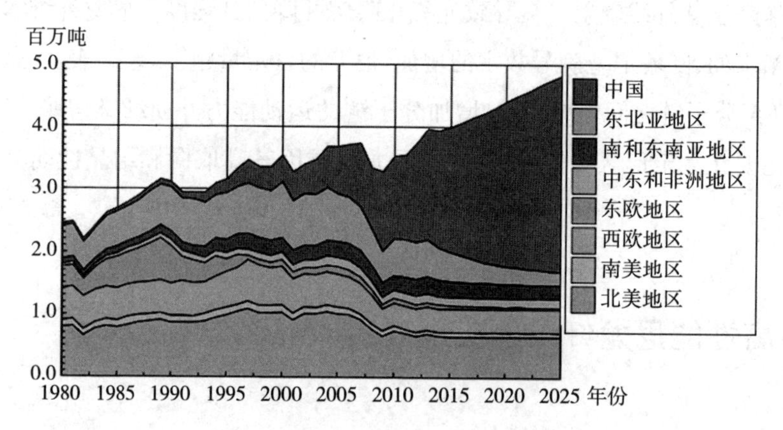

图 9-41 尼龙纤维世界生产地区分布图[109]

量较低[90]。PA-6 和 PA-66 纤维/纱线已用于各种工业产品中。高韧性、高弹性及对橡胶的良好附着力、耐磨和耐化学性使得尼龙纤维可用于重型卡车、公共汽车和推土机轮胎。其他应用包括手术缝合线、帐篷、钓鱼线和网、工业丝,攀爬和航海绳索、安全带、室内装饰织物、牙线、降落伞、睡袋和防水油布等[8-9,31]。

9.5 结论和发展趋势

目前,已经有几种纺丝方法来生产高性能尼龙纤维。其中,熔体纺丝因为是最简单且环保的方法而受到广泛关注,不像其他技术那样复杂,如有的纺丝技术存在固有的化学反应、传质和废物回收等问题。但是传统的熔体纺丝通常只能得到低力学性能的纤维,不适合某些工业领域的应用。为了增强性能,尼龙纤维需要热处理和/或机械处理,如拉伸和退火(热定型)。

在纺丝生产线中使用上述处理来制备高性能尼龙纱线,使其具有高生产率和低制造成本的优势。在这方面,已设计出了 HIB 工艺和 SymTTec 工艺的创新方法。这些技术可以通过在纺丝过程中更好地控制温度、张力和时间,延迟聚酰胺分子链的快速结晶并提高纤维的可拉伸性和力学性能。

然而,尼龙纤维的强度和模量仍远低于其理论值,仍然需要使用新的方法来获得更高的力学性能。较高分子量的尼龙(PA-6 或 PA-66)可用于 HIB 工艺;对于低分子量 PA-6,利用 HIB 工艺已获得 10g/旦的强度。分子量越大,链缠结越多,链/纤维的延展性越好,纤维的力学性能越高。

此外,将 SymTTec 工艺和 HIB 工艺结合可以使纤维具有更高的机械性能。因为上述技术以两种不同的方式改善了纤维拉伸性能,将其结合起来可以有更多的工艺参数以供调控(例如,液体温度、液位和温度),以使聚合物/纤维具有更好的均匀性,从而得到更强的纤维。此外,在 HIB 技术和 SymTTec 技术中利用纳米填料和增塑剂可以增加尼龙分子链的间隙,减弱氢键,并增加链的运动能力,提高其拉伸倍数。通过将尼龙-6 或尼龙-66 与其他脂族/芳族尼龙共聚,可以增加分子链间的距离,改变分子链/纤维的可拉伸性,得到更高的力学性能。总而言之,对尼龙纤维的各种工艺和结构性能需要进行更多的研究和了解。

参考文献

[1] World Nylon Fiber Report-Highlights.[Online].Available:http://www.yarnsandfibers.com/preferredsupplier/spreports_fullstory.php? id=641.

[2] Anton A, Baird BR: Polyamides, fibers, *Encyclopedia Polym. Sci. Technol.* 3:584-618, 2014.

[3] Dasgupta S, Hammond WB, Goddard Wa: Crystal structures and properties of nylon polymers from theory, *J. Am. Chem. Soc.* 118:12291-12301, 1996.

[4] Chanda M, Roy SK: *Industrial Polymers, Specialty Polymers, and Their Applications* [*Electronic Resource*], Boca Raton, 2009, CRC Press, sec.1:71-80.

[5] Chattopadhyay R: Introduction: types of technical textile yarn. In Alagirusamy R, Das

A, editors: *Technical Textile Yarns: Industrial and Medical Applications*, first ed., Cambridge, U.K., 2010, Woodhead Publishing, pp 1-56.

[6] Hearle JWS: Introduction. In Hearle JWS, editor: *High-performance Fibres*, first ed., Boca Raton [Fla.], 2001, CRC Press; Woodhead Pub. [In Association With] The Textile Institute, pp 1-21.

[7] Yan HH: Polyamide fibers. In Lewin M, editor: *Handbook of Fiber Chemistry*, third ed., Boca Raton, 2007, CRC/Taylor & Francis, pp 31-38.

[8] Vasanthan N: Polyamide fiber formation: structure properties and characterization. In Eichhorn MJS, Hearle JWS, editors: *Handbook of Textile Fibre Structure*, first ed., 2009, Woodhead Publishing, pp 232-252.

[9] Mukhopadhyay SK: Manufacture, properties and tensile failure of nylon fibres. In Bunsell AR, editor: *Handbook of Tensile Properties of Textile and Technical Fibres*, first ed., Oxford, 2009, Woodhead Publishing, pp 197-221.

[10] Mittal V: High performance polymers: an overview. In Mittal V, editor: *High Performance Polymers and Engineering Plastics*, first ed., 2011, Wiley, pp 1-20.

[11] Yao J, Bastiaansen C, Peijs T: High strength and high modulus electrospun nanofibers, *J. Fibers* 2: 158-186, 2014.

[12] Bankar VG, Spruiell JE, White JL: Melt spinning of nylon 6: structure development and mechanical properties of as-spun filaments, *J. Appl. Polym. Sci.* 21: 2341-2358, 1977.

[13] Murase S, Kashima M, Kudo K, Hirami M: Structure and properties of high-speed spun fibers of nylon 6, *Macromol. Chem. Phys.* 198: 561-572, 1997.

[14] Gogolewski S, Pennings a J: High-modulus fibres of nylon-6 prepared by a dry-spinning method, *Polym. J.* 26(9): 1394-1400, 1985.

[15] Smook J, Vos GJH, Doppert HL: A semiempiric model for establishing the drawability of solution-spun linear polyamides and other flexible chain polymers, *J. Appl. Polym. Sci.* 41: 105-116, 1990.

[16] Hancock TA, Spruiell JE, White JL: Wet spinning of aliphatic and aromatic polyamides, *J. Appl. Polym. Sci.* 21: 1227-1247, 1977.

[17] Kotek R, Jung D, Tonelli AE, Vasanthan N: Novel methods for obtaining high mod-

ulus aliphatic polyamide fibers, *J.Macromol.Sci.Part C* 45:201-230,2005.

[18] Jia Q, Xiong Z, Shi C: Preparation and properties of polyamide 6 fibers prepared by the gel spinning method, *J.Appl.Polym.Sci.* 124:5165-5171,2012.

[19] Cho J, Lee G, Chun B: Mechanical properties of nylon 6 fibers gel-spun from benzyl alcohol solution, *J.Appl.Polym.Sci.* 62:771-778,1996.

[20] Lin CY, Tucker PA, Cuculo JA: Poly(ethylene terephthalate) melt spinning via controlled threadline dynamics, *J.Appl.Polym.Sci.* 46:531-552,1992.

[21] Avci H, Kotek R, Yoon J: Developing an ecologically friendly isothermal bath to obtain a new class high-tenacity and high-modulus polypropylene fibers, *J.Mater. Sci.* 48:7791-7804,2013.

[22] Ziabicki A: Wet-and dry-spinning. *Fundamentals of Fibre Formation: The Science of Fibre Spinning and Drawing*, London, 1976, Wiley.

[23] J Q, Yang Z, Yin H, Li X, Liu Z: Study on dry spinning and structure of low mole ratio complex of calcium chloride-polyamide 6, *Polym. Polym. Compos.* 21:449-456,2013.

[24] Dingenen JV: Gel-spun high-performance polyethylene fibres. In Hearle JWS, editor: *High-performance Fibres*, first ed., Boca Raton [Fla.], 2001, CRC Press; Woodhead Pub. [In Association With] The Textile Institute, pp 62-92.

[25] Lim JG, Gupta BS, George W: The potential for high performance fiber from nylon 6, *Prog.Polym.Sci.* 14(6):763-809,1989.

[26] Gupta A: *Novel Approaches to Fiber Formation from Hydrogen Bond Forming Polymers*, 2008, North Carolina State Universityhttp://repository.lib.ncsu.edu/ir/handle/1840.16/4526.

[27] Cuculo JA, Tucker Pa, Chen G-Y, Ferdinand L: *Melt Spinning of Ultra-oriented Crystalline Filaments*, : US Patent 5268133 A, 1995.

[28] Swiss Tex: *symTTec Technical Yarn Extrusion System*, 2008, : [Online]. Available: http://www.primetex-technology.com/symttec.pdf.

[29] Kawai H, Ziabicki A: *High-Speed Fiber Spinning: Science and Engineering Aspects*, Malabar, Fla., 1991, Krieger Pub.Co..

[30] Gupta VB: Melt-spinning process. In Gupta VB, Kothari VK, editors: *Manufactured*

Fibre Technology, first ed., London, 1997, Chapman & Hall, pp 67-97.

[31] Richards AF: Nylon fibres. In McIntyre JE, editor: *Synthetic Fibres: Nylon, Polyester, Acrylic, Polyolefin*, first ed., Boca Raton, 2005, CRC Press; Woodhead Pub., pp 20-94.

[32] Barnes JA, Dempster F: *High Tenacity Low Shrinkage Polyamide Yarns*, : US Patent 0124149 A1, 2009.

[33] Clark RT, Joseph A: *High Tenacity, High Modulus Polyamides Yarn and Process for Making Same*, : US Patent 5106946, 1992.

[34] Stow GC, Mallonee WC, Barrett HD: *Nylon Tire Cords*, : US Patent 3343363, 1967.

[35] Good H, Tenn N, A: *Process for Drawing a Polyamide Yarn*, : US Patent 3311691 A, 1968.

[36] Schenker HH: *Multi-step Stretching of Nylon Cords*, : US Patent 2807863, 1957.

[37] Ono R, Haga T, Sakai T: *Process for the Manufacture of High Tenacity Nylon Filaments*, : US Patent 3379810, 1968.

[38] Keefe RLR, Statton WO: *High Tenacity Tire Yarn*, : US Patent 3564835, 1971.

[39] Thone L, Koschinek G, Wandel D: *Process for Spin-stretching of High Strength Technical Yarns*, : US Patent 4461740, 1984.

[40] Sundbeck HE: *Stretching Nylon Filaments in a Gas Vortex*, : US Patent 3551549, 1970.

[41] NPTEL: Textile Engineering-Manufactured Fibre Technology-Drawing Machines. [Online]. Available: http://www.nptel.ac.in/courses/116102010/29.

[42] Kunugi T, Akiyama I, Hashimoto M: Preparation of high-modulus and high-strength nylon-6 fibre by the zone-annealing method, *Polym. J.* 23: 1193-1198, 1982.

[43] Kunugi T, Akiyama I, Hashimoto M: Mechanical properties and superstructure of high-modulus and high-strength nylon-6 fibre prepared by the zone-annealing method, *Polym. J.* 23: 1199-1203, 1982.

[44] Kunugi T, Chida K, Suzuki A: Preparation of high-modulus nylon 6 fibers by vibrating hot drawing and zone annealing, *J. Appl. Polym. Sci.* 67: 1993-2000, 1998.

[45] Suzuki A, Endo A: Preparation of high modulus nylon 46 fibres by high-tempera-

ture zone-drawing, *Polym. J.* 38:3085-3089, 1997.

[46] Suzuki A, Murata H, Kunugi T: Application of a high-tension annealing method to nylon 66 fibres, *Polym. J.* 39:1351-1355, 1998.

[47] Suzuki A, Ishihara M: Application of CO_2 laser heating zone drawing and zone annealing to nylon 6 fibers, *J. Appl. Polym. Sci.* 83:1711-1716, 2002.

[48] Suzuki A, Chen Y, Kunugi T: Application of a continuous zone-drawing method to nylon 66 fibres, *Polym. J.* 39:5335-5341, 1998.

[49] Wu G, Zhou Q, Chen J, Hotter JF, Tucker PA, Cuculo JA: The effect of a liquid isothermal bath in the threadline on the structure and properties of poly(ethylene terephthalate) fibers, *J. Appl. Polym. Sci.* 55:1275-1289, 1995.

[50] Samant KR, Vassilatos G: *Process of Making Polyamide Filaments*, : US Patent 6899836 B2, 2005.

[51] Schippers E, Lenk H: *Method and Apparatus for Producing Multifilament Yarn by a Spin-draw Process*, : US Patent 5661880, 1997.

[52] Nunning JW, Brignac PE, Duke HB: *Method for Spinning Polyamide Yarn of Increased Relative Viscosity*, : US Patent 3551548, 1974.

[53] West RG, Schwinn AG: *High RV Filaments, and Apparatus and Processes for Making High RV Flake and the Filaments*, : US Patent 6235390 B1, 2003.

[54] Silverman P, Stewart B, Fla EL: *High Molecular Weight Oriented Polyamide Textile Yarn*, : US Patent 3548484, 1970.

[55] Knorr RS: *High Tenacity Nylon Yarn*, : US Patent 5073453, 1991.

[56] Yildirim I, Guven E, Kop E: *A Yarn Production Method and a Super Hightenacity Yarn Acquired with This Method*, : W.O. Patent 2014129991 A1, 2015.

[57] NPTEL: Textile Engineering-Manufactured Fibre Technology-Introduction to Solution Spinning. [Online]. Available: http://www.nptel.ac.in/courses/116102010/18.

[58] Yasuda H, Ban K, Ohta Y: Gel spinning process. In Nakajima T, editor: *Advanced Fiber Spinning Technology*, first ed., Cambridge, England, 1994, Woodhead.

[59] Chuah H, Porter R: Solid-state co-extrusion of nylon-6 gel, *Polym. J.* 27:1022-1029, 1986.

[60] Zhang H, Shi C, He M, Jia Q, Zhang L: Structure and property changes of polyamide 6 during the gel-spinning process, *J. Appl. Polym. Sci.* 130:4449-4456, 2013.

[61] Lemstra PJ, Bastiaansen CWM, Meijer HEH: Chain-extended flexible polymers, *Die Angew. Makromol. Chem.* 145:343-358, 1986.

[62] Kanamoto T, Zachariades AE, Porter RS: The effect of anhydrous ammonia on the crystalline-state deformation of nylons 6 and 6,6, *J. Polym. Sci. Polym. Phys. Ed.* 20:1485-1496, 1982.

[63] Zachariades AE, Porter RS: Reversible plasticization of nylons 6 and 11 with anhydrous ammonia and their deformation by solid-state coextrusion, *J. Appl. Polym. Sci.* 24:1371-1382, 1979.

[64] Chuah HH, Porter RS: A new drawing technique for nylon-6 by reversible plasticization with iodine, *Polym. J.* 27:241-246, 1986.

[65] Lee Y, Porter R: Structure of nylon 6-iodine complexes and their drawability by solid-state coextrusion, *J. Macromol. Sci. Part B* 34:295-309, 1995.

[66] Murthy NS: Structure of iodide ions in iodinated nylon 6 and the evolution of hydrogen bonds between parallel chains in nylon 6, *J. Macromol.* 20:309-316, 1987.

[67] Richardson A, Ward IM: Production and properties of fibers spun from nylon 6/lithium chloride mixtures, *J. Polym. Sci. Polym. Phys. Ed.* 19:1549-1565, 1981.

[68] Roberts M, Jenekhe S: Site-specific reversible scission of hydrogen bonds in polymers. an investigation of polyamides and their Lewis acid-base complexes by infrared spectroscopy, *Macromolecules* 24:3142-3146, 1991.

[69] Vasanthan N, Kotek R, Jung D-W, Shin D, Tonelli AE, Salem DR: Lewis acid-base complexation of polyamide 66 to control hydrogen bonding, extensibility and crystallinity, *Polym. J.* 45:4077-4085, 2004.

[70] Afshari M, Gupta A, Jung D, Kotek R, Tonelli AE, Vasanthan N: Properties of films and fibers obtained from Lewis acid-base complexed nylon 6,6, *Polym. J.* 49:1297-1304, 2008.

[71] Wei W, Qiu L, Wang XL, Chen HP, Lai YC, Tsai FC, Zhu P, Yeh JT: Drawing and tensile properties of polyamide 6/calcium chloride composite fibers, *J. Polym. Res.* 18:1841-1850, 2011.

[72] Tsai F-C, Li P, Yeh J-T: Drawing and ultimate tenacity properties of polyamide 6/Attapulgite composite fibers, *J. Appl. Polym. Sci* 126:1906-1926, 2012.

[73] Yeh J-T, Wang C-K, Tsai F-C: Drawing and ultimate tensile properties of nylon 6/nylon 6 clay composite fibers, *Polym. Eng. Sci.* 52:1348-1355, 2012.

[74] Cuculo JA, Kotek R, Chen P, Afshari M, Lundberg F: *Highly Oriented and Crystalline Thermoplastic Filaments and Method of Making Same*,: US Patent 20130040521 A1, 2013.

[75] Najafi M, Avci H, Kotek R: High-performance filaments by melt spinning low viscosity nylon 6 using horizontal isothermal bath process, *Polym. Eng. Sci.* 47:21-25, 2015.

[76] Avci H, Kotek R, Toliver B: Controlling of threadline dynamics via a novel method to develop ultra-high performance polypropylene filaments, *Polym. Eng. Sci.* 55:1-13, 2014.

[77] Chen P, Afshari M, Cuculo JA, Kotek R: Direct formation and characterization of a unique precursor morphology in the melt-spinning of polyesters, *Macromolecules* 42:5437-5441, 2009.

[78] Miyata K, Ito H, Kikutani T, Okui N: Effect of liquid isothermal bath in high-speed melt spinning of poly(ethylene 2,6-naphthalene dicarboxylate), *Sen'i Gakkaishi* 54:661-671, 1998.

[79] Chen J-Y, Tucker PA, Cuculo JA: High-performance PET fibers via liquid isothermal bath high-speed spinning: fiber properties and structure resulting from threadline modification and posttreatment, *J. Appl. Polym. Sci.* 66:2441-2455, 1997.

[80] Kikutani T, Sato M, Radhakrishnan J, Okui N, Takaku A: High melt spinning of PET via LIB mechanism, simulation, 1996, *Intern. Polym. Process.* 11:42-49, 1996.

[81] Wu G, Tucker PA, Cuculo JA: High performance PET fibre properties achieved at high speed using a combination of threadline modification and traditional post treatment, *Polym. J.* 38:1091-1100, 1997.

[82] Hotter J, Cuculo J: Effect of liquid isothermal bath position in modified poly(ethyl-

ene terephthalate) PET melt spinning process on properties and structure of As-spun and annealed filaments, *J.Appl.Polym.Sci.* 69:2051-2068, 1998.

[83] Wu G, Jiang J, Tucker P, Cuculo J: Oriented noncrystalline structure in PET fibers prepared with threadline modification process, *J.Polym.Sci.Polym.Phys.* 34:2035-2047, 1996.

[84] Huang B, Tucker P, Cuculo J: High performance poly(ethylene terephthalate) fibre properties achieved via high speed spinning with a modified liquid isothermal bath process, *Polym.J.* 38:1101-1110, 1997.

[85] Avci H, Najafi M, Kilic A, Kotek R: Highly crystalline and oriented high-strength poly(ethylene terephthalate) fibers by using low molecular weight polymer, *J.Appl. Polym.Sci.* 42747:1-15, 2015.

[86] Najafi M, Kotek R: High-tenacity PTT fibers by HIB Process. *Fiber Society Conference, Liberec, Crech Republic*, 2014.

[87] Najafi M, Kotek R: Unique polyamide fibers by hIB process. *Fiber Society Conference, Liberec, Crech Republic*, 2014.

[88] Truetzchler, Man-made Fibers. [Online]. Available: http://www.truetzschler-manmadefibers.com/fileadmin/user_upload/truetzschler-nonwovens/brochures_downloads/man-made-fibers/englisch/MMF_EN.pdf.

[89] Swiss Tex: *RIEVAP-dual Shell Draw Rolls*, 2008, : [Online]. Available: http://www.primetex-technology.com/drawrolls.pdf.

[90] Aharoni SM: *n-Nylons, Their Synthesis, Structure, and Properties*, Chichester, 1997, J.Wiley.

[91] Murthy NS, Reimschuessel AC, Kramer V: Changes in void content and free volume in fibers during heat setting and their influence on dye diffusion and mechanical properties, *J.Appl.Polym.Sci.* 40:249-262, 1990.

[92] Murthy NS: Hydrogen Bonding, Mobility, and structural transitions in aliphatic polyamides, *J.Polym.Sci.Polym.Phys.Ed.* 44:1763-1782, 2006.

[93] Hearle JWS: Tensile failures. In Hearle JWS, Lomas B, Cooke WD, editors: *Atlas of Fibre Fracture and Damage to Textiles [Electronic Resource]*, second ed., Cambridge, England, 2006, Woodhead Publishing Limited: CRC Press, pp 35-67.

[94] Murthy NS, Grubb DT: Deformation of lamellar structures: simultaneous small-and wide-angle X-ray scattering studies of polyamide-6, *J. Polym. Sci. Part B Polym. Phys.* 40:691-705, 2002.

[95] Murthy NS, Minor H, Bednarczyk C, Krimm S: Structure of the amorphous phase in oriented polymers, *Macromolecules* 26:1712-1721, 1993.

[96] Murthy NS: Fibrillar structure and its relevance to diffusion, shrinkage, and relaxation processes in nylon fibers, *Text. Res. J.* 67:511-520, 1997.

[97] Fornes TD, Paul DR: Crystallization behavior of nylon 6 nanocomposites, *Polym. J.* 44:3945-3961, 2003.

[98] Holmes DR, Bunn CW, Smith DJ, Chemical I: The crystal structure of polycaproamide: nylon 6, *J. Polym. Sci.* 17:159-177, 1955.

[99] Arimoto H, Ishibashi M, Hirai M, Chatani Y: Crystal structure of the gamma form of nylon 6, *J. Polym. Sci. Part A Polym. Chem.* 3:317-326, 1965.

[100] Kwak SY, Kim JH, Kim SY, Jeong HG, Kwon IH: Microstructural investigation of high-speed melt-spun nylon 6 fibers produced with variable spinning speeds, *J. Polym. Sci. Part B Polym. Phys.* 38:1285-1293, 2000.

[101] Heuvel R, Huisman HM: Effects of winding speed, drawing and heating on the crystalline structure of nylon 6 yarns, *J. Appl. Polym. Sci.* 26:713-732, 1981.

[102] Li Y, Goddard WA: Nylon 6 crystal structures, folds, and lamellae from theory, *Macromolecules* 35:8440-8455, 2002.

[103] Murthy NS, Bray RG, Correale ST, Moore RAF: Drawing and annealing of nylon-6 fibres: studies of crystal growth, orientation of amorphous and crystalline domains and their influence on properties, *Polym. J.* 36:3863-3873, 1995.

[104] Hearle JWS, Morton WE: Tensile properties. *Physical Properties of Textile Fibres*, 4th ed., 2008, Woodhead Pub.

[105] Koyama K, Suryadevara J, Joseph E: Effect of molecular weight on high-speed melt spinning of nylon 6, *J. Appl. Polym. Sci.* 31:2203-2229, 1986.

[106] Correale ST, Murthy NS: Secondary crystallization and premelting endo-and exotherms in oriented polymers, *J. Appl. Polym. Sci.* 101:447-454, 2006.

[107] Vasanthan N: Orientation and structure development in polyamide 6 fibers upon

drawing, *J. Polym. Sci. Part B Polym. Phys.* 41:2870–2877, 2003.

[108] Vasanthan N: Effect of the microstructure on the dye diffusion and mechanical properties of polyamide-6 fibers, *J. Polym. Sci. Part B Polym. Phys.* 45: 349–357, 2006.

[109] Lee R, Tecnon OrbiChem: Impact of crude oil and raw material price changes on world fibres markets. 12*th International Polyester & Intermediates Forum*, *Shanghai*, *China*, 2015.

10 高性能芳香族聚酰胺纤维

K.Akato[1], *G.Bhat*[2]
[1]田纳西大学,美国田纳西州诺克斯维尔
[2]乔治亚大学,美国乔治亚州雅典城

10.1 前言

无论是其消耗量,还是就其超高强度、高模量以及优异的耐热和阻燃特性而言,芳纶(芳香族聚酰胺纤维)都称得上是高性能工程纤维系列中最具代表性的商品化品种之一[1]。芳纶具有同一类的分子结构,是由芳香环和酰胺键组成。这些结构通过化学键结合,使得芳纶具有突出的多层次微观结构的各向异性,呈现褶皱、结晶、原纤化以及皮芯结构等特征。

芳纶的发展起始于20世纪60年代。多年来随着对液晶聚合物流变学和加工技术的细致且多方面研究,芳纶的制备技术取得了长足进展[2-4]。杜邦公司的Kwolek被认为是第一个制备高分子量溶致芳香族聚酰胺液晶的人[5],他的工作以及后来由Blades发现的各向异性溶液纺丝方法共同促使芳纶的代表性产品Kevlar实现产业化生产[6]。

在将芳纶产业化的技术研发过程中,又发现了多种有关芳香族聚酰胺和芳香族、脂肪族聚酰胺的化学组合。为了统一这种多样性并仍然保持独特性,美国联邦贸易委员会对芳纶进行了简单的定义,将芳纶定义为芳香族聚酰胺型纤维,其中至少85%的酰胺键直接连接在两个芳香环上[7]。虽然在芳纶研究领域的投入巨大,但目前仅少数芳纶产品实现商业化,其中Kevlar、Nomex、Technora和Twaron是典型代表。为了扩大芳纶在不同领域的应用,人们还做了大量的研究工作,期望建立芳纶的结构与性能之间的关系[8-10]。许多人认为,通过理清这种复杂的结构性能关

系，芳纶将继续保持良好的性价比，成为高性能纤维市场的主导产品。

芳纶在工程材料领域的广泛应用和前景促使人们对此类材料日益关注，可用于飞机、船舶、汽车、防弹背心和海上石油钻井平台的绳索等领域，还可以应用于耐热、防化学和防辐射等防护服装或者纺织品。本章综述了芳纶的研究及开发，以及促使芳纶达到目前突出地位的成功研究成果，特别是关于聚合物制备、纤维成形、结构与性能关系等方面的研究进展。此外，还介绍了在纤维结构研究及为实现更优异性能而进行的改性研究等方面的最新研究进展。

10.2 芳纶的制备

高性能芳纶是通过液晶态溶液纺丝获得，因此具有十分优异的力学性能。然而，与普通成纤聚合物分子链在溶液中的无规线团结构不同，芳纶聚合物的分子链表现为刚性硬棒状结构，其运动或旋转明显受限，为此，将芳纶聚合物制备成纤维需要一个可控的过程。

10.2.1 聚合过程

芳纶聚合物的聚合过程需要精确控制，其目的是生产合适分子量的可用于纤维成形的聚合物。分子量受溶剂组成、温度、反应物浓度、混合和化学计量等多种因素的影响。迄今为止所报道的关于芳香族聚酰胺的合成方法主要有两种：一是采用低温缩聚（优选在 50℃以下，以避免降解、副反应和交联等）；二是在金属盐存在下，在亚磷酸溶液中进行直接缩聚。

Kwolek[5,11-12]首次报道了芳香族聚酰胺的低温缩聚反应。后来 Morgan[13-14]经过工艺优化，指出溶解性—浓度—温度三者之间的关系以及盐的浓度是影响低温反应聚合物特性的关键因素。工艺优化的目的是获得适于纤维成形的理想分子量且较窄的分子量分布。低温缩聚可以分为两种方式：一是界面缩聚，但是此种方法获得的聚合物的分子量分布较宽，不利于纺丝成形。二是更具优势的溶液缩聚，此种方法的效率更高，且对于聚合体系而言，仅要求聚合介质是至少一种反应物的惰性溶剂和聚合物的溶剂或者溶胀剂（尽可能是溶剂）。大多数间位（m）和对位（p）芳香族聚酰胺都是采用溶液缩聚制得[15-16]。例如，Nomex 就是由间苯二胺和间苯二酰氯缩聚而成。下文将详细介绍有关 Nomex 的研究进展，图 10-1(a)和(b)显示了对位和间位芳香族聚酰胺制备原理。

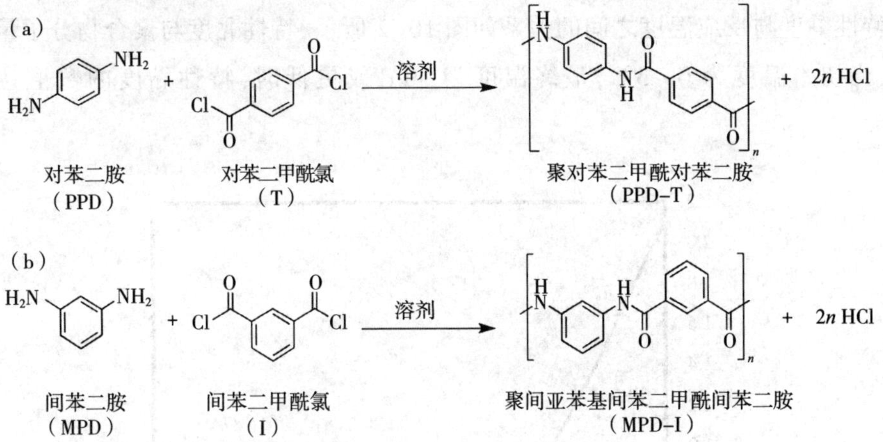

(a)

对苯二胺 (PPD) + 对苯二甲酰氯 (T) —溶剂→ 聚对苯二甲酰对苯二胺 (PPD-T) + 2*n* HCl

(b)

间苯二胺 (MPD) + 间苯二甲酰氯 (I) —溶剂→ 聚间亚苯基间苯二甲酰间苯二胺 (MPD-I) + 2*n* HCl

图 10-1　芳香族聚酰胺的制备原理[17]

(a) Kevlar，(b) Nomex

聚对苯二酰对苯二胺(PPD-T)是一种通过低温溶液缩聚制备的高分子量芳香族聚酰胺[17]。以六甲基磷酰胺(HMPA)和 *N*-甲基-2-吡咯烷酮(NMP)为混合溶剂，但据报道，仅采用 HMPA 就能够制备成纤的聚合物[18]。也有采用其他混合溶剂如 HMPA 和 *N*,*N*-二甲基乙酰胺(DMAc)的报道[19-20]。例如，以 HMPA：NMP(1：2)或以 DMAc：HMPA(1：1.4)为溶剂，可制备高分子量 PPD-T。在某些情况下，将某种盐加入混合溶剂中能够促进聚合反应的进行[21]。杜邦公司开发了一种含有氯化钙的 HMPA/NMP 混合溶剂[17]。该体系比单独 HMPA 具有更好的化学和热稳定性，说明 $CaCl_2$ 可作为一种有效的添加剂。尽管体系中可能会形成 $CaCl_2$/酰胺络合结构，但 *N*,*N′*-二甲基苯胺(一种酸受体)的加入有助于达到形成纤维所必需的分子量[22]。在聚合反应的最初几秒钟内，PPD-T 的分子量迅速增加，然后便是快速到达凝胶点，此后聚合进行得非常缓慢。通过选择合适的溶剂可以控制(缓解)凝胶化现象，能够使聚合物的分子量达到最大值。据报道，当采用 HMPA 为溶剂时，浓度在 0.7mol/L 时，PPD-T 的分子量达到最大值，但当采用 HMPA/NMP(2：1)混合溶剂时，浓度低至 0.25mol/L 时，分子量即可达到最大值。在低浓度下，与溶剂的副反应限制了 PPD-T 的分子量，这有利于形成成纤聚合物，但高浓度往往会诱导在低分子量时就产生凝胶现象。分子量受到许多其他因素的影响，是许多研究的重要关注点之一[23]。工业化 PPD-T 的数均分子量是 20000，重均分子量在 40000～50000，聚合度在 190 左右。聚合物特性黏度与反应温度之间的关系如图 10-2 所示，特性黏度与聚合物分子量相关，当初始温度为 0～5℃，最终温度为 30℃或更低时，特性黏度的数值达到最大。

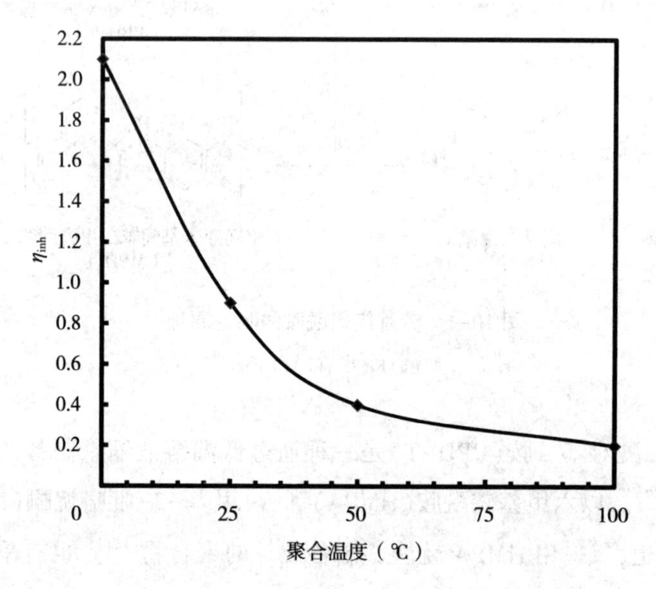

图 10-2　在四甲基脲中制备聚(1,4-对苯甲酰胺)时聚合温度对特性黏度的影响[24]

10.2.2　纤维成型

从经济角度来看，熔融纺丝是最为理想的一种纤维成型方式，但是，对于所述的芳香族聚酰胺而言，在熔融之前或熔融过程中会发生热分解，很难通过熔融纺丝制备芳纶。因此，芳纶大多数需要采用溶液纺丝成型，分为干法纺丝、湿法纺丝以及干喷湿法纺丝。高分子量芳酰胺通常可在不同溶剂中形成高浓度溶液，但是这种纺丝原液的黏度却并不高，很适于纤维成型，并且所得纤维具有优良的力学性能[25]。大多数芳香族聚酰胺在一定浓度的溶液中，表现出液晶性质，即具有溶致液晶性。在合适的浓度时，聚合物的刚性棒状结构聚集形成有序的液晶结构(图 10-3)。

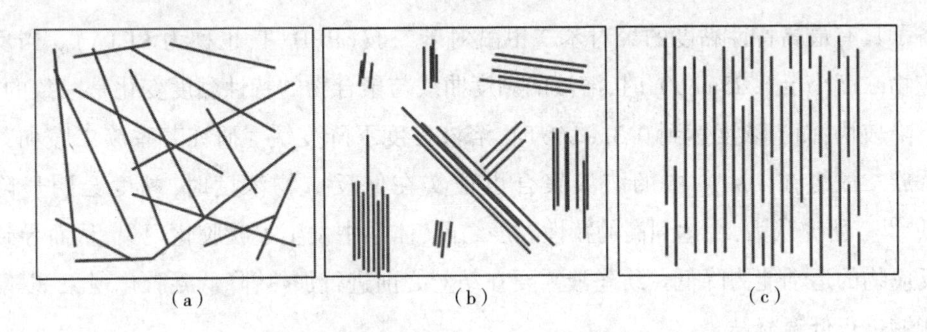

图 10-3　刚性棒状聚合物 PPD-T 在硫酸中的不同形态

(a)无规排列,(b)液晶相,(c)取向的液晶态

这些有序聚集体独立分散,且各向同性。添加更多的聚合物会促使形成更有序的状态,直至整个体系表现出各向异性。其中,当不同长度的刚性棒状链呈平行排列时,所得有序态称为向列相。图 10-4 中通过溶液黏度的变化表示了 PPD-T 在硫酸溶液中的分子状态。结果表明,当 PPD-T 在纯硫酸中的浓度为 20%时,即可确定形成向列相液晶态。溶液体系的黏度曲线变化也有助于确定高分子量芳香族聚酰胺能够形成液晶态的临界溶液浓度。例如,PPD-T 溶解在 100%硫酸中,其黏度随聚合物浓度的增加而迅速增加,但是,当达到某一临界浓度时,溶液黏度迅速下降。Blair 和 Morgan[11] 以 HMPA/NMP(体积比为 2∶1)为混合溶剂,成功地制

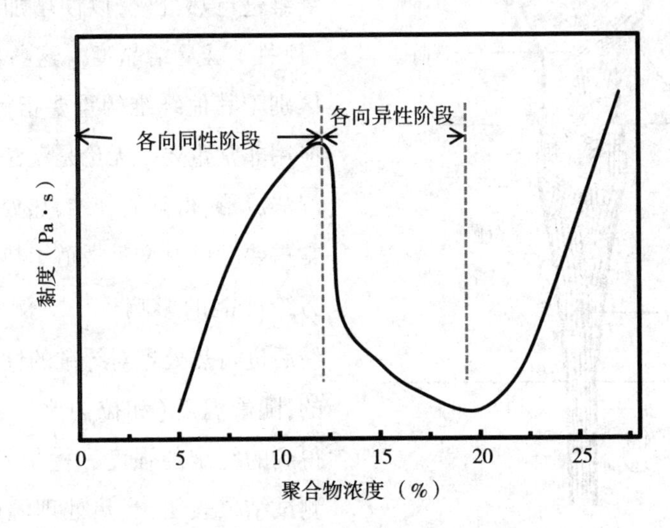

图 10-4　PPD-T 溶液的液晶行为,浓度低于 12%时为各向同性状态,

浓度介于 12%~20%时为各向异性状态(均为质量分数)[26]

备了具有最高特性黏度的聚对苯二甲酰对苯二胺(PPD-T,也称为PPTA)。当反应物浓度小于0.25mol/L时,溶液的黏度曲线与聚合物的特性黏度变化是一致的,下降较快;而当浓度达到0.3mol/L时,溶液黏度下降变缓。研究芳香族二胺和芳香族二酰氯在DMAc中的溶液聚合也证实在低反应物浓度时,黏度会明显降低[20]。研究认为,在达到高的特性黏度之前,体系中发生了凝胶化现象,从而导致反应物的运动能力降低。纺丝液需要在纺丝之前进行加热,降低凝胶化现象,以便能够进行低温凝结。

在溶液纺丝过程中,纺丝液在受热和压力下,通过单孔或多孔喷丝头被挤出,经过很窄的空气缝隙后,快速进入凝固浴。各向异性溶液中的液晶相沿着毛细孔的挤出而产生的拉伸剪切方向取向排列(图10-5),这种取向会在出毛细孔后发生解取向,但这种解取向可以通过纺丝过程纤维直径的拉伸变细而得到抑制。经过洗涤和干燥后,拉伸变细可促使获得的纤维具有高结晶性和高模量等性能。在湿法纺丝的情况下,纺丝液离开毛细口模后,直接进入凝固浴中,从而抑制了纤维的完全拉伸细化。这种方法制备的纤维具有较低的韧性和中等的模量。而芳纶通常采用干喷湿法纺丝成型,在此工艺中,可以很容易地分别控制流体黏度及纺丝的加热工艺和凝固工艺条件[27]。

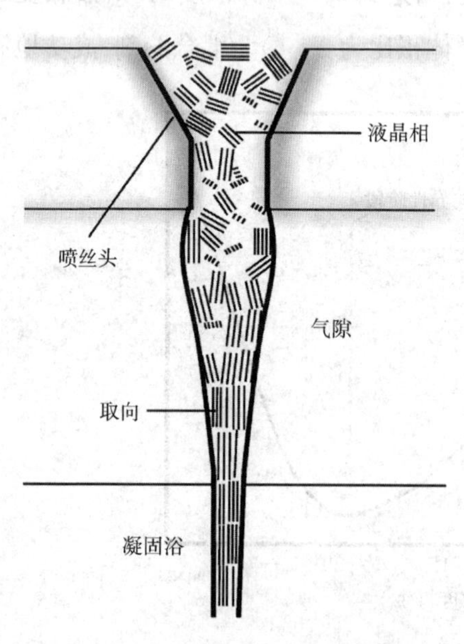

图10-5 液晶态溶液干喷湿法纺丝过程中分子取向示意图[26]

纺丝成形后,需要在张力作用下对纤维进行热处理,以便增加纤维的模量(刚性)以及结晶度。这些特性是芳纶区别于其他纤维的重要指标,对于工业应用非常重要。无论是湿法成形还是干湿法成形,得到的纤维,热处理步骤都非常重要。已有文献报道了热处理工艺对芳纶性能的影响[28-32]。湿纺或干喷湿纺后进行热处理对纤维的性能是有好处的,随着温度(和拉伸比)的增加,湿纺得到的纤维的强度和模量呈指数增加。测试结果表明,当热处理温度在玻璃化转变温度(T_g)附近(~360℃)时,纤维性能开始有效增加,直到在聚合物的熔融温度（T_m）附近（~550℃）热处理时，纤维表现出最优的力学性能。在热处理过程中，纤维的结晶度、晶体结构的完善性以及取向性均明显增加。经过拉伸的纤维保持高取向状态，也诱导形成高的结晶度。据报道，在高于200℃时进行热处理，经干喷湿法纺丝得到的纤维的模量大大增加，但是这种跳跃式增加基本上与温度无关。初生纤维的最终性能与聚合物结构和纺丝成形方法密切相关。图10-6显示了生产PPD-T的完整流程图。

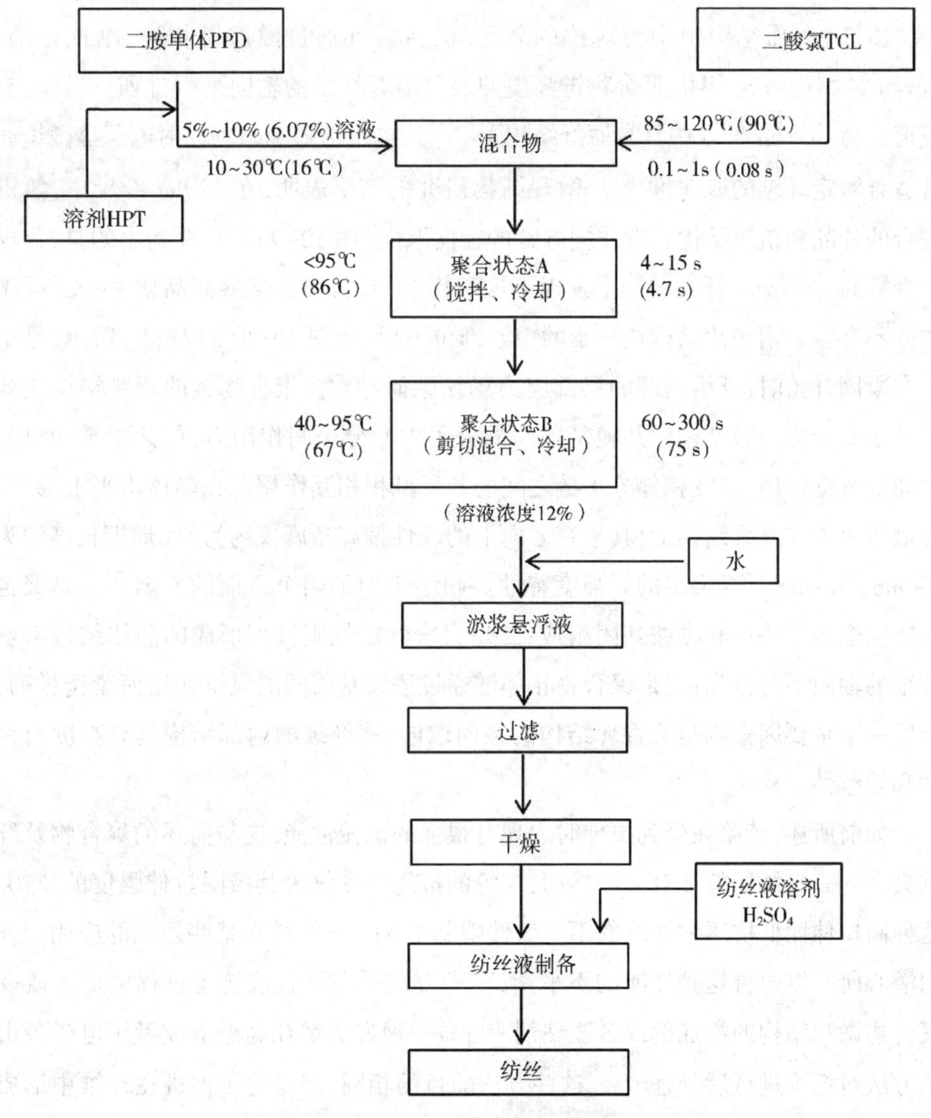

图10-6　PPD-T纤维生产过程示意图[17]

10.3 结构与性能

与其他合成纤维不同,芳纶具有很高的取向度,其性能与分子水平的结构相关。聚合物链的构象、刚性、晶体取向以及结晶度共同决定了芳纶的高强度和高性能。根据不同的加工工艺和聚合物结构类型,可以获得不同的性能特性。

Kevlar 纤维结构中均为对位的芳香环,芳香环通过酰胺键相连,刚性很强。Kevlar 的结构研究表明,聚合物链高度伸展且沿着纤维的轴向平行排列。另外,有报道认为,Kevlar 纤维中具有原纤结构[9,33-35]。电子衍射和暗场透射电子显微镜非常适合测定纤维的取向度[36]。微观结构研究的结果表明,在 Kevlar 纤维中,氢键键合的片晶和褶皱结构具有非同寻常的径向取向(图 10-7)。需要指出的是,仅仅在少数几种 Kevlar 纤维结构中发现了这种褶皱结构,而在某些高品质 Kevlar 纤维中并不存在。褶皱片结构在纤维的中心部位形成,如图 10-8(a)和(b)所示,是由于在凝固开始时,纤维内部的局部应力场松弛而导致。聚合物链的褶皱结构主要受控于聚合物一级结构中共轭基团间的分子内和分子间作用力,包括羰基和氨基之间的氢键作用,以及相邻分子链之间的苯环堆积相互作用。在晶体水平上,原纤的褶皱叠加在纤维结构上,其平行方向上的线性偏离角度仅约为 5°,周期长度约为 500nm。Kevlar 纤维突出的高强度特性可归结于如下四个方面的原因。一是聚合物链完全由芳香环和酰胺基团组成;二是聚合物链规则排列形成的晶体结构沿着纤维的轴向平行排列;三是聚合物相邻链通过酰胺基团间的氢键作用而紧密排列;最后一个重要因素则是芳香环结构的径向取向,使纤维的内部结构具有高度对称性和规整性。

如前所述,芳纶在受到拉伸时表现有很强的机械性能,这与前述的聚合物及纤维具有的完美结构特征有关。然而,芳纶的抗压强度仅为其极限拉伸强度的1/10。这种高拉伸而低抗压缩性能的不平衡性限制了 Kevlar 纤维在某些领域的应用。人们潜心研究以改善这种性能的不平衡,一种方法是在聚合或纺丝过程中加入改变聚合物微观结构的添加剂或者改性剂[37];另一种方法是在高温下或者用电子轰击的方法对纤维进行后处理[38]。这些方法的目的相同,都是为了促进在纤维中形成分子间共价键交联结构。

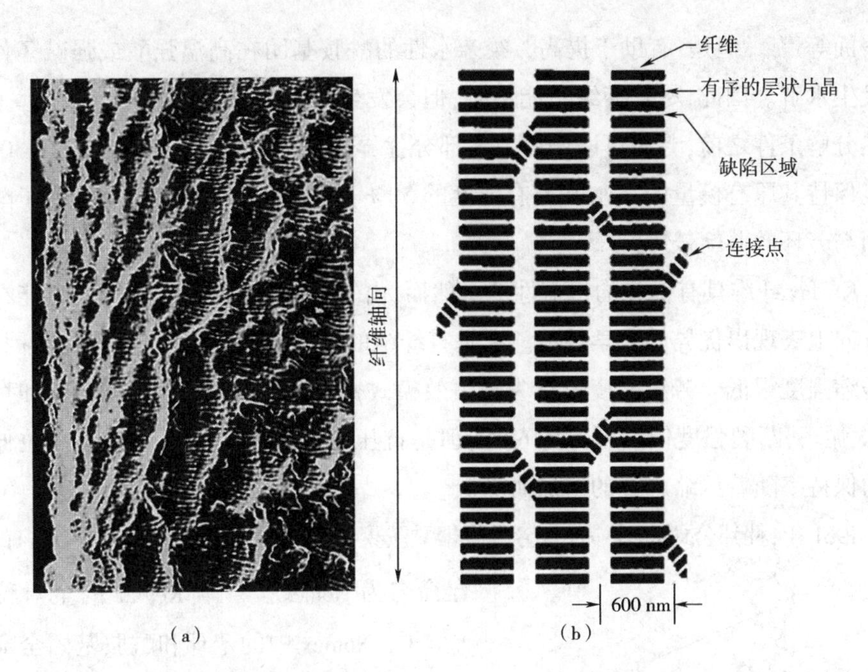

图 10-7　(a)蚀刻表面的电子显微镜图像以及(b)Kevlar 纤维中的取向原纤模型[40]

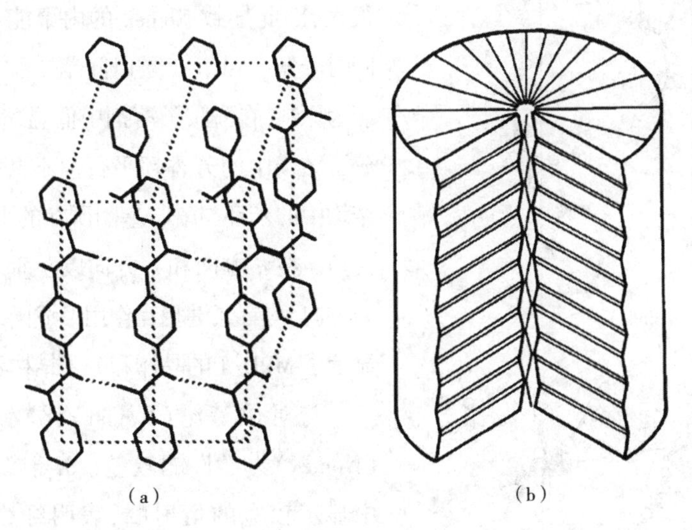

图 10-8　(a)Kevlar 晶体的晶胞单元和(b)Kevlar 中褶皱片状结构的径向排列[33]

芳纶由于其结构含有大量亲水性酰胺键而表现出一定的吸湿性。例如,在温度为 20℃和相对湿度为 55%的环境下,Kevlar 29 纤维的吸湿率约为 7%,而 Kevlar 149 纤维的吸湿率为 1%。Kevlar 纤维的吸湿性差异主要与如下因素有关,例如链末端的酰胺基团、纤维内晶格缺陷、在低蒸汽压下利于水分形成微小液滴的微空隙的表面等[39]。但是,有助于提高芳纶亲水性的酰胺基团在高温强酸或强碱条件下会发生水解。因此,尽管芳纶不能熔融,但会发生高温分解。可喜的是,在远未达到热分解条件之前,芳纶可以保留绝大部分优异的物理性能,例如 Kevlar 在 300℃下能保持其原有模量的 70%和原有强度的 50%,其优异的热稳定性要归因于酰胺基团与芳环的共轭效应。

Kevlar 纤维具有优异的机械性能。然而,由于材料的高度各向异性,只能在一个方向上表现出优异的力学性能。在垂直纤维的轴向方向上氢键作用很弱,因此,其压缩强度很低。芳纶的疲劳行为与失效模式密切相关。当处于拉伸情况时,经 10^7 次循环,断裂强度依然可保持 60%,但是抗压缩强度的损失要大得多。拉伸强度的保持率随着压缩应变的增加而降低。

1961 年,杜邦公司将另一种全芳香族聚酰胺聚间苯二甲酰间苯二胺(MPD-I)的纤维命名为 Nomex[17]。与 Kevlar 的全对位结构不同,Nomex 中的苯环和酰胺基团全部采用间位方式连接,聚合链线性结构的变异性很大,因此导致 Nomex 的内聚能和结晶度均同时降低。MPD-I 是以间苯二胺和间苯二酰氯为原料,在酰胺类溶剂中低温缩聚制得。其分子结构中的芳香环平行但不共面。酸和胺结构中的苯环与酰胺基团所在的平面呈 30°的夹角。在 a 方向和 b 方向以及垂直于链的轴向方向,均有氢键相互作用形成网络。图 10-9 显示了 MPD-I 的晶体和分子结构示意图。

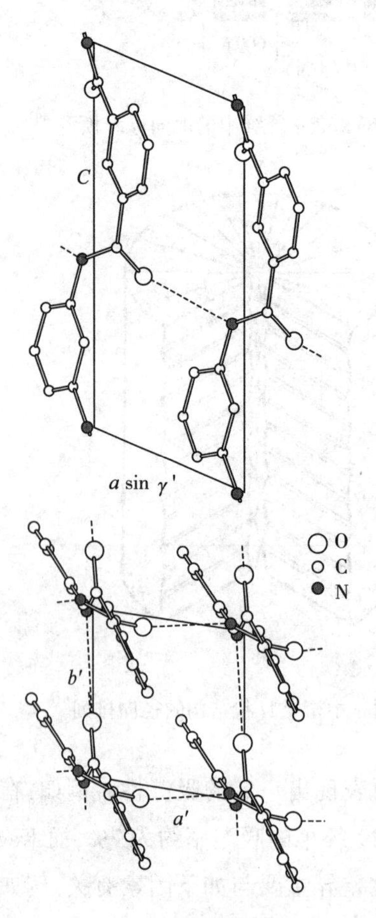

图 10-9 Nomex 纤维的晶体结构示意图[48]

与对位芳纶(Kevlar)比较,间位芳纶(Nomex)力学性能较差。X 射线衍射研究中显示较宽的衍射峰,表明纤维的结晶度较低[41]。聚合物链的规整性较差,因此拉伸模量不高。参考文献详细分析了热辐射对 Nomex 纤维初始性能的影响[42-43]。图 10-10 显示了 Nomex 在空气中经不同温度辐射 5min 后的应力—应变曲线。结果表明,随着温度的升高,纤维强度和模量降低,同时断裂伸长率增加。但是 Nomex 纤维仍可保留其初始强度的 60%以上。必须指出的是,Nomex 的应用优势并非在于其高的强度,而是它的耐热性,并且具有合适的能量吸收性能。

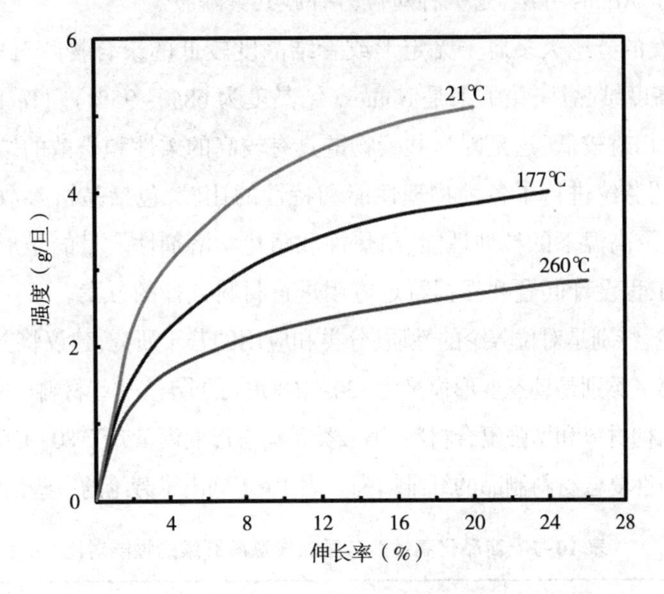

图 10-10　在不同温度下,Nomex 纤维的应力—应变曲线

Nomex 的另一个优点是良好的热稳定性和尺寸稳定性,具有很高的极限氧指数,极难燃烧。当遇到火焰或高温热源时,由于高的结晶度,Nomex 会发生收缩。但是,有研究认为,在高温下的空气中或者热水中,其尺寸的收缩率小于 0.1%,基本上可忽略不计。在遇明火时,Nomex 通常会形成较厚的炭层,它可以起到隔热阻燃的作用。

芳纶的玻璃化转变温度(T_g)在 250~400℃的范围内,因此,此类纤维很难用常规方法进行染色。为了解决这种难题,研究了不同的方法来改善芳纶的可染性[44-47]。其中,极性溶剂是改善纤维染色性的一种选择。此外,还有研究采用液氨或苄醇进行预处理。在液氨预处理研究中,将 2.5g 间位芳纶(Nomex)浸泡在 40℃的 100mL 液体中,10min 后取出,然后分别用热水和冷水冲洗。但是,极性溶剂的作用会导致氢键断裂和重组,从而使得聚合物链发生重新排列。

将间位和对位单体共聚制备共聚芳香族聚酰胺,并用于生产纤维。基于结构单元对聚合物纤维性能的影响程度不同,对所得的共聚芳香族酰胺纤维的可能应用进行了详细研究。例如,对苯二甲酰氯、对苯二胺和 3-4′-二氨基二苯醚(ODA)

三者共聚，得到（对亚苯基/3，4-氧二亚苯基对苯二甲酰胺）型芳香族聚酰胺（ODA/PPPT），1987年其纤维产品以泰克诺拉（Technora）为商品名问世[23]。此后，其他共聚型芳纶也逐渐量产。1988年，特瓦纶（Twaron）商业化，最近俄罗斯研究人员制备了Armos纤维，是一种对位芳香族共聚酰胺。

最近开发的芳纶大多属于无定形或者结晶度较低的聚合物。对比研究表明，Kevlar具有高度结晶性，接下来是Nomex（结晶度为68%~95%）。Technora取向度高，但结晶度相对较低，这是因为共聚物链具有较高的柔性和松散的结晶结构。对已经商业化的芳纶进行了各种物理性能和特性的比较，包括晶格参数、密度、平衡含水量、室温及高温下的拉伸性能、耐热性和耐化学溶剂性。目的是形成一种可用于快速解决工程设计问题和根据特定应用进行材料选择的方案。

关于芳纶，特别是对位芳纶的性质、分类和应用的若干研究，建议将芳纶材料分为两个类别。第一类别是动态变形模量为130~160GPa的芳纶，这些材料可应用于微小形变的高强度结构材料和增强复合材料；第二类是动态形变模量介于80~120GPa的芳纶，主要应用于弹性复合材料制品的纤维增强。表10-1列出了芳纶的一些性能。

表10-1 商品化高性能芳香族聚酰胺纤维的性能对比

性能参数	Kevlar	Nomex	Technora	Twaron
密度（g/cc）	1.44	1.38	1.39	1.45
吸水率（%，相对湿度65%）	3.9	5.2	4.0	5.01
强度（GPa）	2.9~3.0	0.59~0.86	3.4	2.4~3.6
模量（GPa）	70~112	7.9~12.1	72	60~120
断裂伸长率（%）	2.4~3.6	20~45	4.6	2.2~4.4
极限氧指数（%）	29	29	25	29~37

10.4 芳纶的表面改性

长期以来，芳纶表面进行可控改性的可行性引起了研究人员的兴趣，特别是当芳纶作为高性能复合材料的增强剂时，纤维表面的改性更加重要[49-53]。但是，由于芳纶表面相对光滑且化学惰性，导致芳纶与基体之间的界面黏附性很差，因此芳纶的增强效果明显得不到有效发挥。尽管如此，改善芳纶表面的浸润性和黏附性的努力正在朝着实现这一目标的方向进行。

目前,人们已经广泛研究了各种用于芳纶表面改性的方法,如等离子体技术、离子溅射、氧化和电晕放电等[54-57]。Li 等在芳纶的氨等离子体处理方面进行了深入广泛研究[58]。提高黏附性能和表面浸润性的策略包括引入含氮极性官能团。有研究采用多巴胺作为间位芳纶的仿生表面改性剂,增强了芳纶与橡胶基质的黏合性[59]。与未处理的样品相比,处理后二者的黏合强度提高了 62.5%。Wang[60] 研究了由等离子体诱导的丙烯酸在表面气相接枝聚合产生的影响,发现羧基数量增加并且纤维表面的粗糙度提高。图 10-11 显示了空白样和改性纤维的 X 射线光电子能谱(XPS)。有很多研究表明,在纤维表面进行等离子体诱导接枝聚合是将分子链接枝到基材表面上的可靠方法。因此,在 XPS 光谱中,发现空白样和经

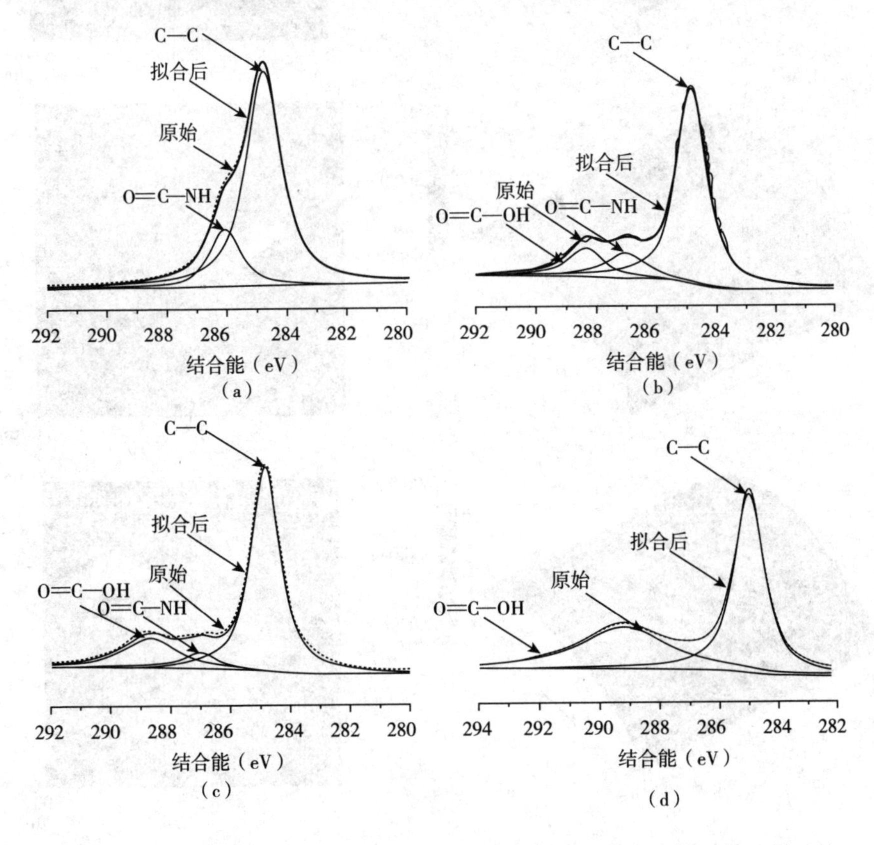

图 10-11　空白样以及等离子体诱导丙烯酸气相接枝聚合改性后的芳纶样品的X 射线光电子能谱(XPS)的核级谱(原子核内层电子的光电能谱)的解卷积谱图[60]

100W,氮气环境下等离子体处理时间分别为(a)0(空白样),(b)5min,(c)10min 以及(d)20min

表面改性的纤维的表面化学组成具有明显的差异。

Kong 等[61]的研究结果表明,在超临界二氧化碳条件下,采用六亚甲基二异氰酸酯对聚对苯二甲酰对苯二胺(PPTA)纤维进行改性处理后,所得纤维对环氧树脂的黏附性得到改善,原子力显微镜图像如图 10-12 所示。测得纤维/环氧树脂复合

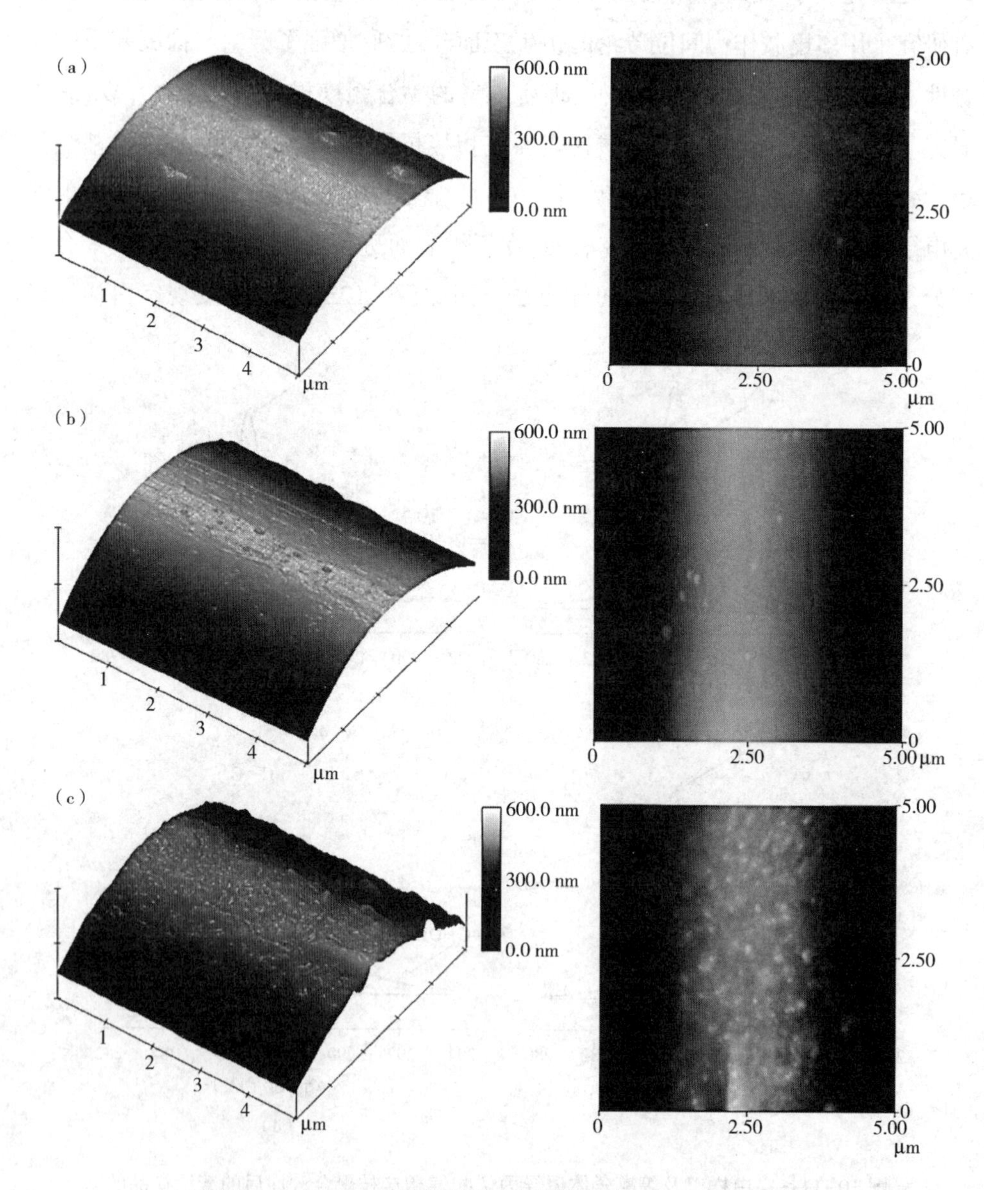

图 10-12 PPTA 纤维的原子力显微镜图像(5μm×5μm)[61]

(a)未经处理的 PPTA 纤维,(b)不含有六甲基二异氰酸酯(HDI)时超临界 CO_2处理后的 PPTA 纤维,(c)含有 HDI 时超临界 CO_2处理后的 PPTA 纤维

材料的界面黏合性能提高了 22%。黏合性能的提高缘于经过处理后纤维表面的良好的粗糙形态结构，这种结构应该是由于六亚甲基二异氰酸酯与纤维表面的酰胺基团发生了交联和接枝反应的结果。研究结果对于芳纶增强环氧树脂是一种突破，了解纤维与基质的黏附机制对于设计更多的表面处理技术非常重要[62-64]。

评估和理解所有芳纶/基质复合体系中的界面黏合是非常复杂的。目前，已经开发了多种不同的表面处理技术，以促进纤维和基质之间的物理或化学结合[65-71]。遗憾的是，大多数改性方法对于界面黏合性能的提升有限，这也促使研究人员进行更多的研究，期待对此类不足提供一种共性的机理解释和改善方案。

除了用作增强材料外，经表面改性的芳纶还可应用于新的领域，例如在医学、生物和化学防护纺织品方面引起了诸多关注。通过采用大气等离子体诱导的接枝聚合，自由基可以附着于 Kevlar 纤维表面，通过减少细菌菌落来改善纤维的抗菌性[72]。Salter 对 *N*-氯酰胺修饰的 Nomex 纤维进行系统研究，发现经修饰的芳纶具有自净化可再生性能，适用于军用生化防护纺织品的制造[73]。也有很多研究将芳纶进行简单的次氯酸漂白处理，期望实现生物杀灭功能再生和持久的抗菌功能[74]。

Wang 等[75]已成功制备出高导电性间位芳纶，用于微电子或生物医学领域。首先采用聚多巴胺对纤维进行表面功能化，然后进行化学镀银，得到的材料涂层均匀，其电阻率为 0.61mΩ · cm。其他研究人员曾尝试使用诸如电沉积、化学电镀、自组装和溅射等技术在芳纶表面涂覆导电层[76-78]，但是这些方法成本较高，劳动强度大且烦琐，尤其是金属层和芳纶之间的黏附性有限。Wang 研究团队提出的研究方案直观、简单且具有环保优势，如图 10-13 所示。

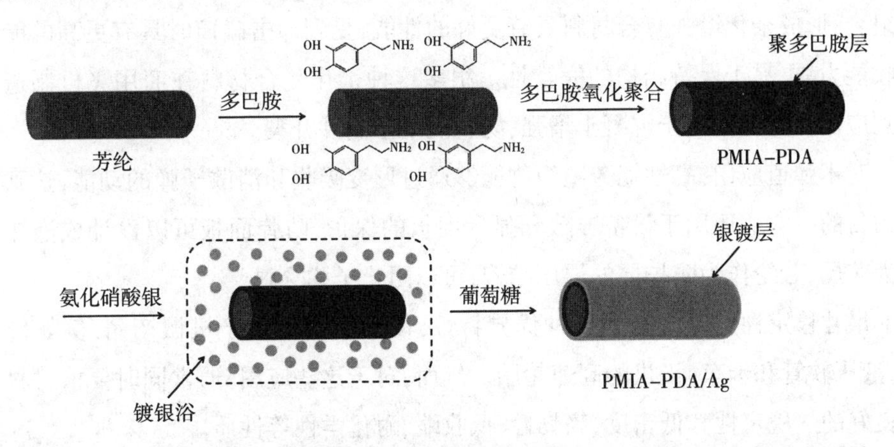

图 10-13　聚多巴胺辅助化学镀银法制备 PMIA-PDA/Ag 复合材料的过程示意图[75]

10.5 应用

目前,高性能芳纶已经成为广为认可的一种高性能聚合物材料,对其需求也日益增加,并且在越来越多新的技术领域内竞争力也逐渐增强。芳纶可分为两大类。第一类是用于与服装相关的领域,例如防火服和防弹背心。第二类是用作性能增强材料,例如轮胎帘子线、汽车部件(如垫圈和离合器衬里),以及用作先进塑料复合材料,如飞机、航空航天设备、军用车辆、体育用品、绳索和电缆等。

高温环境中芳纶的应用是受到关注的一个研究课题。如前所述,芳香族聚酰胺聚合物不发生熔融,短时间内在高温条件下几乎没有分解,但时间延长,会发生较明显的热降解。用作消防服或电绝缘防护服等类似应用时,绝大多数情况下对纤维的拉伸性能要求不高,因此 Nomex 纤维非常适合此类应用[79-84]。但是,对于某些防护服,如耐热工作服、防切割防护手套和座椅罩则需要较高的机械性能[85],Kevlar 纤维的优异力学强度则可满足此类需要。此外,据报道,将 Kevlar 和 Nomex 混合使用,则可充分利用两类纤维的独特优势性能。

Kevlar 在用作复合材料的增强方面优势明显[86-87]。例如用于造船、压力容器和体育用品等。其优点为重量轻、强度高、模量高、良好的冲击强度和耐磨性特征。Kevlar 增强材料可以用于需要减重和冲击损伤容限的飞机结构部件中。与碳纤维增强复合材料相比,芳纶增强复合材料可以吸收 2~4 倍的能量。将 Kevlar 和碳纤维组合,形成杂化增强复合材料具有更好的性能,受到冲击碰撞时具有更高的能量吸收能力,更易于保持结构的完整性。很多这种杂化复合材料在商用飞机制造中得到应用。芳纶也用于混凝土增强,防止混凝土制件开裂。

对于弹道应用,高性能芳纶织物能够通过形变吸收和消散子弹的动能,达到防弹的目的。它们还用于设备屏蔽和显示面板的保护,防弹面板可以设计成泡沫材料为芯层,芳纶作为防护层的层压结构,可以阻止子弹穿过。

尺寸稳定性是芳纶的另一种优异特性,使其广泛应用于机械产品,例如传送带、液压软管和卡车、飞机的高速轮胎。然而,对于这些应用,通常同时要求材料具有良好的热稳定性和低密度、高韧性、低收缩、耐化学性等性质。

高强高模、耐腐蚀性、良好的介电性能和耐热性等特性使芳纶适用于制造绳索和电缆,用于诸如架空光缆、线缆、机械施工电缆和系泊绳缆。在石油钻井平台中使用高性能系泊绳缆可探测深度更大。

随着芳纶的应用价值不断增长,芳纶纤维在一些新的领域中逐渐得到应用,例如电信领域。芳纶也可以制成中空纤维渗透分离膜,用于海水或咸水淡化、净化。芳纶也被用作休闲娱乐产业的帆船的船体复合材料。

耐高温环境的绳索技术的新发展已经寻求将芳纶作为潜在的解决方案。在此类应用中,使用专门的添加剂或通过机械方法能够大大增强其特征性能。因为对位型的芳纶 Technora T200 和 Twaron 1000 本身具有的性能,已经在绳索方面得以应用。这些性能能够满足绳索长时间承受热量,并且依然保持良好的强度、热循环、耐磨性和耐化学性的要求。若将新型阻燃涂层应用于这些纤维时,其性能明显得到改善。新型阻燃涂料的性能改善优于聚氨酯涂料对性能的改善作用。

尽管对位芳纶已经具备了十分优异的力学性能,但仍可以通过热处理的方式进一步完善其结构,提升其性能[30]。截至目前,已经有几篇文献报道了一种新的热处理技术。实验中芳香族聚酰胺纤维用热插针处理后,经小角和广角 X 射线散射测试确定,纤维的结构发生了变化,并且产生变形[88-89]。因为受到拉伸作用,褶皱结构开始逐渐消失,微孔逐渐形成,纤维内部表观晶粒尺寸增加的同时,纤维的模量增加,拉伸强度降低。因此,热处理技术的最新发展有利于获得适于复合材料的具有优异刚度的先进纤维材料。

10.6 结论

鉴于高性能芳纶出色的性能以及广泛的应用领域,此类纤维将继续在先进和现代技术中发挥重要的角色。学术界和工业界之间需要更加积极的互动与合作,加快芳纶不断适应新的性能挑战,制造新的高性能产品。芳纶仍将成为未来新领域的技术解决备选方案,并且有很多性能仍然可以优化提升。

学术界正在对此进行广泛的研究,期待获得具有相当机械性能和成本效益的纤维产品,以作为已经成熟发展的 Kevlar 和 Nomex 的替代品或者补充材料。我们并没有对这些新纤维进行全面的回顾,而是讨论了几个例子来说明它们的重要性能和应用。例如,Magellan Systems International 生产的刚性棒状聚合物 M5,M5 纤维由于其两个羟基形成的分子间氢键而具有很高的压缩强度[90]。如前所述,Kevlar纤维的抗压强度不足是限制其在某些领域应用的重要因素[37]。另一种新型高性能纤维是商品名为Zylon的聚(对亚苯基-2,6-苯并二噁唑)(PBO),阻燃性能测试结果显示,Zylon的点火时间是Twaron的3倍,是Nomex的4倍,热释放率也是三者最低的。这些性能与PBO纤维出色的拉伸模量和拉伸强度密切相关。与具有中等拉伸模量的芳香族聚酰胺纤维相比,聚酯基高性能纤维具有更好的成本优势。

参考文献

[1] Rebouillat:High performance fibres,England,2000,Woodhead Publishing.

[2] Wissbrun KF:Rheology of rod-like polymers in the liquid-crystalline state,Journal of Rheology 25(6):619-662,1981.

[3] Baek SG,Magda JJ,Larson RG:Rheological differences among liquid-crystalline polymers 1.The 1st and 2nd normal stress differences of pbg solutions,Journal of Rheology 37(6):1201-1224,1993.

[4] Olmsted PD,Lu CYD:Phase separation of rigid-rod suspensions in shear flow,Physical Review E 60(4):4397-4415,1999.

[5] Kwolek SL:In DuPont,editor:Liquid crystalline polyamides,1980.

[6] Blades H,U.S.Patent.1973.

[7] PhillipsGTMaHT:New millennium fibers,2005,:[USA].

[8] Young RJ,et al:Relationship between structure and mechanical-properties for aramid fibers,Journal of Materials Science 27(20):5431-5440,1992.

[9] Rao Y,Waddon AJ,Farris RJ:Structure-property relation in poly(p-phenylene terephthalamide)(PPTA)fibers,Polymer 42(13):5937-5946,2001.

[10] Barton R:Paracrystallinity-modulus relationships in kevlar aramid fibers,Journal of Macromolecular Science-PhysicsB 24(1-4):119-130,1985.

[11] Morgan PW,Kwolek SL:Interfacial polycondensation 2.Fundamentals of polymer formation at liquid interfaces,Journal of Polymer Science 40(137):299-327,1959.

[12] Morgan PW, Kwolek SL: Interfacial polycondensation 12. Variables affecting stirred polycondensation reactions, Journal of Polymer Science 62(173):33-58, 1962.

[13] Morgan PW: Condensation polymers, New York, 1965, Interscience Publishers.

[14] Morgan PW, Kwolek SL: Interfacial polycondensation 13. Viscosity - molecular weight relationship and some molecular characteristics of 6-10 polyamide, Journal of Polymer Science Part A-General Papers 1(4):1147-1162, 1963.

[15] Yokozawa T, et al: Convenient method of chain-growth polycondensation for well-defined aromatic polyamides, Macromolecular Rapid Communications 26(12):979-981, 2005.

[16] Yokozawa T, et al: Chain-growth polycondensation for nonbiological polyamides of defined architecture, Journal of the American Chemical Society 122(34):8313-8314, 2000.

[17] Jassal M, Ghosh S: Aramid fibres-an overview, Indian Journal of Fibre& Textile Research 27(3):290-306, 2002.

[18] Ones RSJ, High M: In Lewin M, Preston J, editors: High performance aramid fibers, New York, 1985, MarcelDekker.

[19] Oishi Y, Kakimoto MA, Imai Y: Synthesis of aromatic polyamide-imides from N, N′-bis(trimethylsilyl)-substituted aromatic diamines and 4-chloroformylphthalic anhydride, Journal of Polymer Science Part A-Polymer Chemistry 29(13):1925-1931, 1991.

[20] Oishi Y, Kakimoto MA, Imai Y: Synthesis of aromatic polyamides from N, N′-bis (trimethylsilyl) - substituted aromatic diamines and aromatic diacid chlorides, Macromolecules 21(3):547-550, 1988.

[21] Burch RR, Manring LE: N-Alkylation and hofmann elimination from thermal-decomposition of R4N+ salts of aromatic polyamide polyanions-synthesis and stereochemistry of N-alkylated aromatic polyamides, Macromolecules 24(8):1731-1735, 1991.

[22] Oishi Y, et al: Preparation and properties of new aromatic polyamides from 4,4′-diaminotriphenylamine and aromatic dicarboxylic - acids, Journal of Polymer Science Part A-Polymer Chemistry28(7):1763-1769, 1990.

[23] Garcia JM,et al:High-performance aromatic polyamides,Progress in Polymer Science 35(5):623-686,2010.

[24] Kwolek SL, et al: Synthesis, anisotropic solutions, and fibers of poly(1,4-benzamide),Macromolecules 10(6):1390-1396,1977.

[25] Radding S:Stephanie Kwolek,Kevlar,US Patents 3,819,587 and RE 30,352, Abstracts of Papers of the American Chemical Society 216:U353,1998.

[26] Yao J,Bastiaansen CW,Peijs T:High strength and high modulus electrospun nanofibers,Fibers 2(2):158-186,2014.

[27] Picken SJ,et al:Liquid crystal main-chain polymers for high-performance fibre applications,Liquid Crystals 38(11-12):1591-1605,2011.

[28] Zhong HP,et al:Effect of tension on mechanical properties and structure of aramid fibers during heat treatment.: Pts 1-3 In Kim YH, Yarlagadda P, editors: Advanced technologies in manufacturing, engineering and materials 2013, pp 856-859.

[29] Hyun BD,et al:Structure and property relations in heat-treated para-aramid fibers,Textile Science and Engineering 47(1):15-21,2010.

[30] Ahmed D,et al:Microstructural developments of poly(p-phenylene terephthalamide) fibers during heat treatment process:a review,Materials Research-Ibero-American Journal of Materials 17(5):1180-1200,2014.

[31] Watanabe A,et al:Fatigue behavior of aramid nonwoven fabrics under hot-press conditions-Part IV:effect of fiber fineness on mechanical properties,Textile Research Journal 68(2):77-86,1998.

[32] Watanabe A,Miwa M,Yokoi T:Fatigue behavior of aramid nonwoven fabrics under hot-press conditions-Part VI:effect of stable base fabrics on mechanical properties,Textile Research Journal 69(1):1-10,1999.

[33] Dobb MG,Johnson DJ,Saville BP:Supramolecular structure of a high-modulus polyaromatic fiber (kevlar 49), Journal of Polymer Science Part B-Polymer Physics 15(12):2201-2211,1977.

[34] Pruneda CO,et al:Structure-property relations of kevlar-49 fibers,Abstracts of Papers of the American Chemical Society 182(AUG):138,1981:[POLY].

[35] Warner SB: On the radial structure of kevlar, Macromolecules 16(9): 1546-1548,1983.

[36] Riekel C,et al:X-ray microdiffraction study of chain orientation in poly(p-phenylene terephthalamide),Macromolecules 32(23):7859-7865,1999.

[37] Sweeny W: Improvements in compressive properties of high modulus fibers by cross-linking, Journal of Polymer Science Part A-Polymer Chemistry 30(6): 1111-1122,1992.

[38] Newell JA,Spence M:Novel applications for high performance polymers,Recent Research Developments in Applied Polymer Sciencevol.1(Pt 1):321-340,2002.

[39] Chatzi EG,Ishida H,Koenig JL:AN FT-IR Study of the water absorbed in kevlar-49 fibers,Applied Spectroscopy 40(6):847-851,1986.

[40] Panar M,et al:Morphology of poly(p-phenylene terephthalamide) fibers,Journal of Polymer Science:Polymer Physics Edition 21(10):1955-1969,1983.

[41] Hamilton LE, Sherwood PMA, Reagan BM: X-Ray photoelectron-spectroscopy studies of photochemical changes in high-performance fibers,Applied Spectroscopy 47(2):139-149,1993.

[42] Jain A,Vijayan K:Thermally induced structural changes in Nomex fibres,Bulletin of Materials Science 25(4):341-346,2002.

[43] Cui Z-y, Ma C, Lv N: Effects of heat treatment on the mechanical and thermal performance of fabric used in firefighter protective clothing, Fibres & Textiles in Eastern Europe 23(2):74-78,2015.

[44] Cao G, et al: Structural and dyeing properties of aramid treated with 2-phenoxyethanol,Coloration Technology 131(5):384-388,2015.

[45] Islam MT,et al:Use of N-methylformanilide as swelling agent for meta-aramid fibers dyeing:kinetics and equilibrium adsorption of Basic Blue 41,Dyes and Pigments 113:554-561,2015.

[46] Dyeing of aramid fibres | for use in weaving of fire resistant textile or carpet,pre-treating the fibres with tert amine,e.g pyridine soln.Monsanto Co.

[47] Ulery HE:Sorption of basic-dyes by expanded dispersions of nomex(DUP) aromatic polyamide(ARAMID), Journal of the Society of Dyers and Colourists 90

(11):401-410,1974.

[48] Tashiro K,Kobayashi M,Tadokoro H:Elastic-moduli and molecular-structures of several crystalline polymers, including aromatic polyamides, Macromolecules 10 (2):413-420,1977.

[49] Zhang YH, et al: Influence of gamma - ray radiation grafting on interfacial properties of aramid fibers and epoxy resin composites, Composite Interfaces 15 (6):611-628,2008.

[50] Zhang SF,Zhang MY:Direct measurement of the adhesion forces between aramid fiber-fibrids surfaces by AFM.In Jin Y,Zhai H,Li Z,editors:Proceedings of international conference on pulping, papermaking and biotechnology 2008: Icppb ' 08vol.2,2008,pp 368-376.

[51] Lv M,et al:Friction and wear behaviors of carbon and aramid fibers reinforced polyimide composites in simulated space environment,Tribology International 92: 246-254,2015.

[52] Hazarika A,et al:Growth of aligned ZnO nanorods on woven Kevlar(R)fiber and its performance in woven Kevlar(R)fiber/polyester composites,Composites Part A - Applied Science and Manufacturing 78:284-293,2015.

[53] de Lange PJ,et al:Adhesion activation of Twaron(R)aramid fibres studied with low-energy ion scattering and X-ray photoelectron spectroscopy,Surface and Interface Analysis 31(12):1079-1084,2001.

[54] Brown JR,Mathys Z:Plasma surface modification of advanced organic fibres .5. Effects on the mechanical properties of aramid/phenolic composites, Journal of Materials Science 32(10):2599-2604,1997.

[55] Chen,P.,et al.,Method modifying the interface of aramid fiber reinforced PPESK resin base composite. Univ Dalian Technology;Shenyang Inst Aeronautical Eng; Shenyang Aviation Ind College.

[56] Plawky U,Londschien M,Michaeli W:Surface modification of an aramid fibre treated in a low-temperature microwave plasma,Journal of Materials Science 31 (22):6043-6053,1996.

[57] Stepankova M,et al:Using of DSCBD plasma for treatment of kevlar and nomex fi-

bers, ChemickeListy 102: S1515-S1518, 2008.

[58] Li S, et al: Surface modification of aramid fibers via ammonia-plasma treatment, Journal of Applied Polymer Science 131(10), 2014.

[59] Sa R, et al: Surface modification of aramid fibers by bio-inspired poly(dopamine) and epoxy functionalized silane grafting, ACS Applied Materials & Interfaces 6 (23): 21730-21738, 2014.

[60] Wang CX, et al: Surface modification of aramid fiber by plasma induced vapor phase graft polymerization of acrylic acid. I. Influence of plasma conditions, Applied Surface Science 349: 333-342, 2015.

[61] Kong HJ, et al: Surface modification of poly(p-phenylene terephthalamide) fibers with HDI assisted by supercritical carbon dioxide, RSC Advances 5(72): 58916-58920, 2015.

[62] Mahy J, Jenneskens LW, Grabandt O: The fiber-matrix interphase and the adhesion mechanism of surface-treated Twaron(R) aramid fiber, Composites 25 (7): 653-660, 1994.

[63] Mahy J, et al: Adhesion activation of Twaron(R) aramid fibre. In Olij WJV, Anderson HR, editors: First international congress on adhesion science and technology-invited papers: festschrift in honor of Dr. K. L. Mittal on the occasion of his 50th birthday, 1998, pp 407-425.

[64] Garton A, Daly JH: The crosslinking of epoxy-resins at interfaces 2. At an aromatic polyamide surface, Journal of Polymer Science Part A-Polymer Chemistry 23(4): 1031-1041, 1985.

[65] Kalantar J, Drzal LT: The bonding mechanism of aramid fibers to epoxy matrices 1. A review of the literature, Journal of Materials Science 25(10): 4186-4193, 1990.

[66] Kalantar J, Drzal LT: The bonding mechanism of aramid fibers to epoxy matrices 2. An experimental investigation, Journal of Materials Science 25(10): 4194-4202, 1990.

[67] Andrews MC, Bannister DJ, Young RJ: The interfacial properties of aramid/epoxy model composites, Journal of Materials Science 31(15): 3893-3913, 1996.

[68] Padmanabhan K, Kishore: Interlaminar shear of woven fabric kevlar-epoxy com-

posites in 3-point loading, Materials Science and Engineering A-Structural Materials Properties Microstructure and Processing 197(1):113-118,1995.

[69] de Lange PJ, et al: Characterization and micromechanical testing of the interphase of aramid-reinforced epoxy composites, Composites Part A-Applied Science and Manufacturing 32(3-4):331-342,2001.

[70] Park R, Jang J: Impact behavior of aramid fiber/glass fiber hybrid composites: the effect of stacking sequence, Polymer Composites 22(1):80-89,2001.

[71] Zhang XY, et al: Effects of plasma-induced epoxy coatings on surface properties of Twaron fibers and improved adhesion with PPESK resins, Vacuum 97:1-8,2013.

[72] Widodo M, El-Shafei A, Hauser PJ: Surface nanostructuring of kevlar fibers by atmospheric pressure plasma-induced graft polymerization for multifunctional protective clothing, Journal of Polymer Science Part B-Polymer Physics 50(16): 1165-1172,2012.

[73] Salter B, et al: N-chloramide modified Nomex(A(R)) as a regenerable self-decontaminating material for protection against chemical warfare agents, Journal of Materials Science 44(8):2069-2078,2009.

[74] Sun YY, Sun G: Novel refreshable N-halamine polymeric biocides: N-chlorination of aromatic polyamides, Industrial & Engineering Chemistry Research 43(17):5015-5020,2004.

[75] Wang WC, et al: Surface silverized meta-aramid fibers prepared by bio-inspired poly(dopamine) functionalization, ACS Applied Materials & Interfaces 5(6):2062-2069,2013.

[76] Love JC, et al: Self-assembled monolayers of thiolates on metals as a form of nanotechnology, Chemical Reviews 105(4):1103-1169,2005.

[77] Kobayashi Y, Salgueirino-Maceira V, Liz-Marzan LM: Deposition of sliver nanoparticles on silica spheres by pretreatment steps in electroless plating, Chemistry of Materials 13(5):1630-1633,2001.

[78] Peng C, Jin J, Chen GZ: A comparative study on electrochemical co-deposition and capacitance of composite films of conducting polymers and carbon nanotubes, Electrochimica Acta 53(2):525-537,2007.

[79] Smeulders, B.., Protective clothing for use as fire-brigade uniform, comprises outer fabric with meta aramid and aromatic polyester, where outer fabric comprises Ripstop binding, and aromatic polyester is provided in rib. IbenaTextilwerkeGmbh.

[80] Choi I-R, Jeon G: Study on the protective clothing-thermal characteristics of the protective clothing exposed to the radiation heat, The Research Journal of the Costume Culture 13(2):314-317, 2005.

[81] Lee YS, Jeong JS: A study on the textile for protective clothing of fire fighters, Family and Environment Research 40(5):15-24, 2002.

[82] Double woven aramid fabric l for use in protective clothing. [Anonymous].

[83] Dillon IG, Obasuyi E: Permeation of hexane through butyl nomex, American Industrial Hygiene Association Journal 46(5):233-235, 1985.

[84] Gu H: Research on thermal properties of Nomex/Viscose FR fibre blended fabric, Materials & Design 30(10):4324-4327, 2009.

[85] Su FH, et al: Study on the friction and wear properties of the composites made of surface modified-Nomex fabrics, Materials Science and Engineering A-Structural Materials Properties Microstructure and Processing 416(1-2):126-133, 2006.

[86] Manero A II, et al: Evaluating the effect of nano-particle additives in Kevlar(R) 29 impact resistant composites, Composites Science and Technology 116: 41-49, 2015.

[87] Yao J, et al: High performance co-polyimide nanofiber reinforced composites, Polymer 76:46-51, 2015.

[88] Ellison MS, Lopes PE, Pennington WT: In-situ x-ray characterization of fiber structure during melt spinning, Journal of Engineered Fibers and Fabrics 3(3): 10-21, 2008.

[89] Reinhold C, Fischer EW, Peterlin A: Evaluation of small-angle X-Ray scattering of polymers, Journal of Applied Physics 35(1):71-75, 1964.

[90] Afshari M, et al: High performance fibers based on rigid and flexible polymers, Polymer Reviews 48(2):230-274, 2008.

11 静电纺纳米纤维

E. Zdraveva[1,2], J. Fang[1], B. Mijovic[2], T. Lin[1]
[1]迪肯大学,澳大利亚维多利亚州
[2]萨格勒布大学,克罗地亚萨格勒布

11.1 前言

一般而言,纳米纤维是指直径小于100nm的纤维。但是,近年来纳米纤维的范围已经扩展至直径小于1μm的所有纤维。纳米纤维具有高的比表面积,其集合体通常表现出优异的贯通多孔结构。这些独特的性质以及材料本身所具有的功能性使得纳米纤维及其制品具有许多新颖的性质和应用。

目前已经发展了很多制备纳米纤维的技术,包括双组分纤维的分裂[1]、熔喷[2]、物理拉伸[3]、闪蒸纺丝[4]、相分离[5]、自组装[6]、溶剂分散[7]、离心纺丝[8]、水热法[9]和静电纺丝法等。纤维成形原理以及所得纤维的直径范围见表11-1。在所有这些技术中,静电纺丝法与其他方法不同,静电纺丝法适用于多种材料制备纳米纤维,且纤维直径、形态和纤维结构易于控制,通过向静电纺丝溶液中添加各种可溶性物质或纳米材料,容易实现对纳米纤维的改性。另外,静电纺丝可用于制备双组分纳米纤维(例如皮芯型、并列型、海岛型以及楔形等)、多孔结构、表面多孔纳米纤维甚至纳米管等。

表11-1 纳米纤维的制造技术及其相应的纤维直径范围[1-9]

技术方式	基本原理	纤维直径范围
双组分裂离	从海岛(或橘瓣型)共混纤维或复合纤维中除去一种聚合物	>800nm
熔融挤吹	通过热空气流拉伸聚合物熔体	>800nm
物理拉伸	对聚合物溶液进行物理性拉伸抽丝	>50nm

续表

技术方式	基本原理	纤维直径范围
闪蒸纺丝	聚合物在高温高压下溶解于溶剂中,原液细流出喷丝头时溶剂闪蒸而形成纤维	>200nm
相分离	诱导相分离产生微纤	50~500nm
自组装	溶液中的分子自组装	<100nm
溶剂分散	在非溶剂中,通过剪切作用增强沉淀	~100nm
离心纺丝	利用离心力进行纤维拉伸成型	>100nm
水热法	在水热溶剂中形成纤维	50~120nm
静电纺丝法	高压电场对聚合物溶液进行拉伸	10nm 到几个微米

11.2 静电纺丝

静电纺丝是一种可以直接将聚合物流体转化为固态纳米纤维的方法。尽管这种纺丝技术在大约 100 年前就已经被发明,但直到最近几十年才发现其巨大优势。静电纺丝的基本装置包括高压电源、聚合物溶液容器和接地的收集装置,如图 11-1 所示。

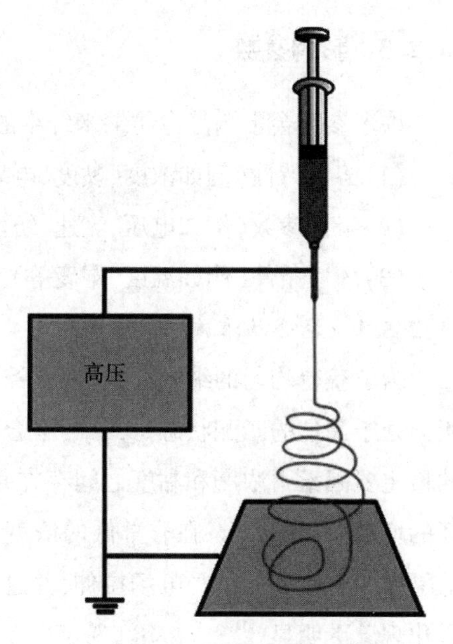

图 11-1 静电纺丝的基本装置

11.2.1 发展历程

W. Gilbert[16] 早在 1600 年发现了带电琥珀水滴被电场拉伸变形的现象。1882 年,Lord Rayleigh 预测液体带电后可以形成喷射细流[11]。20 世纪初期,J. F. Cooley[12-13] 和 W. J. Morton[14] 在分离和分散带电流体的方法和装置方面申请了一些早期的专利。而后,1934~1944 年,A.Formhals 申请了一系列专利用于纤维素类溶液静电纺丝的装置[15-20]。第一个有关熔体静电纺丝方法和设备的专利由 C.L.Norton 于 1936 年申请[21]。

1964~1969 年,G. I. Taylor 建立了圆锥形带电液滴的数学模型。指出,只有在 49.3°半对顶角时,圆锥形液滴才能够稳定存在,并且这个锥体被命名为"Taylor 锥(泰勒锥)"。他还报告了关于射流弯曲不稳定性的第一次计算[22-25]。在 20 世纪 90 年代,D. H. Reneker 和他的研究团队重新研究了静电纺丝过程,指出其在制造纳米纤维方面的潜力[26-27],引发了静电纺丝研究的蓬勃发展。

11.2.2 基本原理

在静电纺丝工艺中,聚合物溶液带电,并且溶液受到随电场强度的增加而更强的拉伸作用,从而在喷嘴尖端上形成 Taylor 锥。当电场力克服聚合物溶液的表面张力时,从锥体产生喷射流。在高压电场的作用下,该带电射流受到拉伸而变细,同时溶剂挥发形成固态纤维[26]。静电纺丝过程中的射流经历了四个阶段:Taylor 锥、稳定的直线射流、弯曲不稳定性(也称为"鞭动不稳定性")和固态纤维[28]。

11.2.3 影响参数

许多参数会影响静电纺纳米纤维的最终形态。这些影响因素可分为三类:

(1)溶液特性(例如浓度、黏度、电导率、表面张力等);

(2)工艺参数(例如电压、流速、纺丝距离等);

(3)环境条件(例如温度、湿度等)。

11.2.3.1 聚合物溶液

为了获得均匀的纳米纤维,需要控制聚合物溶液的浓度、黏度、电导率和表面张力处于最佳的匹配状态。其中,聚合物溶液的浓度被认为是形成均匀纳米纤维的最主要因素。浓度和黏度之间存在直接关系,而且纳米纤维的直径随着溶液黏度的增加而增加[29]。在非常低的浓度下,无法形成纤维,这是因为聚合物稀溶液低黏度的射流不能承受电场拉伸,并且通常是形成喷雾状态,尤其是高的电压下,雾化现象更明显[30]。

在较低聚合物浓度下,通常得到串珠状纤维,而在非常高的浓度下,经常得到卷曲和波浪状纤维(图 11-2)。这些纤维形态上的缺陷降低了纳米纤维的比表面积[31]。

串珠状纤维的形成取决于聚合物溶液的表面张力和黏弹性特征。溶液黏度和

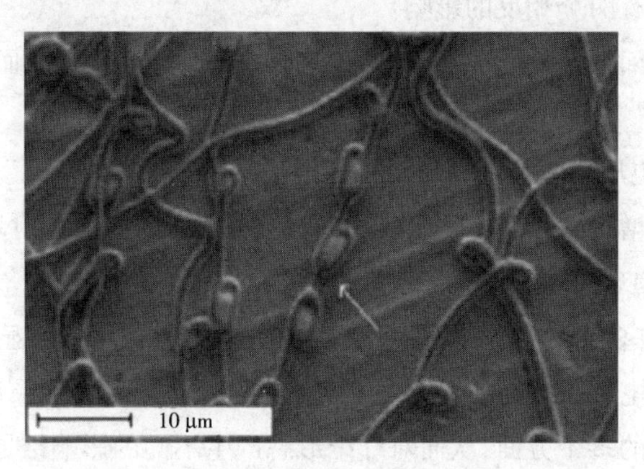

图 11-2　静电纺丝法制备的卷曲和波浪形纤维[31]

形成的串珠数量成反比。随着聚合物溶液黏度的增加，串珠之间的距离增加，并且形状从圆球状逐渐变为纺锤形[32]。

溶剂是决定聚合物溶液表面张力的主要因素。较高的表面张力会导致射流不稳定[33]，但低表面张力也不保证能够形成细的纤维，因为溶剂蒸发的速率也会影响纤维直径。当使用多溶剂系统时，例如，在四氢呋喃和 *N*，*N*-二甲基甲酰胺的溶剂体系中进行聚苯乙烯（PS）静电纺丝时[34]，会形成扁平和粗糙表面的纤维，并且纤维直径也随着聚合物分子量的增加而降低，与溶剂类型无关。

在溶液中添加表面活性剂也会影响表面张力以及其他溶液性质，并由此影响纤维的形态结构。例如，当 PS 静电纺丝液中包含阳离子表面活性剂（如十二烷基三甲基溴化铵和四丁基氯化铵）时，导致溶液中净电荷密度增加，可以有效地避免"串珠"形成[35]。非离子表面活性剂 Triton X-405 的加入略微改变表面张力，能够增强溶液导电性，减少纤维中"串珠"的数量[35]。

溶液射流的拉伸情况取决于电场力的大小，与溶液电导率、施加电压和接收距离有关。轻微增加溶液的电导率会导致射流沿轴向发生更强的拉伸，从而获得更细的纤维[36]。但是，如果溶液电导率高于某一临界值，则电场作用力减小。溶液的电导率与溶剂、聚合物以及溶液中的添加剂（例如盐）有关。例如，将不同的无机盐加入聚酰胺 6（PA6）溶液中，其黏度和电导率都发生变化，而表面张力几乎没有变化[37]。

11.2.3.2　工艺参数

施加电压是影响纤维直径和形态的主要参数。当施加的电压增加时，可以观察到对纤维直径有两个相反的影响：

(1)作用于溶液射流上的拉伸力通常随着施加电压的增加而增加，使纤维变得更细[38]；

(2)较高的电压容易导致纤维沿轴向形成缺陷[39]。

施加的电压增加，"串珠"尺寸减小并且间隔距离变短，有时增加电压会形成具有更多球形"串珠"的较粗纤维[40]。

然而，也有许多研究认为，纤维直径与施加电压的变化并不显著[41-42]，或者纤维直径随着施加电压的增加而增加[36,43]。这些不同的实验结果证明施加电压影响静电纺丝过程的多个方面，从而对纤维形态产生不同的影响结果。

一般而言，接收距离增加，溶液射流所受的拉伸时间延长，所得纳米纤维的直径呈减小趋势[26]，而且随着接收距离的增加，由于溶剂挥发更充分，更容易获得圆形截面的纤维[38]。

聚合物溶液的流速通常由电场控制。对于针头式静电纺丝工艺，当流速大于临界值时，由于可纺性降低，液滴会与纤维一起出现。在可调节范围内，较高的流速通常会导致较大的纤维直径和较大的"串珠"，因为在针尖处形成的液滴越大，溶剂挥发时间就越短[40]。

11.2.3.3 环境条件

静电纺丝中研究最广泛的环境条件是湿度和温度。纺丝过程中环境湿度变化会引起纤维形态的相应变化。据报道，湿度与多孔纤维的形成密切相关。例如，对于 PS 溶液而言，在不同湿度下会产生具有不同孔形状、孔径和孔径分布的纳米纤维。在相对湿度低于 25%时，纤维是光滑的；当湿度超过 38%时，在纤维表面上形成均匀的圆孔，孔径分布比较均一。在高达 59%的湿度下观察到不均匀的孔状结构，并且孔径分布较大。当湿度增加到 72%时，孔的数量略有增加。图 11-3 显示了多孔静电纺 PS 纤维的表面形态[44]。

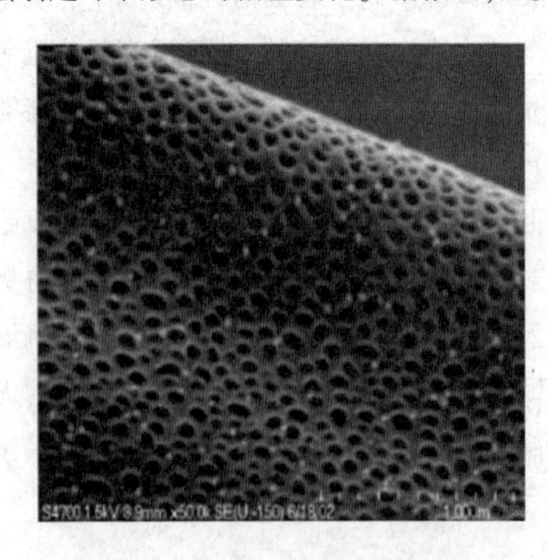

图 11-3　在湿度为 50%条件下静电纺丝制备的多孔纳米 PS 纤维[44]

也有报道指出，增加聚合物溶液

的温度可降低表面张力、黏度和导电性。当温度在30~60℃时,静电纺PA6纤维的形态仅略微改变,但纤维直径减小。温度逐渐升高可以使纤维产率增加[37]。

11.2.4 先进的静电纺丝技术

静电纺丝通常使用针头喷嘴进行。尽管针头式静电纺丝装置具有许多优点,但其缺点也很突出,即生产效率低下,限制了静电纺纳米纤维的批量生产和广泛应用。另外,也很难使用普通的针头喷嘴来制备双组分纳米纤维。通过常规静电纺丝技术生产的纳米纤维主要是随机取向的纤维网(膜)。为了突破这些限制,已经开发出先进的静电纺丝技术。在本节中,详细介绍了三种静电纺丝新技术,包括双组分静电纺丝、无针静电纺丝和静电纺纳米纱线。

11.2.4.1 双组分静电纺丝

一些典型的双组分静电纺丝装置及所得的纤维结构如图11-4所示。在早期关于双组分静电纺丝的研究中,Sun等报道了一种同轴静电纺丝工艺,采用注射器套用的方式,制备了皮芯双组分纳米纤维。对注射器中的两种聚合物溶液进行加压处理,以便挤出过程稳定进行[图11-4(a)]。此外,Li和Xia[46]研究了通过同轴喷丝头制造皮芯和中空纳米纤维[图11-4(b)]。将两种不混溶的液体、矿物油和聚乙烯吡咯烷酮/四异丙醇钛[PVP/Ti(OiPr)$_4$]加入同轴毛细管中,分别形成芯层和皮层。通过溶剂萃取除去矿物油,得到具有连续或分段中空的纳米纤维。这种方法可扩展到制造含有染料分子、硅烷、磁性纳米粒子或其他物质的表面(包括外表面和内表面)功能化中空纳米纤维领域[47]。

Lin等于2005年报道了一种并列型双组分纳米纤维静电纺丝方法[图11-4(c)],使用微流体装置作为喷丝头,制备并列型聚氨酯(PU)/聚丙烯腈(PAN)纳米纤维。微流体装置由三个通道组成,两种纺丝溶液分别通过两个侧通道汇集到主通道中并挤出,完成纺丝过程。由于弹性PU和热塑性PAN之间的弹性差异,得到的并列型双组分纳米纤维具有自卷曲性质。

后来,Zhao等开发了多流道静电纺丝方法[49]:将三个金属毛细管插入主溶液通道中[图11-4(d)],用石蜡填充三个毛细管并在主通道中使用PVP/Ti(OiPr)$_4$,然后溶除有机物获得具有三个通道的中空纤维。类似地,他们还制备了多达五个通道的中空纤维。Chen等[50]进行了另一种多流体三轴静电纺丝研究,用于制造在微米管中具有纳米线结构的纤维[图11-4(e)]。该装置由三个同轴毛细管组成,

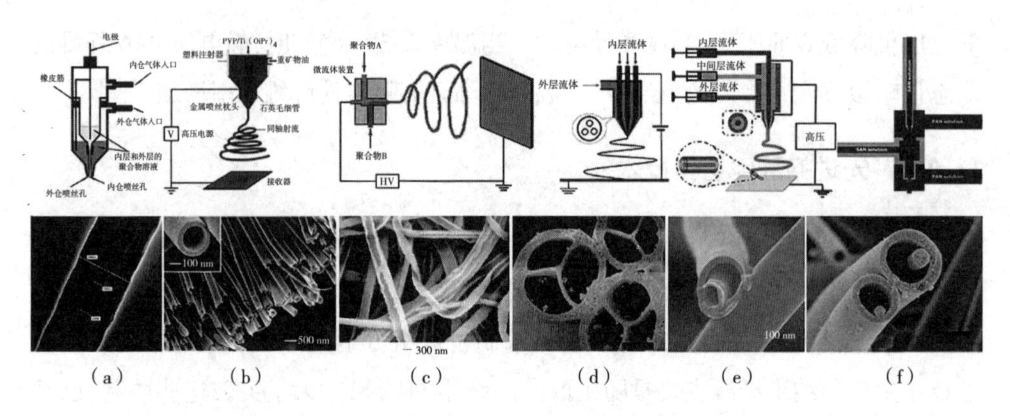

图 11-4　双(多)组分静电纺丝装置及获得的纤维结构

(a)同轴静电纺丝[45],(b)同轴静电纺丝[46],(c)并列静电纺丝[48],(d)多组分静电纺丝[49],

(e)三组分同轴静电纺丝[50],(f)四组分两同轴静电纺丝[51]

使用 $Ti(OBu)_4$ 作为外部和内部前驱体制备 TiO_2 纳米纤维,中间层填充有石蜡/水乳液,随后通过煅烧除去。最近,报道了用于制造双管碳纳米纤维的四重同轴静电纺丝装置[图 11-4(f)]。首先,采用同轴静电纺丝装置,以苯乙烯—丙烯腈共聚物(SAN)和 PAN 为原料,SAN/PAN/SAN/PAN 交替挤出,制备四层结构的纳米纤维,然后对纤维进行热处理得到中空双管碳纳米纤维(CNFs)[51]。

11.2.4.2　无针头式静电纺丝

无针头静电纺丝工艺中不使用针状喷嘴来产生纳米纤维,取而代之的是,无数个溶液射流始于开放的液体表面[52]。第一个无针头静电纺丝装置的专利是由 Simm 等于 1979 年申请的[53]。此装置中使用可旋转圆环作为常规静电纺丝中针状喷嘴的替代品,圆环由三个辊支撑并部分浸入聚合物溶液容器中,通过两侧导电传送带收集纤维。2004 年,Yarin 和 Zussman[54] 开发了一种结合了磁场和电场的无针静电纺丝装置,装置的主体是一个具有两层结构的容器,上层中充满聚合物溶液,下层则充满磁性流体。在外部磁场作用下,下层的磁性流体能够激发上层的溶液表面产生许多形成纳米纤维的射流锥体。2005 年,Jirsak 等组装了第一套商业化的无针静电纺丝装置[55-56]。这是一种向上喷射的无针静电纺丝装置,将一个旋转圆筒浸入溶液中以产生纳米纤维。2006 年,Dosunmu 等开发了一种多孔圆管喷丝头[57]。在管的顶部充入空气,将聚合物溶液射流从管壁的微孔中喷出,通过周围的同轴金属丝网收集器收集纳米纤维。2007 年,Liu 和 He[58] 报道了一种无针静电纺丝技术,将压缩空气充入流体中形成气泡,而纳米纤维射流由起泡的流体表面产生。他们还报道了向下喷射的无针静电纺丝方法。平顶单孔[59]、溅射金属辊[60]和旋转金属锥[61]都可用来制备纳米纤维,这些装置如图11-5(a)~(c)所示。

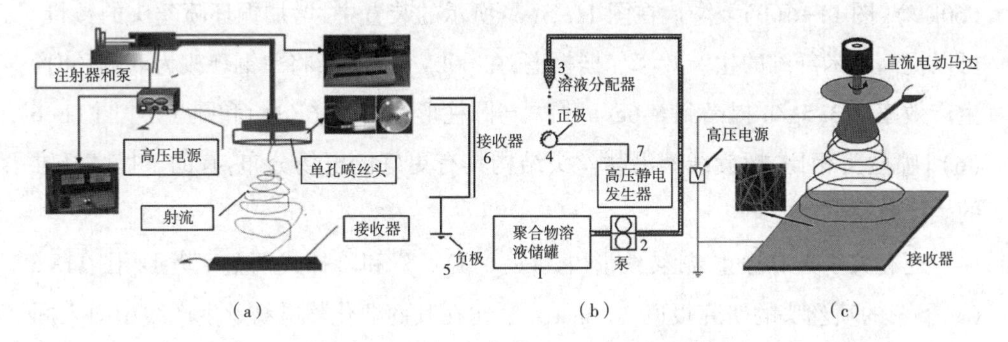

图11-5　向下无针式静电纺丝装置

(a)平顶单孔[59],(b)溅射金属辊[60],(c)旋转金属锥[61]

根据无针喷丝头的形状,在2009~2012年报道了多种类型无针式静电纺丝设备,包括锥形线圈、圆柱体、锥体和线形等多种形式,如图11-6所示。

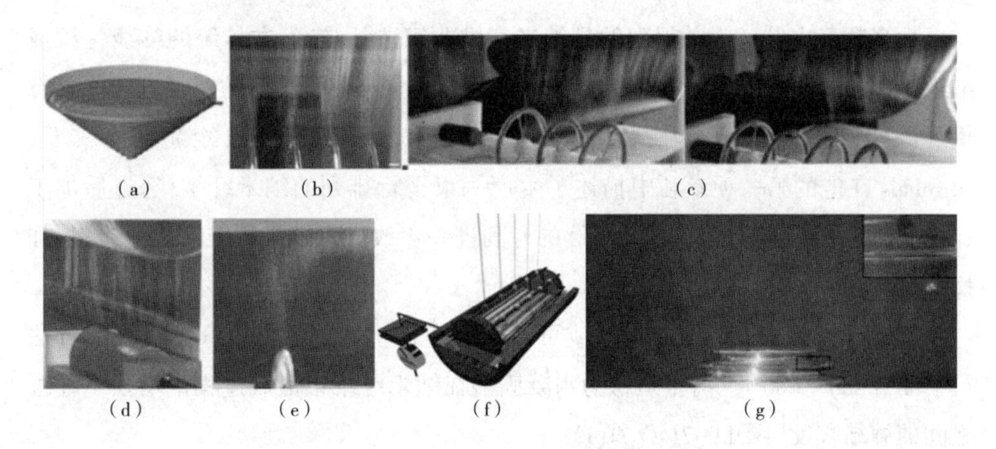

图11-6　各种无针头静电纺丝喷丝器

(a)锥形线圈[64],(b)螺旋线圈[64],(c)不同匝数的螺旋线圈组[65],

(d)圆柱形[66],(e)圆盘形[66],(f)静止或旋转的线形[69],(g)铜金字塔形[70]

Wang等[62]在2009年报道了一种新型锥形线圈喷丝头。喷丝头由直径为1mm的铜线制成,呈锥形排列,间隙为1mm[图11-6(a)]。在45kV和70kV下,聚乙烯醇(PVA)纳米纤维的生产效率分别为0.86g/h和2.75g/h。作者还指出,可能由于纤维生成过程中湿度低,并没有产生电晕放电现象。经进一步扩展和改进,申请了专利,其中改进的纤维生产装置呈螺旋形状,并且部分浸入聚合物溶液容器中并缓慢旋转[63]。纳米纤维的生产效率显著提高到 2.94g/h(45kV)和 9.42g/h(60kV)[图 11-6(b)][64]。在图 11-6(c)所示的装置中,增加铜环喷丝头的数量,可以提高纳米纤维的生产效率。据报道,在 60kV 电压时,将单铜环改为双铜环时,生产效率从 3.5g/h 提高到 6.6g/h[65]。与圆柱形[图 11-6(d)]和圆盘形[图 11-6(e)]喷丝头相比,螺旋线圈沿喷丝头结构具有更好的电场分布,有助于提高纤维的生产效率[66-68]。

还有关于具有静止/旋转线形[图 11-6(f)][69]和阶梯式铜金字塔形[图 11-6(g)][70]的喷丝头的研究报道。Elmarco 公司在其商业化静电纺丝生产线中引入固定和旋转线形喷丝头。固定式线形喷丝头装置中使用移动刷重复地将薄层纺丝溶液涂覆到线上以保持溶液供给的稳定性。在金字塔形喷丝头中,从底部计量泵输送聚合物溶液,并且从金字塔边缘形成许多射流,此方式中,PVA 纳米纤维生产效率为 4g/h。

11.2.4.3 静电纺纳米纱线

大多数静电纺丝设备得到的是纳米纤维非织造纤维网,在传统的纱线针织或编织工艺中,无法使用静电纺丝纳米纤维网做原料。因此,静电纺丝纳米纱线具有重要的实际应用价值。在一些早期专利中描述了纳米纤维纱线初期实验。Formhals 在他的第一项专利中描述了生产一束平行排列的纳米纤维,经过后加工加捻获得纳米纤维纱线[15]。他后续的专利进一步改进了纳米纤维纱线的收集、加捻、减少缠结和提高强度等方法。

其他研究描述了使用加捻器或可移动收集器生产加捻纳米纤维纱线的方法[图 11-7(a)~(d)]。有报道认为水凝固浴在纳米纤维束形成过程中增强了纤维之间的缠结程度[图 11-7(e)和(f)]。

Ko 等[71]开发了一种通过空气管和旋转鼓制备整齐纳米纤维束的装置,然后再进行加捻[图 11-7(a)]。Kim 等[72]开发了一种通过旋转导电板收集纳米纤维纱线的生产装置[图 11-7(b)],然后将纱线进行拉伸、热处理以及加捻等后处理。使用动态收集器可以获得排列更整齐的纳米纤维束,其中纤维的排列取向程度与收集器的旋转速率相关。Bazbous 和 Stylios[73]开发了一个由 Y—Z 和 X—Z 平面上的两个接地盘组成的装置,间隙为 40mm。第一个圆盘用于对垂直沉积的纳米纤维束进行加捻,而第二个圆盘用于缠绕[图 11-7(c)]。

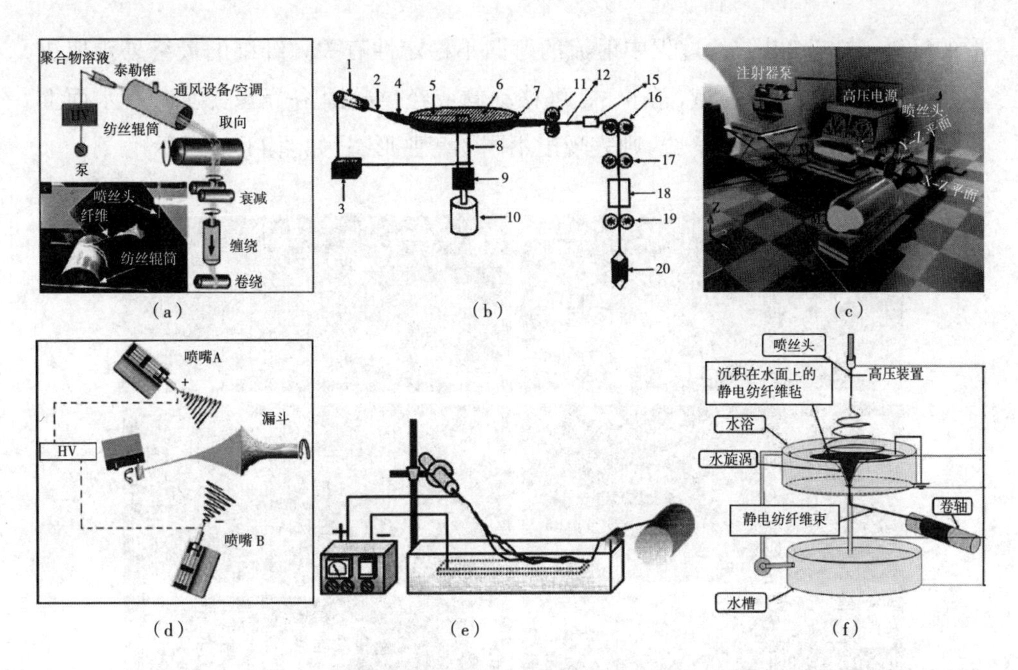

图 11-7 连续形成纳米纤维束或者纳米纤维纱线的装置

(a)空气管[71],(b)旋转盘[72],(c)双圆盘[73],(d)漏斗[74],(e)凝固浴[76],(f)涡流浴[76]

2011 年,Ali 等[74]开发了一种装置,直接加捻纳米纤维束以形成纱线,生产速率为 5m/min。该装置由两个带相反电荷的喷嘴和一个中间漏斗收集器组成,可以将中空纳米纤维锥体直接拉伸和扭曲形成纤维束[图 11-7(d)]。此装置能够连续生产具有可控捻度的纳米纱线,对于大量生产纳米纱线具有很大优势。

Khil 等[75]和 Teo 等[76]分别报道了基于水的收集器装置。第一种装置中,在凝固浴中沉积形成纳米纤维束,纤维是随机排布,并通过导丝棒传到卷绕机[图 11-7(e)]。第二种装置中,在凝固浴底部形成直径为 5mm 的涡流,将形成的纳米纤维纱线进行拉伸[图 11-7(f)]。该装置的主要缺点是因为纤维的生成速率可能会与水的流速不匹配(或者快或者慢),于是纤维可能发生缠结,或产生非连续性结构。

11.3 静电纺纳米纤维的形态结构

11.3.1 单根纳米纤维结构的多样性

最常见的静电纺纳米纤维是连续和直线形的,由于屈曲效应可以获得非直线形的纤维,这与静电纺丝过程中射流的弯曲不稳定性有关。纤维的最终外观取决于射流长度和收集器类型(静止的、可移动的或经过凝固浴等)。例如,在水面上收集的静电纺 PA6 纳米纤维,则表现出不同的弯曲形态,如图 11-8 所示[77]。

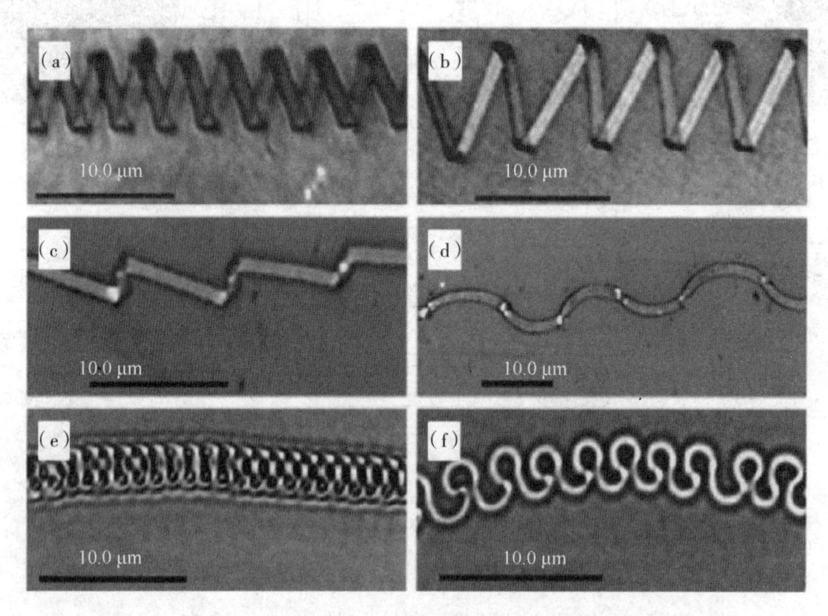

图 11-8　在水表面收集的 PA6 纳米纤维的各种弯曲形态[77]

将纳米 SiO_2粒子封装到静电纺纳米纤维中可获得类似于项链结构的纳米纤维。如图 11-9 所示,根据粒子的尺寸差别,纤维具有不同的形态。较小尺寸的颗粒倾向于聚集,而较大的颗粒更容易均匀分散在纳米纤维中,而含有中等尺寸粒径(265nm)的颗粒则形成项链状结构,大尺寸的颗粒(910nm)形成黑莓状纳米纤维[78]。

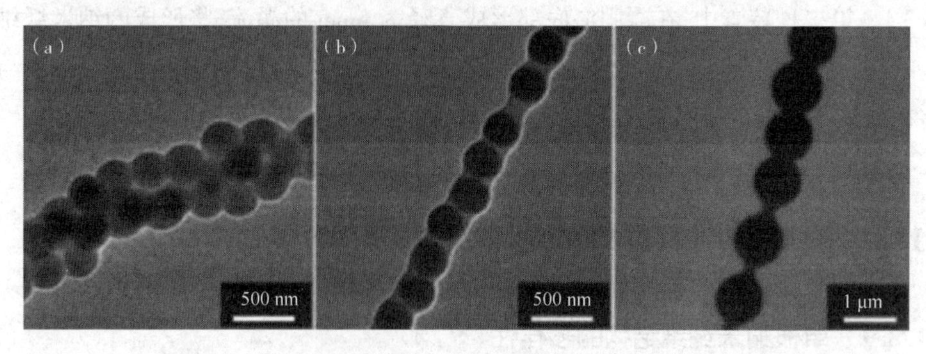

图 11-9　含有不同粒径 SiO_2纳米颗粒的 PVA 纳米纤维[78],

SiO_2直径为(a)143nm,(b)265nm,(c)910nm

11.3.2 取向排列的纳米纤维

此类纳米纤维与常规静电纺丝技术得到的纳米纤维网中随机取向的纤维结构不同,使用不同的纤维收集技术可获得整齐排列取向的静电纺丝纳米纤维。其中,最简单直接的方法是使用旋转芯轴收集器,调节其线速度与静电纺纤维的沉积速度相匹配。如图 11-10(a)所示,获得两层取向纤维,且两层纤维相互垂直[79]。

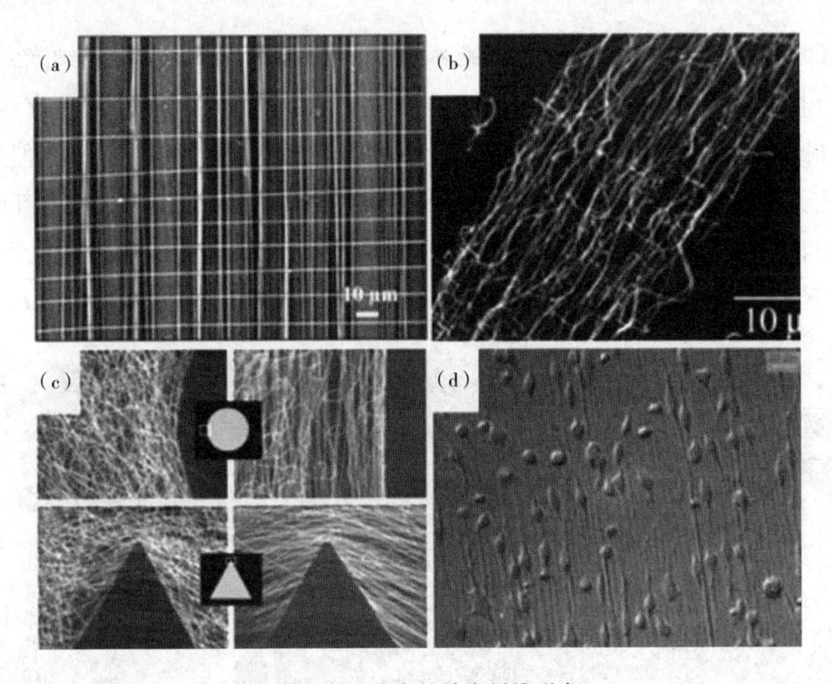

图 11-10 取向的纳米纤维形态

(a)双层互相垂直的取向纳米纤维[79],(b)静电纺丝 40min 后形成的取向纤维[80],(c)纳米纤维在不同绝缘形状和面积电极上的沉积[81],(d)神经干细胞附着在取向纳米纤维支架上[82]

另一种方法是增加辅助对电极或使用一对平行条带收集器。一旦纳米纤维的一端沉积在一个电极上,由于静电引力,纤维的另一端则在静电力作用下吸附在另一个电极上,从而在该对电极之间形成取向的纤维,将取向的纤维沉积在铜线框架的旋转鼓上,旋转速度为 1r/min。纤维沉积是由铜线吸引纤维引起的,导致产生垂直于平行导线的拉伸作用[图 11-10(b)][80]。

使用专门设计的收集电极可以制备更复杂的纤维结构。例如,具有金质图案的石英晶片可用于收集形成无规的、三角形、正方形或者矩形的纤维束结构,这取决于金质图案的连接方式[图 11-10(c)][81]。

纳米纤维排列取向对细胞生长有影响。例如,神经干细胞的伸长和神经突的生长均是沿着平行于取向纤维的方向进行[图 11-10(d)],高达 94%的神经突显示出平行于纳米纤维取向的方向。与无规纤维支架相比,取向的纳米纤维支架显示出细胞—基质相互作用,表现为出现从细胞延伸到纤维的细丝状结构[82]。

11.3.3 纳米纤维纱线

文献报道了两种类型的纳米纤维纱线:平行纳米纤维束和加捻的纳米纤维纱线。使用贮液器将纳米纤维收集成连续长丝束,生产效率为 180m/h,每束纱线由 3720 根纤维组成[图 11-11(a)][83]。丝束中的纳米纤维高度取向排列。但是,由于没有加捻,丝束毛茸且蓬松。类似地,通过涡流浴装置能够形成取向的纤维束,但具有波浪状形态[图 11-11(b)],纤维之间的水分,具有润滑剂的作用,增强丝束中纤维之间的抱合力[76]。

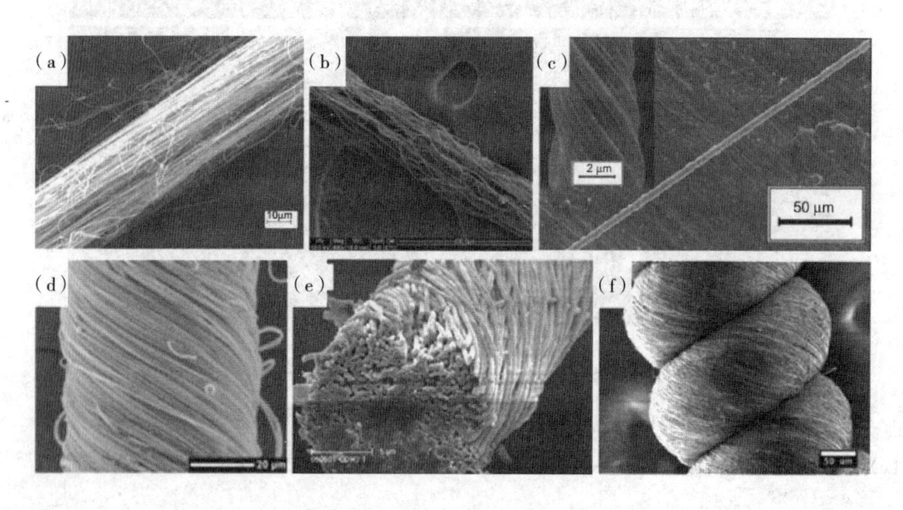

图 11-11 纳米纤维束的形态

(a)凝固浴获得的取向纤维[83],(b)涡流凝固浴获得的取向和波浪状纤维束[76],
(c)通过圆环旋转获得的加捻纤维纱线[84],(d)漏斗旋转获得的加捻纤维纱线[74],
(e)圆柱体旋转获得的加捻纤维纱线[85],(f)大捻度纱线[86]

旋转两个平行环中的一个,可以获得复丝加捻纳米纤维纱线[图 11-11(c)]。据报道,纳米纤维纱线直径可达 5μm,长度可达 50mm[84]。从过渡的纤维锥体中将纳米纤维牵出,可得到高捻度的纳米纤维纱线[图 11-11(d)][74]。纤维和纱线直径都随着漏斗转速的增加而降低。将漏斗转速从500r/min增加到2000r/min，纱线的扭转角从20°增加到51°。加捻纳米纤维纱线的拉伸性能取决于纱线捻度，对于捻度为420t/m(每米所绕的圈数)的聚(偏二氟乙烯—六氟丙烯)(PVDF-HFP)纳米纤维纱线，拉伸强度和断裂伸长率分别为2MPa和250%。将捻度从420t/m增加到6000t/m，纱线的拉伸强度最大可为60.4MPa。

图11-11(e)显示了长度为30~40cm的直接加捻纱线。用有机溶剂进行后处理可减弱纤维之间的相互作用，因此机械性能更好[85]。图11-11(f)中的线圈结构是通过纤维纱线的过度扭曲获得的。纱线的直径为175μm，而线圈的直径为306μm。由取向的纤维纱线组成的线圈的拉伸应变是740%，而取向的纤维纱线本身的应变为160%。纱线的韧性(98J/g)明显高于线圈的强度(56J/g)，因为纱线中纤维间的相互作用更强，相互作用的距离更长，从而更容易传递载荷[86]。

11.3.4 3D纤维结构

将静电纺丝技术与快速成型制作技术(投影—微立体光刻技术)相结合，即将静电纺纤维沉积到3D结构的树脂图案上，制备3D微图案化的纤维结构。3D图案可以是任何形状，例如正弦变化、锯齿、六边形和内凹蜂窝结构等。纤维结构包括致密结构和松散沉积的结构[图11-12(a)][87]。类似地，蜂窝微图案化结构[图11-12(b)]通过在硅晶片上进行静电纺丝/电喷雾和光刻技术共同实现[88]。据报道，纳米纤维可自组织成蜂窝状图案，如图11-12(c)所示，图案包含微孔和介孔，并且纤维图案的厚度可以达到几厘米。由于电荷的不均匀分布，造成纤维的不规则堆积，从而形成这些3D结构的纤维形态[89]。

将静电纺丝与成孔剂刻蚀方法相结合也可制造3D多孔纤维结构。例如，在透明质酸(HA)与胶原蛋白的共混物进行静电纺丝的同时，通过筛分法将氯化钠沉积到纤维网上[图11-12(d)]，将聚合物纤维进行交联后，溶除致孔剂，则在纤维中可形成大孔结构，增加纤维中的胶原蛋白含量，可稳定纤维结构[90]。

有报道通过大头针形状收集器制得了中空的卷曲结构[图11-12(e)]。随着聚合物溶液浓度的增加，卷曲纤维的模量降低。卷曲半径随着纤维直径的增加而增加[91]。此外，使用3D柱状收集器可制备树枝状纤维管[图11-12(f)]，在管中具有两个或更多个图案化结构的单管和多管状纤维，管状结构的表面也是变化的，每个管表面可以有两个和更多的图案[92]。

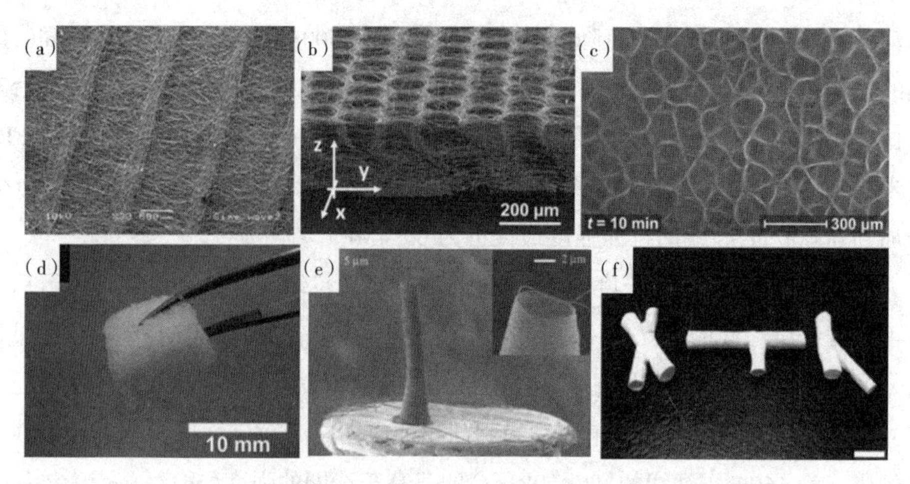

图 11-12 (a)正弦变化的纤维结构[87],(b)3D柱状结构[88],(c)自组装纤维结构[89],(d)透明质酸(HA)/胶原以及沉积NaCl的纳米纤维结构[90],(e)中空线团结构[91],(f)互联的管状结构[92]

11.4 静电纺丝纳米纤维的应用

11.4.1 生物医药

静电纺丝纳米纤维在生物医学领域已广泛应用。研究主要集中于组织工程支架的开发,此类纤维支架的主要优点是纳米纤维结构可模仿组织内天然细胞外基质[93]。此外,药物或生长因子等功能性化合物可以封装在纳米纤维中。

可生物降解聚合物,如聚己内酯(PCL)、聚乳酸(PLA)、共聚物(乳酸—羟基乙酸共聚物)(PLGA),L-丙交酯—己内酯共聚物(PLLC)]或天然高分子材料(例如,胶原、明胶、丝素蛋白、壳聚糖、纤维素等)已用于制备支架。在静电纺丝的支架材料上接种了不同类型的细胞,大多数静电纺丝纳米纤维都利于细胞的附着、扩散和生长。

一些早期的论文报道了由PCL[94]和丝素蛋白/聚(环氧乙烷)(PEO)[95]、PLGA[96]共同制成的用于骨组织工程的纳米纤维支架。骨髓基质细胞在丝素蛋白纳米纤维上显示出增殖现象。PLGA提供载体,使人的间充质干细胞分化为软骨细胞和成骨细胞。也有报道认为,软骨细胞会渗透到类似腔隙的多孔结构中。骨形态发生蛋白2和羟基磷灰石纳米颗粒也可用于丝素蛋白/PEO纳米纤维支架的功能化处理[97]。蛋白质和纳米羟基磷灰石都增强了矿化作用，蛋白质的存在提高了煅烧水平。

静电纺丝纳米纤维支架上的细胞行为受支架形貌及其化学特征的影响。例如，细胞密度随着纳米纤维直径的增加而增加，直径大于2μm的纤维支架能够沿着纤维方向产生板状伪足(图11-13)[98]。

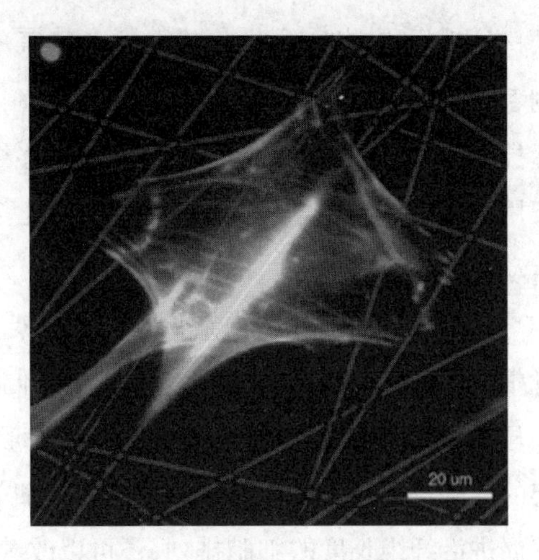

图11-13 免疫荧光染色细胞黏附在聚(D,L-丙交酯)纳米纤维图像上的叠加图像[98]

纤维直径在10~30μm范围时，细胞在纤维支架中具有更好的渗透性。对于悬浮在细胞培养基中的自支撑纤维而言，细胞也可以渗入结构中。研究结果表明，允许细胞附着和迁移的最细纤维直径为10μm，由细胞桥接的纤维间隙最大为200μm，但与纤维之间排列角度无关[99]。

除了增强细胞黏附性、迁移和生长之外，静电纺丝毡对流体(例如伤口渗出物)、气体交换和水的蒸发有良好的吸收性能，这对于开发用于伤口敷料的材料非常有利。例如，含有成纤原细胞生长因子(bFGF)与丙交酯—聚(乙二醇)共聚物通过乳液静电纺丝制备纳米纤维，可用于糖尿病患者皮肤伤口的愈合。对糖尿病大鼠的体内研究显示，bFGF的持续释放能够增强上皮的形成和皮肤附属物的连续生长[100]。

有报道认为，取向的纤维在体外和体内均能够促进细胞浸润。与无规纤维制造的支架相比，取向PLLA纤维制成的支架经肝素功能化后，为牛主动脉内皮细胞进入纤维之间提供了更大的空间。由于其抗凝血能力，肝素能够进一步改善细胞渗透，特别是对有真皮伤口的大鼠进行体内研究时，细胞渗透性更强[101]。

将I型胶原蛋白、弹性蛋白和D,L-丙交酯/乙交酯共聚物三者的混合物通过静电纺丝来制备管状纤维支架，用于模拟天然血管。内皮细胞和平滑肌细胞在支架上能够进行生长、增殖和成熟，在小鼠体内皮下进行植入研究进一步证实了这种结构的生物相容性[102]。将静电纺丝与压塑成型和盐/浸出气体形成技术相结合，制备具有良好完整结构的双重多孔支架。支架为细胞生长、营养物质和废物的转运提供了微米和纳米孔[103]。为了防止移植手术后的动脉狭窄，可将 PCL 纤维支架用肝素功能化，肝素的释放抑制了血管平滑肌细胞的增殖和向静脉内膜的运动[104]。

在 PCL/I 型胶原蛋白杂化的纤维支架上，人骨骼肌细胞黏附、增殖并融合到肌管中。此种支架采用无规纤维和取向纤维制成，与无规纤维支架相比，取向纤维支架显示出细胞组织的增强，并且在纤维上形成的肌管尺寸更长[105]。类似地，PU 支架的结构特征会影响由肌细胞形成骨骼肌管的成熟度。取向 PU 纤维支架不仅能够促进沿纤维长度的细胞排列，还可以改善拉伸活化的离子通道的细胞伸长、融合和上调。进一步的电刺激使得横纹肌管数从 70%增加到 85%[106]。

静电纺丝 PLLA 支架中纤维的取向状态能够影响大鼠胚胎的背根神经节外植体培养物的行为。研究结果表明，高度取向的纤维增强了径向神经突向外生长，并激发了神经节伸长变形。施万(Schwann)细胞黏附在取向纤维支架上导致出现极窄的形态。受施万细胞和下方、上方以及两侧的接触导向因子的生长锥感知的影响，神经突向下沿着纤维束迁移[107]。

有研究认为，拓扑结构导向和电刺激有利于大鼠嗜铬细胞瘤 12(PC12)细胞和海马神经元的生长和分化。在 PLGA 纳米纤维支架上形成聚吡咯导电涂层。无论是否有导电涂层，取向的纤维上具有更长的神经突和更多的椭圆形细胞。纤维的取向和电刺激均能促进 PC12 细胞的神经突向外生长。在低电势下进行电刺激时，可观察到更长的神经突。但是，每个细胞的神经突数量并不明显与纤维排列或电刺激有关[108]。

因为静电纺丝纳米纤维能够以可控方式携带和传递药物，因此也用作药物递送载体。为符合药物载体的要求，纳米纤维由单一聚合物或聚合物共混物通过常规、同轴或乳液静电纺丝方法制备。为了进一步赋予其持续释放功能，可将纳米颗粒和脂质体掺入纳米纤维中或负载在纤维表面。

将水溶性差的药物如伊曲康唑和酮色林负载到静电纺丝 PU 纳米纤维中，两种模型药物在 PU 基质中随机分散。在低负载量时，释放快速，而在较高负载量时，可形成持续释放。对于伊曲康唑，在释放初始阶段，没有发生突然急速释放。然而，由于较高的溶解度和扩散性以及纤维的缺陷影响，酮色林在初始阶段即出现快速释放[109]。为了控制抗生素的释放曲线,采用聚合物的共混物(例如 PCL 和 PLA)静电纺丝制备纳米纤维,可以基于体系组成不同而获得一定范围的释放速率[110]。

为了降低释放速率,可将聚合物涂层涂覆到含有药物的静电纺丝纤维上。化学气相沉积法将聚(对二甲苯)沉积在静电纺 PVA 纳米纤维表面,PVA 纤维中蛋白质的释放速率降低,并受涂层厚度控制[111]。靶向药物传递认为可用于白血病细胞的治疗。研究中,用 TiO_2纳米颗粒对 PLA 纳米纤维进行功能化,并且纤维中负载柔红霉素。由于化合物间的协同作用,防止了药物在癌细胞以外的区域扩散释放,并且有效地增强了药物在靶细胞上的渗透和积累[112]。

11.4.2 能源与电子

静电纺丝纳米纤维在超级电容器、锂离子电池、太阳能电池、压电系统和传感器等方面的应用研究十分广泛,且潜力巨大。

11.4.2.1 超级电容器

超级电容器可以通过静电电荷吸收/解吸(双电层电容器)或氧化还原反应(赝电容器)来存储电能。与锂离子电池相比,超级电容器具有更高的能量密度,更高的再充电速率和更多的充电/放电循环。当 PAN 基碳纳米纤维(CNF)在700℃或800℃的温度下活化时,它们显示出高比表面积和低介孔体积分数。在高电流密度时,具有低表面积的纳米纤维获得高电容,而在较低电流密度下观察到相反的情况[113]。由静电纺聚苯并咪唑制成的 CNF 上也观察到对活化温度的依赖性。在800℃下活化得到的 CNF,其比表面积是 $1220m^2/g$,并且电极的比电容是178F/g[114]。为了改善电化学性能,将活化的 CNF 嵌入碳纳米管中并进一步涂覆聚吡咯涂层,表面改性后,比电容增加 236%(达到 333F/g),这可以归因于高表面介孔面积、良好的电荷转移性以及高的电导率[115]。

相比其他过渡金属氧化物而言,由 MnO_2纳米纤维制成的赝超级电容器具有相当高的比电容。由 PAN-乙酰丙酮铁(AAI)纳米纤维活化得到的 CNF,并进行 MnO_2涂层制成同轴 AAI-CNF@ MnO_2电极。与原始 CNF 相比,AAI 的存在,使电容增加了五倍。此外,通过添加 MnO_2,当其添加量为 39%时,扫描速率为 2mV/s 时比电容是 311F/g;在扫描速率为 200mV/s 时,比电容保持率为 51%。当 MnO_2添加量增加到 59%时,比电容和倍率性能分别降至 216F/g 和 26%[116]。为了改善电子和质子传导性,可制备一种导电芯和水合氧化物为皮的皮芯结构纳米纤维。例如,内芯可以静电纺 RuO_2/聚(乙酸乙烯酯)(PVAc)前驱体来制备,而皮层可以是 $RuO_2 \cdot nH_2O$ 的电化学沉积薄层。据报道,电极材料的比电容为 104.3F/g(基于总质量)和 886.9F/g(基于沉积薄层的质量)[117]。RuO_2和 Mn_3O_4复合纳米纤维可以改善赝电容器的性能。该纤维由非晶 RuO_2和部分结晶的 Mn_3O_4相组成,扫描速率为 10mV/s 时,其比电容为 293F/g;扫描速率为 2000mV/s 时,电容量损失为 55%[118]。

11.4.2.2 锂离子电池

静电纺纳米纤维在电池领域显示出巨大的应用潜力。根据材料和结构不同,可用作电池隔膜、负极材料或正极材料。偏钒酸铵/PVA 溶液静电纺丝后,经煅烧可制备超长层级结构的氧化钒纳米线,沿着纳米线的长度方向上是小尺寸的纳米棒结构。将其用作锂离子电池中的正极材料,经 50 次循环后,在 1.75V 和 4V 时,其放电容量分别是 390mA · h/g 和 201mA · h/g。电池的高性能和稳定性归因于纳米棒的团聚现象得到抑制,借此保持了大的表面积和有效的接触面积[119]。

锂离子电池隔膜通常需要具有高孔隙率的结构以吸收液体电解质,需要良好的力学稳定性以保持结构稳定。静电纺丝 PVDF 纳米纤维用作锂离子电池中的隔膜时,经热处理以改善其物理完整性,同时通过乙烯等离子体处理技术增强纤维间黏合作用,填充有锂盐电解质溶液的 PVDF 纳米纤维膜的离子电导率可达 1.6~2.0×10^{-3}S/cm[120]。

由 PAN/$Mn(OAc)_2$溶液前驱体可制备负载有 MnO_2颗粒的多孔 CNF,直接用作锂离子电池负极。电池显示出较高的初始充/放电容量,分别为 1155mA · h/g 和 785mA · h/g,其库仑效率为 68.0%。经过 50 次充/放电循环后,可逆容量为 597mA · h/g(容量保持率为 76.1%)[121]。由 PAN/$ZnCl_2$复合前驱体制备活化的 CNF,在 $ZnCl_2$负载时,充/放电初始容量分别为 970mA · h/g 和 515mA · h/g[122]。此外,在纳米纤维中嵌入 SnO_2纳米颗粒,可改善碳基阳极的电化学性能。与在 20 个循环后就发生降解的商业 Sn 纳米颗粒电极相比,碳基负极在 140 个循环后放电容量仍为 648mA · h/g[123]。

11.4.2.3 染料敏化太阳能电池

为了纪念 Michael Grätzel 教授在该领域的开创性贡献,染料敏化太阳能电池(DSSC)也被称为 Grätzel 电池。典型的 DSSC 器件包括覆盖有染料敏化剂薄层的半导体光电阳极(也称为"工作电极",主要是 TiO_2)、对电极和电解质。光照下的染料敏化剂产生注入 TiO_2 导带的光电子，电子通过后触点和外部负载流出，到达对电极，在此处它们参与氧化还原介质的还原反应，从而氧化还原介质被敏化剂氧化。在一段时间内，产生的电子可被电极束缚，更可能的情况是，它们通过与氧化染料分子的重组或参与氧化还原反应而耗尽。与包含 TiO_2 纳米颗粒薄层的常用工作电极相比，一维静电纺纳米纤维基电极具有显著降低的晶界、更好的电子传输途径和更长的电子寿命等优点。

由 PVAc 和丙醇钛(Ⅳ)前驱体溶液制备的具有多级结构的 TiO_2 纳米纤维可用作 DSSC 中的工作电极。在热处理之后，形成纳米棒组成的纳米纤维结构并且将无定形 TiO_2 转化为锐钛矿相，纳米纤维含有大孔和介孔。在 30mW/cm^2 的光照强度下，获得的最高能量转换效率为 7.93%，开路电压为 630mV，电流密度为 5.6mA/cm^2，填充系数为 67.5%[124]。此外，将 TiO_2 纳米纤维与常规 TiO_2 纳米颗粒混合可制备光电阳极，太阳能电池器件的电流密度为 16.8mA/cm^2，能量转换效率为 8.8%[125]。与由 TiO_2 纳米粒子制成的光电阳极相比，其效率高出 44%。

11.4.2.4 压电器件

压电材料可以将机械形变转换成电能，已被用于制造电子传感器、机械传感器和能量采集器。通常，压电材料由含有有毒元素的无机化合物或聚合物制备，需要后期进行一系列处理，包括以高比率拉伸和在高温下在高电场中进行极化。

静电纺丝技术在加工用于能量收集应用的压电聚合物方面具有优势。使用聚偏氟乙烯(PVDF)或偏氟乙烯—三氟乙烯共聚物作为模型聚合物，不同的课题组已经报道了静电纺丝所得纳米纤维的压电性能。PVDF 的压电性源自其 β 晶相，开发了能量收集器件。采用常规的静电纺丝技术制备了取向的 PVDF 纳米纤维，通过面内取向处理改善偶极子的排列情况，纳米纤维器件的输出电压是 15~20mV，而且可将生物机械能和生物化学能分别转换为 50mV 和 95mV 的输出电压[126]。通过近场静电纺丝技术制备的 PVDF 纳米纤维不经过取向后处理也可以显示出压电性，其输出电压介于 5~30mV[127]。

有报道指出，随机排列的静电纺 PVDF 纳米纤维毡制成的器件具有更大的输出电压。未经取向处理，静电纺丝 PVDF 纳米纤维在 5Hz 压缩作用下可以产生高达 0.43V 的电压[128]。研究组还研究了无针静电纺丝技术制备的 PVDF 纳米纤维的压电性，当在静电纺丝过程中使用旋转盘作为纤维发生器时，依据静电纺丝时的施加电压不同，得到的 PVDF 纳米纤维毡的输出电压介于 1~2.6V[129]。

11.4.2.5 传感器

传感器用于检测物理化学状态或其变化(例如,气体、pH值、化学物质或生物化学物种),并将其主要转换为电或光信号输出。大多数传感器需要具有大的表面积和高度多孔的结构,以支持对分析物的快速响应和大的信噪比。纳米纤维材料与这些功能十分匹配。特别是,静电纺丝技术提供了将各种传感材料(例如,功能聚合物和无机氧化物)加工成纳米纤维的可能性,并且通过在静电纺丝溶液中添加掺杂剂、功能性化学品或聚合物,能够比较容易地改变纤维的结构与性质。

静电纺聚(丙烯酸)(PAA)[130]和PVA/PAA[131]涂覆的石英晶体微量天平可用作气体传感器以检测氨。此传感器能够检测到10^{-6}到10^{-9}浓度水平的痕量氨。对于由纯PAA纳米纤维制成的传感器,它能够检测出空气中氨的浓度0.13mg/kg。纳米纤维的直径越细,或者环境的湿度越高时,传感器的灵敏度越高。当使用PVA/PAA共混物时,传感器灵敏度随着PAA组分的增加而升高。与薄膜传感器相比,更高比表面积的纳米纤维器件具有更高的灵敏度。

用PVA/葡萄糖氧化酶的静电纺纳米纤维制备生物传感器可用于检测葡萄糖。与流延薄膜制成的传感器相比,静电纺纳米纤维传感器对0.5mmol/L葡萄糖浓度的响应更快,对于1~10mmol/L范围内的葡萄糖浓度,该传感器具有线性响应性,稳定性高。冷藏20天后,响应活性仅降低了60%[132]。据报道,负载有Ni颗粒的碳也可以用来检测葡萄糖,传感器的检测限为1μmol/L[133]。

11.4.3 环境保护

空气和水污染已成为当今世界各国主要关注的问题之一。过滤是一种从环境中去除颗粒污染物非常重要且有效的方法。静电纺丝纳米纤维的主要应用领域之一是过滤,大表面积和高孔隙率使其具有高的颗粒物收集效率和低流动阻力。

在有关静电纺聚氯乙烯(PVC)/PU纳米纤维膜的过滤性能研究中,使用300~500nm的NaCl颗粒进行测试[134]。研究发现,纳米纤维面密度增加到20.72g/m^2,过滤效率升高到99.5%,但压强仅为144Pa(面速度为5.3cm/s)。

静电纺丝纳米纤维膜也可用于油/水分离。将对水稳定的电纺PVA纤维连接到聚(醚砜)微纤维非织造布基底上,并进一步涂覆亲水性聚醚—聚酰胺或含有多壁碳纳米管(MWCNT)的交联PVA水凝胶。PVA/MWCNT涂层在24h内具有防污效果,引入的MWCNT提供纳米通道,可以加速水的渗透。在330L/(m^2·h)的水通量时，过滤膜的截留效率为99.8%。据报道，PVA作为涂层时的通量比聚醚—聚酰胺作为涂层时高两倍[135]。将废弃再利用的发泡PS静电纺丝纳米纤维与微米玻璃纤维混合，进行水/油分离研究。含纳米纤维的过滤膜比纯玻璃纤维过滤膜(分离效率为67.5%)具有更高的分离效率，最高达88.1%[136]。为了提高过滤效率，将勃姆石纳米颗粒引入静电纺PA6纳米纤维中，勃姆石的驻极体效应增加了颗粒捕获而不增加气流阻力。该滤膜在25Pa阻力下的过滤指数为0.943mm H_2O[137]。

11.4.4 化学领域

在化学领域，纳米纤维是化学反应催化剂的理想载体。例如，将Pd纳米颗粒负载到静电纺CNF上，作为Sonogashira偶联反应的催化剂。Pd-CNF催化剂显示出高催化活性，在10个反应循环后，偶联反应的产率依然可保持为85%，并且催化剂的回收率为100%[138]。将Pt/C与静电纺CNF进行复合，对甲醇氧化具有催化活性，其交换电流密度比碳纸支撑的Pt/C催化剂高4.49倍。纳米纤维毡的多孔结构以及Pt/C颗粒在纤维基质中的良好分散使得体系具有较低的电荷转移阻力，利于催化甲醇氧化[139]。

在静电纺PA6纳米纤维上化学镀Pd制备电催化电极用于甲醇氧化。在第一次扫描时，系统的电流密度为34.76mA/cm^2，并且20次反应循环后电流减少5.4%[140]。此外，将Pt纳米颗粒负载在石墨烯改性的CNF上进行电催化反应，在甲醇氧化过程中表现出快速的电荷转移速率和长期稳定性[141]。

有研究将TiO_2纳米纤维用于析氢反应的光催化剂。在450℃时，静电纺TiO_2纳米纤维的析氢速率为270μmol/g，比采用水热法制备的TiO_2纳米纤维高2.8倍[142]。采用静电纺丝结合水热法后处理制备的TiO_2/SnS_2纳米纤维对有机染料和酚具有光催化降解活性。在紫外线照射50min和60min后，纳米纤维对甲基橙和4-硝基苯酚的降解率分别为92.7%和88.8%[143]。类似的，用ZnO纳米粒子修饰的TiO_2纳米纤维可用于降解甲基红和罗丹明B染料[144-145]。

将酶固定在静电纺纳米纤维上可以改善其催化能力。采用静电纺丝技术，制备含有脂肪酶的静电纺PVA和PEO/酪蛋白纳米纤维用于水解橄榄油。与流延薄膜相比，PVA/脂肪酶纳米纤维的催化活性高6倍[146]。将纤维素固定在戊二醛交联的PVA纳米纤维上，其活性要比流延薄膜中的自由纤维素的活性高两倍[147]。

此外,将源自皱落假丝酵母的脂肪酶固定于磷脂修饰的PAN纳米纤维上,脂肪酶的活性保持率提高到76.8%,而与纯PAN纳米纤维结合的脂肪酶的活性保持率为56.4%[148]。含有MWCNTs的静电纺丙烯腈—丙烯酸共聚物纳米纤维可用于固定过氧化氢酶。研究表明,与单独共聚物纳米纤维的体系相比,含MWCNT的体系中酶的活性保持率更高,达到47.9%,这是因为MWCNTs能够大大改善过氧化氢酶的电荷转移性[149]。

11.4.5 功能性纺织品

静电纺丝纳米纤维在制造防护服方面具有很大的潜力,纳米纤维可形成阻止危险液体或蒸气的防护层。对于纺织品应用,穿着舒适性是必须考虑的因素之一。因此,纳米纤维防护层不应改变织物的热湿传输性能以及透气性。

将静电纺PU纳米纤维沉积在纺黏聚丙烯非织造布上时,织物的农药渗透率降低了25%。与聚四氟乙烯膜相比,纳米纤维层的重量小一个数量级。尽管功能性织物的透气性随着PU纳米纤维的面密度的增加而降低,但仍然处于令人满意的水平,为100cm^3/(s·cm^2),并且纳米纤维层没有改变织物的水蒸气传输性[150]。

为了保证热生理舒适性,纺织品需要具有优良的水蒸气和热传输性。由亲水性PAN和疏水性PS分别作为外层和里层材料,制备双层电纺织物,并评价其水分输送性能。将PS层改性为亲水性,织物显示出对水分的推—拉效应。在实际应用中,这意味着汗液可以从内部亲水层转移到外部亲水层[151]。

双层纳米纤维被认为具有单向输送水或油的能力[152]。例如,PVDF-HFP和PVDP-HFP/FD-POSS(氟化癸基多面体低聚倍半硅氧烷)/FAS(氟化烷基硅烷)的共混物先后进行静电纺丝形成双层纳米纤维膜。该膜的两面具有超疏水性,但表现出来自PVDF-HFP/FD-POSS/FAS层的单向疏油性质,这种智能膜显示出更强的油/水分离效果。

11.4.6 其他

静电纺丝纳米纤维在材料增强领域的应用潜力也比较明显。将电纺尼龙6/硅酸盐纳米纤维以低质量分数分散于2,2′-双-[4-(甲基丙烯酰氧基丙氧基)-苯基]-丙烷/三(乙二醇)二甲基丙烯酸酯(Bis-GMA/TEGDMA)牙科复合材料中,挠曲强度和弹性模量分别提高23%和25%[153]。将聚酰亚胺(PI)/碳纳米管静电纺纳米纤维掺入聚酰胺酸中，经亚胺化后，得到透明的高性能纳米纤维增强 PI 膜，其拉伸强度提高了 138%，断裂伸长率提高了 104%[154]。

静电纺丝纳米纤维也可用作吸音材料。具有不同纤维形态和厚度的静电纺丝 PAN 纳米纤维材料具有增强的隔音效果[155]。据报道，静电纺 PVP，PS 和 PVC 纳米纤维的吸音性能随着纤维直径降低而增加，吸收系数在 2000Hz 和 6000Hz 时几乎达到 1。同样，这种吸音效果与其大的比表面积有关，可以增强声波之间的相互作用而使其衰减[156]。

11.5 总结与展望

本章总结了静电纺丝技术和所得纳米纤维的结构、性能及应用。静电纺丝方法可以制备出单纤维、无规和取向的纤维结构、3D 复杂结构以及纳米纱线，所得产品丰富多样，并且应用领域广泛。可以预期，随着大规模静电纺丝技术和纳米纤维纱线生产技术的发展，纳米纤维的实际应用和新型 3D 纤维结构的开发将取得更大成功。

参考文献

[1] Makoto K, et al: Method for manufacturing fibrous configuration composed of a plurality of mutually entangled bundles of extremely fine fibers, 1971, [Google Patents].

[2] Wente AV: Manufacture of superfine organic fibers, Washington, DC, 1997, Naval Research Laboratory.

[3] Joachim C: Drawing a single nanofibre over hundreds of microns, EPL (Europhysics Letters) 42(2):215, 1998.

[4] Ingersoll HG: Fibrillated strand, 1963, [Google Patents].

[5] Ma PX, Zhang R: Synthetic nano-scale fibrous extracellular matrix, Journal of Biomedical Materials Research Part A 46(1):60-72, 1999.

[6] Liu G, Qiao L, Guo A: Diblock copolymer nanofibers, Macromolecules 29(16):5508-

5510,1996.

[7] Sutti A,Lin T,Wang X:Shear-enhanced solution precipitation:a simple process to produce short polymeric nanofibers,Journal of Nanoscience and Nanotechnology 11 (10):8947-8952,2011.

[8] Lozano K,Sarkar K:Superfine fiber creating spinneret and uses thereof,2014,:US 8828294 B2.

[9] Cao M,et al:Preparation of ultrahigh-aspect-ratio hydroxyapatite nanofibers in reverse micelles under hydrothermal conditions, Langmuir 20 (11): 4784 - 4786,2004.

[10] Gilbert W:On the magnet,1958,Basics Books.

[11] Rayleigh L:On the equilibrium of liquid conducting masses charged with electricity,Philosophical Magazine 14:184-186,1882.

[12] Cooley JF:Apparatus for electrically dispersing fluids,1902,[Google Patents].

[13] Cooley JF:Improved methods of and apparatus for electrically separating the relatively volatile liquid component from the component of relatively fixed substances of composite fluids,1900.

[14] Morton WJ:Method of dispersing fluids,1902,[Google Patents].

[15] Anton F:Process and apparatus for preparing artificial threads,1934,[Google Patents].

[16] Anton F:Artificial fiber construction,1938,[Google Patents].

[17] Anton F:Method and apparatus for the production of fibers,1938,[Google Patents].

[18] Anton F:Artificial thread and method of producing same,1940,[Google Patents].

[19] Anton F:Production of artificial fibers from fiber forming liquids,1943,[Google Patents].

[20] Anton F:Method and apparatus for spinning,1944,[Google Patents].

[21] Norton CL:Method of and apparatus for producing fibrous or filamentary material, 1936,[Google Patents].

[22] Taylor G:Electrically driven jets,Proceedings of the Royal Society of London A. Mathematical,Physical and Engineering Sciences 313(1515):453-475,1969.

[23] Taylor G: Disintegration of water drops in an electric field, Proceedings of the Royal Society A280(1382):383-397,1964.

[24] Taylor G, McEwan A: The stability of a horizontal fluid interface in a vertical electric field, Journal of Fluid Mechanics 22(01):1-15,1965.

[25] Taylor GI: Conical free surfaces and fluid interfaces. In Görtler H, editor: Applied mechanics, 1966, Springer Berlin Heidelberg, pp 790-796.

[26] Doshi J, Reneker DH: Electrospinning process and applications of electrospun fibers, Journal of Electrostatics 35(2-3):151-160,1995.

[27] Reneker DH, Chun I: Nanometre diameter fibres of polymer, produced by electrospinning, Nanotechnology 7(3):216,1996.

[28] Angammana CJ, Jayaram SH: A theoretical understanding of the physical mechanisms of electrospinning. Proceedings of ESA annual meeting on electrostatics, 2011.

[29] Sukigara S, et al: Regeneration of Bombyx mori silk by electrospinning—part 1: processing parameters and geometric properties, Polymer 44(19):5721-5727, 2003.

[30] Bailey VAG: Electrostatic spraying of liquids. Research studies Press LTD Taunton, Somerset/John Wiley & Sons Inc., New York 1988, 197 Seiten, Physik in unserer Zeit20(5):160,1989.

[31] Demir MM, et al: Electrospinning of polyurethane fibers, Polymer 43(11):3303-3309,2002.

[32] Naveen Kumar HMP, et al: Compatibility studies of chitosan/PVA blend in 2% aqueous acetic acid solution at 30℃, Carbohydrate Polymers 82(2):251-255,2010.

[33] Hohman MM, et al: Electrospinning and electrically forced jets. II. Applications, Physics of Fluids13(8),2001.

[34] Eda G, Shivkumar S: Bead-to-fiber transition in electrospun polystyrene, Journal of Applied Polymer Science 106(1):475-487,2007.

[35] Lin T, et al: The charge effect of cationic surfactants on the elimination of fibre beads in the electrospinning of polystyrene, Nanotechnology 15(9):1375,2004.

[36] Tan SH, et al: Systematic parameter study for ultra-fine fiber fabrication via electrospinning process, Polymer 46(16):6128-6134, 2005.

[37] Mit-uppatham C, Nithitanakul M, Supaphol P: Ultrafine electrospun polyamide-6 fibers: effect of solution conditions on morphology and average fiber diameter, Macromolecular Chemistry and Physics 205(17):2327-2338, 2004.

[38] Buchko CJ, et al: Processing and microstructural characterization of porous biocompatible protein polymer thin films, Polymer 40(26):7397-7407, 1999.

[39] Deitzel JM, et al: The effect of processing variables on the morphology of electrospun nanofibers and textiles, Polymer 42(1):261-272, 2001.

[40] Zong X, et al: Structure and process relationship of electrospun bioabsorbable nanofiber membranes, Polymer 43(16):4403-4412, 2002.

[41] Yuan X, et al: Morphology of ultrafine polysulfone fibers prepared by electrospinning, Polymer International 53(11):1704-1710, 2004.

[42] Mo XM, et al: Electrospun P(LLA-CL) nanofiber: a biomimetic extracellular matrix for smooth muscle cell and endothelial cell proliferation, Biomaterials 25(10):1883-1890, 2004.

[43] Zhang C, et al: Study on morphology of electrospunpoly(vinyl alcohol) mats, European Polymer Journal 41(3):423-432, 2005.

[44] Casper CL, et al: Controlling surface morphology of electrospun polystyrene fibers: effect of humidity and molecular weight in the electrospinning process, Macromolecules 37(2):573-578, 2004.

[45] Sun Z, et al: Compound core-shell polymer nanofibers by co-electrospinning, Advanced Materials 15(22):1929-1932, 2003.

[46] Li D, Xia Y: Direct fabrication of composite and ceramic hollow nanofibers by electrospinning, Nano Letters 4(5):933-938, 2004.

[47] Li D, McCann JT, Xia Y: Use of electrospinning to directly fabricate hollow nanofibers with functionalized inner and outer surfaces, Small 1(1):83-86, 2005.

[48] Lin T, Wang H, Wang X: Self-crimping bicomponent nanofibers electrospun from polyacrylonitrile and elastomeric polyurethane, Advanced Materials 17(22):2699-2703, 2005.

[49] Zhao Y, Cao X, Jiang L: Bio-mimic multichannel microtubes by a facile method, Journal of the American Chemical Society 129(4):764-765, 2007.

[50] Chen H, et al: Nanowire-in-microtube structured core/shell fibers via multifluidic coaxial electrospinning, Langmuir 26(13):11291-11296, 2010.

[51] Lee BS, Yang HS, Yu WR: Fabrication of double-tubular carbon nanofibers using quadruple coaxial electrospinning, Nanotechnology 25(46):465602, 2014.

[52] Niu H, Lin T: Fiber generators in needleless electrospinning, Journal of Nanomaterials 2012:1-13, 2012.

[53] Simm W, et al: Fibre fleece of electrostatically spun fibres and methods of making same, 1979, : [Google Patents].

[54] Yarin AL, Zussman E: Upward needleless electrospinning of multiple nanofibers, Polymer 45(9):2977-2980, 2004.

[55] Jirsak O, et al: A method of nanofibres production from a polymer solution using electrostatic spinning and a device for carrying out the method, 2005, : [Google Patents].

[56] Jirsak O, et al: Method of nanofibres production from a polymer solution using electrostatic spinning and a device for carrying out the method, 2009, : [Google Patents].

[57] Dosunmu O, et al: Electrospinning of polymer nanofibres from multiple jets on a porous tubular surface, Nanotechnology 17(4):1123, 2006.

[58] Liu Y, He JH: Bubble electrospinning for mass production of nanofibers, International Journal of Nonlinear Sciences and Numerical Simulation 8(3): 393-396, 2007.

[59] Zhou FL, Gong RH, Porat I: Polymeric nanofibers via flat spinneret electrospinning, Polymer Engineering and Science 49(12):2475-2481, 2009.

[60] Tang S, Zeng YC, Wang XH: Splashing needleless electrospinning of nanofibers, Polymer Engineering and Science 50(11):2252-2257, 2010.

[61] Lu BA, et al: Superhigh-throughput needleless electrospinning using a rotary cone as spinneret, Small 6(15):1612-1616, 2010.

[62] Wang X, et al: Needleless electrospinning of nanofibers with a conical wire coil,

Polymer Engineering and Science 49(8):1582-1586,2009.

[63] Lin T,et al:Electrostatic spinning assembly,2010,:WO 2010043002 A1.

[64] Wang X,et al:Needleless electrospinning of uniform nanofibers using spiral coil spinnerets,Journal of Nanomaterials:9,2012.

[65] Wang X,Lin T,Wang XG:Scaling up the production rate of nanofibers by needleless electrospinning from multiple ring, Fibers and Polymers 15(5):961-965,2014.

[66] Niu HT,Lin T,Wang XG:Needleless electrospinning.I.A comparison of cylinder and disk nozzles,Journal of Applied Polymer Science 114(6):3524-3530,2009.

[67] Niu HT,Wang XG,Lin T:Upward needleless electrospinning of nanofibers,Journal of Engineered Fibers and Fabrics 7:17-22,2012.

[68] Niu HT,Wang XG,Lin T:Needleless electrospinning:influences of fibre generator geometry,Journal of the Textile Institute 103(7):787-794,2012.

[69] Forward KM,Flores A,Rutledge GC:Production of core/shell fibers by electrospinning from a free surface, Chemical Engineering Science 104(0):250-259,2013.

[70] Jiang G,Zhang S,Qin X:High throughput of quality nanofibers via one stepped pyramid-shaped spinneret,Materials Letters 106(0):56-58,2013.

[71] Ko F,et al:Electrospinning of continuous carbon nanotube-filled nanofiber yarns, Advanced Materials 15(14):1161-1165,2003.

[72] Kim H:Method of manufacturing a continuous filament by electrospinning and continuous filament manufactured thereby,2009,:[Google Patents].

[73] Bazbouz MB,Stylios GK:Novel mechanism for spinning continuous twisted composite nanofiber yarns,European Polymer Journal 44(1):1-12,2008.

[74] Ali U,et al:Direct electrospinning of highly twisted,continuous nanofiber yarns, Journal of the Textile Institute 103(1):80-88,2012.

[75] Khil MS,et al:Novel fabricated matrix via electrospinning for tissue engineering, Journal of Biomedical Materials Research Part B Applied Biomaterials 72(1):117-124,2005.

[76] Teo WE,et al:A dynamic liquid support system for continuous electrospun yarn

fabrication, Polymer 48(12):3400-3405, 2007.

[77] Han T, Reneker DH, Yarin AL: Buckling of jets in electrospinning, Polymer 48(20):6064-6076, 2007.

[78] Jin Y, et al: Fabrication of necklace-like structures via electrospinning, Langmuir 26(2):1186-1190, 2009.

[79] Yuan H, et al: Stable jet electrospinning for easy fabrication of aligned ultrafine fibers, Journal of Materials Chemistry 22(37):19634-19638, 2012.

[80] Katta P, et al: Continuous electrospinning of aligned polymer nanofibers onto a wire drum collector, Nano Letters 4(11):2215-2218, 2004.

[81] Li D, et al: Collecting electrospun nanofibers with patterned electrodes, Nano Letters 5(5):913-916, 2005.

[82] Yang F, et al: Electrospinning of nano/micro scale poly(L-lactic acid) aligned fibers and their potential in neural tissue engineering, Biomaterials 26(15):2603-2610, 2005.

[83] Smit E, Büttner U, Sanderson RD: Continuous yarns from electrospun fibers, Polymer 46(8):2419-2423, 2005.

[84] Dalton PD, Klee D, Möller M: Electrospinning with dual collection rings, Polymer 46(3):611-614, 2005.

[85] Liu LQ, et al: One-step electrospun nanofiber-based composite ropes, Applied Physics Letters 90(8), 2007:083108-1.

[86] Baniasadi M, et al: High-performance coils and yarns of polymeric piezoelectric nanofibers, ACS Applied Materials & Interfaces 7(9):5358-5366, 2015.

[87] Rogers CM, et al: A novel technique for the production of electrospun scaffolds with tailored three-dimensional micro-patterns employing additive manufacturing, Biofabrication 6(3):035003, 2014.

[88] Wittmer CR, et al: Well-organized 3D nanofibrous composite constructs using cooperative effects between electrospinning and electrospraying, Polymer 55(22):5781-5787, 2014.

[89] Ahirwal D, et al: From self-assembly of electrospun nanofibers to 3D cm thick hierarchical foams, Soft Matter 9(11):3164-3172, 2013.

[90] Kim TG, Chung HJ, Park TG: Macroporous and nanofibrous hyaluronic acid/collagen hybrid scaffold fabricated by concurrent electrospinning and deposition/leaching of salt particles, Acta Biomaterialia 4(6):1611-1619, 2008.

[91] Kim HY, et al: Nanopottery: coiling of electrospun polymer nanofibers, Nano Letters 10(6):2138-2140, 2010.

[92] Zhang D, Chang J: Electrospinning of three-dimensional nanofibrous tubes with controllable architectures, Nano Letters 8(10):3283-3287, 2008.

[93] Agarwal S, Wendorff JH, Greiner A: Use of electrospinning technique for biomedical applications, Polymer 49(26):5603-5621, 2008.

[94] Yoshimoto H, et al: A biodegradable nanofiber scaffold by electrospinning and its potential for bone tissue engineering, Biomaterials 24(12):2077-2082, 2003.

[95] Jin HJ, et al: Human bone marrow stromal cell responses on electrospun silk fibroin mats, Biomaterials 25(6):1039-1047, 2004.

[96] Xin XJ, Hussain M, Mao JJ: Continuing differentiation of human mesenchymal stem cells and induced chondrogenic and osteogenic lineages in electrospun PLGA nanofiber scaffold, Biomaterials 28(2):316-325, 2007.

[97] Li CM, et al: Electrospun silk-BMP-2 scaffolds for bone tissue engineering, Biomaterials 27(16):3115-3124, 2006.

[98] Badami AS, et al: Effect of fiber diameter on spreading, proliferation, and differentiation of osteoblastic cells on electrospunpoly(lactic acid) substrates, Biomaterials 27(4):596-606, 2006.

[99] Sun T, et al: Development of a 3D cell culture system for investigating cell interactions with electrospun fibers, Biotechnology and Bioengineering 97(5):1318-1328, 2007.

[100] Yang Y, et al: Promotion of skin regeneration in diabetic rats by electrospun core-sheath fibers loaded with basic fibroblast growth factor, Biomaterials 32(18):4243-4254, 2011.

[101] Kurpinski KT, et al: The effect of fiber alignment and heparin coating on cell infiltration into nanofibrous PLLA scaffolds, Biomaterials 31(13):3536-3542, 2010.

[102] Stitzel J, et al: Controlled fabrication of a biological vascular substitute, Biomaterials 27(7): 1088-1094, 2006.

[103] Lee YH, et al: Electrospun dual - porosity structure and biodegradation morphology of Montmorillonite reinforced PLLA nanocomposite scaffolds, Biomaterials 26(16): 3165-3172, 2005.

[104] Luong Van E, et al: Controlled release of heparin from poly (epsilon - caprolactone) electrospun fibers, Biomaterials 27(9): 2042-2050, 2006.

[105] Choi JS, et al: The influence of electrospun aligned poly(epsilon-caprolactone)/collagen nanofiber meshes on the formation of self-aligned skeletal muscle myotubes, Biomaterials 29(19): 2899-2906, 2008.

[106] Liao IC, et al: Effect of electromechanical stimulation on the maturation of myotubes on aligned electrospun fibers, Cellular and Molecular Bioengineering 1(2-3): 133-145, 2008.

[107] Corey JM, et al: Aligned electrospun nanofibers specify the direction of dorsal root ganglia neurite growth, Journal of Biomedical Materials Research Part A83A(3): 636-645, 2007.

[108] Lee JY, et al: Polypyrrole-coated electrospun PLGA nanofibers for neural tissue applications, Biomaterials 30(26): 4325-4335, 2009.

[109] Verreck G, et al: Incorporation of drugs in an amorphous state into electrospun nanofibers composed of a water-insoluble, nonbiodegradable polymer, Journal of Controlled Release 92(3): 349-360, 2003.

[110] Buschle-Diller G, et al: Release of antibiotics from electrospun bicomponent fibers, Cellulose 14(6): 553-562, 2007.

[111] Zeng J, et al: Poly(vinyl alcohol) nanofibers by electrospinning as a protein delivery system and the retardation of enzyme release by additional polymer coatings, Biomacromolecules 6(3): 1484-1488, 2005.

[112] Chen C, et al: Poly(lactic acid) (PLA) based nanocomposites—a novel way of drug-releasing, Biomedical Materials 2(4): L1, 2007.

[113] Kim C, Yang K: Electrochemical properties of carbon nanofiber web as an electrode for supercapacitor prepared by electrospinning, Applied Physics Letters 83

(6):1216-1218,2003.

[114] Kim C, et al: Characteristics of supercapacitor electrodes of PBI-based carbon nanofiber web prepared by electrospinning, Electrochimica Acta 50(2-3):877-881,2004.

[115] Ju YW, et al: Electrochemical properties of electrospun PAN/MWCNT carbon nanofibers electrodes coated with polypyrrole, Electrochimica Acta 53(19):5796-5803,2008.

[116] Zhi MJ, et al: Highly conductive electrospun carbon nanofiber/MnO_2 coaxial nano-cables for high energy and power density supercapacitors, Journal of Power Sources 208:345-353,2012.

[117] Hyun TS, et al: Facile synthesis and electrochemical properties of RuO_2 nanofibers with ionically conducting hydrous layer, Journal of Materials Chemistry 20(41):9172-9179,2010.

[118] Youn DY, et al: Facile synthesis of highly conductive $RuO_2-Mn_3O_4$ composite nanofibers via electrospinning and their electrochemical properties, Journal of the Electrochemical Society 158(8):A970-A975,2011.

[119] Mai LQ, et al: Electrospun ultralong hierarchical vanadium oxide nanowires with high performance for lithium ion batteries, Nano Letters 10(11): 4750-4755,2010.

[120] Choi S-S, et al: Electrospun PVDF nanofiber web as polymer electrolyte or separator, Electrochimica Acta 50(2-3):339-343,2004.

[121] Ji L, Zhang X: Manganese oxide nanoparticle-loaded porous carbon nanofibers as anode materials for high-performance lithium-ion batteries, Electrochemistry Communications 11(4):795-798,2009.

[122] Ji LW, Zhang XW: Generation of activated carbon nanofibers from electrospun polyacrylonitrile-zinc chloride composites for use as anodes in lithium-ion batteries, Electrochemistry Communications 11(3):684-687,2009.

[123] Yu Y, et al: Tin nanoparticles encapsulated in porous multichannel carbon microtubes: preparation by single-nozzle electrospinning and application as anode material for high-performance Li-based batteries, Journal of the American Chemical

Society 131(44):15984,2009.

[124] Hwang D,et al:High-efficiency,solid-state,dye-sensitized solar cells using hierarchically structured TiO_2 nanofibers,ACS Applied Materials & Interfaces 3(5):1521-1527,2011.

[125] Joshi P,et al:Composite of TiO_2 nanofibers and nanoparticles for dye-sensitized solar cells with significantly improved efficiency,Energy & Environmental Science 3(10):1507-1510,2010.

[126] Hansen BJ,et al:Hybrid nanogenerator for concurrently harvesting biomechanical and biochemical energy,ACS Nano 4(7):3647-3652,2010.

[127] Chang C,et al:Direct-write piezoelectric polymeric nanogenerator with high energy conversion efficiency,Nano Letters 10(2):726-731,2010.

[128] Fang J,Wang X,Lin T:Electrical power generator from randomly oriented electrospun poly(vinylidene fluoride) nanofibre membranes,Journal of Materials Chemistry 21(30):11088-11091,2011.

[129] Fang J, et al: Enhanced mechanical energy harvesting using needleless electrospun poly(vinylidene fluoride) nanofibre webs,Energy & Environmental Science 6(7):2196-2202,2013.

[130] Ding B,Yamazaki M,Shiratori S:Electrospun fibrous polyacrylic acid membrane-based gas sensors,Sensors and Actuators B-Chemical 106(1):477-483,2005.

[131] Ding B,et al:Electrospun nanofibrous membranes coated quartz crystal microbalance as gas sensor for NH_3 detection,Sensors and Actuators B-Chemical 101(3):373-380,2004.

[132] Ren GL, et al: Electrospunpoly(vinyl alcohol)/glucose oxidase biocomposite membranes for biosensor applications,Reactive & Functional Polymers 66(12):1559-1564,2006.

[133] Liu Y, et al: Nonenzymatic glucose sensor based on renewable electrospun Ni nanoparticle - loaded carbon nanofiber paste electrode, Biosensors & Bioelectronics 24(11):3329-3334,2009.

[134] Wang N, et al: Tortuously structured polyvinyl chloride/polyurethane fibrous membranes for high-efficiency fine particulate filtration,Journal of Colloid and

Interface Science 398:240-246,2013.

[135] Wang XF, et al: High flux filtration medium based on nanofibrous substrate with hydrophilic nanocomposite coating, Environmental Science & Technology 39 (19):7684-7691,2005.

[136] Shin C, Chase GG, Reneker DH: Recycled expanded polystyrene nanofibers applied in filter media, Colloids and Surfaces A Physicochemical and Engineering Aspects 262(1-3):211-215,2005.

[137] Yeom BY, Shim E, Pourdeyhimi B: Boehmite nanoparticles incorporated electrospun nylon-6 nanofiber web for new electret filter media, Macromolecular Research 18(9):884-890,2010.

[138] Chen LP, et al: Novel Pd-carrying composite carbon nanofibers based on polyacrylonitrile as a catalyst for Sonogashira coupling reaction, Catalysis Communications 9(13):2221-2225,2008.

[139] Li MY, et al: Electrospinning-derived carbon fibrous mats improving the performance of commercial Pt/C for methanol oxidation, Journal of Power Sources 191 (2):351-356,2009.

[140] Su L, et al: Free-standing palladium/polyamide 6 nanofibers for electrooxidation of alcohols in alkaline medium, Journal of Physical Chemistry C113(36):16174-16180,2009.

[141] Chang YZ, et al: Graphene-modified carbon fiber mats used to improve the activity and stability of Pt catalyst for methanol electrochemical oxidation, Carbon 49 (15):5158-5165,2011.

[142] Chuangchote S, et al: Photocatalytic activity for hydrogen evolution of electrospun TiO_2 nanofibers, ACS Applied Materials & Interfaces 1(5):1140-1143,2009.

[143] Zhang ZY, et al: Hierarchical assembly of ultrathin hexagonal SnS2 nanosheets onto electrospun TiO_2 nanofibers: enhanced photocatalytic activity based on photoinduced interfacial charge transfer, Nanoscale 5(2):606-618,2013.

[144] Liu RL, et al: Fabrication of TiO_2/ZnO composite nanofibers by electrospinning and their photocatalytic property, Materials Chemistry and Physics 121(3):432-439,2010.

[145] Kanjwal MA, et al: Photocatalytic activity of ZnO-TiO_2 hierarchical nanostructure prepared by combined electrospinning and hydrothermal techniques, Macromolecular Research 18(3):233-240, 2010.

[146] Xie JB, Hsieh YL: Ultra-high surface fibrous membranes from electrospinning of natural proteins: casein and lipase enzyme, Journal of Materials Science 38(10): 2125-2133, 2003.

[147] Wu LL, Yuan XY, Sheng J: Immobilization of cellulase in nanofibrous PVA membranes by electrospinning, Journal of Membrane Science 250(1-2): 167-173, 2005.

[148] Huang XJ, et al: Electrospun nanofibers modified with phospholipid moieties for enzyme immobilization, Macromolecular Rapid Communications 27(16): 1341-1345, 2006.

[149] Wang ZG, et al: Nanofibrous membranes containing carbon nanotubes: electrospun for redox enzyme immobilization, Macromolecular Rapid Communications 27(7): 516-521, 2006.

[150] Lee S, Obendorf SK: Use of electrospun nanofiber web for protective textile materials as barriers to liquid penetration, Textile Research Journal 77(9): 696-702, 2007.

[151] Dong Y, et al: Tailoring surface hydrophilicity of porous electrospun nanofibers to enhance capillary and push-pull effects for moisture wicking, ACS Applied Materials & Interfaces 6(16): 14087-14095, 2014.

[152] Wang H, et al: Dual-layer superamphiphobic/superhydrophobic-oleophilic nanofibrous membranes with unidirectional oil-transport ability and strengthened oil-water separation performance, Advanced Materials Interfaces 2(4), 2015.

[153] Tian M, et al: Bis-GMA/TEGDMA dental composites reinforced with electrospun nylon 6 nanocomposite nanofibers containing highly aligned fibrillar silicate single crystals, Polymer 48(9): 2720-2728, 2007.

[154] Chen D, et al: High performance polyimide composite films prepared by homogeneity reinforcement of electrospun nanofibers, Composites Science and Technology 71(13): 1556-1562, 2011.

[155] Xiang HF, et al: Sound absorption behaviour of electrospun polyacrylonitrile nanofibrous membranes, Chinese Journal of Polymer Science 29(6): 650-657, 2011.

[156] Khan WS, Asmatulu R, Yildirim MB: Acoustical properties of electrospun fibers for aircraft interior noise reduction, Journal of Aerospace Engineering 25(3): 376-382, 2012.

12　高性能聚酰亚胺纤维

J.Chang,H.Niu,D.Wu
北京化工大学,中国北京

12.1　前言

高性能聚酰亚胺(PI)纤维具有优异的力学性能、耐化学性和耐辐射性,出色的热氧稳定性和独特的介电性能[25,35,42,46]。近年来研究人员对聚合物主链结构中的酰亚胺环和芳香族基团的研究兴趣与日俱增。作为目前和未来最具前景的高性能聚合物纤维之一,PI 纤维已被用于如电气、微电子、工程和航空航天等多个领域[2,21,57]。在过去的数十年间,高性能 PI 纤维的研究取得了重大发展[39,45,53]。PI 纤维是由美国和苏联研究人员首次提出并进行研究的。但是,由于当时纺丝设备和合成方法的限制,PI 纤维的力学性能非常差。经过几年的研究和开发,具有优异性能的高性能 PI 纤维受到关注。为了获得高性能 PI 纤维,对结构和性质之间的关系做了大量基础研究,这对建立高性能 PI 纤维的设计和制备的普遍规律具有重要意义。

目前,主要有两种制备 PI 纤维的方法[7,15,43,73]。第一种称为“一步法”,在苯酚类溶剂中,通过二酐和二胺的缩聚反应合成可溶于有机溶剂的 PI,经溶液纺丝获得 PI 纤维[31,32]。在该方法中,可以避免在纤维中形成微孔结构等缺陷,从而得到具有超高拉伸强度和初始模量的 PI 纤维。但是,受单体溶解性的限制,而且该方法趋于使用无毒(或低毒)等环境友好型溶剂,在工业生产中应用开发受阻[9,43]。另一种广泛应用的方法称为“两步法”,首先将聚酰胺酸(PAA)溶液挤出到凝固浴中形成 PAA 纤维,然后通过热或酰亚胺化形成 PI 纤维[5,12-14]。但是,在凝固浴中的双扩散和酰亚胺化过程容易使纤维产生缺陷。因此,两步法得到的 PI 纤维的力学性能需要进一步改进[31-32]。即便如此，由于适用于此类方法的单体众多，更易实现工业生产，两步法为工业化生产 PI 纤维的主要方式。

一般而言，PI 纤维的力学性能与聚合物主链的刚性、化学结构、结晶度、分子堆积程度和取向以及纤维中的结构缺陷等因素密切相关[26,23-24,36]。当然，毫无疑问的是，由于纤维中聚集态结构和形态结构的变化，不同的制备方法对上述因素有很大影响。下述内容中，按照不同的制备方法分类，总结分析有关 PI 纤维结构和性质相关性。

12.2 一步法合成工艺

最早商业化的 PI 纤维 P84 是采用一步法制备的，所用单体是 3,3′,4,4′-二苯甲酮四酸二酐(BTDA)，4,4′-二苯甲烷二异氰酸酯(MDI)和 2,4-甲苯二异氰酸酯(TDI)[48,66]。然而，受纺丝设备和技术的限制，所得纤维的拉伸强度仅为 0.5GPa，初始模量为 2.12GPa，伸长率为 20%，力学性能较差。因此，P84 纤维主要应用于耐热和抗辐射领域[42]。典型的一步法制备路线如图 12-1 所示。其中，常用的二酐单体有 3,3′,4,4′-联苯四酸二酐(BPDA)，4,4′-联苯醚二酐(ODPA)和 BTDA。

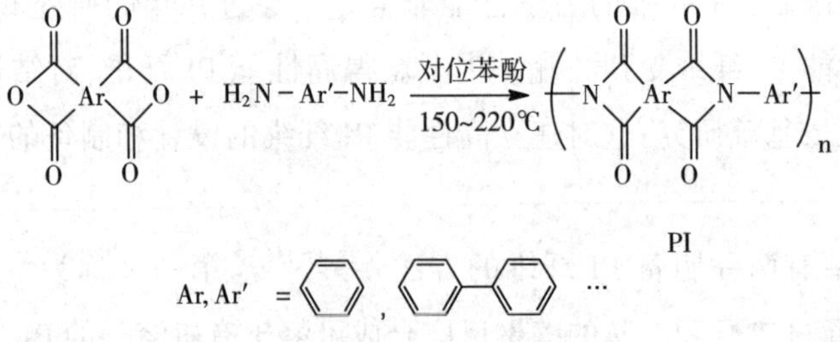

$$\text{二酐(Ar)} + H_2N-Ar'-NH_2 \xrightarrow[150\sim220^\circ C]{\text{对位苯酚}} \text{PI}$$

Ar, Ar′ = 苯环, 联苯 …

图 12-1 一步法制备 PI 纤维路线图

12.2.1 基于 BPDA 的聚酰亚胺及其纤维

Cheng 等[7]使用一步干喷湿纺法制备了一种由 BPDA 和 2,2′-双(三氟甲基)-4,4′-二氨基联苯(PFMB/TFMB)缩聚而成的 PI 纤维。将纤维在 400℃下经过 10 倍牵伸，得到的 PI 纤维的拉伸强度和初始模量分别为 3.2GPa 和 130GPa。在一步法中不需要去除小分子，因此，所得纤维可以经受更大的拉伸，利于较快形成更加完善的晶体结构。当牵伸比增加到 8 时，纤维的结晶度为 50%，晶体取向度为 0.87，而初生纤维的结晶度和晶体取向度分别为 10% 和 0.75。对于芳香族 PI 纤维，结晶度和晶体取向度是决定纤维最终性能的两个关键因素。在一步法中，BPDA/PFMB 纤维主要是通过牵伸比的增大来提高纤维的机械性能，同时证明了拉伸比是一个关键的影响因素。类似地，Li 等[34] 在对氯苯酚中，以 BPDA 和 2,2′-二甲基-4,4′-二氨基联苯（DMB）为单体，采用一步法合成、干喷湿纺法[16] 纺丝制备出了新型可溶性高性能 PI 纤维，其拉伸强度和初始模量分别达到 3.3GPa 和 130GPa，最大牵伸比为 10，主要得益于外力作用下易于排列的刚性链分子结构和有序结晶区域。最重要的是，在一步法中，不经过酰亚胺化过程，保留了超分子结构，这对赋予 PI 纤维优良的机械性能具有很大影响。然而，纤维中残留的有毒酚类溶剂难以除去，并且不可避免地会影响所得 PI 纤维的性能。因此，一步法的开发受到限制，尚需要进一步改进。BPDA/PFMB 和 BPDA/DMB 纤维的化学结构如图 12-2 所示。

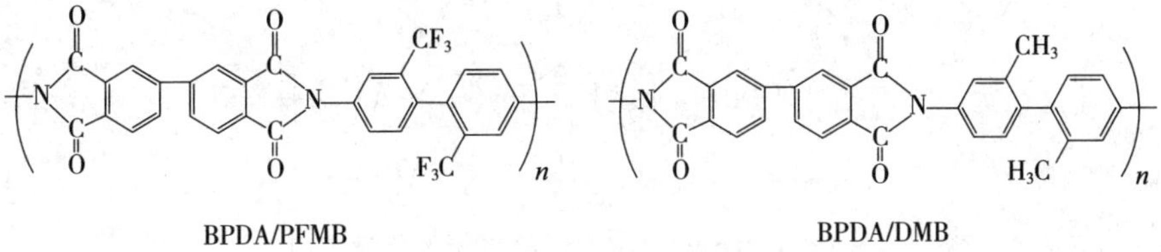

BPDA/PFMB　　BPDA/DMB

图 12-2　BPDA/PFMB 和 BPDA/DMB 型 PI 纤维的化学结构

此外，Zhang 等[73-75] 通过一步法合成并经干喷湿纺法制备了 BPDA/ODA 均聚 PI 纤维。纤维的化学结构如图 12-3 所示。牵伸比为 5.5 时，纤维的拉伸强度和初始模量分别为 2.4GPa 和 114GPa，而初生纤维的对应数值分别为 0.42GPa 和 33GPa。显而易见，在一步法合成工艺中，高倍数牵伸可以获得具有高强高模的 PI 纤维。但是，在纤维断裂横截面形貌中出现的原纤化和微孔是影响 PI 纤维力学性能的主要因素。PI 纤维的热稳定性优异，空气中 5% 质量损失温度（T_{d5}）约为 400℃，线性热膨胀系数（CTE）出现负值的温度低于 400℃，频率从 0.1Hz 增加到 100Hz 时，玻璃化转变温度（T_g）介于 276℃ 和 297℃ 之间。

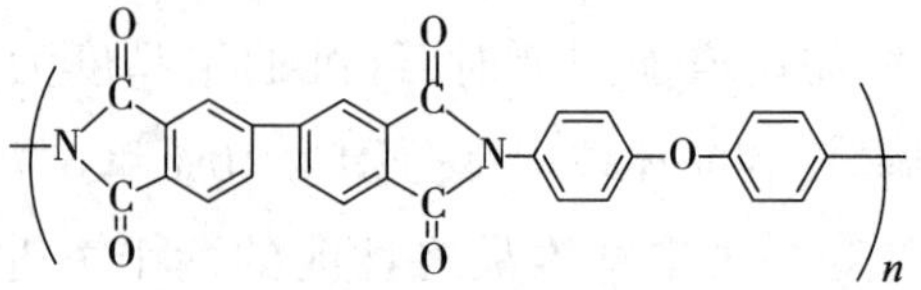

图 12-3　BPDA/ODA 型 PI 纤维的化学结构

12.2.2　基于 ODPA 的聚酰亚胺及其纤维

Kim 等[33]通过一步法合成和干喷湿纺法制备了基于 ODPA 和 DMB 的 PI 纤维,其化学结构如图 12-4 所示。当牵伸比为 4.4 倍时,所得纤维的最优拉伸强度和初始模量分别为 0.77GPa 和 41GPa。力学性能的改善强烈依赖于结晶度和取向度的增加,由于高牵伸比时,纤维的总体取向度和结晶区域的取向度的增加不同步。因此,通过提高牵伸比进一步增强拉伸强度,这与纤维中非晶区的取向增加有关。

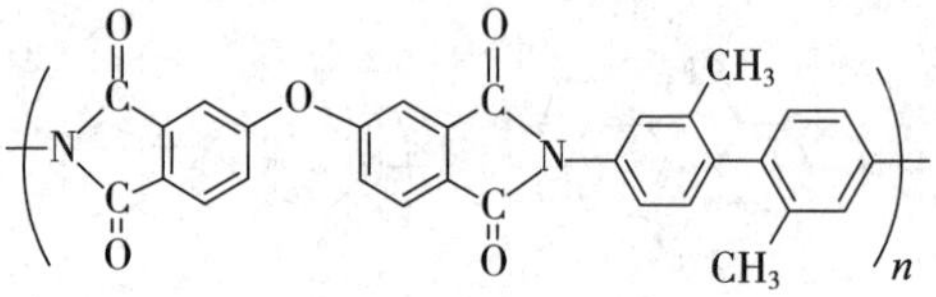

图 12-4　ODPA/DMB 型 PI 纤维的化学结构

12.2.3　基于 BTDA 的聚酰亚胺及其纤维

Dong 等[9]通过一步法合成和湿法纺丝制备了一系列基于 BTDA、2-(4-氨基苯基)-5-氨基苯并咪唑(BIA)和 TFMB 的 PI 纤维,如图 12-5 所示。杂环二胺 BIA 可以形成分子间的氢键作用,利于增强 PI 纤维的力学性能,而二胺 TFMB 呈现一种具有两个三氟甲基的刚性非平面结构,对提高 PI 的溶解性很有利。因此,对于 TFMB/BIA 摩尔比为 50/50 的 PI 纤维,牵伸比为 3.0 时,拉伸强度和初始模量分别是 2.25GPa 和 102GPa。由于存在 CF_3基团,PI 纤维在非质子极性溶剂中表现出优异的溶解性。同时,纤维的热稳定性优异,氮气和空气气氛中的 5%失重温度(T_{d5})分别为 591℃和 563℃,玻璃化转变温度(T_g)在 340℃以上。

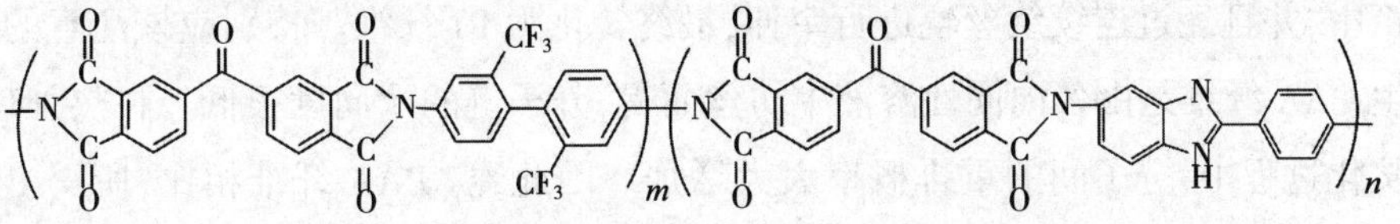

图 12-5　BTDA/TFMB/BIA 型 PI 纤维的化学结构

综上所述,一步法中的典型合成途径是二酐和二胺在酚类溶剂中的缩聚反应,然后直接纺成 PI 纤维。制备的 PI 纤维具有高强度、高模量和高分子量;但是,可溶性反应组分和环境友好溶剂的选择严重限制了此类 PI 纤维的开发和大规模生产。因此,后续介绍的另一种方法,即两步法,已引起很多关注,并且普遍用于制备和生产芳香族 PI 纤维。

12.3　两步法合成工艺

两步法中制备 PI 的典型流程如图 12-6 所示。两步法制造 PI 纤维的第一项专利发表于 20 世纪 60 年代[52]。聚合物采用均苯四酸二酐(PMDA)、4,4′-二氨基二苯醚(ODA)和 4,4′-硫代二苯胺(TDA)为单体,以 *N*,*N*-二甲基乙酰胺(DMAc)为溶剂。由于当时的加工条件差,制备出的 PI 纤维的机械性能不高,基于大分子结构的设计和合成的便利性,从而提出了一种新型的从 PAA 初生纤维制备 PI 纤维的两步法[63]。

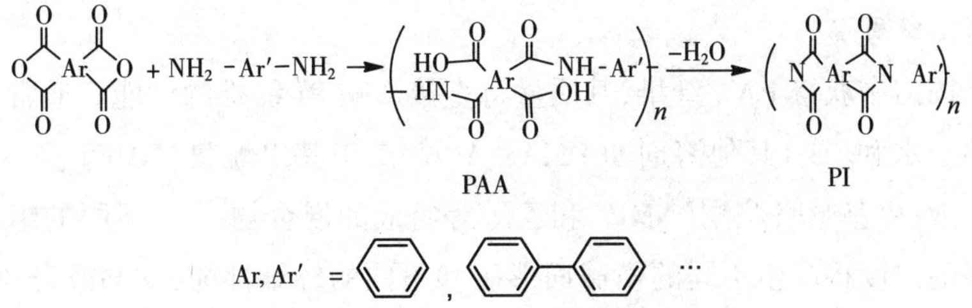

图 12-6　两步法制备 PI 的典型流程

图 12-7 描述了通过湿法纺丝连续两步制备 PI 纤维的典型路线示意图,并对图中每个部分进行了描述。纺丝溶液通过喷丝头挤出到凝固浴中,得到初生 PAA 纤维。在洗涤浴中除去残余溶剂后,将纤维干燥并输送到 200~500℃ 阶段升温的

烘箱中,并且经过连续绕丝辊进行牵伸,最终转化为 PI 纤维。特别应该注意的是,初生 PAA 纤维是由各向同性溶液中纺丝而得,分子链的取向度很低。在热处理酰亚胺化过程中,分子间的重排概率大大增加。因此,与 PAA 纤维相比,所得 PI 纤维的机械性能明显提高。此外,分子的聚集状态在很大程度上取决于两步法中聚合物主链的结构和纺丝条件。因此,探究 PI 纤维的结构—性能关系主要是从纺丝条件和化学结构两个方面展开的。

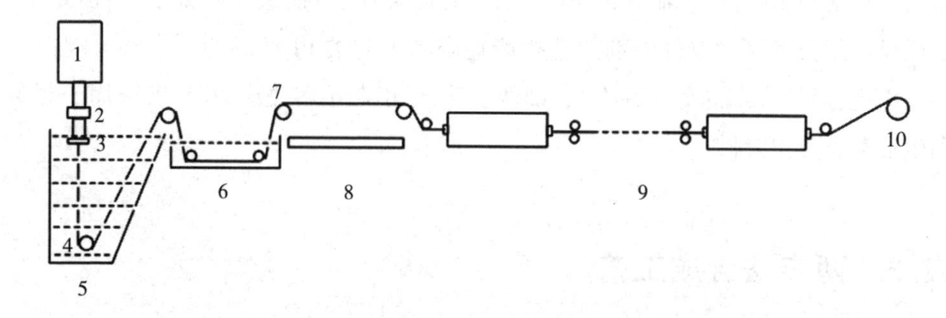

图 12-7　两步法湿法纺丝制备 PI 纤维的路线示意图[44]

1—原液储罐　2—计量泵　3—喷丝板　4—导丝辊　5—凝固浴
6—洗浴　7—热辊　8—热板　9—管式加热炉　10—卷绕装置

12.3.1　不同纺丝条件时 PI 纤维的结构—性能关系

在纤维形成过程中,有三个主要因素决定 PI 纤维的最终性能:凝固浴[6,60],牵伸比[7,15,65]及酰亚胺化温度[44]。

12.3.1.1　凝固浴

在凝固浴中获得 PAA 纤维,其质量将直接影响 PI 纤维的性能。通常,凝固浴是由去离子水和(或)其他溶剂如 DMAc、*N*,*N*-二甲基甲酰胺(DMF)、二甲基亚砜(DMSO)、*N*-甲基吡咯烷酮(NMP)和乙醇等组成的混合物[42]。不同的组成、温度和凝固浴的浓度将产生不同的横截面形貌和不同的纤维性能,这与碳纤维的情况类似[1,11,59]。在湿法纺丝过程中,凝固浴中主要发生双扩散过程,即聚合物的溶剂扩散到凝固浴中,并且凝结剂扩散到纤维中。如果溶剂和凝结剂扩散过程中的内力和外力不平衡,则在纤维中形成某种结构缺陷。例如,如果固化速度太快,纤维表面层发生快速凝固,则可能会产生“皮芯”结构。相反,纤维中可能含有太多溶剂。这两种现象都会对纤维的性能产生不利影响。但是,目前关于凝固条件对 PI

纤维性质影响的文献很少。

12.3.1.2 牵伸比

在一步法工艺中,所得的 PI 纤维甚至可以承受高达 10 倍的牵伸,对改善 PI 纤维的性能意义重大,但是对牵伸比的研究还远远不够。在两步法中,先获得 PAA 纤维,然后通过热酰亚胺化过程将其转化成 PI 纤维。在此过程中,由于去除了小分子,大分子链在外力拉伸条件下可重排形成无缺陷的聚集态结构。因此,牵伸过程为聚合物链在形变过程中形成有序排列提供了机会,使得纤维的性能发生显著变化。

Dong 等[10]用两步法工艺制备了一系列由 BTDA、TFMB 和 BIA(TFMB/BIA 的物质的量比为 1/9)合成的 PI 纤维,牵伸比分别为 0、1.5、1.6、1.9、2.0 和 2.3。未牵伸的初生纤维的拉伸强度和初始模量分别为 0.57GPa 和 4.3GPa。相应地,经过牵伸后其数值分别增加到 2.13GPa 和 109.2GPa,几乎是 PAA 纤维的 3.7 倍和 25.4 倍。此外,拉伸过程促进形成高的晶体取向度和高度有序的晶体结构,微孔沿纤维轴方向进行取向,以及纤维中微孔尺寸的减小,是 PI 纤维的机械性能显著增强的原因。研究结果表明,牵伸过程使得纤维中的微孔被拉伸变长,导致半径减小。但是,当牵伸比增加到 2.3 时,发生高应变下的微孔破裂,从而导致微孔长度迅速减小。此外,牵伸比增加也会使纤维的 T_g 增大,并伴随 α 次级松弛强度降低,这种影响一般认为是牵伸造成结晶趋于高度有序,并且促使分子形成规则堆积,大分子链的运动空间减小。总之,PI 纤维的性能随着牵伸比的增加而显著提高,证明确实存在依赖于牵伸比的结构变化,从而影响到所得 PI 纤维的性能。

关于湿纺成型工艺,在热或酰亚胺化路线中,高分子链的重排将取决于小分子(H_2O)的去除,导致纤维出现缺陷(例如微孔)。沿纤维轴向的微孔可以通过小角 X 射线散射(SAXS)来表征[22,64]。在式(12-1)中,微孔的半径可以通过方程式中的 Guinier 函数来描述[29-30,61]:

$$I(q) = I_0 \exp\left(\frac{-q^2R^2}{5}\right) \tag{12-1}$$

其中,R 是具有圆形横截面微孔的半径,q 是散射矢量($q=4\pi\sin\theta/\lambda$,其中 2θ 是散射角),$I(q)$ 是散射强度的倒数。

通过 Fankuchen 连续切线法,微孔的平均半径可以根据式(12-2)计算:

$$R = \sum R_i W_i \quad (i = 1,2,3\cdots) \tag{12-2}$$

其中,R_i 是不同大小微孔的半径,W_i 是微孔的体积百分比。平均微纤长度 L 和

取向误差 B_ϕ 由 Ruland 提出的方程式(12-3)确定[18,49,51]。

$$s^2B_{obs}^2 = \frac{1}{L^2} + s^2B_\phi^2 \tag{12-3}$$

其中,B_{obs}是通过高斯-高斯函数拟合数据的角展度;s 是散射矢量($s=2\sin\theta/\lambda$)。

另外,Zhang 等[72]还通过两步法合成并经湿法纺丝获得了一系列用 BPDA、p-PDA、BIA 和 ODA 制备的 PI 纤维。PI 纤维经 3 倍牵伸后,其拉伸强度和初始模量分别为 2.8GPa 和 136GPa。不同牵伸比获得的 PI 纤维的 2D 广角 X 射线衍射(WAXD)结果如图 12-8 所示。

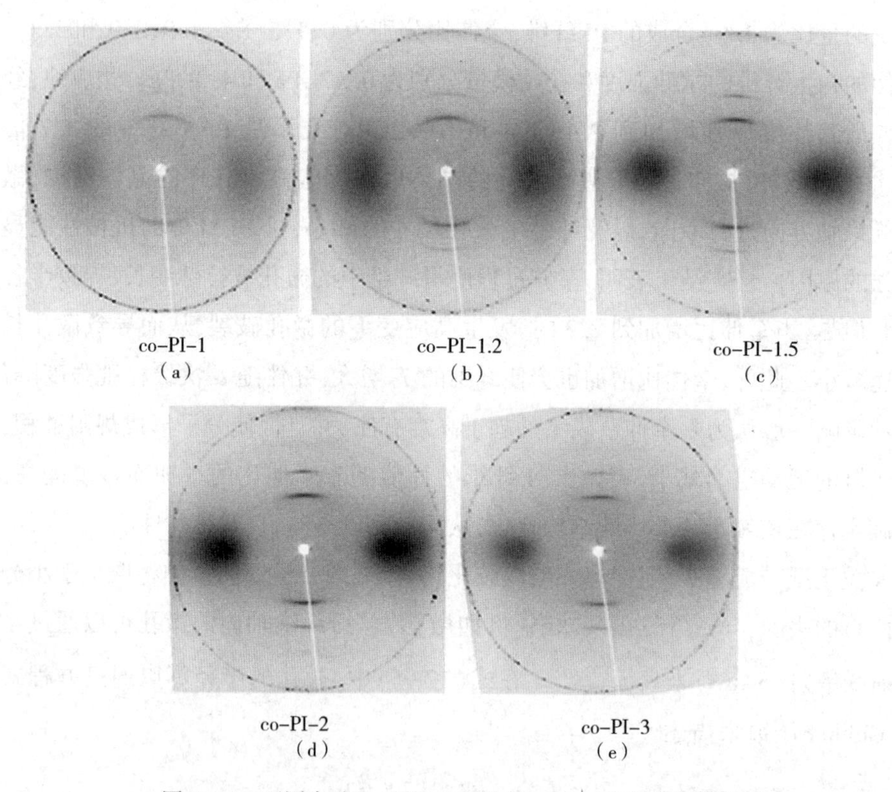

图 12-8　不同牵涉比后的 PI 纤维的 WAXD 衍射谱图[72]

可以观察到,随着牵伸比的增加,衍射条纹在两个方向上变得更强更清晰,表明形成了高度有序的结晶结构。另外,牵伸过程使沿纤维轴的分子取向程度增强,可根据 Hermans 方程式(12-4)计算[7,15-16,34]。取向的增加自然会促进纤维性能的提高。

$$f = (3 < \cos^2\phi > - 1)/2 \tag{12-4}$$

其中,f 是沿纤维轴向的分子取向度,φ 是纤维轴和 c 轴晶胞单元之间的角度。

方程式中的均方余弦的数值是由方程式(12-5)通过高斯拟合晶面衍射的校正强度分布 $I(\phi)$ 而确定的。

$$< \cos^2\phi > = \frac{\int_0^{\pi/2} I(\phi)\sin\phi\cos^2\phi \mathrm{d}\phi}{\int_0^{\pi/2} I(\phi)\sin\phi \mathrm{d}\phi} \tag{12-5}$$

此外,采用原子力显微镜(AFM)观察不同牵伸比所得纤维的表面粗糙度,如图 12-9 所示。均方根粗糙度(R_q)和算术平均粗糙度(R_a)可以从方程式(12-6)计算[17,19]。

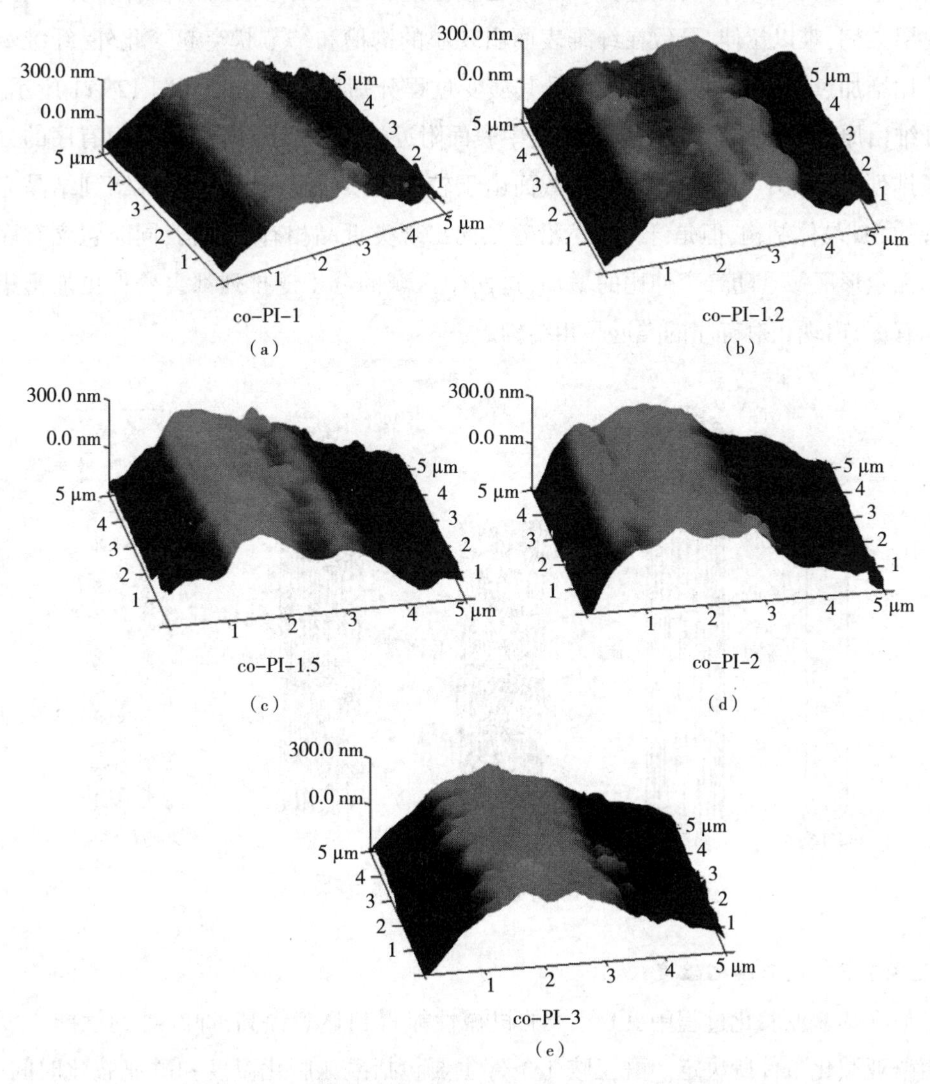

图 12-9 不同牵伸比牵伸后的 PI 纤维的 AFM 形貌图[72]

$$R_q = \sqrt{\frac{1}{N^2}\sum_{i=1}^{N}\sum_{j=1}^{N}(Z_{ij} - Z_{av})^2}$$
$$R_a = \frac{1}{N}\sum_{i=1}^{N}\sum_{j=1}^{N}(Z_{ij} - Z_{cp})^2 \tag{12-6}$$

其中,N 是图像中数据点的数量,i 和 j 是 AFM 图像上的像素位置,Z_{ij}是 i 和 j 位置的高度值,Z_{av}是给定区域内的平均高度值,Z_{cp}是中心平面的高度值。

结果表明,PI 表面的粗糙度随着牵伸比的增加而增加,是因为纤维的芯层和皮层结构具有不同的变形能力。在酰亚胺化过程中软的芯层易于拉伸,而形成的皮层柔韧,难以拉伸,导致在纤维表面出现小的沟槽和结节状突起。此外,纤维牵伸比增加过程中表面结构示意图及其演变过程分别如图 12-10 和图 12-11 所示。纤维由原纤组成并具有皮芯结构,其中表面附近的原纤排列更紧凑,是由有序的分子排列组成。尽管沿着纤维的横截面由于较差的横向堆积,而未能观察到结晶完善的 3D 晶体结构,但是纤维仍然沿着轴向出现类近晶相有序结构,同时包含有序和无定形区域。随着牵伸比的增加,这两个区域的分子链排列都会变得更加密集和有序,出现相对有序的类近晶相结构。

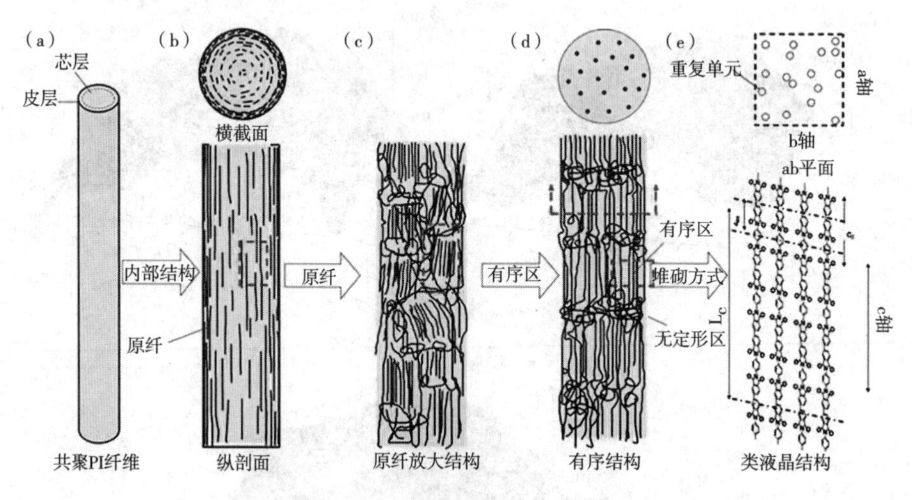

图 12-10 PI 纤维的结构示意图[72]

12.3.1.3 酰亚胺化温度

在热酰亚胺化过程中,PI 纤维的机械性能得到显著提高,即纤维的性能主要由酰亚胺化条件所决定。酰亚胺化条件主要包括酰亚胺化温度和酰亚胺化时间。然而,人们发现 PI 纤维的最终性能严重依赖于酰亚胺化温度,因此往往忽略酰亚

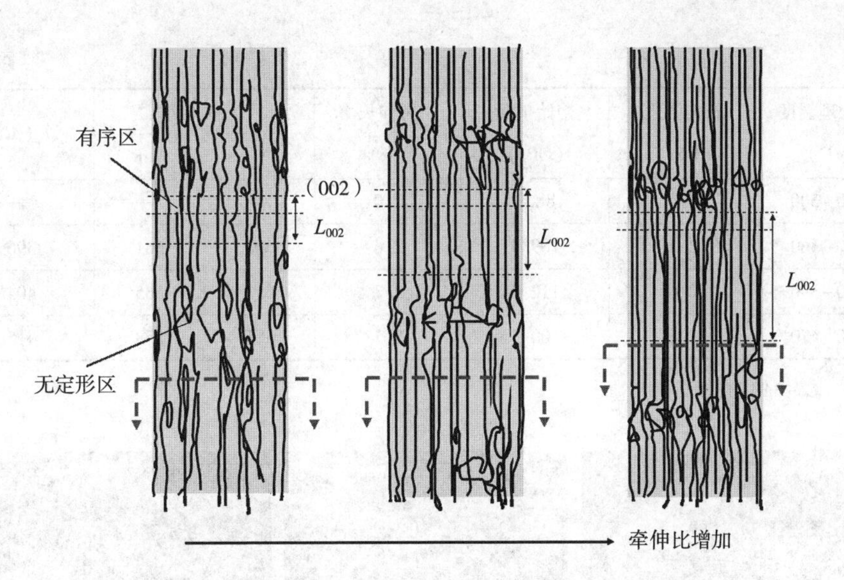

图 12-11　随牵伸比增加，PI 纤维的结构演变示意图[72]

胺化时间的影响[67]。

Niu 等研究了热处理温度对 BPDA/p-PDA/AAQ 型 PI 纤维结构和性能的影响，所得机械和热性能数据列于表 12-1 中[44]。提高热处理的温度，纤维的拉伸强度和模量显著增加，在 390℃时达到最佳值，分别为 2.6GPa 和 112.3GPa，表明随着处理温度的升高，酰亚胺化程度(ID)逐渐增加。但是，温度的进一步升高反而导致拉伸强度、模量和 T_{d5} 降低，这是因为聚合物链在高温下发生轻微降解[8]。此外，图 12-12 中显示了具有不同热酰亚胺化温度的纤维的 2D WAXD 图像和相应的横截面形貌。结果表明，随着温度升高，沿纵轴的微纤维结构数量增加，表明分子链在轴向的取向增加。类似地，WAXD 图像中的清晰衍射条纹也证实了子午线方向上增加的明显取向。总之，随着热处理温度的增加，PI 纤维的微观结构、机械性能和热性能强烈依赖于酰亚胺化程度。因此，热酰亚胺化温度在控制所得 PI 纤维的最终性能中起重要作用。

表 12-1　不同热处理温度所得 PI 纤维的力学性能和热性能[44]

热处理温度(℃)	拉伸强度(GPa)	初始模量(GPa)	断裂伸长率(%)	T_{d5}(℃)		T_g(℃)
				N_2	Air	
Co-PAA	0.15	10.6	3.8	—	—	—
240	0.53	83.1	0.6	—	—	—

续表

热处理温度（℃）	拉伸强度（GPa）	初始模量（GPa）	断裂伸长率（%）	T_{d5}（℃）		T_g（℃）
				N_2	Air	
240~300	1.7	88.9	2.0	—	—	—
240~360	2.5	109.4	2.6	601	561	396
240~390	2.6	112.3	2.7	611	565	404
240~420	2.5	100.1	2.7	585	558	415

注　Co-PAA：共聚 PAA 纤维。

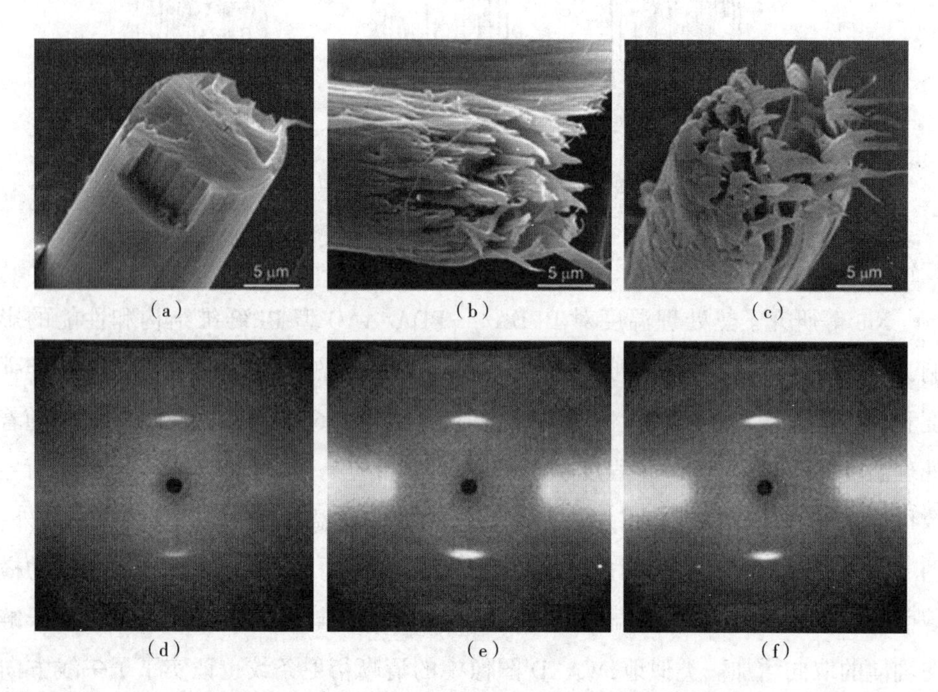

图 12-12　PI 纤维的脆断横截面形态结构[(a)~(c)]和 2D WAXD 衍射谱图[(d)~(f)][44]

(a)和(d)240℃，(b)和(e)240~300℃，(c)和(f)240~390℃

12.3.2　不同化学结构的 PI 纤维的结构—性能关系

研究表明，二酐和二胺组分结构的细微变化对最终 PI 纤维的性质会产生很大影响。例如，由 PMDA 和 ODA 合成的 PI 纤维的拉伸强度、初始模量和断裂伸长率分别为 0.4GPa、5.2GPa 和 11.1%，T_g约为 400℃[47]。由 BPDA 和 p-PDA 合成的 PI 纤维的相应性能数值分别为 1.07GPa、50.39GPa 和 1.12%，T_g约为 340℃[4]。因此,这些化学结构的特征变化直接导致 PI 纤维的性能差异。下面将以二酐单体的差别进行分类总结与叙述。

12.3.2.1　基于 PMDA 的 PI 纤维

在所有用来合成 PI 的单体中,PMDA 和 ODA 是最简单的,因为当与其他二酐或二胺反应时,两种单体具有高反应性,其化学结构如图 12-13 所示。聚合物骨架由刚性的 PMDA 单元和柔性的 ODA 单元组成,因此导致所得 PI 纤维的性能出现矛盾和不足。如前所述,一方面,刚性聚合物链具有优异的热氧化稳定性,在空气气氛中,T_{d10}超过 540℃,并且玻璃化转变温度为 410℃。另一方面,柔性的 ODA 单元改变了链的对称性,使分子链更难规则排列到晶格中,导致横向分子排列程度差[50]。因此,纤维经过热拉伸后难以获得高力学性能。

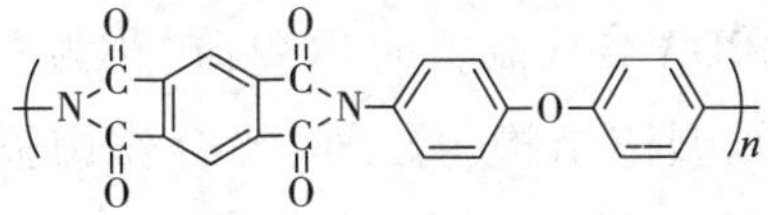

图 12-13　PMDA/ODA 型 PI 纤维的化学结构

Xu 等人[67]采用两步法合成和干法纺丝制备了 PMDA/ODA 型 PI 纤维,研究了酰亚胺化程度(ID)对纤维最终性能的影响。使用红外光谱(FTIR)和热失重(TGA)分别通过方程式 12-7 和式 12-8 计算其 ID 大小。

$$\alpha = \frac{(D_{1380}/D_{1498})_{p}}{(D_{1380}/D_{1498})_{c}} \times 100\% \tag{12-7}$$

其中,α 是由 FTIR 计算的 ID,D 是峰的面积,下标 p 和 c 分别代表前驱体纤维(PAA 纤维)和完全酰亚胺化的 PI 纤维。1380cm^{-1}处的峰(C—N—C 拉伸振动吸收)来定量纤维的 ID,并选择 1498cm^{-1}处的芳香带(对位取代的苯骨架的 C—C 拉伸振动吸收)作为内标[41,62,70]。

$$\beta = \left(1 - \frac{1 - m_{p}}{1 - m_{t}}\right) \times 100\% \tag{12-8}$$

其中,β 是通过 TGA 分析测量的 ID,m_p是 PAA 纤维的质量保留,m_t表示完全酰亚胺化后 PAA-DMAc 络合的理论质量保留。两种测量都表明,与纺丝速度的影响相比,ID 受到酰亚胺化温度的影响更加明显。此外,随着卷绕速度的增加,纤维变得更细,对热处理更敏感,并加速了酰亚胺化过程。牵伸 2.8 倍后,纤维的拉伸强度、初始模量和伸长率分别为 0.84GPa、6.96GPa 和 12.6%。

Gao 等[20]将 BIA 与 PMDA/ODA 共聚并通过两步湿法纺丝方法制备了一系列共聚酰亚胺(co-PI)纤维。与未共聚改性纤维相比,所得共聚 PI 纤维的机械性能得到改善,并且当 BIA/ODA 摩尔比为 7∶3 时,得到最佳情况,拉伸强度和初始模量分别达到 1.53GPa 和 220.5GPa。BIA 的引入导致聚合物链刚性的明显增加,这是 PI 纤维的机械和热性能显著改善的主要原因。同时,BIA 的存在不影响聚合物链的聚集结构,因为纤维仍然在 20°左右呈现无定形的弥散衍射峰。

Su 等[58]还提出了一种通过干喷湿纺法制备 PMDA/ODA/*p*-PDA 共聚 PI 型纤维的方法。由于引入的 *p*-PDA 使聚合物链的刚性增加,*p*-PDA/ODA 摩尔比为 2∶8 时,共聚 PI 纤维的拉伸强度和初始模量分别为 0.7GPa 和 25.3GPa,而对应的纯 PMDA/ODA 纤维的性能数值分别为 0.4GPa 和 4.7GPa。

12.3.2.2 基于 BPDA 的 PI 纤维

最近,由 BPDA 和 *p*-PDA 合成制备的 PI 纤维(称为 Upilex-S 型)受到关注,主要是由于其具有刚性的线型链结构、分子间缔合作用强和高的分子取向度,如图 12-14 所示[25,23,28,76]。然而,聚合物链的刚度也导致纤维的可加工性较差。因此,为了获得具有更好机械性能的 PI 纤维,将其他单体共聚到刚性的 BPDA/*p*-PDA 骨架中被认为是改变 PI 纤维化学结构的最有效方法。

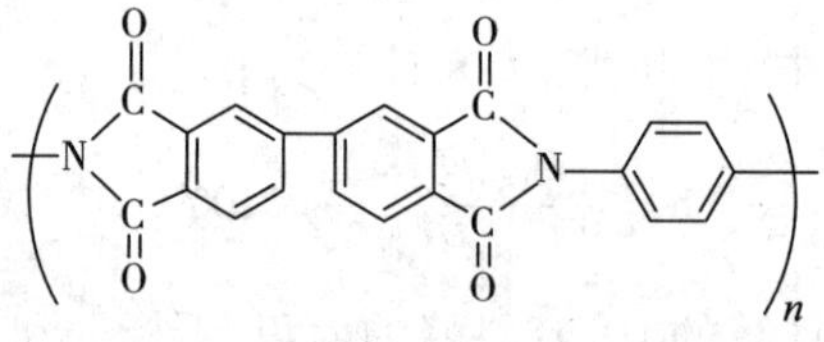

图 12-14 BPDA/*p*-PDA 型 PI 纤维的化学结构

将 BPDA,*p*-PDA 和 2-(4-氨基苯基)-6-氨基-4(3H)-喹唑啉酮(AAQ)采用两步法湿纺成形得到共聚 PI 纤维,在 *p*-PDA/AAQ 摩尔比为 5∶5 时,纤维的拉伸强度和初始模量分别达到 2.8GPa 和 115.2GPa[43]。优异的机械性能源于聚合物链高的刚性和由 AAQ 的存在而产生的额外的分子间缔合作用。

Zhang 等[71]通过 BPDA、*p*-PDA、BIA 和 ODA 无规共聚,经两步湿法纺丝成形,制备了一系列 co-PI 纤维。系统地研究了 BIA 和 ODA 对纤维的机械性能、分子堆积和形态的影响。结果表明,引入 BIA 和 ODA 可改善 PI 纤维的力学性能,但 BIA 的作用更加明显。例如,*p*-PDA/BIA/ODA 摩尔比为 6∶1∶3 时,纤维的拉伸强度和初始模量分别为 2.19GPa 和 60.85GPa，而当 *p*-PDA/BIA/ODA 的摩尔比调整为 6：3：1 时，数值分别增加到 2.72GPa 和 94.33GPa。ODA 的引入导致聚合物链的运动能力增加，而 BIA 引入了额外的分子间缔合，例如氢键作用，从而导致微孔尺寸的减小，PI 纤维的机械性能增强。由于改善 PI 纤维机械性能所涉及的机制不同，具有更多 ODA 比例的纤维减弱了横向分子的堆积，并降低了其热氧化稳定性。但是，BIA 的作用则相反。

Chang 等[3-4]分别将含有醚键的 ODPA 和 ODA 引入 BPDA/*p*-PDA 聚合物骨架中，通过两步湿法纺丝得到共聚 PI 纤维。发现柔性单体 ODPA 或 ODA 的引入导致纤维中微孔尺寸的减小，这种变化与纤维的机械力学性能大大提高相辅相成。含有 ODPA 结构单元的 PI 纤维的拉伸强度和初始模量分别介于 1.07~1.58GPa 和 50.39~67.75GPa。SAXS 测试的形态演变过程如图 12-15 所示。沿着子午线方向的光束停止点附近出现强烈且细长的条纹，证明了微孔的针状取向结构，这些微孔结构平行于纤维轴向取向。同时，当 *p*-PDA/ODA 摩尔比为 5：5 时，共聚 PI 纤维的力学性能最佳，拉伸强度为 2.53GPa，约为 BPDA/*p*-PDA PI 纤维拉伸强度的 3.7 倍。

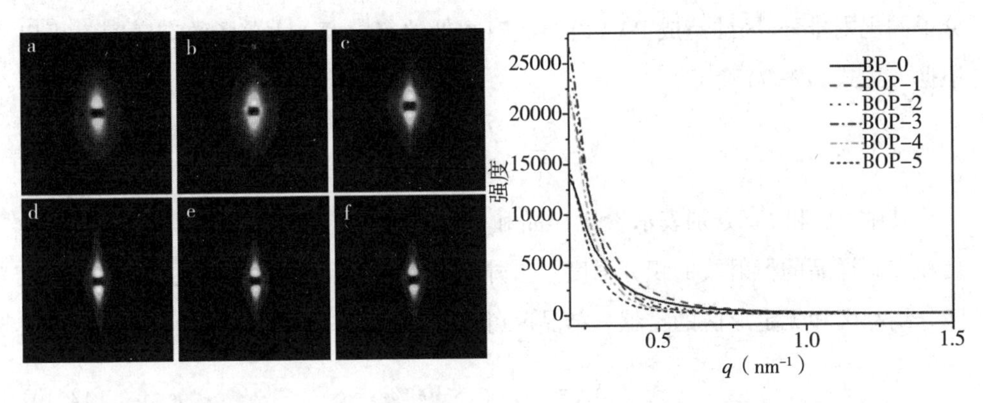

图 12-15 PI 纤维的 2D SAXS 衍射谱图（左）及相应的 1D SAXS 曲线（右）[4]

Yin 等[68]通过两步湿纺法研究了不同摩尔比的 BIA/BOA 对 PI 纤维性能的影响。当 BPDA/BIA/BOA 的摩尔比为 10：7：3 时，获得的最佳拉伸强度和模量，分别为 1.74 和 74.4GPa。2D WAXD 证实，不同摩尔比的 BIA/BOA 会使得 PI 纤维表现出不同的结晶行为。BIA 比例增加，PI 纤维具有更好的分子取向排列，在 BIA/BOA 摩尔比为 7：3 时，PI 纤维的结晶度和晶体取向度分别为 32.4%和 0.81。此摩尔比时,PI 纤维中微孔的尺寸也相对较小。BIA/BOA 摩尔比为 7∶3 时的高结晶度、取向度和均相结构共同解释了相应的高拉伸强度和初始模量。类似地,在两步湿法纺丝法中用 BPDA、4-氨基-*N*-(4-氨基苯基)苯甲酰胺(DABA)和 BIA 制备的共聚 PI 纤维的拉伸强度和初始模量分别达到 1.96GPa 和 108.3GPa[69]。

Huang 等[27]通过干喷湿纺法将单体 3,3′-二甲基联苯胺(OTOL)、TFMB 和 2-(4-氨基苯基)-5-氨基苯并噁唑(BOA)引入 BPDA/*p*-PDA 聚合物骨架中,得到共聚 PI 纤维[54-55]。类似地,引入第三单体改善了聚合物链的流动性,这有利于在热处理过程中进行大的拉伸并减少空隙对拉伸行为的影响。因此,机械性能得以改善。但是,进一步添加第三单体降低了聚合物链的堆积密度,这不利于改善 PI 纤维的机械性能。

Luo 等[38]通过两步湿法纺丝法制备的 BPDA/BIA 均缩聚 PI 纤维,将退火温度从 390℃提高到 400℃,纤维的结晶度可从 1.8%增加到 24.5%,说明在此温度下,有一个快速突然的结晶过程。纤维结晶度的增加同时会增强力学性能,拉伸强度在相同温度范围内从 1.31GPa 增加到 1.68GPa。在这种结构的 PI 中,分子链间的氢键相互作用决定了大分子链的堆积情况。氢键作用类似于物理交联点,限制了分子的规则排列,因此造成 PAA 纤维具有很低的有序度。大分子的有序度 X 可以根据方程式(12-9)确定。

$$X = \frac{U_0}{I_0} \times \frac{I_X}{U_X} \times 100\% \tag{12-9}$$

其中,U_0 和 U_X 分别表示参比样品和实验样品的背景,I_0 和 I_X 分别是参比样品和实验样品的衍射线的积分强度。另外,对 WAXD 衍射曲线进行去卷积拟合来区分结晶区和无定形区的贡献。结晶度可以用方程式(12-10)计算得到。

$$X_c = \frac{A_c}{A_c + A_a} \times 100\% \tag{12-10}$$

其中,A_c 和 A_a 分别是结晶峰和无定形峰的面积[40,56]。当退火处理温度增加到 400℃时,氢键作用变弱,物理交联点被破坏。这种特点导致大分子堆积结构发生变化,故出现突然的快速结晶行为。

总之,为了改善纤维的力学性能而不损害两步法固有独特性能的前提下,人们越来越关注新型结构 PI 的设计与制备,这也将促使 PI 纤维在高性能聚合物纤维中的应用前景更广阔。

12.4 PI 纤维的应用

经过持续的研究,PI 纤维取得了长足进展,这为它们在各种应用领域提供了机会。PI 纤维表现出优异的化学稳定性和热稳定性,因此可用于耐热和耐辐射性材料,例如高温过滤材料和阻燃材料。此外,高强度/高模量特征可使 PI 纤维在与树脂材料混合时可用于航空航天领域。另外,聚合物主链中含有氟基团的 PI 纤维具有更好的透光率、疏水性和低介电常数,适用于光通信应用和微电子工业。由于具有较高的分子链取向状态,PI 纤维也被认为是制造高性能碳纤维的良好基质。因此,需要进一步改进和优化 PI 纤维的大规模生产工艺以满足工程应用的要求。

12.5 结论

最初采用一步法制备 PI 纤维,采用该工艺制备的纤维可以获得大的牵伸比(高达 10),并且拉伸强度和模量分别高达 3. 3GPa 和 130GPa。由于一步法工艺中选择环境友好型溶剂和有机可溶性单体的局限性,研究人员将更多的研究关注点转向两步法。采用两步法,由于有大量可选择的单体,可以获得很多具有不同官能团的 PI 纤维。然而,与一步法相比,两步法所获得的 PI 纤维的机械性能不高。性能降低的主要原因是在双扩散和热酰亚胺化过程中产生的微孔之类的缺陷。最近,通过两步湿法纺丝法制备了基于 BPDA/*p*-PDA/BIA 体系的新型 PI 纤维,其拉伸强度和初始模量分别高达 2. 8GPa 和 115. 2GPa。因此,通过聚合物主链结构的设计和先进的纺丝技术,两步法仍然可以获得高性能 PI 纤维。

在两步法工艺中,纺丝条件,如牵伸比和酰亚胺化温度,也是决定所得 PI 纤维最终性能的两个关键因素。进一步增加牵伸比可以促使纤维中分子链有序排列,并使得大致平行于纤维轴向的微孔尺寸减小,PI 纤维的机械性能显著增强。另外,适当的酰亚胺化温度可加速酰亚胺化过程,这有利于改善 PI 纤维的机械和热性能。同时,过高的热处理温度不可避免地会造成聚合物链的轻微降解,导致纤维性能降低。

重要的是,通过研究人员的不懈努力,逐渐掌握了设计和制备具有高拉伸强度和初始模量的 PI 纤维的一般规律,提供了一些具有指导意义的数据和信息。然而,纤维的性质仍然需要进一步优化。因此,应探索利用新型单体或方法尝试制备具有不同功能的新型 PI 纤维,以满足工业发展的需要。同时,具有特定功能和性能的 PI 纤维将在未来扩展到更多的应用领域。

参考文献

[1] Bahrami S, Bajaj P, Sen K: Effect of coagulation conditions on properties of poly (acrylonitrile-carboxylic acid) fibers, *Journal of Applied Polymer Science* 89(7): 1825-1837, 2003.

[2] Bessonov M: *Polyimides-thermally stable polymers*: *Consultants Bureau*, 1987.

[3] Chang J, Niu H, He M, et al: Structure-property relationship of polyimide fibers containing ether groups, *Journal of Applied Polymer Science* 132(34): 42474, 2015.

[4] Chang J, Niu H, Zhang M, et al: Structures and properties of polyimide fibers containing ether units, *Journal of Materials Science* 50(11): 4104-4114, 2015.

[5] Chen D, Liu T, Zhou X, et al: Electrospinning fabrication of high strength and toughness polyimide nanofiber membranes containing multiwalled carbon nanotubes, *Journal of Physical Chemistry B* 113(29): 9741-9748, 2009.

[6] Chen J, Wang CG, Ge HY, et al: Effect of coagulation temperature on the properties of poly(acrylonitrile-itaconic acid) fibers in wet spinning, *Journal of Polymer Research* 14(3): 223-228, 2007.

[7] Cheng SZ, Wu Z, Mark E: A high-performance aromatic polyimide fibre: 1. Structure, properties and mechanical-history dependence, *Polymer* 32(10): 1803-1810, 1991.

[8] Dine-Hart R, Wright W: Preparation and fabrication of aromatic polyimides, *Journal of Applied Polymer Science* 11(5): 609-627, 1967.

[9] Dong J, Yin C, Luo W, et al: Synthesis of organ-soluble copolyimides by one-step polymerization and fabrication of high performance fibers, *Journal of Materials Science* 48(21): 7594-7602, 2013.

[10] Dong J, Yin CQ, Lin JY, et al: Evolution of the microstructure and morphology of polyimide fibers during heat-drawing process, *RSC Advances* 4(84): 44666-44673, 2014.

[11] Dong XG, Wang CG, Bai YJ, et al: Effect of DMSO/H_2O coagulation bath on the structure and property of polyacrylonitrile fibers during wet-spinning, *Journal of Applied Polymer Science* 105(3): 1221-1227, 2007.

[12] Dorogy WE Jr., St.Clair AK: *Wet Spinning of Solid Polyamic Acid Fibers*, : US Patent, 5023034, 1991.

[13] Dorogy WE, St. Clair AK: Wet spinning of solid polyamic acid fibers, *Journal of Applied Polymer Science* 43(3): 501-519, 1991.

[14] Dorogy WE, St. Clair AK: Fibers from a soluble, fluorinated polyimide, *Journal of Applied Polymer Science* 49(3): 501-510, 1993.

[15] Eashoo M, Shen D, Wu Z, et al: High-performance aromatic polyimide fibres: 2. Thermal mechanical and dynamic properties, *Polymer* 34(15): 3209-3215, 1993.

[16] Eashoo M, Wu Z, Zhang A, et al: High performance aromatic polyimide fibers, 3. A polyimide synthesized from 3,3′,4,4′-biphenyltetracarboxylic dianhydride and 2,2′-dimethyl-4,4′-diaminobiphenyl, *Macromolecular Chemistry and Physics* 195(6): 2207-2225, 1994.

[17] Fang TH, Chang WJ: Effects of AFM-based nanomachining process on aluminum surface, *Journal of Physics and Chemistry of Solids* 64(6): 913-918, 2003.

[18] Feng S, Xiong X, Zhang G, et al: Hierarchical structure in oriented fibers of a dendronized polymer, *Macromolecules* 42(1): 281-287, 2008.

[19] Gadelmawla ES, Koura MM, Maksoud TMA, et al: Roughness parameters, *Journal of Materials Processing Technology* 123(1): 133-145, 2002.

[20] Gao G, Dong L, Liu X, et al: Structure and properties of novel PMDA/ODA/PABZ polyimide fibers, *Polymer Engineering and Science* 48(5): 912-917, 2008.

[21] Ghosh M: *Polyimides: Fundamentals and Applications*, 1996, CRC Press.

[22] Grubb DT, Prasad K: High-modulus polyethylene fiber structure as shown by X-ray diffraction, *Macromolecules* 25(18): 4575-4582, 1992.

[23] Hasegawa M, Sensui N, Shindo Y, et al: Improvement of thermoplasticity for s-BP-

DA/PDA by copolymerization and blend with novel asymmetric BPDA-based polyimides, *Journal of Polymer Science Part B: Polymer Physics* 37(17): 2499-2511, 1999.

[24] Hasegawa M, Sensui N, Shindo Y, et al: Structure and properties of novel asymmetric biphenyl type polyimides. Homo-and copolymers and blends, *Macromolecules* 32(2): 387-396, 1999.

[25] Hasegawa T, Horie K: Photophysics, photochemistry, and optical properties of polyimides, *Progress in Polymer Science* 26(2): 259-335, 2001.

[26] Hsiao S, Chen Y: Structure-property study of polyimides derived from PMDA and BPDA dianhydrides with structurally different diamines, *European Polymer Journal* 38(4): 815-828, 2002.

[27] Huang SB, Gao ZM, Ma XY, et al: The properties, morphology and structure of BPDA/PPD/BOA polyimide fibers, *e-Polymers* 12(1): 990-1002, 2012.

[28] Huang SB, Jiang ZY, Ma XY, et al: Properties, morphology and structure of BPDA/PPD/ODA polyimide fibres, *Plastics Rubber and Composites* 42(10): 407-415, 2013.

[29] Jiang GS, Huang WF, Li L, et al: Structure and properties of regenerated cellulose fibers from different technology processes, *Carbohydrate Polymers* 87(3): 2012-2018, 2012.

[30] Jiang GS, Yuan Y, Wang BC, et al: Analysis of regenerated cellulose fibers with ionic liquids as a solvent as spinning speed is increased, *Cellulose* 19(4): 1075-1083, 2012.

[31] Kaneda T, Katsura T, Nakagawa K, et al: High-strength-high-modulus polyimide fibers I. One-step synthesis of spinnable polyimides, *Journal of Applied Polymer Science* 32(1): 3133-3149, 1986.

[32] Kaneda T, Katsura T, Nakagawa K, et al: High-strength-high-modulus polyimide fibers II. Spinning and properties of fibers, *Journal of Applied Polymer Science* 32(1): 3151-3176, 1986.

[33] Kim YH, Harris FW, Cheng SZD: Crystal structure and mechanical properties of ODPA-DMB polyimide fibers, *Thermochimica Acta* 282-283(0): 411-423, 1996.

[34] Li W, Wu Z, Jiang H, et al: High-performance aromatic polyimide fibres, *Journal of Materials Science* 31(16):4423-4431, 1996.

[35] Liaw DJ, Wang KL, Huang YC, et al: Advanced polyimide materials: syntheses, physical properties and applications, *Progress in Polymer Science* 37(7):907-974, 2012.

[36] Liu JP, Zhang QH, Xia QM, et al: Synthesis, characterization and properties of polyimides derived from a symmetrical diamine containing bis-benzimidazole rings, *Polymer Degradation and Stability* 97(6):987-994, 2012.

[37] Liu X, Guo L, Gu Y: A novel aromatic polyimide with rigid biphenyl side-groups: formation and evolution of structures in thermoreversible gel, *Polymer* 46(25):11949-11957, 2005.

[38] Luo L, Yao J, Wang X, et al: The evolution of macromolecular packing and sudden crystallization in rigid-rod polyimide via effect of multiple H-bonding on charge transfer(CT) interactions, *Polymer* 55(16):4258-4269, 2014.

[39] Makino H, Kusuki Y, Harada T, et al: *Process for Producing Aromatic Polyimide Hollow Filaments*, : US Patent, 4460526, 1984.

[40] Manful JT, Grimm CC, Gayin J, et al: Effect of variable parboiling on crystallinity of rice samples, *Cereal Chemistry* 85(1):92-95, 2008.

[41] Marek M, Schmidt P, Schneider B, et al: Imidization of polypromellitamic acid based on 4,4′-methylenedianiline, *Die Makromolekulare Chemie* 191(11):2631-2637, 1990.

[42] Mengxian D: *Polyimides: Chemistry, Relationship between Structure and Properties and Materials*, Beijing, 2006, Science Press.

[43] Niu H, Huang M, Qi S, et al: High-performance copolyimide fibers containing quinazolinone moiety: preparation, structure and properties, *Polymer* 54(6):1700-1708, 2013.

[44] Niu H, Qi S, Han E, et al: Fabrication of high-performance copolyimide fibers from 3,3′,4,4′-biphenyltetracarboxylic dianhydride, p-phenylenediamine and 2-(4-aminophenyl)-6-amino-4(3H)-quinazolinone, *Materials Letters* 89:63-65, 2012.

[45] Ohmura K, Shibasaki I, Kimura T: *Polyamide-imide Compositions and Articles for Electrical Use Prepared Therefrom*, : US Patent, 4377652, 1983.

[46] Ohya H, Kudryavsev V, Semenova SI: *Polyimide Membranes: Applications, Fabrications and Properties*, 1997, CRC Press.

[47] Park SK, Farris RJ: Dry-jet wet spinning of aromatic polyamic acid fiber using chemical imidization, *Polymer* 42(26): 10087-10093, 2001.

[48] Qiao XY, Chung TS, Pramoda KP: Fabrication and characterization of BTDA-TDI/MDI(P84) co-polyimide membranes for the pervaporation dehydration of isopropanol, *Journal of Membrane Science* 264(1): 176-189, 2005.

[49] Ran S, Fang D, Zong X, et al: Structural changes during deformation of Kevlar fibers via on-line synchrotron SAXS/WAXD techniques, *Polymer* 42(4): 1601-1612, 2001.

[50] Ratta V: *Crystallization, Morphology, Thermal Stability and Adhesive Properties of Novel High Performance Semicrystalline Polyimides*, 1999, Virginia Polytechnic Institute and State University.

[51] Ruland W: Small-angle scattering studies on carbonized cellulose fibers, *Journal of Polymer Science Part C: Polymer Symposia* 28(1): 143-151, 1969.

[52] Samuel IR, Edgar SC: *Formation of Polypyromellitimide Filaments*, : US Patent, 3415782, 1968.

[53] Sasaki I, Itatani H, Kashima M, et al: *Aromatic Polyimide Resin Composition*, : US Patent, 4290936, 1981.

[54] Sen-biao H, Zhong-min G, Xiao-ye M, et al: Properties, morphology and structure of BPDA/PPD/TFMB polyimide fibers, *Chemical Research in Chinese Universities* 28(4): 752-756, 2012.

[55] Senbiaoa H, Xiaoyea M, Haiquana G, et al: Mechanical property, morphology and structure of BPDA/PPD/OTOL polyimide fibers, *Chinese Journal of Applied Chemistry* 29(8): 863-867, 2012.

[56] Sengupta R, Tikku V, Somani AK, et al: Electron beam irradiated polyamide-6,6 films—I: characterization by wide angle X-ray scattering and infrared spectroscopy, *Radiation Physics and Chemistry* 72(5): 625-633, 2005.

[57] Sroog C:Polyimides,*Progress in Polymer Science* 16(4):561-694,1991.

[58] Su J, Chen L, Tang T, et al: Preparation and characterization of ternary copolyimide fibers via partly imidized method,*High Performance Polymers* 23(4): 273-280,2011.

[59] Um IC,Kweon H,Lee KG,et al:Wet spinning of silk polymer.I.Effect of coagulation conditions on the morphological feature of filament,*International Journal of Biological Macromolecules* 34(1-2):89-105,2004.

[60] Wang CG,Dong XG,Wang QF:Effect of coagulation on the structure and property of PAN nascent fibers during dry jet wet-spinning,*Journal of Polymer Research* 16 (6):719-724,2009.

[61] Wang W,Chen X,Cai Q,et al:In situ SAXS study on size changes of platinum nanoparticles with temperature, *European Physical Journal B* 65 (1): 57 - 64,2008.

[62] Wang Y,Yang Y,Jia ZX,et al:Effect of pre-imidization on the aggregation structure and properties of polyimide films,*Polymer* 53(19):4157-4163,2012.

[63] Wu D,Han E,Li L,et al:*Methods of Preparing Polyimide Fibers with Kidney-shaped Cross-sections*,US Patent,8911649,2014.

[64] Wu J,Schultz JM,Yeh F,et al:In-situ simultaneous synchrotron small-and wide-angle X-ray scattering measurement of poly(vinylidene fluoride)fibers under deformation,*Macromolecules* 33(5):1765-1777,2000.

[65] Wu T,Chvalun S,Blackwell J,et al:Effect of draw ratio on the structure of aromatic copolyimide fibers of random monomer sequence,*Acta Polymerica* 46(3): 261-266,1995.

[66] Xiang HB,Huang Z,Liu LQ,et al:Structure and properties of polyimide(BTDA-TDI/MDI co - polyimide) fibers obtained by wet - spinning, *Macromolecular Research* 19(7):645-653,2011.

[67] Xu Y,Wang SH,Li ZT,et al:Polyimide fibers prepared by dry-spinning process: imidization degree and mechanical properties, *Journal of Materials Science* 48 (22):7863-7868,2013.

[68] Yin C,Dong J,Zhang D,et al:Enhanced mechanical and hydrophobic properties

of polyimide fibers containing benzimidazole and benzoxazole units, *European Polymer Journal* 67:88-98, 2015.

[69] Yin C, Dong J, Zhang Z, et al: Structure and properties of polyimide fibers containing benzimidazole and Amide Units, *Journal of Polymer Science, Part B: Polymer Physics* 53(3):183-191, 2015.

[70] Zhai Y, Yang Q, Zhu RQ, et al: The study on imidization degree of polyamic acid in solution and ordering degree of its polyimide film, *Journal of Materials Science* 43(1):338-344, 2008.

[71] Zhang M, Niu H, Chang J, et al: High-performance fibers based on copolyimides containing benzimidazole and ether moieties: molecular packing, morphology, hydrogen-bonding interactions and properties, *Polymer Engineering & Science* 55(11):2615-2625, 2015.

[72] Zhang M, Niu H, Lin Z, et al: Preparation of high performance copolyimide fibers via increasing draw ratios, *Macromolecular Materials and Engineering* 300(11):1096-1107, 2015.

[73] Zhang QH, Dai M, Ding MX, et al: Mechanical properties of BPDA-ODA polyimide fibers, *European Polymer Journal* 40(11):2487-2493, 2004.

[74] Zhang QH, Dai M, Ding MX, et al: Morphology of polyimide fibers derived from 3,3′,4,4′-biphenyltetracarboxylic dianhydride and 4,4′-oxydianiline, *Journal of Applied Polymer Science* 93(2):669-675, 2004.

[75] Zhang QH, Luo WQ, Gao LX, et al: Thermal mechanical and dynamic mechanical property of biphenyl polyimide fibers, *Journal of Applied Polymer Science* 92(3):1653-1657, 2004.

[76] Zhuang Y, Liu X, Gu Y: Molecular packing and properties of poly(benzoxazole-benzimidazole-imide) copolymers, *Polymer Chemistry* 3(6):1517-1525, 2012.

第三部分

高性能天然纤维

13 源自蚕和蜘蛛的高性能丝纤维

K.Murugesh Babu

巴布吉工程技术学院,印度卡纳塔卡达文盖雷

13.1 蚕丝概述

丝纤维是人类已知的最古老的纤维之一,是由某些昆虫产生的天然纤维,用来结茧结网。虽然许多虫类能够吐丝,但只有桑蚕、家蚕和其他一些同属虫种生产的蚕丝能被用于商业丝绸工业[49]。其他虫类(主要是蜘蛛)生产的丝被用于少数其他商业用途,例如武器、望远镜瞄准镜和其他光学仪器[76]。

蚕丝用于纺织品已经有近5000年的历史,长期的应用主要是得益于丝绸独特的光泽、触感性能、耐久性和染色能力。蚕丝纤维的力学性能优异:强度高、可拉伸、机械可压缩[64],因其光泽、美感和魅力而被称为"纺织品皇后"[62]。丝绸的自然美和在温暖天气时的舒适特性,以及在寒冷天气时的温暖特性,使其广泛用于高级时装。蚕丝纤维具有优异的天然性能,可与最先进的合成聚合物纤维相媲美,但蚕丝的生产不需要苛刻的加工条件。因此,人工合成蚕丝纤维的研究引起了人们的广泛关注[18]。

13.2 养蚕业简介

养蚕是获取丝纤维的方式,主要活动包括蚕用植物食物的种植;蚕吐丝结茧后,进行缫丝处理,通过加工和织造获得蚕丝增值效益。蚕的品种很多,但人工饲养最多的是桑蚕。养蚕业作为农业的附属产业,是改善农村经济的理想选择。最近的研究也表明,养蚕可以作为一种高回报的农业产业来发展。

13.3 蚕丝的种类及原产地

13.3.1 蚕丝的种类

目前,主要有五种具有经济价值的蚕丝,它们来自不同种类的蚕,除了桑树以外,也可以喂食多种植物性食物,得到的丝统称为非桑蚕丝。印度能够生产多种工业蚕丝,具有独特优势。

13.3.1.1 桑蚕丝

世界上生产的大部分丝绸都来自桑蚕丝。桑蚕丝(图13-1)来自家蚕,其只以桑叶为食。这些蚕完全是在室内驯养和饲养的。在印度,桑蚕丝的主要产地是卡纳塔克邦、安得拉邦、西孟加拉邦、泰米尔纳德邦以及查谟和克什米尔,产量占印度桑蚕丝总产量的92%。

(a)蚕　(b)蛾　(c)蚕茧

图13-1 桑蚕的不同阶段

13.3.1.2 桑蚕丝的种类

家蚕饲养已经有2000多年的历史,过程中出现了很多的变异或者突变,这些突变体进一步相互分类,形成了多种组合基因,蚕的种群也随之产生变种。种群的分类依据如下:原产地;化性次数;蜕皮。

13.3.2 原产地

13.3.2.1 印度蚕种群

该种群原产于是印度和东南亚。幼虫期较长,对高温高湿有较强的抵抗力。茧和幼虫的个体都较小。多数情况下茧是纺锤形的,颜色呈绿色、黄色或白色。茧壳薄,所占质量分数低。印度蚕种群主要是多化性蚕。

13.3.2.2 日本蚕种群

该种群原产于日本。幼虫健壮,蚕茧是花生形的。幼虫个体较小,但幼虫期较长。蚕茧的颜色通常是白色的,但也有很少一部分是绿色或黄色的。双茧的比例较大,但是长丝长度短且较粗,质量较差。日本蚕种群是一化性或二化性蚕。

13.3.2.3 中国蚕种群

该种群原产于中国。幼虫对高温有较强的抵抗力,但对高湿度的抵抗力较弱。喜食桑叶且生长迅速。多数情况下茧的形状是椭圆形和球形,在少数情况下是纺锤形。茧的颜色是白色、金黄色、绿色、红色或米黄色。蚕丝细,缠绕性较好。中国蚕种群是一化、二化及多化的。

13.3.2.4 欧洲蚕种群

该种群原产于欧洲和中亚地区。幼虫期较长,喜食桑叶,幼虫对高温高湿的抵抗力较弱。茧的尺寸较大,略有收缩,蚕茧可卷性好。

(1)柞蚕。柞蚕丝为黄铜色,较粗的柞蚕丝主要用于家具和室内装饰。它的光泽不如桑蚕丝,但有自身的触感和优势。柞蚕的不同阶段如图 13-2 所示。柞蚕的饲养活动在户外的树上进行。在印度,柞蚕丝主要生产于贾坎德邦、查提斯加尔邦和奥里萨邦以及马哈拉施特拉邦、西孟加拉邦和安得拉邦。柞蚕养殖是印度许多部落的主要经济来源。

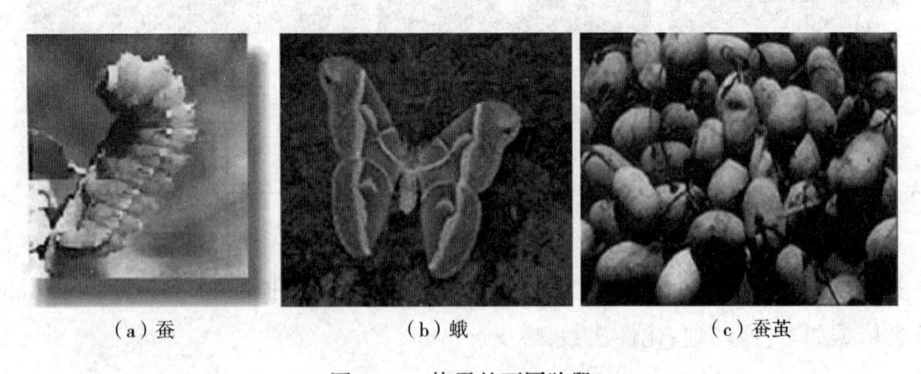

(a) 蚕　　(b) 蛾　　(c) 蚕茧

图 13-2　柞蚕的不同阶段

(2)橡树柞蚕。橡树柞蚕是原产于印度的桑蚕(图 13-3)更细的分支,以橡树为食,分布在印度的曼尼普尔邦、希马恰尔邦、北方邦、阿萨姆邦、梅加拉雅邦等地。中国是世界上主要的橡树柞蚕生产国,而中国的橡树柞蚕是来自于另一种被称为

Antheraea pernyi 的蚕。

（a）蚕　　（b）蛾　　（c）蚕茧

图 13-3　橡树柞蚕的不同阶段

(3)蓖麻蚕(木薯蚕)。也被称为 Endi 或 Errandi,蓖麻蚕(木薯蚕)丝是由端口开放的蚕茧纺成的多化性蚕丝,不同于其他种类的丝纤维。蓖麻蚕(木薯蚕)(图 13-4)是人工饲养,且以蓖麻叶为食。蓖麻蚕(木薯蚕)本来的养殖目的是获取富含蛋白质的蛹。蓖麻蚕(木薯蚕)丝绸被当地用来制作部落使用的披肩。在印度,这种文明主要在东北部的邦和阿萨姆邦盛行,在比哈尔邦、西孟加拉邦和奥里萨邦也有发现。

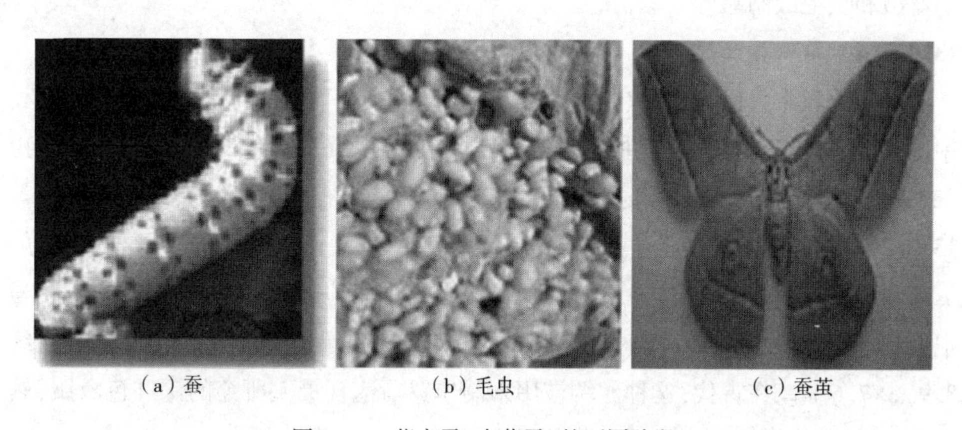

（a）蚕　　（b）毛虫　　（c）蚕茧

图 13-4　蓖麻蚕(木薯蚕)的不同阶段

(4)琥珀蚕。这种金黄色的丝绸是印度阿萨姆邦的骄傲,来自于半饲养的多化性阿萨姆蚕。这些蚕(图 13-5)以具有芳香味的 Som 和 Soalu 叶子为食,它们与柞蚕类似,栖生在树上。姆伽文化是阿萨姆邦特有的,是其传统和文化的重要组成部分。姆伽丝绸价格昂贵,主要用于纱丽服、美卡拉、披肩等。

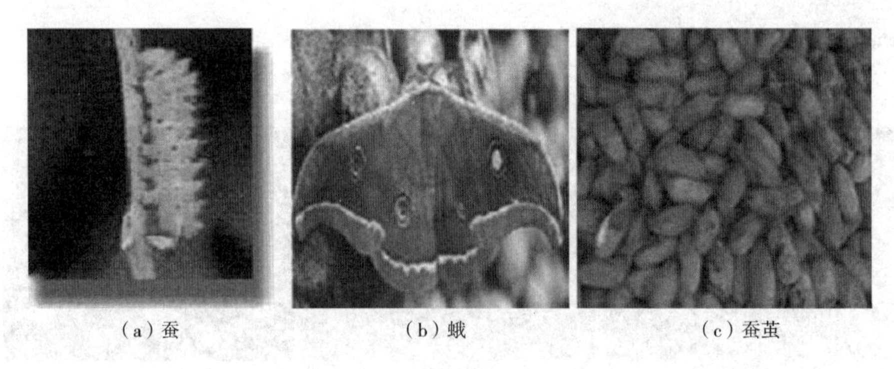

(a) 蚕　　(b) 蛾　　(c) 蚕茧

图 13-5　琥珀蚕的不同阶段

13.3.2.5　阿拉菲野蚕丝

这种丝产于非洲南部和中部,由阿拉菲野蚕属的蚕生产,包括 *Anaphe moloneyi* Druce, *Anaphe panda* Boisduval, *Anaphe reticulate* Walker, *Anaphe carteri* Walsingham, *Anaphe venta* Butler 和 *Anaphe infracta* Walsingham。它们集体结茧,茧的外面包裹着一薄层蚕丝。部落的人从森林里收集这些蚕茧,把它们纺成柔软而有光泽的生丝。从 *A. infracta* 获得的丝绸在当地被称为"book"。从 *A. moloneyi* 获得的丝绸在当地被称为"tissnian-tsamia"和"koko"。这种织物比桑蚕丝织物更有弹性,更结实,用于丝绒和长毛绒制品。

13.3.2.6　花椒蚕丝

花椒蚕丝来自巨型蚕蛾(*Attacus atlas* L.)和其他一些栖生在印度、澳大利亚、中国和苏丹的几个相关蚕种。蚕茧呈浅棕色,长约 6cm,有长短不等的悬垂物(2~10cm)。

13.3.2.7　科恩蚕丝

科恩蚕是 *Pachypasa otus* D. 的幼虫,来自地中海地区(意大利南部、希腊、罗马尼亚、土耳其等),主要以松树、白蜡树、柏树、杜松和橡树等为食。其白色蚕茧约 8.9cm×7.6cm。在古代,这种丝绸被用来制作罗马达官贵人所穿的深红色衣服,然而,由于产量有限和更高品质丝绸的出现,此类丝绸不再生产。

13.3.2.8　贻贝丝

与先前描述的非桑蚕丝是来自昆虫不同,贻贝丝则来自双壳类生物 *Pinna squamosa*,这种生物生活在意大利周边的亚得里亚海和达尔马提亚海岸的浅水区。这种结实的棕色长丝或贝类的足丝,可纺成一种俗称"鱼毛"的丝。它的生产地主要在意大利的塔兰托。

13.4 丝纤维的高性能要求

13.4.1 组成的要求

根据不同的来源,蜘蛛、蚕、蝎子、螨虫和苍蝇生产的丝纤维具有不同的组成、结构和材料性能。在可控条件下纺丝可以避免这些缺陷,使丝纤维的横截面积均匀。天然丝绸(相对于再生丝绸)的许多特性也使其成为潜在的可持续增强材料,与植物纤维一起,用于工程(如非生物医学)复合材料。在丝纤维—增强塑料发展中需要特别注意的两个关键问题:互补性基体的选择和了解界面作用。

生产丝纤维复合材料的基本要求是:

(1)使用高破坏应变且能够低温加工的热固性基材;

(2)刚度低延展性好的丝纤维增强效应的最大化;

(3)促进分散掺入并避免纤维发生降解;

(4)尽量提高丝纤维的体积分数以分散承受更大比例的载荷。纤维增强聚合物的基本原理是脆性纤维—韧性基体的组合[35],其中与基体相比,纤维具有更低的破坏应变和更高的刚度。常用的聚合物基体包括环氧树脂等热固性材料和聚丙烯等热塑性材料,刚度相对较低(<4GPa),破坏应变较高(>5%,甚至高达1000%)。强而硬的纤维需要承受大部分的载荷,而韧性的基体提供了裂纹钝化和桥接机制[35]。蚕丝纤维不同于传统的增强纤维[包括E-玻璃(即无碱玻璃纤维)和亚麻],桑蚕丝纤维具有相对较低的刚度(5~15GPa)和较高的破坏应变(15%~25%),而传统增强纤维具有较高的刚度(>50GPa)和较低的破坏应变(1%~5%)。

13.4.2 医疗用品的需求

蚕丝纤维具有不易腐败性和可降解性,在医学上有着悠久的应用历史。此外,家蚕能有效地将幼虫消耗的植物营养转化为丝蛋白,这是在较短时间内以较低成本生产这种高价值蛋白的一大优势。因此,蚕丝可以以各种形式做生物材料,如薄膜、凝胶、海绵、粉末、人工韧带和支架。蚕丝的应用还包括:快速愈合的烧伤敷料、酶固定基质或网、血管假体和结构植入物[13]。

蚕丝蛋白,主要是家蚕的天然蛋白,因其具有高拉伸强度、可控生物降解性、止血性能、非细胞毒性、低抗原性、非炎症性等特点，为生物材料和支架提供了一系列重要的选择[47,55,65]。重要的是，蚕丝的生物相容性和生物可吸收性，它们很容易适于水或有机溶剂，而成为各种“再生”形式，包括水溶液、薄膜、水凝胶、多孔海绵、再生纤维和绳子、非织造布垫等。蚕丝纤维独特的高强度和韧性，使它们适合广泛的临床应用：从外科缝合线，到软骨和骨修复的多孔和强化复合支架[3,33-34,79]。因此，很多研究集中在基于再生丝的生物复合材料应用于生物医学领域[3,33,50-51,79]。

生物材料的基本要求是具有生物相容性，与生物医用合成高分子材料一样，在生物医学领域，蚕丝表现出惊人的力学性能。蚕丝具有高氧、高透气性的特性，是软组织应用的理想材料，尽管蚕丝对组织细胞有较高的黏附能力，但仍是可生物降解的，且在降解过程中对人体没有毒性，因为它是由与人体中氨基酸类似的物质组成的[71]，例如蚕丝缝合线的肿胀和感染发生率比其他任何材料都要低。蚕丝生物材料的其他应用包括新一代软隐形眼镜、人造角膜、皮肤移植和癫痫药物渗透装置[24]。

13.5 蚕丝纤维的制备

养蚕的目的是形成蚕茧，并由此获取丝纤维。最好的蚕丝是从一种名为 B. mori 的蛾类中获得的。蚕每年繁殖一次，但在受控条件下，一年可孵化三次。雌蛾产下 350~400 个蚕卵，不久蛾子就会死亡。由于它们易受遗传感染，受感染蛾子的蚕卵会被破坏，从而保证产生优质的丝绸。孵化出的幼虫约 3mm 长。精心饲养 20~30 天，每天用切碎的桑叶喂养 5 次。同时，幼虫四次蜕皮，形成约 9cm 长的毛虫。此时，可以进行吐丝作茧，饲养人员需要为之提供架子、树枝或稻草。

毛虫下颚的小开口称为喷丝头。通过它分泌一种类似蛋白质的物质。这种物质与空气接触后就会凝固，形成的长丝绕着蚕按照“8”字形旋转。3 天后，形成花生壳大小的蚕茧。丝胶将长丝黏合在一起。大多数蚕的生命会由于蚕茧被加热而受到“烘烤”或“窒息”而结束。有些蚕茧被保存下来，这样里面的蚕蛹可发育成蛾子，进行下一轮的培育。

13.6 缫丝和丝纤维制造

缫丝是将蚕丝从茧中抽出来的过程,是将若干根蚕丝盘绕在一起形成一根线的过程。将在温水浴中煮熟的茧的一端剥开细丝,并将其缠绕在快速转动的卷轴上实现的。原料缫丝可分为标准卷筒直接缫丝法和小卷筒间接缫丝法,后者需要在复卷机上将卷取的小卷筒合并成标准卷筒,此方法也是现代缫丝过程最常用的卷绕技术[61]。

卷取获得的蚕丝通过一种称为"抛掷"的工艺,形成丝纱或者丝线,其他天然纤维的纺纱过程也与之类似。生丝绞根据颜色、大小和数量进行分类,用肥皂或油脂在温水中洗涤,以软化丝胶。在烘干绞丝后,将丝从卷轴上绕在线轴上。在缠绕过程中,给丝纱加一定的捻度。股线可以加倍,然后以相似或相反的方向扭转。为了使整条纱的直径相等,纱线要穿过滚轴。许多种丝线是由不同的捻度制成的。在"脱胶"过程中,丝线中残留的丝胶被肥皂和水洗涤掉,使丝线呈现出自然的光泽和柔软的手感。

13.7 缫丝

丝纤维制备包括分茧、闷茧和煮茧三个步骤。

13.7.1 分茧

分茧是将有缺陷的茧与质量良好的茧分离,也包括根据蚕茧的大小进行分离。缺陷茧可分为:双茧、穿茧、尿化茧、薄茧、尖状或收缩茧、发霉的蚕茧或未成熟茧。

根据大小分拣的过程是用一种称为蚕茧筛分机的专用设备进行的。不同尺寸茧的分离是非常重要的,因为茧的大小对煮丝和缫丝过程均有影响。

13.7.2 闷茧

闷茧的主要目的是杀死茧内的蛹,避免茧内的蛹化为蛾子,从而保持茧丝的连续性。此外,这种操作可以使茧干燥,使茧能够长期保存。闷茧一般有以下几种方法:晒干、蒸汽闷茧和热风闷茧。其他杀死蛹的方法包括使用红外线、冷空气、有毒气体等。

13.7.3 煮茧

煮茧的目的是软化丝胶,使茧壳变松,使茧丝在缫丝过程中顺利展开。采用的蒸煮方法各有不同,如开锅蒸煮、三锅蒸煮、加压蒸煮、输送带蒸煮等。

13.8 缫丝机的分类

13.8.1 手工缫丝机

这是一种传统的缫丝机,用一种粗糙的方法把丝从茧中抽出来。该机生产的蚕丝主要用于手织行业,原材料的成本因素必须保持在较低的水平,以保证成品的销售。此外,手纺车的建立不需要大笔投资或特殊技能,因此所得丝线的售价很低,廉价的丝线对于手工纺织业非常重要。此外,低价获得质量较差的多化性和有缺陷的茧,用手摇纺车进行纺纱比用缫丝盆法或多端缫丝盆纺纱更经济。

手工缫丝机缺乏纽扣/竹节捕获器或者缺少标准的丝鞘装置,因此,获得的丝一般比较粗,且存在许多缺陷,手纺蚕丝没有再卷绕的过程。每台手纺车每天的粗旦蚕丝产量约为 1kg。

13.8.2 缫丝盆

该装置是对手工缫丝机的改进,是根据日本多端缫丝机的原理设计的。此设备中,煮茧是在沸水盆中单独进行的,卷取是在热水盆中进行的。每个盆有六个丝头,每条丝线首先通过一个按钮去除渣滓、废物等。之后相对独立通过丝鞘装置,这比手摇缫丝效率更高。在捻鞘之后,丝线通过导线导轨形成一个小卷轴。

小的卷轴可以通过重新卷绕,得到标准亨司(亨克)的丝束,因此,丝束质量优于手工丝束。每盆蚕茧日产蚕丝约 800g。优质的茧,如二化茧可以在这个设备上进行缫丝。

13.8.3 多端缫丝机

该装置是对缫丝盆的进一步改进,是电力驱动的。在多端缫丝机中,增加了一些附件，如吸丝口，可以吸取丝线，提高进料效率。分散系统进一步完善，每个卷筒配有单独制动装置，提高了整体的工作效率。通常，每个缫丝盆有10个端头。

从原理上讲，多端缫丝机一种比较现代化的缫丝设备，有可能使用高质量蚕茧（如二化性），生产性能更高的丝束，该装置上每天每个缫丝盆的生丝产量从600g到800g不等，质量优于缫丝盆或者家庭用的手工缫丝机。

13.8.4　自动缫丝机

自动缫丝技术由加压煮茧机、自动喂茧机和机械刷组成，并配有自动纤度控制装置，在很大程度上避免了人为造成的均匀性的误差，从而保证最小尺寸偏差。自动缫丝机是多端缫丝机的改进版，在日本设计并广泛应用于一化和二化蚕茧的缫丝。这是一种日本版的下沉缫丝技术，适用于加工高质量的蚕茧，并获得高质量的丝束。

13.9　高性能蚕丝纤维对结构和性能的要求

13.9.1　前言

丝绸是一类具有重复疏水和亲水多肽序列特征的高分子有机高聚物[3]。丝绸是纤维状蛋白质，由一些节肢动物如蚕、蜘蛛、蝎子、螨虫和跳蚤等产生[3,21]。虽然据称有上千种能够吐丝的昆虫和蜘蛛，但人们详细研究的只有少数几种。丝纤维的组成、结构和性能主要取决于其来源和功能[3,20,73]，是由大自然中的蜘蛛（如络新妇蜘蛛 *Nephila clavipes*）或蚕（如 *B. mori*）产生的[7-8]。蚕丝分为家蚕丝和野生蚕丝。野生蚕丝是由除桑蚕之外的毛虫生产的，它们在颜色、大小和质地上与家养品种不同。在野外采集的蚕茧通常之前就已经被新出生的蛾子破坏了，所以组成茧的丝线已经被撕成了较短的长度。如桑蚕等家蚕是商业化养殖的，蚕茧经过沸水蒸煮，蛹不能变成成虫，因此，茧是完整的，并且可以经过缫丝，形成一根连续的线。除了桑蚕外，还有其他被饲养产丝的蚕，这些蚕被称为非桑树蚕，如柞蚕、蓖麻蚕（木薯蚕）和琥珀蚕等。蜘蛛和昆虫等也可以分泌富含甘氨酸的丝，具有独特的合成和加工特点，以及独特的强度和延展性。

13.9.2 丝的组成

与其他天然纤维相比，蚕丝没有蜂窝状多孔结构。它的形成方式更像合成纤维。从蚕茧中分离出来的茧丝由丝胶包覆在一起的两根细丝或蛋白单丝组成。蚕丝的形态结构非常简单，是由两条单独的但紧密排列且连续的丝组成，这些丝来自于成虫吐丝成茧的过程，外层是蚕胶或丝胶包裹，蚕茧中丝线的纤度不同，如图 13-6 所示。

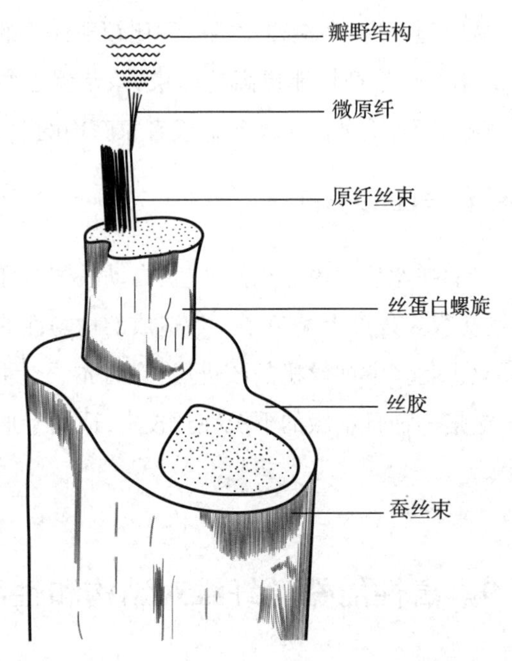

图 13-6　蚕丝的结构示意图

除了丝素和丝胶(都是蛋白质)，生丝还含有少量的醇溶性有机物。黄色或者绿色等天然颜色的蚕丝中含有少量的色素。蚕丝燃烧后会有一些灰烬。所有上述物质的含量均不恒定，并且在很大的范围内变化，这取决于蚕种的不同以及饲养地点和条件的不同而变化。

丝纤维中丝素蛋白含量为 72%~81%，丝胶含量为 19%~28%，脂肪和蜡含量为 0.8%~1.0%，色素和灰分含量为 1.0%~1.4%。蚕从两条排泄管中挤出液体蛋白纤维，这两条排泄管在蚕头部的吐丝器中结合，其中的每一条丝被称为单丝。在吐丝器中用丝胶将两条单丝黏合在一起，形成一种连续纤维，称为茧丝或长丝。因此，茧丝是由丝胶将两根一样的单丝结合在一起的[14]。丝胶和丝素蛋白非常有用，丝胶蛋白是将丝素纤维固定在茧中的胶。因此其本质上具有多种生物学功能。

13.9.3 微观结构和外观

蚕丝纤维由内层的丝素和外层的丝胶组成。每根生丝有一个纵向的条纹,由包裹着丝胶的两根 10~14m 的丝素蛋白单丝组成。一般来说,丝纤维的化学组成为丝素占 75%~83%,丝胶占 17%~25%,蜡质约占 1.5%,以及其他物质占 1.0%(按质量计)。丝纤维具有可生物降解性和高度结晶性,结构排列整齐。研究表明,它们比玻璃纤维或合成有机纤维具有更高的拉伸强度和良好的弹性。丝纤维通常在 140℃ 以内是稳定的,热分解温度更是高于 1500℃。丝纤维的密度为 1320~1400kg/m³(含丝胶),不含丝胶的密度为 1300~1380kg/m³。

13.9.4 纵视图

未脱胶和脱胶后的丝纤维纵视图的扫描电子显微镜图分别如图 13-7(a)和(b)所示。

从图中可以看出,桑蚕丝表面显示了相对平整的纵表面[图 13-7(b)],而非桑蚕丝如柞蚕丝、琥珀蚕丝以及蓖麻蚕(木薯蚕)丝等表面上都有条纹[图 13-7(c)~(e)]。

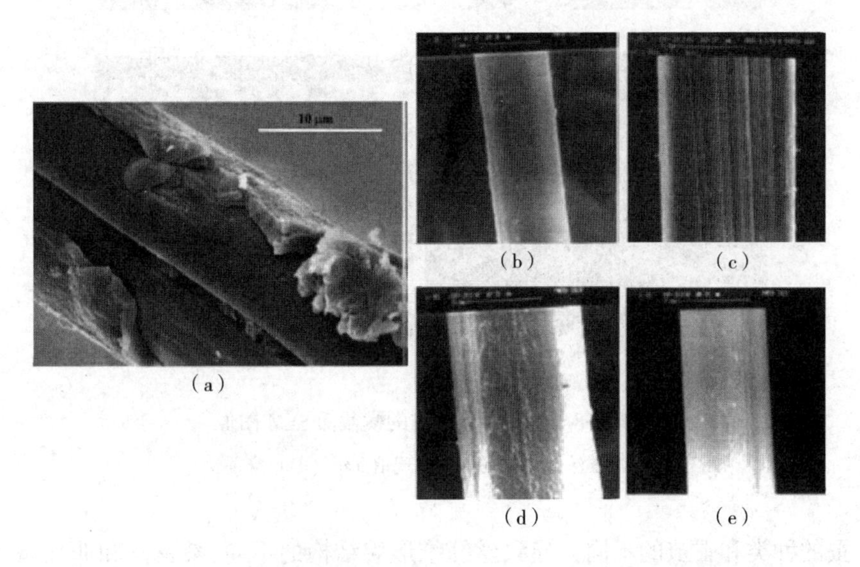

图 13-7 (a)未剥离的蚕丝纵面图像;(b)~(e)为脱胶剥离后的蚕丝纵面结构图像,(b)桑蚕丝,(c)柞蚕丝,(d)琥珀蚕丝,(e)蓖麻蚕(木薯蚕)丝

13.10　横截面视图

丝纤维的横截面扫描电子显微镜图如图 13-8 所示。可以看出，丝纤维的横截面包含两种蛋白质，即丝胶和丝素。两根蚕丝蛋白纤维由非纤维状的丝胶包裹。将一根蚕丝蛋白纤维的内部结构放大时，隐约发现纤维内部是由大量微纤聚集而成[66]。

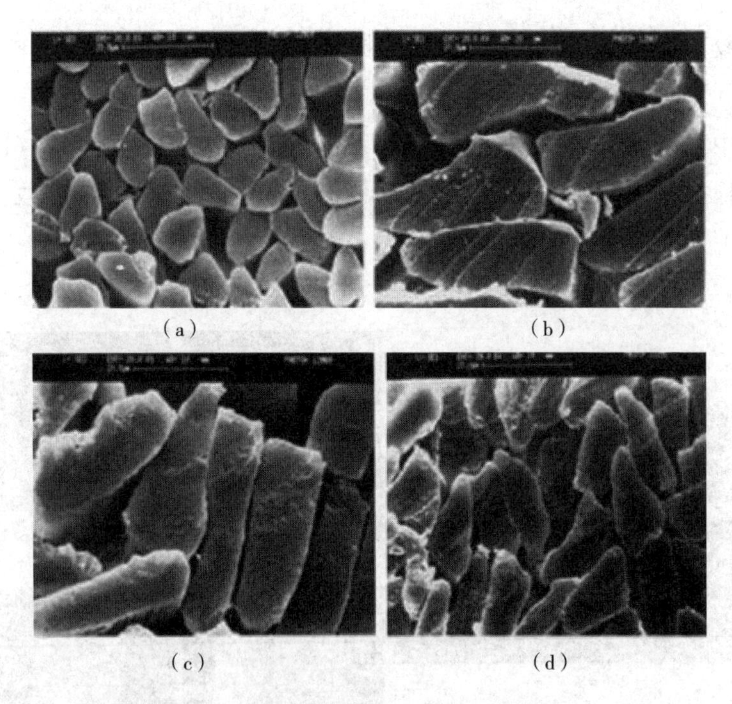

(a)　(b)　(c)　(d)

图 13-8　脱胶后丝纤维的横截面 SEM 图像

(a)桑蚕丝，(b)柞蚕丝，(c)琥珀蚕丝，(d)蓖麻蚕丝

蚕的种类和蚕茧的不同会导致丝纤维形貌结构的不同，桑蚕丝和非桑蚕丝横截面形貌差别很大。桑蚕丝大致呈现三角形横截面结构，且光滑表面[图 13-8(a)]。而对于非桑蚕丝而言，柞蚕丝和琥珀蚕丝的横截面是细长的矩形或楔形，且蚕丝较粗，即横截面积略大一些[图 13-8(b)和(c)]，蓖麻蚕(木薯蚕)丝的横截面也具有大致的三角形，但与桑蚕丝相比，略显细长[图 13-8(d)]。

通常,桑蚕和蓖麻蚕(木薯蚕)等家蚕的蚕丝,其横截面的三角形形貌并不规则,有时也接近圆形。另外,即使是相同的蚕丝蛋白长丝,蚕茧层数的不同也会造成横截面积的变化。

13.10.1 蚕丝的密度

Sen 和 Murugesh Babu[72]报道了多种丝纤维的密度(表 13-1)。桑蚕丝的密度比非桑蚕丝的密度更高。桑蚕丝的高密度意味着更高的有序度和紧凑的分子排列。二化性桑蚕丝类的密度高于杂交桑蚕丝类的密度。需要指出的是,所有蚕丝的密度值都是从外到内逐渐增加,这表明结晶度和微晶取向也是从外到内逐渐增加的。三种非桑蚕丝中,琥珀蚕丝的密度比柞蚕丝和蓖麻蚕丝的密度大。

表 13-1　不同品种蚕丝的密度数值

蚕的品种	ρ(g/cm^3)		
	外层	中间层	内层
桑蚕(二化性)	1.350	1.361	1.365
桑蚕(杂交)	1.342	1.35	1.356
柞蚕	1.300	1.33	1.340
琥珀蚕	1.332	1.34	1.348
蓖麻蚕	1.28	1.29	1.295

13.10.2 回潮率

不同品种丝纤维的回潮率也有报道[72]。标准条件下不同品种丝纤维的回潮率如表 13-2 所示。与桑蚕丝相比,三种非桑蚕丝纤维的回潮率都要高一些。柞蚕丝的回潮率最高,为 10.76%,之后是蓖麻蚕丝(10.21%)和琥珀蚕丝(9.82%)。另外,二化性的桑蚕丝和杂交品种的回潮率要低一些,分别是 8.52%和 8.63%。非桑蚕丝的更高的回潮率意味着其具有更高的亲水性/疏水性氨基酸残留在丝的化学结构中。有趣的是,蚕丝纤维内层的回潮率比外层的回潮率低 4.0%~4.5%,这表明内层是紧密的。

表 13-2 蚕丝纤维的回潮率数据

蚕的品种	回潮率(%)		
	外层	内层	差异率(%)
桑蚕(二化性)	8. 52	8. 14	4. 46
桑蚕(杂交)	8. 63	8. 28	4. 05
柞蚕	10. 76	10. 27	4. 55
琥珀蚕	9. 82	9. 47	3. 56
蓖麻蚕	10. 21	9. 79	4. 11

13. 11 丝纤维中的氨基酸组成

不同种类的丝纤维的氨基酸组成也是不同的。蚕丝中三种主要的氨基酸是丝氨酸、甘氨酸和丙氨酸,另外还含有少量酪氨酸和缬氨酸。在桑蚕丝中,丝氨酸、甘氨酸和丙氨酸含量共占 82%,其中的 10%是丝氨酸,而酪氨酸和缬氨酸则分别占 5. 5%和 2. 5%。在桑蚕丝中,酸性氨基酸(如天冬氨酸、谷氨酸)整体含量比碱性氨基酸的含量更高。另外,氨基酸中含有庞大的侧基,大侧基的存在妨碍了分子的紧密堆积和结晶。通常,大部分桑蚕丝蛋白是由甘氨酸和丙氨酸等简单的氨基酸组成,因此,更易于蚕丝蛋白的结晶[72](图 13-9)。

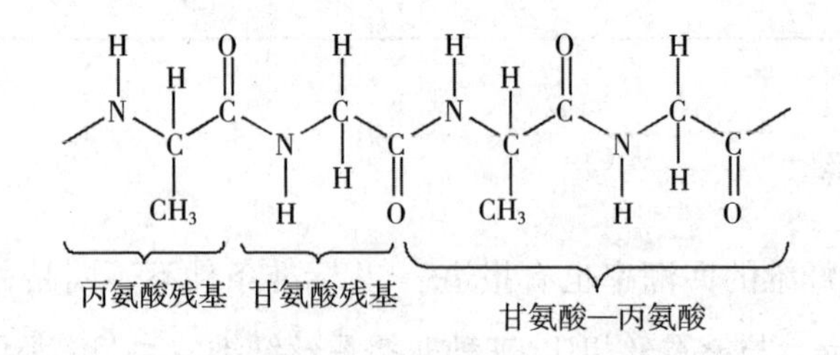

图 13-9 蚕丝蛋白的化学结构

非桑蚕丝中的丝氨酸、甘氨酸和丙氨酸的含量约占 73%,与桑蚕丝相比低约 10%。三种主要的非桑蚕丝纤维中的丙氨酸含量都比桑蚕丝中的含量高。例如,柞蚕丝中丙氨酸含量为 34%,蓖麻蚕丝中为 36%,琥珀蚕丝中为 35%。但是,这些蚕丝纤维中的甘氨酸含量为 27%~29%,比桑蚕丝中甘氨酸的含量(约 43%)要低。

此外，非桑蚕丝纤维含有一定比例的大侧基氨基酸，尤其是天冬氨酸（4%~6%）和精氨酸（4%~5%），意味着酸性氨基酸和碱性氨基酸的含量都更大。值得注意的是，所有丝纤维中都含硫氨基酸（如半胱氨酸和蛋氨酸）。非桑蚕丝纤维中的蛋氨酸含量（0.28%~0.34%）比桑蚕丝纤维中的略高（0.11%~0.19%），而两类纤维中的半胱氨酸的含量则相近[72]。不同品种蚕丝纤维中的氨基酸含量如表13-3所示。

表13-3　蚕丝纤维中的氨基酸含量

氨基酸含量（%，摩尔分数）				
氨基酸种类	桑蚕丝	柞蚕丝	琥珀蚕丝	蓖麻蚕丝
天冬氨酸	1.64	6.12	4.97	3.89
谷氨酸	1.77	1.27	1.36	1.31
丝氨酸	10.38	9.87	6.11	8.89
甘氨酸	43.45	27.65	28.41	29.35
组氨酸	0.13	0.78	0.72	0.75
精氨酸	1.13	4.99	4.72	4.12
苏氨酸	0.92	0.26	0.21	0.18
丙氨酸	27.56	34.12	34.72	36.33
脯氨酸	0.79	2.21	2.18	2.07
酪氨酸	5.58	6.82	5.12	5.84
缬氨酸	2.37	1.72	1.5	1.32
蛋氨酸	0.19	0.28	0.32	0.34
半胱氨酸	0.13	0.15	0.12	0.11
异亮氨酸	0.75	0.61	0.51	0.45
亮氨酸	0.73	0.78	0.71	0.69
苯丙氨酸	0.14	0.34	0.28	0.23
色氨酸	0.73	1.26	2.18	1.68
赖氨酸	0.23	0.17	0.24	0.23

13.11.1　X射线衍射分析

研究人员对蚕丝蛋白的研究已经进行了大量广泛的研究，如下是采用X射线衍射技术的研究结果的概括。

13.11.2 晶体结构

蚕丝和蜘蛛丝具有特征的反向平行的 β-折叠片晶，在其结构中高分子链轴平行于纤维轴向。其他昆虫(例如蜜蜂、黄蜂、蚂蚁等)吐出的丝则形成 α-螺旋或交叉型 β-折叠片晶结构。交叉 β-折叠片晶具有高分子链轴垂直于纤维轴的特征，且丝氨酸含量高。大多数丝纤维从腺体中的可溶性蛋白质向不溶性纤维转变的过程中会形成一系列不同的二级结构[52]。在 20 世纪 50 年代对桑蚕丝蛋白进行研究时，首次提出了丝纤维的晶体结构是反向平行的、氢键缔合的 β-折叠片晶结构[63]，而且近些年，逐步对这个早期模型做了进一步修正[27,19]。桑蚕丝蛋白的反平行 β-折叠片晶结构示意图如图 13-10 所示。

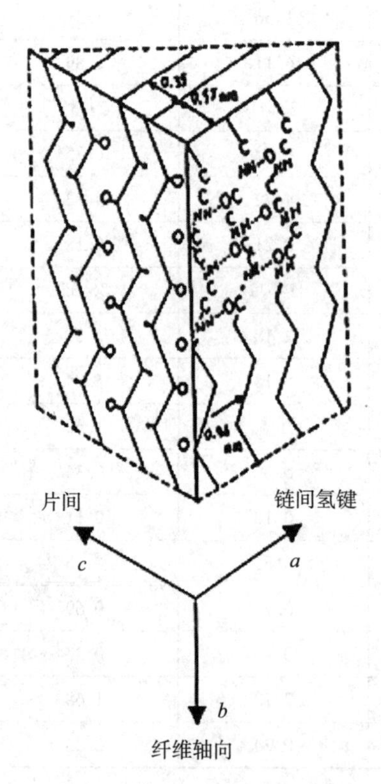

图 13-10　桑蚕丝的反平行 β-折叠片晶结构。高分子链平行于纤维的轴向方向

大多数的蚕丝和蜘蛛丝是反平行 β-折叠片晶结构集合体(图 13-10)[27,57,63]。丝纤维被认为是半结晶材料，蜘蛛丝的结晶度为 30%~50%，桑蚕丝纤维的结晶度为 62%~65%，而大多数蚕丝纤维结晶度为 50%~63%。在 β-折叠片晶结构中，高分子链平行于纤维轴向。此外，丙氨酸重复链段或甘氨酸—丙氨酸重复链段是形成 β-折叠片晶的主要结构序列。丝纤维蛋白中由甘氨酸—丙氨酸重复链段组成的 β-折叠片晶是非对称性的，一个面是以丙氨酰甲基为主，而另一个面则包括甘氨酸残留中的氢原子[64]。

丝素蛋白分子是一种多肽链，分子式为 $(CHRCONH)_n$，其中 $n=1100$，R 代表不同氨基酸的残基。多肽链含有主链和具有 R 取代基的氨基酸侧链，侧链构成丝蛋白整体质量的 19%。因此，多肽链的支化度由蛋白质中所含的氨基酸决定。

侧链可以是非极性的，例如烷烃基团：

$$—CH_3 \quad —CH(CH_3)_2 \quad —CH_2—CH(CH_3)_2 \quad —CH_2—$$

也可以含有极性基团,例如:

$—COOH, —CH_2OH, —C_6H_4OH, —SH, —S—S—, NH, NH_2, —CO—NH_2, —NH—C(=NH)—NH_2$

13.11.2.1 结晶度

如前所述,丝纤维是一种半结晶材料。早期 XRD 研究表明,桑蚕丝纤维蛋白结晶度为 62%~65%,其他野生蚕丝蛋白的结晶度为 50%~63%,蜘蛛丝蛋白的结晶度则更低[81]。

结晶度、晶粒尺寸和晶体取向度等参数都可以用 XRD 测定。对桑蚕丝和非桑蚕丝(柞蚕丝、琥珀蚕丝以及蓖麻蚕丝)的研究中发现[11],桑蚕丝和非桑蚕丝具有不同的广角 XRD 衍射图(图 13-11)。桑蚕丝在 20°处呈现出一个归属于(201)晶面的宽衍射峰。另外,所有的非桑蚕丝的 XRD 衍射图都很相似,分别在 17.1°和

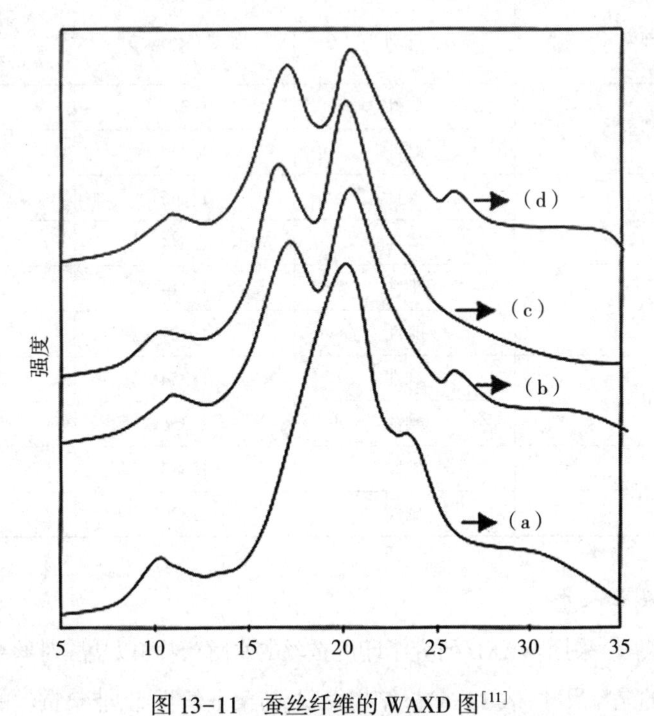

图 13-11 蚕丝纤维的 WAXD 图[11]

(a)桑蚕丝,(b)柞蚕丝,(c)琥珀蚕丝,(d)蓖麻蚕丝

20.2°处出现(002)和(201)晶面的衍射峰。使用 XRD 分析,Warwicker[82]发现不同的丝蛋白可以分为五种类型。桑蚕丝属于 I 组,而柞蚕丝、琥珀蚕丝和蓖麻蚕丝属于 3a 组。3a 组包括大多数的柞蚕属蚕丝,以及其他天蚕蛾科属的蚕丝。反平行β-折叠片晶结构是指分子构象由结晶区的丝纤维蛋白质链组装而成,其晶胞尺寸与聚丙氨酸$(Ala)_n$的β-晶型相似。

由 XRD 测试得到的雄性和雌性的桑蚕丝、柞蚕丝以及琥珀蚕丝的密度和结晶度如表 13-4 所示。这部分数据是由 Iizuka 等[42-46]和 Iizuka and Itoh[41]的研究工作中总结得到的。雄性和雌性个体并没有表现出特定的变化趋势,并且桑蚕丝和非桑蚕丝之间也没有明显区别。但是,温带地区的柞蚕丝、琥珀蚕丝和超细的桑蚕丝与 Bhat and Nadiger[11]提到的那些未水解样品的数据相似。关于丝纤维结晶度的差异尚无文献可查,所有的数值看起来都像是平均值。考虑到已有研究人员发现蚕茧内层的纤度、断裂伸长率和脱胶失重率等有逐渐减少的趋势,有理由认为这些参数在沿着纤维长度方向也呈现类似的变化趋势。

表 13-4　不同蚕丝纤维的密度和结晶度

蚕的种类	性别	密度(g/cm^3)	X 射线衍射测定的结晶度(%)
热带柞蚕	雄性	1.329	39.5
	雌性	1.334	39.6
温带柞蚕	雄性	1.345	44.6
	雌性	1.344	41.8
琥珀蚕	雄性	1.314	42.7
	雌性	1.327	43.7
桑蚕(粗丝)	雄性	1.354	37.2
	雌性	1.356	35.2
桑蚕(超细丝)	雄性	1.333	43.1
	雌性	1.320	41.9

13.11.2.2　晶粒尺寸

NV Bhat 等[11]采用 WAXD 研究了印度蚕丝的水解产物(以盐酸对丝纤维进行不同时间的处理)的晶粒尺寸(表 13-5)。结果发现,与桑蚕丝相比,非桑蚕丝的晶粒尺寸偏大。在晶区中丙氨酸-丙氨酸(Ala-Ala)键接形式连接以及更高的丙氨酸含量应该是其晶粒尺寸较大的原因。作者总结认为,经盐酸处理96h后,非桑蚕丝(柞蚕丝、蓖麻蚕丝和琥珀蚕丝)中(002)晶面的晶粒尺寸分别从27Å增加到60Å,30Å增加到56Å,32Å增加到59Å。但是,同样条件处理后(96h),桑蚕丝的(002)晶面晶粒尺寸从10Å增加到20Å,晶粒尺寸没有明显增加。蚕丝结构中的(201)晶面也表现出相似的趋势。

表13-5 蚕丝及其水解产物的平均晶粒尺寸

蚕丝类别	晶面	原丝(Å)	水解处理48h后的蚕丝(Å)	水解处理96h后的蚕丝(Å)
桑蚕丝	002	10	15	20
	201	19	20	25
柞蚕丝	002	27	68	60
	201	47	56	52
蓖麻蚕丝	002	30	56	56
	201	47	47	60
琥珀蚕丝	002	32	47	59
	201	39	43	47

对野生蚕(柞蚕、琥珀蚕以及蓖麻蚕等)的丝纤维而言,作者认为,酸化水解过程导致了Ala-Ala链段沿微晶的平行方向上取向,因此有助于晶粒生长。然而,由于两类蚕丝中晶体几何结构不同,出现的更大的晶粒尺寸尚需要进一步研究。

13.11.2.3 取向度(双折射率和声速模量)

不同丝纤维的双折射率如Murugesh Babu和Sen[72]的报道所述。贝克线法(也称为边缘光带法)常被用于测量双折射率。由两种液体,如液体石蜡(折射系数$\eta=1.465$)和1-氯萘(折射系数$\eta=1.633$),组成的混合物被用于测定单丝在平行方向和垂直方向的折射系数。在偏光显微镜下观察,当贝克线消失时混合溶剂的折射系数就是纤维的折射系数,双折射率(Δ_n)由下式计算:

$$\Delta_n = \eta_{/\!/} - \eta_{\perp}$$

式中:$\eta_{/\!/}$和$\eta_{\perp}$分别是纤维平行和垂直偏振光平面方向上的折射系数。测试进行5次,取平均值。

双折射率(Δ_n)代表了分子的整体取向度,而声速模量(S_ε)则代表有序度和取向度的结合效果。Δ_n和S_ε列于表13-6。同种纤维的双折射率和声速模量均从外层向内层而递增。在所有品种中都观察到这种趋势。

表 13-6　不同蚕丝纤维的双折射率和声速模量

蚕丝类别	Δ_n			S_g(g/旦)		
	外层	中间层	内层	外层	中间层	内层
桑蚕丝(二化性)	0.054	0.055	0.056	165	170	206
桑蚕丝(杂交)	0.051	0.052	0.052	153	167	192
柞蚕丝	0.041	0.042	0.042	106	107	115
琥珀蚕丝	0.040	0.041	0.042	103	108	114
蓖麻蚕丝	0.034	0.035	0.035	101	106	109

13.11.3　红外光谱

丝素的红外研究[9-10,6,60]表明，在 1660cm^{-1}，1540cm^{-1}，1235cm^{-1}和 650cm^{-1}等处出现的吸收峰分别属于酰胺Ⅰ、酰胺Ⅱ、酰胺Ⅲ和酰胺Ⅵ的无规线团构象（无定形区）的特征峰，而那些出现在 1630cm^{-1}、1535cm^{-1}、1265cm^{-1}和 700cm^{-1}处的吸收峰则代表β-构象（结晶区）。

早期，研究人员利用红外光谱中结晶区域与非晶态区域的强度比值来计算结晶指数。Drukker 等[25]报道了家蚕丝（桑蚕）在 1528cm^{-1}和 1560cm^{-1}处吸收峰的结晶度值为 63%。然而，作者指出，得到的值并不准确，因为这些吸收峰的分辨率不是特别好。与从 WAXD 获得的值相比，这个值显然更高。关于桑蚕丝和印度野生蚕种的蚕丝也有类似的研究[11]，使用的是 1265cm^{-1}（β-晶型）和 1235cm^{-1}[α-（无规卷曲构象）晶型]两个吸收峰的比值。从他们的数据（表 13-7）可以看出，桑蚕丝和琥珀蚕丝的结晶指数（分别为 0.66 和 0.60）高于柞蚕丝（0.50）和蓖麻蚕丝（0.50）的结晶指数。

表 13-7　不同丝纤维的结晶指数对比

类别	X 射线结晶指数		红外结晶指数		电子衍射结晶指数	
	原丝	水解 96h 后	原丝	水解 96h 后	原丝	水解 96h 后
桑蚕丝	0.42	0.48	0.66	0.74	0.62	—
柞蚕丝	0.43	0.77	0.50	0.66	0.60	—
琥珀蚕丝	0.44	0.72	0.60	0.64	0.62	—
蓖麻蚕丝	0.43	0.65	0.50	0.82	0.63	—

在对蚕丝水解产物结晶性的研究中，NV Bhat 等[68]报道了不同种类的丝在 1400～800cm^{-1}波段的红外光谱（图 13-12）。认为在 1015cm^{-1}的吸收带代表甘氨酸—甘氨酸键合，在 970cm^{-1}的吸收带代表丙氨酸—丙氨酸键合，在 998cm^{-1}和 975cm^{-1}的吸收带则是代表丙氨酸—甘氨酸键合。在桑蚕丝中，在 1015cm^{-1}和 970cm^{-1}的吸收带完全消失，而在 975cm^{-1}和 998cm^{-1}的吸收带依然存在，非桑蚕丝样品在 970cm^{-1}处显示出明显的吸收带。对桑蚕丝和非桑蚕丝样品而言，水解后的样品中这些吸收带在各自波数下的强度进一步增强。在野生品种的水解样品中，1015cm^{-1}处对应甘氨酸—甘氨酸键合的吸收带彻底消失。基于这些数据，作者认为，桑蚕丝的晶体结构主要是甘氨酸和丙氨酸的连接序列，而野生蚕丝是不稳定的丙氨酸—丙氨酸连接序列。

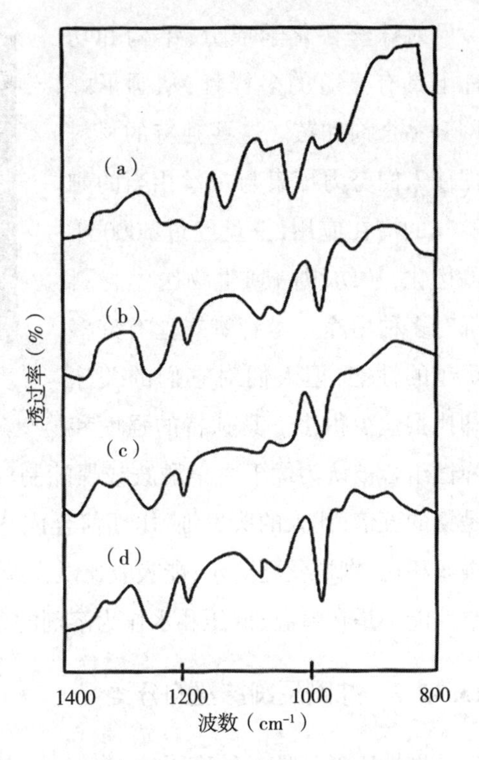

图 13-12　不同蚕丝的红外谱图对比

(a)桑蚕丝，(b)柞蚕丝，(c)琥珀蚕丝，(d)蓖麻蚕丝

13.12　蜘蛛丝的合成、结构及性质

13.12.1　蜘蛛丝简介

蜘蛛丝是蜘蛛生产的一种天然蛋白纤维。长期以来，科学家和工程师们一直羡慕蜘蛛能够制造出一种既坚固、精细又坚韧的材料。这种特性的结合使蛛丝成为一种极具吸引力的纤维，可用于医药、国防和休闲产业。许多蜘蛛丝的机械性能优于蚕丝[31]。蜘蛛可以吐出多达七种不同类型的丝，每一种都具有特定的功能。到目前为止，大多数研究人员都把注意力集中在牵引丝上，蜘蛛把它当作安全网，也把它当作蛛网的骨架（图 13-13）[32]。

蜘蛛丝在化学成分、结构和功能上具有显著的多样性，从圆形蛛网到黏合剂和茧。这些独特的材料促使人们努力探索与蚕丝相当的蜘蛛丝的潜在应用，蚕丝经过5000年的衍化，从纺织品到生物医学材料都有多种用途。尽管蜘蛛丝有许多优越的性能，但人们对它们的关注却比蚕丝少得多。其独特的强度和弹性组合被认为优于由聚酰胺或聚酯制成的合成高科技纤维[67]。蜘蛛丝的强度是钢的五倍，比人的头发细，比任何合成纤维都更有弹性，完全可以生物降解。与蚕丝相比，蜘蛛丝更防水，能吸收比凯夫拉多三倍的冲击力而不断裂。所有这些纤维性能都是在室温、低压和水作为溶剂的条件下实现的。

图13-13　蜘蛛吐出的牵引丝

13.12.2　蛛网及蜘蛛丝的分类

蜘蛛牵引丝是一种高强度、高弹性、高模量的半结晶生物聚合物，直径0.2~10mm的丝纤维具有高于其他天然或合成纤维聚合物的断裂能，在相同质量条件下，其强度远远超过高强度钢和凯夫拉纤维[30]。

蜘蛛网的形式多种多样，但最常见的是圆形蛛网。也有其他种类的蜘蛛织成缠结的或片状的网。金色圆网蜘蛛（图13-14）的蛛丝是所有蜘蛛丝中最壮观、研究最多的。这种蜘蛛能织出一张金色的大网，直径可达2m，西太平洋岛屿上的土著部落以及哥伦比亚河流域的美洲土著印第安人甚至将这些网用作渔网[17]。这些网的牵引丝具有非凡的特性。但是这些蜘蛛很难人工饲养和繁殖。不包括腿，它们的长度约为5cm，如果把腿都伸展开，其长度可达25cm。

图13-14　金色圆网蜘蛛

圆网蜘蛛通过特殊的腺体可合成多达 7 种不同类型的蛛丝(表 13-8)。丝蛋白中包含的每种不同类型丝的信息为深入了解丝蛋白质的结构—性能关系提供了重要的信息。蛛丝几乎被用于蜘蛛生活的各个方面,包括捕捉和剥落猎物或保护茧。正如蜘蛛对蛛丝的应用不同,蛛丝的特性也各不相同。

表 13-8 不同腺体合成的蛛丝

样品编号	腹腺类型	用途	吐丝器位置
1	大壶状腺	牵引丝,框丝	前部
2	小壶状腺	固网丝	中部
3	梨状腺	附着盘,盘丝	前部
4	葡萄状腺	捕获丝,缠绕包裹猎物	中部,后部
5	圆柱状腺(管状腺)	卵茧丝,卵袋丝	中部,后部
6	集合腺	横丝表面的黏附丝,捕获猎物	后部
7	鞭毛状腺	蛛网横丝,捕获猎物	后部

13.12.3 化学成分

蛛丝的分子结构是由一些蛋白质晶体区域组成的,这些蛋白质晶体被组织较松散的蛋白质链分割开来。初级结构组织产生多样的二级结构,而二级结构又影响不同蛛丝的功能。β-折叠片晶晶体结构是蛋白质丝结构中研究最多的二级结构,β-折叠片晶是丝纤维具有高抗拉强度的主要原因。β-折叠片晶是通过氨基酸序列的自然物理交联形成的,在蜘蛛丝和蚕丝中,氨基酸序列主要由丙氨酸、甘氨酸—丙氨酸或甘氨酸—丙氨酸—丝氨酸的多次重复而成。丝蛋白结构中半无定形区通常由以下两种结构组成:

(1)由 GPGXX(其中 X 通常是谷氨酰胺)重复构成的类似 β-回折的 β-旋转结构,G 和 P 分别指甘氨酸和脯氨酸结构。

(2)GGX 组成的螺旋结构[50]。

这些半无定形区域为蛛丝纤维提供了弹性。例如,来自于络新妇蜘蛛(*Nephila clavipes*)的鞭毛样蛛丝蛋白中富含 GPGXX 序列,这一序列为捕获猎物蛛网提供了的高弹性。除了结晶区和半无定形区域外,丝蛋白中也存在端氨基和端羧基等非重复区域。虽然这些末端对力学性能的影响还不完全清楚,但推测它们可能在丝蛋白的可控组装中发挥作用[70,78]。

每一种产丝生物都能够合成丝蛋白,并且丝蛋白具有丰富的初级序列结构和二级结构。例如,蜘蛛合成的丝纤维中常见的氨基酸序列可以分为四类:聚丙氨酸(poly-Ala)、聚丙氨酸—甘氨酸(poly-Ala-Gly)、GPGXX、GGX 和一个间隔序列[36]。最近,Garb 和他的同事从丝蛛亚目(狼蛛)中发现了六种新的丝蛋白,它们不包括上述已知的四种蛛丝蛋白。因此,这些新发现的狼蛛丝不具有高的拉伸强度和弹性。这一发现支持了聚丙氨酸(poly-Ala)和 GPGXX 序列在形成高强度牵引丝和鞭毛样丝中的假设[28]。在大多数情况下,蛛丝蛋白自组装成功能材料的基本过程是一致的,其疏水性更强的区域主要是丙氨酸、甘氨酸—丙氨酸和甘氨酸—丙氨酸—丝氨酸重复链段驱动了这一过程。在大多数蛛丝中,β-折叠片晶的形成是在喷丝管中完成的,是由于腺体中的进一步失水和流动中疏水区的牵伸作用[12,26,39,47,80]。例外的是亲水性更强的丝,例如起黏合作用的丝,电荷间的相互作用比疏水作用更起主导作用。无化学交联的自组装提供了稳定性,同时仍然允许酶消化[69]或在适当的环境条件下缓慢降解[38]。

13.12.4 牵引丝的氨基酸组成和分子组成

与其他蛛丝家族成员相比,大壶状腺丝蛋白和小壶状腺丝蛋白含有更高水平的甘氨酸和丙氨酸,接近总氨基酸含量的 50%[15,56]。生物化学实验表明,牵引丝是一种复合材料,主要由两种结构蛋白 MaSp1 和 MaSp2 组成,或者称为蛛丝蛋白[37,84]。研究表明,大壶状腺丝蛋白形成纤维的核心,外层包裹着糖蛋白。虽然糖蛋白层的成分还不清楚,但实验证明,这一层是在腺丝挤出前出现在壶腹的[16,75]。首次从络新妇蜘蛛(*N. clavipes*)中鉴定出丝素的序列结构[37]。最近,从黑寡妇(Latrodectus hesperus)蛛丝[5]中确定了 MaSp1 和 MaSp2 的完整基因蓝图。预测蛛丝蛋白序列可形成的高分子量蛋白质是由大约 3500 个氨基酸结构组成。

这些蛛丝蛋白是高度模块化的,每个都包含内部重复的结构单元,其侧面是由大约 100 个氨基酸组成的以氨基和羧基为端基的非重复末端。内部的重复单元含较多甘氨酸和丙氨酸,从而形成聚丙氨酸或聚丙氨酸—甘氨酸,被富含甘氨酸的区域分割开。聚丙氨酸链段形成 β-折叠片晶区域,有利于增强抗拉强度,而富含甘氨酸的区域形成 β-螺旋结构和 β-回转结构,连接 β-折叠片晶区域[74]。

这些连续的富含甘氨酸的区域形成半无定形区域,有利于提高蛛丝纤维的延展性。蛛网牵引丝延展性也归因于 MaSp2 蛋白质序列中的甘氨酸—脯氨酸—甘氨酸—X—X(GPGXX)链段和β-旋转结构。研究表明,MaSp2蛋白在络新妇蜘蛛蛛丝的内部区域被紧密排列堆积,而MaSp1倾向于沿径向均匀分布[75]。这些数据表明,MaSp1和MaSp2在天然纤维的长轴方向上分布不均匀。调控其排列位置差异的生化机制尚不清楚,但可以通过蛋白质序列表达水平和/或蛋白序列结构的差异来解释,后者能够控制挤出过程中的细胞分裂情况。

表13-9显示了蛛网牵引丝中氨基酸含量与其他蛋白纤维如蚕丝和羊毛纤维的比较结果[51]。可以观察到,除了蛋白质外,在蛛丝中还可以发现糖蛋白、无机盐、含硫氨基酸和铵离子等其他成分[70,85]。这些成分的存在对蜘蛛物种的鉴定、蛛网含水量的调节、微生物的防护等都起着至关重要的作用。微量的12-甲基十四烷酸和14-甲基十六烷酸使蜘蛛丝具有抗菌功能。蛛丝的表面存在像蜡一样的酯类物质。蛛丝的分层结构如图13-15所示,蛛网牵引丝的二级结构如图13-16所示。

表13-9 蛛网牵引丝及其他蛋白纤维中氨基酸的量含量对比

氨基酸类型	蚕丝(%)	羊毛(%)	蜘蛛丝(%)
甘氨酸	43.7	8.4	37.1
丙氨酸	28.8	5.5	21.1
缬氨酸	2.2	5.6	1.8
亮氨酸	0.5	7.8	3.8
异亮氨酸	0.7	3.3	0.9
丝氨酸	11.9	11.6	4.5
苏氨酸	0.9	6.9	1.7
天冬氨酸	1.3	5.9	2.5
谷氨酸	1.0	11.3	9.2
苯丙氨酸	0.6	2.8	0.7
酪氨酸	5.1	3.5	—
赖氨酸	0.3	2.6	0.5
组氨酸	0.2	0.9	0.5
精氨酸	0.5	6.4	7.6
脯氨酸	0.5	6.8	4.3
色氨酸	0.3	0.5	2.9
半胱氨酸	0.2	9.8	0.3
蛋氨酸	0.1	0.4	0.4

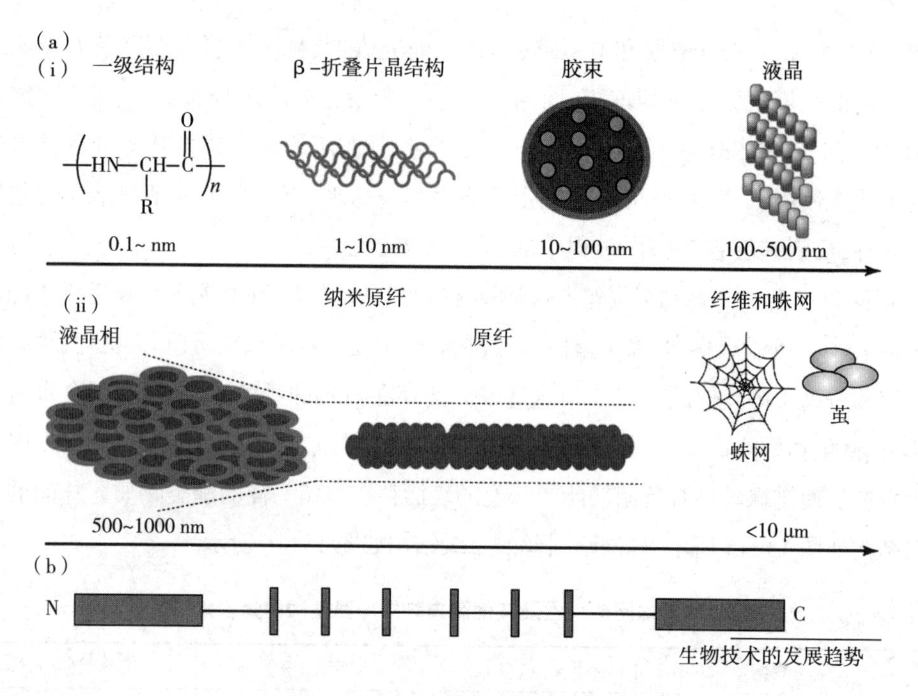

图 13-15　蛛丝的分层结构示意图

(a)(i)蛛丝蛋白中含有氨基酸序列的重复结构,通过自组装形成β-折叠片晶结构。自组装是由氢键驱动的,并且也受到疏水作用的影响。这种相互作用也存在于蛋白链间或者链内。β-折叠片晶结构进一步组装形成软的胶束,将亲水端排挤到胶束的外围。胶束的内部含有水(用胶束中的"○"表示),是因为存在体积很小的亲水性间隔段。但这不意味着是一种多壳结构,是由亲水链末端外移至胶束表面以及大的疏水区和小的亲水间隔结构在胶束内部的相对位置不同造成的。随着蛋白含量的增加,胶束转变为类似凝胶状,形成亚稳态的液晶结构。(ii)外界的诱导因素,例如物理剪切、环境因素(如低 pH 值、甲醇、超声以及电场等)将凝胶态和液晶态转变为更稳定的β-折叠片晶结构。从喷丝管中挤出的微纤合并成更高级的结构,形成蛛网或者茧。

(b)蛛丝蛋白的分子结构。用于构建蛛网或者其他强力纤维,分子结构中主要是疏水区,这些疏水区被小的亲水间隔结构(图中用灰色的垂直矩形表示)隔开,其两侧是非重复的氨基和羧基端基(图中用灰色水平矩形表示)。

13.12.5　蜘蛛丝的特性

在天然纤维中,蛛丝以其独特的高强度和断裂伸长率而被公认为一种重要的纤维。研究表明,蜘蛛丝在断裂伸长率超过 26%的情况下,其强度可达 1.75GPa。蜘蛛丝的韧性是芳纶等工业纤维的 3 倍以上,受到纤维科学家和技术人员的关注。

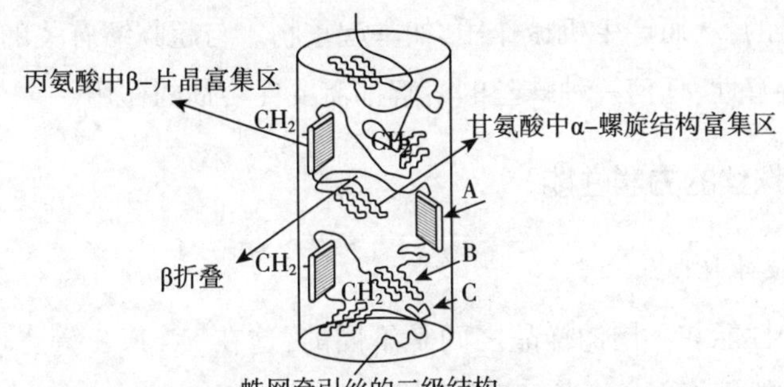

蛛网牵引丝的二级结构

A－晶区，B－取向无定形区，C－无定形区，

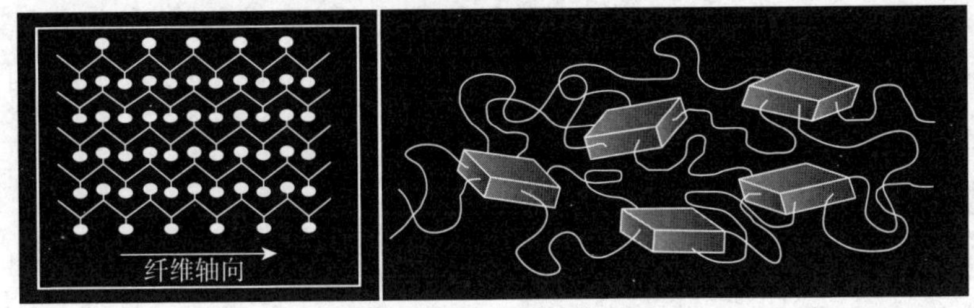

图 13–16　蛛网牵引丝的二级结构

蛛丝的特性因种类和功能而异。根据不同种类的蜘蛛，每只蜘蛛都有 5 个以上不同的丝腺，在这些丝腺中，不同性质的丝在通过 3 对吐丝器挤压被生产出来。牵引丝起源于壶状腺，通过前吐丝器挤出。蜘蛛牵引丝是蜘蛛制造的丝中强度和韧性最好的一种，是蜘蛛网的结构框架。

除了好奇之外，对蜘蛛丝的研究主要是因为其独特的力学性能。为了生存，蜘蛛必须在蛛网中使用尽可能少的丝来捕捉猎物，并且蛛网必须能够阻拦并捕捉高速飞行的昆虫。要实现这样的作用，蛛网必须能够吸收昆虫的能量而不产生回弹，因为回弹会把猎物从蛛网上弹开。最近的一项研究得出的结论是，蛛网和用来织网的蛛丝几乎是为彼此优化且量身定做的，这种优化的关键因素是拉伸强度和弹性。虽然它不像某些纤维那么结实，但弹性要大得多。这使得它比任何常用材料在断裂前吸收的能量更多[54]。

牵引丝的另一个神奇的适应性进化是它的超级收缩能力。当纤维被浸湿时，它会收缩到原来长度的 60% 以下。这导致弹性模量下降近 1000 倍，可延展性增加[30]。这种能力的实际应用是当蛛网被露水浸湿时，能够处于充分的紧张状态，从而保持它的形状和张力。有几种聚合物在有机溶剂中表现出超收缩性，但没有哪一种聚合物能够仅在水中就可以表现出这样的超收缩性能[83]。这种超收缩是可逆和可重复的,从而产生机械作用,如举起重物。与超收缩有关的一个重要特征是蛛丝的不溶解性,任何一种蛛丝的溶解都需要促溶剂的作用。

13.12.6 蜘蛛丝的力学性能

13.12.6.1 拉伸性能

蜘蛛丝的性能在不同的样品之间是不同的,这在 Ko. F. K 等[53]对于络新妇蜘蛛(*N. clavipes*)的研究中得到了证明。用 1.25 cm 的标准长度,以每分钟 100%的应变率对蜘蛛丝进行简单伸长测试。蛛丝的应力—应变曲线呈 S 形(图 13-17),强度和伸长率分别为 1.75GPa(15.8g/旦)和 36%。蛛丝与其他纤维的拉伸性能比较见表 13-10。

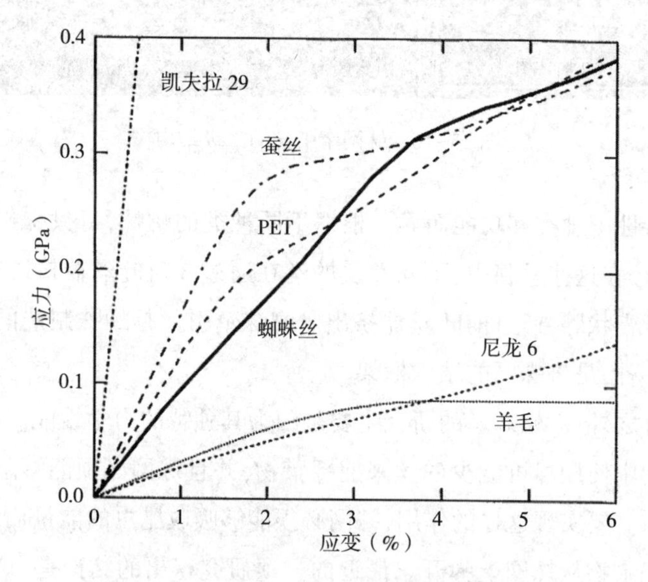

图 13-17 蜘蛛丝与其他纤维的力学强度比较

表 13-10 丝纤维与其他高性能纤维力学强度比较

样品	密度(g/cm^3)	强度(GPa)	伸长率(%)	韧性(MJ/m^3)
尼龙 66	1.1	0.95	18	80
芳纶(Kevlar 49)	1.4	3.6	3	50
园圃蜘蛛牵引丝	1.3	1.1	27	160
园圃蜘蛛卵袋丝	1.3	0.3	25~50	70
桑蚕丝	1.3	0.6	18	70

续表

样品	密度(g/cm³)	强度(GPa)	伸长率(%)	韧性(MJ/m³)
羊毛	1.3	0.2	50	60
聚乳酸纤维	1.24	0.7	22	90
碳纤维	1.8	4	1.3	25
高强钢丝	7.8	1.5	1	6

应力—应变曲线分三个明显差别的区域:0~5%应变区域的特点是高初始模量(34GPa);5%~21%应变区域中,在应变硬化到最大模量(22GPa,对应的伸长为22%)之前,存在准屈服点(5%);21%~36%应变区域表现为模量逐渐降低,直到断裂强度达到1.75GPa。应力—应变曲线的面积表示其韧性,2.8g/旦。远高于芳纶和尼龙6纤维的韧性,其数值分别为0.26g/旦和0.9g/旦。

蛛丝的力学性能集合了高强度、延展性和抗压性[22-23]。一些蜘蛛丝的伸长率超过200%,有一些蜘蛛丝具有与高性能纤维接近的拉伸强度。这些独特的价值和性能吸引了人们的广泛关注。蜘蛛丝的高模量和高强度以及高伸长率使得其具有多种用途。

牵引丝的应力—应变特征在不同蜘蛛之间表现出较大的种间和种内差异[59]。而且,来自同一物种的个体的丝每日可变性很大。蜘蛛的状况会(经常)影响蛛丝的性能,例如,饥饿会导致断裂伸长率降低。丝的生产速度也会影响性能,随着生产速度的增加,丝的断裂伸长率降低,断裂应力增大,杨氏模量增加。最后,蛛丝生产过程中的体温也起着重要的作用。由于蜘蛛是变温动物,这意味着蜘蛛可以通过调整建网时间和运动速度在一定程度上改变丝的性能参数。然而,蜘蛛似乎也可以通过直接的神经控制[58]或者通过饮食改变蛛丝的性能参数。

13.12.6.2 弹性

拉勒米怀俄明大学的研究人员提出,蜘蛛丝的超常弹性来自蛋白质构型中的长螺旋结构[86]。蛋白质分子中的螺旋结构具有类似分子弹簧的作用,使其具有弹性。图13-18所示为一束蜘蛛丝在常态下拉伸5倍以及拉伸20倍时的弹性表现。

人们已经发现络新妇蜘蛛(*N. clavipes*)的捕获丝蛋白是由数千个氨基酸单元组成的链,链中存在由5个氨基酸组成的序列不断重复,重复次数可达63次。研究人员认为,带有重复模块的蛋白质片段形成了长且类似弹簧的形状。在每5个

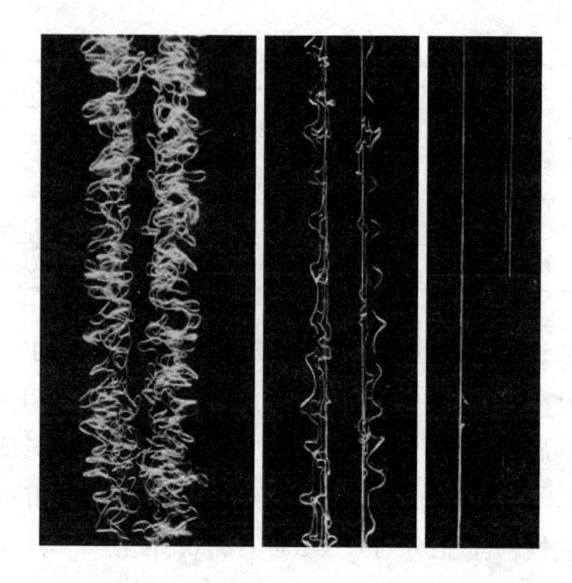

图 13-18　一种群居蜘蛛(*Stegodyphus sarasinorum*)的
蛛丝在常态下(右)经 5 倍(中)以及经 20 倍(左)拉伸后的弹性表现

氨基酸模块的末端,蛋白质会以 180°的角度回转扭结。这一系列的回转最终形成一个螺旋结构,看起来就像一个分子弹簧。

牵引丝蛋白和捕获丝蛋白具有相似的氨基酸回转重复模块。然而,这些结构模块在捕捉丝中平均重复 43 次,而在牵引丝中只有 9 次,这种明显差异导致两种蛋白质弹性非常不同。

13.12.7　蜘蛛丝的应用

13.12.7.1　蜘蛛丝复合材料

高强度、韧性和轻重量的组合使蜘蛛丝在高性能纤维、复合材料以及生物医学中的应用具有吸引力[4]。无论是作为单独的纤维使用,还是编织成纺织结构,关键是要开发生产技术,以生产足够长的材料,并具有至少与天然蜘蛛丝相同的机械性能。一直以来,蚕丝是丝纤维材料的研究重点。诸如溶剂挤压法、电纺丝法和微流体法等由蚕丝蛋白中形成丝纤维的技术,可能也适用于蛛丝蛋白。每个方法的优点和局限性可能决定它们在特定应用中的使用或开发的商业价值。

13.12.7.2　蜘蛛丝作为生物材料

蛛丝的一个有吸引力的应用是模拟这类蛋白质的多种材料功能,作为一种新型生物材料设计的来源。对蜘蛛丝蛋白的组装和加工成各种材料形式的深入研究一直是人们长期关注的焦点，并使蜘蛛丝的应用领域得到了广泛的扩展。具体来说，医疗器械和组织工程可能是最有希望利用蜘蛛丝的应用领域。近年来，蚕丝纤维的再加工或天然蚕丝纤维方面取得了一些进展，如果蛛丝数量足够时，也可以采用类似的方法来加工蛛丝。例如，在韧带组织工程中，蚕丝纤维捻编结合，通过取向排列，借助于丝捻结构的力学强度，可诱导基于干细胞和韧带细胞的重建[2]。从大壶状腺中人工收集蜘蛛丝后，将人类神经膜细胞植入，以证明其生物相容性，这为将来治疗末梢神经损伤提供了一个有希望的方法[1].

13.12.7.3 蜘蛛丝的生物应用

目前对蜘蛛丝的研究主要是其高强度和多用途的前景，并且其生产方法无污染。现代合成高性能纤维的生产必须经由石油化工过程，造成了环境和资源污染，例如凯夫拉纤维的是由浓硫酸溶液湿法纺丝获得。相比之下，生产蜘蛛丝是完全环保的，它是由蜘蛛在环境温度和压力下从水中牵引获得。另外，蜘蛛丝是完全可生物降解的。如果蛛丝的生产在工业上可行，它可能是凯夫拉纤维的一个很好的替代品，可以用于如下多个领域，比如：防弹衣；耐磨轻便服装；绳子、网、安全带、降落伞；汽车或船上的防锈面板；可生物降解的瓶子；绷带、外科手术缝合线；人工肌腱或韧带，脆弱血管的支架。

科学家们希望不久的将来就能在没有蜘蛛的帮助下制造蜘蛛丝，实现人类利用自然界最非凡的材料之一的长久梦想。拉勒米怀俄明大学的分子生物学教授Randy Lewis和他的研究小组成功地完成了与蛛丝生产有关的基因测序，揭示了蜘蛛用蛋白质制造蛛丝的配方。最常见的方法是将蛛丝基因导入其他生物体内，这样它们就可以产生蛛丝蛋白，而这些蛋白则可能被用来制造人工蛛丝。宿主生物范围从简单的细菌到山羊。人们曾试图培育出表达大量重组络新妇蜘蛛（*N. clavipes*）牵引丝蛋白的转基因烟草和马铃薯植株。在这个过程中，研究小组更好地了解了蛛丝的结构与它惊人的强度和弹性之间的关系。通过破解蜘蛛丝的遗传密码，科学家们希望不仅能够复制这种物质，甚至可对其进行改进。在数亿年的时间里，37000种已知的蜘蛛（以及其他未知的蜘蛛）产生了许多种类的蛛丝。最著名的、研究最多的是蜘蛛大壶腹腺分泌的丝。蛛丝也被用来编织蜘蛛熟悉的“车轮”网。蜘蛛丝的抗拉强度令人难以置信，比同等厚度的钢强好几倍。然而，更独特的是蛛丝的弹性。当我们说蛛丝比凯夫拉纤维（Kevlar）更结实时，“凯夫拉纤维具有更高的抗拉强度,但不是很有弹性”,阿克伦大学昆虫学家 Todd Blackledge 说[29]。

这种特性表明蛛丝在许多方面的应用潜力,例如用于眼部或神经外科的极薄缝线、膏药和其他伤口覆盖物、人工韧带和肌腱、降落伞用纺织品、防护服和防弹衣、绳索、渔网等。Lewis 补充说:更好的用途是制造安全气囊,现在的安全气囊就像是把你撞回到座位上。但是如果它是由蜘蛛丝材料制成的,安全气囊的功能主要是吸收能量并减少撞击。目前的研究集中在这些问题上,一个可能的解决方案是调整丝蛋白的组成来改变其性质。人类关于蜘蛛丝的研究仍处于早期阶段,尚有很多待解之谜需要研究探讨。

13.13 高性能蜘蛛丝纤维的应用

特殊的丝纤维复合材料可用于微电子学和光学纤维或具有抗静电性能的“智能”结构织物。静电性能可以开拓微型机器制造与蜘蛛捕获丝类似结构产品的市场,应用于有源滤波器,而常规圆形网材料无法应用。

在医学应用中,由于蜘蛛丝的获取量有限,目前大多数有关丝纤维的应用都是关于蚕丝纤维。蚕丝蛋白纤维具有很低的炎症风险,材料本身具有抗血栓特性,并且对丝纤维中的蛋白质一级序列结构进行生物工程化,有可能形成更宽的力学性能范围。因此,丝纤维在诸如手术缝合线、生物质膜和支架、支持细胞生长基质和控释基材等生物医疗领域具有广阔前景。

研究表明,圆网蜘蛛产生的蜘蛛丝是世界上最坚韧的纤维之一。美国杜邦公司的科学家利用 DNA 重组技术,制造了一种合成蜘蛛丝,作为新一代先进纤维材料的原型。研究表明,一根铅笔粗细的蛛丝就能阻止 747 大型喷气式飞机的飞行[77]。无论用什么来比较,圆网蜘蛛的牵引丝都是一种强度非凡的材料。在同等重量时,比钢还结实。此外,蛛丝非常有弹性。正是这种强度和拉伸的结合使得蛛丝的断裂能量如此之高。简而言之,它是已知的最坚韧的材料。蜘蛛丝仅是众多生物聚合物中最引人注目的一个例子,这些生物聚合物具有合成材料无法企及的多种特性。杜邦公司的研究人员正在寻找这些天然材料作为设计和合成新一代先进结构材料的范例。

13.14　结论

丝纤维是一种具有非凡力学性能的材料:强度高、可拉伸、可压缩性优良。同时,也显示出有趣的热和电磁反应,特别是在紫外线范围内昆虫诱捕以及形成与加工有关的晶相结构等方面。丝纤维结合了合理的模量(16GPa左右)和非常高的断裂应变(超过20%),这意味着它们在失效时可以吸收相当多的能量。研究表明,将蚕丝掺入高断裂应变的基体中,且纤维—基体间的黏附性相对较低时,材料的冲击贯穿抵抗性能很好。早在20世纪中期,因为丝纤维的细且均匀的直径和在一定温度和湿度范围内的高强度和稳定性而被用于光学仪器。一些蜘蛛丝显示出超过200%的伸长率,也有蜘蛛丝具有接近高性能纤维的拉伸强度。就断裂前的能量吸收而言,合成纤维和其他天然纤维均无法与蜘蛛丝相匹敌。博物学家的报告说明,一些蜘蛛丝在南太平洋被用于刺网、浸网和捕鱼——这证明了这种蛋白质聚合物具有优良的力学性能和耐久性。在过去的100年里,丝纤维一直被用作医用缝合线,目前仍在继续,并且出现很多新的消费产品的应用。几个世纪以来,蚕和蜘蛛丝纤维的力学和触觉手感激发了人们对蛋白纤维家族的兴趣。将蚕驯化饲养生产丝纤维的能力,采用基因工程开发蜘蛛丝的机会,以及利用合成方法模拟蛋白纤维家族新特性的可能性,都将继续推动着对这些蛋白纤维的浓厚兴趣。随着这些纤维在生物医学和消费产品中的应用越来越广泛,这种兴趣将会持续且愈发浓烈。

13.15　展望

由于先进分析技术以及生物技术工具的出现,正推进新一代丝产品的产生。精确裁剪设计聚合物的结构,使得纤维、薄膜以及涂料的宏观功能控制成为可能,并且可以更好地控制加工窗口。人类已经通过成功饲养蚕获得蚕丝,但驯化饲养手段并不能适用于蜘蛛。令人欣喜的是,生物科技将为解决蜘蛛丝的量产提供帮助。这将非常有用,因为蜘蛛丝的结构多样性、模量和强度都优于蚕丝。传统工艺仅将丝纤维用于纺织品领域，而新的技术方法将拓展其应用到营养品、化妆品、制药、生物材料、生物医学和生物工程、汽车、房屋建筑和艺术工艺应用等。这种需求变化趋势非常适合丝纤维，因为丝纤维生产效率会逐步提高，并且对环境友好复合材料的需求也会日益增长，这将对社会价值以及环境安全等都将产生切实的影响。

蜘蛛为织造织物而纺出的线以及用于移动的安全丝线，是当今已知的最耐久的纤维。这种丝线结合了人造材料中通常不会同时具备的两种属性：高的力学强度（即破坏丝线所需的力），与最好的钢铁相似；以及超级变形能力（相对于其初始长度而言长度的增加），比其他纤维高出 10~100 倍。虽然目前还没有类似的量产化丝线，但其可能的应用领域非常广泛：从军用装甲车辆或防弹背心，到用于眼部手术或微神经外科的精细缝合线。

特种丝纤维复合材料可用于微电子学和纤维光学或具有抗静电性能的“智能”结构织物。静电性能可以开拓微型机器制造与蜘蛛捕获丝类似结构产品的市场，应用于有源滤波器，而常规圆形网材料无法应用。在医学应用中，由于蜘蛛丝的获取量有限，目前大多数有关丝纤维的应用都是关于蚕丝纤维。蚕丝蛋白纤维具有很低的炎症风险，材料本身具有抗血栓特性，并且对丝纤维中的蛋白质一级序列结构进行生物工程化，有可能形成更宽的力学性能范围。因此，丝纤维在诸如手术缝合线、生物质膜和支架、支持细胞生长基质和控释基材等生物医疗领域具有广阔前景。

高强度和高韧性的结合很可能会促使牵引丝应用于抗冲击和抗撕裂功能纺织品或其他结构织物的开发中，这类织物中需要高的强度与韧性的结合。由于环境问题日益严重，市场需求也十分广阔，以人造蜘蛛丝为代表的高科技蛋白丝纤维必将应运而生。

参考文献

[1] Allmeling C, et al: Use of spider silk fibres as an innovative material in a biocompatible artificial nerve conduit, *Journal of Cellular and Molecular Medicine* 10:770-777, 2006.

[2] Altman GH, et al: Silk matrix for tissue engineered anterior cruciate ligaments, *Biomaterials* 23:4131-4141, 2002.

[3] Altman G, Diaz F, Jakuba C, Calabro T, Horan RL, Chen J, Lu H, Richmond J, Kaplan DL: Silk-based biomaterials, *Biomaterials* 24:401-416, 2003.

[4] Arcidiacono S, et al: Aqueous processing and fibre spinning of recombinant spider silks, *Macromolecules* 35:1262-1266, 2002:49.

[5] Ayoub NA, Garb JE, Tinghitella RM, Collin MA, Hayashi CY: Blueprint for a high-performance biomaterial: full-length spider dragline silk genes, *PLoS One* 2: e514, 2007.

[6] Baruah GC, Talukdar C, Bora MN: *Indian Journal of Physics* 65B(6): 651-654, 1991.

[7] Becker N, Oroudjev E, Mutz S, Cleveland JP, Hansma PK, Hayashi CY, et al: Molecular nanosprings in spider capture-silk threads, *Natural Materials* 2: 278-283, 2003.

[8] Bell FI, McEwen IJ, Viney C: Fibre science: supercontraction stress in wet spider Dragline, *Nature* 416:37, 2002.

[9] Bhat NV, Ahirrao SM: *Journal of Applied Polymer Science* 28:1273-1280, 1983.

[10] Bhat NV, Ahirrao SM: *Textile Research Journal* 55(1):65-71, 1985.

[11] Bhat NV, Nadiger GS: *Journal of Applied Polymer Science* 25:921-932, 1980.

[12] Bini E, et al: Mapping domain structures in silks from insects and spiders related to protein assembly, *Journal of Molecular Biology* 335:27-40, 2004.

[13] Cao Y, Wang B: Biodegradation of silk biomaterials, *International Journal of Molecular Sciences* 10:1514-1524, 2009.

[14] Carboni P: *Silk, Biology, Chemistry and Technology*, London, 1952, Chapman & Hall Ltd..

[15] Casem ML, Turner D, Houchin K: Protein and amino acid composition of silks from the cob weaver, *Latrodectushesperus* (black widow), *International Journal of Biological Macromolecules* 24(2-3):103-108, 1999.

[16] Casem ML, Tran LP, Moore AM: Ultrastructure of the major ampullate gland of the black widow spider, Latrodectus Hesperus, *Tissue Cell* 34(6):427-436, 2002.

[17] Champion de Crespigny FE, Herberstein ME, Elgar MA: Food caching in orb-web spiders (Araneae: Araneoidea), *Naturwissenschaften* 88(1):42-45, January 2001.

[18] Chen Z, Kimura M, Suzuki M, Kondo Y, Hanabusa K, Shirai H: synthesis and characterization of new acrylic polymer containing silk protein, *Fibre* 59(5):168-172,2003.

[19] Colonna-Cesari F, Premilat S, Lotz B: *Journal of Molecular Biology* 95:71,1975.

[20] Craig CL, Hsu M, Kaplan D, Pierce NE: A comparison of the composition of silk proteins produced by spiders and insects, *International Journal of Biological Macromolecules* 24:109-181,1999.

[21] Craig CL: Evolution of arthropod silks, *Annual Review of Entomology* 42:231-267,1997.

[22] Cunniff PM, Fossey SA, Auerbach MA: *Polymers for Advanced Technologies* 5: 401,1994.

[23] Cunniff PM, Fossey SA, Auerbach MA, Song JW: Silk polymers: materials science and biotechnology. *American Chemical Society Symposium Series* vol. 544, 1994, p34. http://pubs.acs.org/books/publish.shtml.

[24] Dalpra I, Freddi G, Minic J, Chiarini A, Armato U: De novo engineering of reticular connective tissue *in vivo* by silk fibroin nonwoven materials, *Biomaterials* 26:1987-1999,2005.

[25] Drukker B, Hainsworth R, Smith SG: *Journal of the Textile Institute* 44: T420,1953.

[26] Exler JH, et al: The amphiphilic properties of spider silks are important for spinning, *Angewandte Chemie, International Edition in English* 46:3559-3562,2007.

[27] Fraser RDB, MacRae TP: Silks. *Conformation in Fibrous Proteins*, New York, 1973, Academic Press.

[28] Garb JE, et al: Expansion and intragenic homogenization of spider silk genes since the Triassic: evidence from Mygalomorphae (tarantulas and their kin) spidroins, *Molecular Biology and Evolution* 24:2454-2464,2007.

[29] Gole RS, Kumar P: *Spider's Silk: Investigation of Spinning Process, Web Material and Its Properties*, Kanpur-208016, 2013, Department of Biological Sciences and Bioengineering, Indian Institute of Technology Kanpur.

[30] Gosline JM, Denny MW, DeMont ME: *Nature* 309,1984.

[31] Gosline JM, Guerette PA, Ortlepp CS, Savage KN: The mechanical design of spider silks: from fibroin sequence to mechanical function, *Journal of Experimental Biology* 202:3295-3303, 1999.

[32] Gould P: Exploiting spider's silk, *Materials Today* :42-47, December 2002.

[33] Hakimi O, Knight DP, Vollrath F, Vadgama P: Spider and mulberry silkworm silks as compatible biomaterials, *Composites: Part B* 38:324-337, 2007.

[34] Hardy J, Scheibel TR: Composite materials based on silk proteins, *Progress in Polymer Science* :1093-1115, 2010.

[35] Harris B: *Engineering Composite Materials*, London, 1999, The Institute of Materials.

[36] Hayashi CY, et al: Hypotheses that correlate the sequence, structure, and mechanical properties of spider silk proteins, *International Journal of Biological Macromolecules* 24:271-275, 1999.

[37] Hinman MB, Lewis RV: Isolation of a clone encoding a second dragline silk fibroin. Nephila clavipes dragline silk is a two-protein fibre, *J Biol Chem* 267 (27):19320-19324, 1992: Sep 25.

[38] Horan RL, et al: In vitro degradation of silk fibroin, *Biomaterials* 26: 3385-3393, 2005.

[39] Huemmerich D, et al: Novel assembly properties of recombinant spider dragline silk proteins, *Current Biology* 14:2070-2074, 2004.

[40] Huemmerich D, et al: Processing and modification of films made from recombinant spider silk proteins, *Applied Physics A* 82:219-222, 2006.

[41] Iijuka E, Itoh H: *International Journal of Wild Silkmoth & Silk* 3:37, 1997.

[42] Iizuka E, Kawano R, Kitani Y, Okachi Y, Shimizu M, Fukuda A: *Indian Journal of Sericulture* 32:27, 1993.

[43] Iizuka E, Okachi Y, Shimizer M, Fukuda A, Hashizume M: *Journal of Sericulture* 1:1, 1993.

[44] Iizuka E, Okachi Y, Shimizer M, Fukuda A, Hashizume M: *Indian Journal of Sericulture* 32:175, 1993.

[45] Iizuka E, Vegaki K, Takamatsu H, Okachi Y, Kawai E: *Journal of Sericultural Sci-

ence of Japan 63:64,1994.

[46] Iizuka E,Teramoto A,Lu Q,Min Si-sia,Shimizu O:*Journal of Sericulture Science of Japan* 65(2):134-136,1996.

[47] Jin HJ,Kaplan DL:Mechanism of silk processing in insects and spiders,*Nature* 424:1057-1061,2003.

[48] Jin HJ,Park J,Valluzzi R,Cebe P,Kaplan DL:Bio-material films of *Bombyxmori* silk fibroin with poly ethylene oxide,*Biomacromolecules* 5:711-717,2004.

[49] Jolly MS,Sen SK,Sonwalker TN,Prasad GK:Non-mulberry silks.In Rangaswami G,Narasimhanna MN,Kashivishwanathan K,Sastri CR,Jolly MS,editors:*Manual on Sericulture*,Rome,1979,Food and Agriculture Organization of the United Nations,pp 1-178.

[50] Kaplan D,et al:*Silk Polymers:Materials Science and Biotechnology*,1994,American Chemical Society.

[51] Kaplan DL,Mellow CM,Arcidiacono S,Fossey S,Senecal K,Muller W:*Protein Based Materials*,Boston,1997,Birkhauser,pp 104-107.

[52] Kaplan DL:Silk.*EPST* vol.11,2004,pp 841-850.

[53] Ko,F.K.,Kawabata,S.,Inoue,M.,Niwa,M.,Fossey,S.,Song,J.W.,2005.www.web.mit.edu/course/3/3.064/www/slides/Ko_spider_silk.pdf.

[54] Lewis RV:Spider silk:the unraveling of a mystery,*Accounts of Chemical Research* 25(9),1992.

[55] Li M,Ogiso M,Minoura N:Enzymatic degradation behavior of porous silk fibroin sheets,*Biomaterials* 24:357-365,2003.

[56] Lombardi S,Kaplan DL:The amino acid composition of major ampullate gland silk (Dragline) of *Nephilaclavipes* (Araneae,Tetragnathidae),*Journal of Arachnology* 18:297-306,1990.

[57] Lucas F,Shaw JTB,Smith SG:Comparative studies of fibroins.I.The amino acid composition of various fibroins and its significance in relation to their crystal structure and taxonomy,*Journal of Molecular Biology* 2:339-349,1960.

[58] Madsen B,Vollrath F:*Naturwissenschaften* 87:148,2000.

[59] Madsen B,Shao Z,Vollrath F:*International Journal of Biological Macromolecules*

24:301,1999.

[60] Magoshi J,mizuide M,Magoshi Y:*Journal of Polymer Science* 17:515-520,1979.

[61] Mahadevappa D,Halliyal VG,Shankar DG,Bhandiwad R:*Mulberry Silk Reeling Technology*,India,2001,Oxford and IBH publication Co..

[62] Manohar Reddy R:Innovative and Multidirectional Applications of Natural Fibre, Silk A Review,*Academic Journal of Entomology* 2(2):71-75,2009.

[63] Marsh RE,Corey RB,Pauling L:An investigation of the structure of silk fibroin, *Biochimica et Biophysica Acta* 16:1-34,1955.

[64] Matsumoto A,Kim HJ,Tsai IY,Wang X,Cebe P,Kaplan DL:Silk,*Hand Book of Fibre Chemistry*,2006,Taylor & Francis Group,LLC.

[65] Mauney JR,Nguyen T,Gillen K,Kirker C,Gimble JM,Kaplan DL:Engineering adipose-like tissue *in vitro &in vivo* utilizing human bone marrow and adipose-derived mesenchymal stem cells with silk fibroin 3D scaffolds,*Biomaterials* 28:5280-5290,2007.

[66] Minagawa M:In Hojo N,editor:*Structure of silk yarn* vol-INew Delhi,2000, Oxford & IBH Publishing Co.Pvt.Ltd.,pp 185-208.

[67] Mukhopadhyay S,Sakthivel JC:*Journal of Industrial Textiles* 35:91,2005.

[68] Nadiger GS,Bhat NV:*Journal of Applied Polymer Science* 30:4127-4136,1985.

[69] Scheibel T:Spider silks:recombinant synthesis,assembly,spinning,and engineering of synthetic proteins,*Microbial Cell Factories* 3:14,2004.

[70] Schulz S,Toft S:Branched long chain alkyl methyl ethers:a new class of lipids from spider silk,*Tetrahedron* 49(31):6805-6820,1993.

[71] Sehnal F:Prospects of the practical use of silk sericins,*Entomological Research* 38:1-8,2008.

[72] Sen K,Murugesh Babu K:Studies on Indian silk.I.Macrocharacterization and analysis of amino acid composition,*Journal of Applied Polymer Science* 92:1080-1097,2004.

[73] Sheu HS,Phyu KW,Jean YC,Chiang YP,Tso IM,Wu HC,et al:Lattice deformation and thermal stability of crystals in spider silk,*International Journal of Biological Macromolecules* 34:325-331,2004.

[74] Simmons AH, Michal CA, Jelinski LW: Molecular orientation and two-component nature of the crystalline fraction of spider silk, *Science* 271(5245): 84-87, 1996.

[75] Sponner A, Unger E, Grosse F, Weisshart K: Differential polymerization of the two main protein components of dragline silk during fibre spinning, *Nature Materials* 4 (10): 772-775, 2005.

[76] Spring C, Hudson J: *Silk in Africa*, Seattle, 2002, University of Washington Press.

[77] Syed IB: *Spider Silks*, 7102 W. Shefford Lane, Louisville, KY 40242-6462, USA, 2006, Islamic Research Foundation International, Inc. http://WWW.IRFI.ORG.

[78] Van Beek JD, et al: The molecular structure of spider dragline silk: folding and orientation of the protein backbone, *Proceedings of the National Academy of Sciences of the United States of America* 99: 10266-10271, 2002.

[79] Vepari C, Kaplan DL: Silk as a biomaterial, *Progress in Polymer Science* 32: 991-1007, 2007.

[80] Vollrath F, Knight DP: Liquid crystalline spinning of spider silk, *Nature* 410: 541-548, 2001.

[81] Warwicker JO: *Transactions of the Faraday Society* 52: 554-557, 1956.

[82] Warwicker JO: Comparative studies of fibroins, The crystal structure of various fibroins, *Journal of Molecular Biology* 2: 350-362, 1960.

[83] Work RW: *Transactions of the American Microscopical Society* 100: 1-20, 1977.

[84] Xu M, Lewis RV: Structure of a protein super fibre: spider dragline silk, *Proceedings of the National Academy of Sciences of the United States of America* 87: 7120-7124, 1990.

[85] Http/www/zvology.ubc.ca, 2005.

[86] http://www.sciencenews.org/sn_arc98/2_21_98/fob2.htm

14 高性能纤维羊毛

K.R.Millington, J.A.Rippon
澳大利亚联邦科学与工业研究组织生产部,
澳大利亚维多利亚州沃恩旁兹吉隆科技商业区

14.1 前言

高性能纤维(HPF)通常指用于制造服装和常用家居纺织品(如毛毯、地毯和窗帘等)等的传统纤维之外的工程技术纤维。一些专业书籍将具有高模量、高韧性、高弹性、高化学或热阻的纤维归类为高性能纤维,并不包括羊毛和棉花等天然纤维,这种定义有些狭隘[65]。但是,需要指出的是,作为一种独特的纤维,羊毛具有许多合成纤维无法比拟的优良性能。特别是,美利奴羊毛的手感和舒适性,羊毛纤维的水分输送性能以及在润湿时释放热量的能力,使其成为一种非常理想的优质纤维。此外,羊毛纤维还有许多技术应用,特别是用于防火安全服装和室内纺织品、毡类、抗菌医用纺织品、隔热隔音、过滤,甚至复合材料。羊毛作为蛋白纤维的一种,具有独特的性能,使得所有上述应用具有可能性。

14.2 羊毛纤维的结构和性能

14.2.1 纤维结构

纺织工业中使用的纤维有很多来自动物,其中绵羊生长的羊毛纤维是最重要的一种动物蛋白纤维[28,114]。早期的绵羊身上是一层由粗纤维构成的褐色皮毛,羊毛纤维的手感、触感等性能较差,随着科学技术的发展,选择性育种培育出了生长更细、颜色更鲜亮羊毛的绵羊。羊毛一般按长度和直径进行分类。粗羊毛的直径介于 28μm 到 45μm 之间,大多是用于室内纺织品、地毯和家具装饰品等。直径小于 25μm 的细羊毛主要用于制造服装。细羊毛最重要的来源是源生于西班牙的美利奴绵羊,大约 200 年前被引入澳大利亚,并逐渐被培育成能够提供理想的细度、长度、光泽、卷曲和颜色的羊毛纤维品种。美利奴羊毛的基本类型包括粗羊毛(直径为 23~24. 5μm)、中等直径羊毛(直径为 19. 6~22. 9μm)、细羊毛(直径为 18. 6~19. 5μm)、超细羊毛(直径为 15~18. 5μm)以及极细羊毛(直径为 11. 5~15μm)等。

原毛含有大约 25%~70%的杂质,包括羊毛脂、油脂(出汗后残留物)、污垢和植物杂质,如种子和毛刺等。羊毛脂是脂肪酸和酯的混合物,油脂主要是脂肪酸钾以及少量磷酸盐、硫酸盐和含氮化合物等。羊毛脂、油脂和污物可通过洗涤去除,精梳毛纺过程中,植物杂质可通过梳理去除的,而在毛纺加工中,植物杂质是通过硫酸炭化去除的。

羊毛的主要化学成分是 α-螺旋构象的角蛋白[105]。其他含有 α-螺旋角蛋白的蛋白质包括角和喙。这些硬质角蛋白的一个特点是含硫量高于软质角蛋白,如皮肤中的角蛋白,硫主要以胱氨酸的形式存在。羊毛纤维生长在羊的内皮毛囊的球状根部,在球状根部正上方生长完全[75]。此后,角质化的过程开始,当纤维从皮肤出现时,角质化过程结束。角质化过程包括一对胱氨酸残基(CH_2SH)形成二硫交联(CH_2SSCH_2)的胱氨酸结构。

羊毛纤维由大约 170 种蛋白质混合而成[173]。这些蛋白质的分子量范围很宽,可以是低于 10000Da,也可以是高于 50000Da[59,94],蛋白质的基本结构单元是氨基酸[114]。原毛含有 20 种氨基酸,可表示为 $NH_2CH(R)COOH$,其中 R 为氨基酸侧链。蛋白质是由氨基酸通过其末端的氨基和羧基缩合而成,形成仲酰胺键[即肽键;NHCH(R)CO]。高分子量的线性多肽是通过多次缩合产生。多肽氨基酸残基中的侧链可以是脂肪族、芳香族或其他环状基团,其大小和化学性质各不相同,在羊毛的物理和化学性质中都发挥着重要作用。甘氨酸、丙氨酸、苯丙氨酸、缬氨酸、亮氨酸和异亮氨酸的非极性侧链(烷烃链)具有较低的化学反应活性,而丝氨酸、苏氨酸和酪氨酸的极性侧链中的羟基则具有较高的化学反应活性。对羊毛化学反应影响最大的侧链是含有酸性或碱性基团的侧链。天冬氨酸和谷氨酸的残基中存在酸性羧基,在组氨酸、精氨酸和赖氨酸的残基中含有碱性基团,分别为咪唑、胍和氨基结构。羊毛纤维的侧链含有大约同等数量的碱性氨基和酸性羧基,这些基团形成羊毛与酸和碱结合的能力[2]。这种能力对于羊毛的染色非常重要,因为它们可与阴离子型染料相互作用[114]。在水介质中,这些基团的电离作用使羊毛具有酸碱两性特征。因此,羊毛在 pH<4 时显正电性,而在 pH>8 环境下,显负电性,在 pH 为 4~8 时,两种基团都是完全电离的,纤维所携带的净电荷为零,即纤维处于等电状态。

与其他纺织纤维相比,羊毛与更多种物质发生化学反应。三种主要类型的反应基团是肽键、氨基酸的侧链以及二硫交联键。羊毛的化学反应已经有详细的讨论和分析[2,67,95,138]。羊毛的反应促进了许多羊毛纺织工业的发展,例如在防收缩[28,138,143]、染色[28,93,138]、阻燃性[16,69]和表面整理[161,167]等方面,下面将逐一概述。

羊毛中的单个多肽链通过多种共价交联和非共价相互作用而连接在一起。最重要的共价交联是胱氨酸的二硫键,是羊毛中硫的主要来源。二硫键交联既可以发生在单独的多肽链之间,也可以发生在同一链的不同肽键之间。共价交联键主要赋予羊毛纤维优良的稳定性,尤其是在湿态下的稳定性[172]。在羊毛织物的熨烫定型以及防缩整理过程中,会发生二硫键的断裂和重排[28,114,143]。另一种共价交联是异二肽键,这些肽键由赖氨酸的 ε-氨基与门冬氨酸和谷氨酸的 β-或 γ-羧基形成。其他有利于羊毛稳定性的结构有:酰胺基团与其他供氢和受氢基团之间的氢键,离子化羧基与氨基之间的离子相互作用(盐键),丙氨酸、苯丙氨酸、缬氨酸、亮氨酸、异亮氨酸等结构中的非极性基团的疏水作用(有时称为“疏水键”)。氢键和离子间的相互作用对干羊毛的物理特性都有显著的影响,但随着羊毛吸水量逐渐增加,这种相互作用会受到不同程度的破坏或减弱。因此,盐键和氢键对湿羊毛物理性能的贡献小于在干羊毛中的作用。此外,由于羊毛的两性性质,盐键的贡献也依赖于 pH。即使羊毛纤维完全吸湿饱和,纤维内部的一些相互作用也不会受到影响[172]。与氢键和盐键不同的是,即使在高吸水量的情况下,疏水作用也不容易被水破坏。疏水作用对羊毛的机械强度也有显著的贡献,在羊毛的定型和织物的平滑干燥性能中起着重要的作用[28]。

虽然被归类为角蛋白,但干净的羊毛只含有约 82%的蛋白质,这些蛋白质中含有足够的硫,使其被定性为角蛋白(通常认为质量超过 3%的硫的蛋白质即可称为角蛋白)。羊毛中约 17%是“非角质蛋白”,与角蛋白相比,这些“非角质蛋白”中的胱氨酸浓度相对较低,因而交联密度也较低[11,48-49,89,140]。相对而言,羊毛中非角质蛋白更不稳定,耐化学腐蚀性更低。除蛋白质以外,羊毛还含有约 1%的非蛋白质物质,其中包括脂质和少量多糖物质。非角质蛋白和脂质在羊毛纤维中的分布并非均匀，而是集中在某些特定区域[145]。

与其他哺乳动物纤维一样，羊毛是一种生物复合材料，由物理和化学成分各不相同的区域组成。细羊毛纤维的复杂形态结构如图14-1所示。

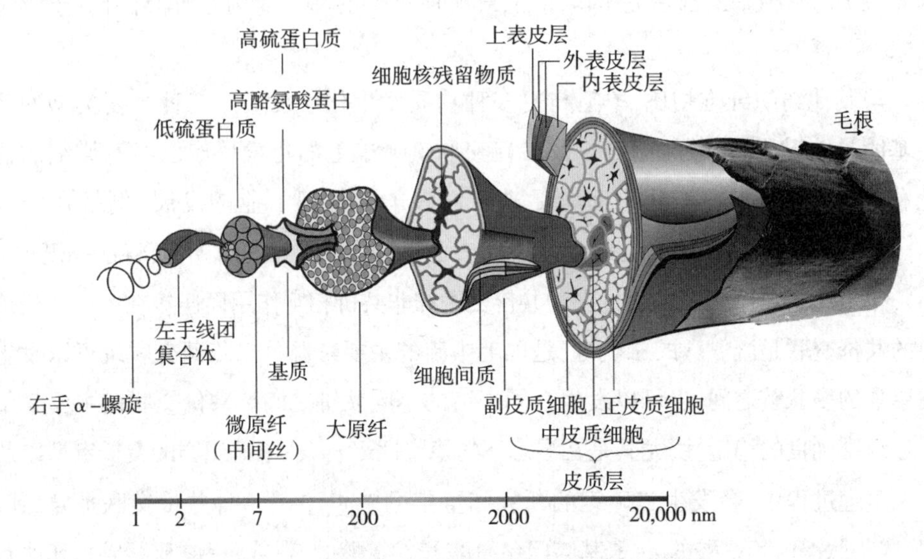

图14-1 美利奴羊毛纤维的形态和结构示意图

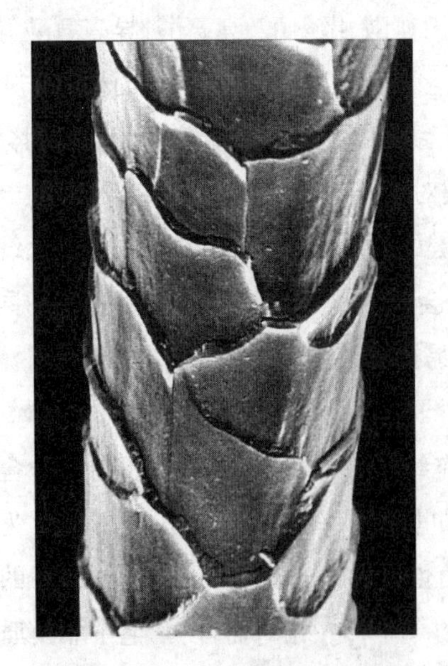

图14-2 清洗干净后的美利奴羊毛纤维的表面SEM图像（CSIRO提供）

细羊毛纤维包含两种类型的细胞：外表皮细胞和内表皮细胞[75,114]。直径超过35μm的粗羊毛纤维通常包含第三种类型的细胞，即髓质细胞。这些细胞沿着纤维轴向形成细胞的核心。髓质细胞之间充满空气，可以最小的质量来保证纤维的隔热性能。表皮细胞与下层的皮质和皮质细胞是分开的，表皮细胞由细胞间质相互分离。这种结构连续贯穿于整个皮质层[89]。

大约占纤维质量10%的表皮细胞（或称为鳞片细胞），在皮质周围形成鞘。在光学或扫描电子显微镜下可以清楚地看到表皮细胞，它们像屋顶上的瓦片一样，沿着纤维的长度和周围重叠排列（图14-2）。鳞片状结构是羊毛纤维的突出特点，明显区别于其他纺织纤维。

表皮细胞影响羊毛在洗涤时的毡缩[143]以及润湿性和触觉特性[85]。

除两个细胞重叠外，细羊毛的表皮层通常只有一个细胞厚，重叠率约为15%[143]。表皮细胞的厚度介于0.3~0.5μm，大约30μm长，20μm宽。皮质细胞切片显示，它由上层的富含硫的区域(外表皮层)和下层的低硫区(内表皮层)组成(图14-3)。

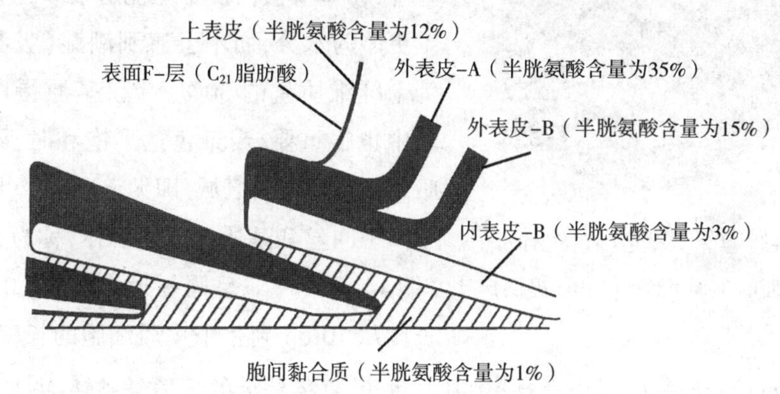

图14-3　细羊毛的表皮结构示意图(CSIRO提供)

通过对表皮细胞成分的化学和物理分析，得出表皮层比纤维的其他部分具有更多的无定形结构[20]。由于表皮层的胱氨酸浓度更高(因此交联度也更高)，所以它的延展性也不如皮质层。当羊毛纤维被拉伸时，较低的伸长性导致表皮层细胞容易开裂[90]。但是，开裂并不会导致表皮细胞从皮质层中脱离，这对羊毛的纺纱和织造等机械加工过程非常重要[148]。

表皮层细胞外层耐化学性膜所包围，膜厚2~7nm，约占纤维质量的0.1%[21]，这层膜的内侧形成了细胞间质的一部分，将表皮层细胞与纤维皮质细胞分离开来。在表皮层细胞的外露表面，这种膜称为上表皮。虽然上表皮具有蛋白质属性，但去除油脂的羊毛纤维具有疏水性。这种行为是由脂质亚组分共价结合到上表皮表面引起的，被称为F-层[46,85,87,114]。羊毛表皮的这种脂质成分主要由一种不常见的脂肪酸(18-甲基二十烷酸)组成，脂肪酸被认为通过硫酯键与羊毛表面结合[45-46]。

内部皮质层的细胞几乎占羊毛纤维的90%，它们在很大程度上决定了羊毛的力学性能。细羊毛纤维皮质层的复杂结构如图14-1和图14-4所示。

纺锤形皮质细胞约100μm长，3~6μm宽[21]。它们沿着纤维轴向紧密重叠排列。皮质细胞由棒状单元组成，这些棒状结构由高度有序的蛋白质晶体组成，称为中间丝(在较早的文献中称为微原纤)。中间丝中的一些蛋白质是螺旋状和结晶

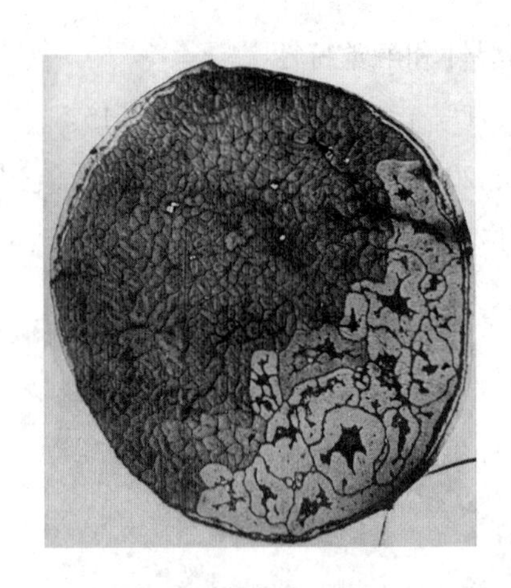

图 14-4　美利奴羊毛(直径 21μm)横截面的 TEM 图像(CSIRO 提供)

状的,这些蛋白质使羊毛具有弹性、回弹性和良好的褶皱恢复能力。它们嵌入无定形蛋白质的区域(基质)中,无定形蛋白质的硫含量比中间丝蛋白质中的硫含量要高一些[114]。基质蛋白使羊毛能够吸收比其他纤维更多的水分,而不会感到潮湿(吸湿量约为干纤维质量的 30%)[88]。基质蛋白在染色中也很重要,当染色达到饱和时,染料被吸附到基质蛋白区域,即无定形区[86,115]。

中间丝和基质形成集合体,称为大原纤(图 14-1)[146]。呈圆柱形,直径约 0.3μm,长度从 10μm 到整个皮质细胞的长度不等。据估计,每种大原纤中平均含有 19 根中间丝,直径较大的大原纤被认为是由直径较小的大原纤融合而成[53]。大原纤聚集在一起形成两种主要的皮质细胞(正皮质细胞和副皮质细胞)。在细美利奴羊毛中,两种皮质细胞大致等量,并且是双边排列的。直径超过 25μm 的粗羊毛中,两种类型的细胞无明显区分。另外有时也存在第三种类型的皮质细胞——中皮质细胞,这种细胞的结构介于正皮质细胞和副皮质细胞之间。一种粗羊毛(林肯绵羊毛)具有环状年轮排列结构,副皮质层包围着正皮质层。

正皮质层和副皮质层在诸多方面不同[76]。如前所述,羊毛中含有约 17%的硫,含量低于 3%的蛋白质,即"非角蛋白"。正皮质细胞和副皮质细胞的区别是这些非角蛋白在细胞内分布的不同。副皮质细胞的轮廓通常比正皮质细胞好,非角质蛋白明显集中在某一区域,称为细胞核残余(图 14-1 和图 14-4)。在有中皮质层的地方,也含有细胞核残余物。在正皮质细胞中,核残留物并不那么明显,因为非角质化蛋白质在大原纤之间分布得更均匀,而不是集中在某个特定区域。因此,大原纤间的网络能够成为区分正、副皮质细胞的标志。

正皮质细胞和副皮质细胞的区别还在于中间丝和基质材料的比例以及它们在大原纤中的堆积排列方式。虽然两种细胞的中间丝蛋白相似,但基质蛋白存在一定的差异,其中含硫更高的蛋白为副皮质细胞。羊毛的正/副皮质结构是造成细羊毛高度卷曲的主要原因。在这些羊毛中,正皮质层总是沿着卷曲的外侧取向排列。

正皮质/副皮质以卷曲为方向,围着纤维进行扭曲旋转[114]。纤维的卷曲特性使羊毛织物更加蓬松,因为卷曲可以防止纤维紧密地堆积在一起。织物的膨松增加了空气保持量,从而增强了羊毛织物的隔热保暖性能。

正皮质和副皮质在物理和化学结构上的差异影响染料和化学物质的吸收速度和程度,对于羊毛的后加工和整理具有重要影响。一般来说,正皮质层比副皮质层更容易亲和各类试剂,也更容易发生化学反应[21]。

14.2.2 纤维性能

虽然其他纺织纤维可能具有比羊毛更好的某一种性能,但前述的综合物理和化学结构使羊毛具有某些独特性能且广泛应用[88]。此外,对羊毛的精细结构和化学成分的研究分析有助于开发继续改善其化学和物理性能的方法。其中一些改善性能的方法将在下文概述。

14.2.2.1 吸水性

羊毛纤维的表面具有疏水性,是因为其表面的蜡状脂质,它们是通过共价键结合到表皮细胞的外层(称为F-层)。将F-层去除后,下面的蛋白质表面亲水且很容易浸润[85]。羊毛虽然表面疏水,但它是一种吸湿材料,可以随着周围相对湿度的变化吸收或释放水分。与染料和化学物质一样,水可能通过细胞间质进入和脱离羊毛纤维,细胞间质充满重叠的表皮细胞之间,也贯穿于纤维内部皮质层细胞之间。水的吸附性与纤维基质的无定形区域有关,特别是与极性侧链和肽键有关[166]。

干羊毛吸收的水分称为“回潮率”,用吸收的水质量占干纤维质量的百分比表示。羊毛的等温吸附/解吸附曲线表现出明显的滞后现象,解吸附曲线比吸附曲线高2%左右[165]。羊毛饱和回潮率在33%左右,明显高于其他纺织纤维[125]。羊毛吸水时释放热量(润湿热)[61]。计算可得:当一件1kg羊毛服装从20℃和25%相对湿度的环境换到另一个10℃和95%相对湿度的环境,会释放40kJ的热量[88]。随着羊毛吸收水分,热量逐渐产生。当一个人穿着羊毛织物从干燥的室内环境到寒冷潮湿的室外环境时,羊毛吸湿放热效应可以减轻人体的不适,这种特性使羊毛纤维具有独特的优势。

汗液在皮肤上积累会使穿着者感到不舒服。如果衣服是由吸湿材料制成的,可以吸收水分并将其从皮肤上带走,那么不适感就会减弱[8]。

在一定的相对湿度下,羊毛与人体皮肤具有相似的吸湿性。它能够吸收33%

的水分,而没有湿的触感。这些特性使得羊毛衣物在运动中起到了很好的吸湿缓冲作用,因为它可以将汗水从皮肤上带走,并将含水量保持在与穿着者舒适度一致的水平。CSIRO(澳大利亚)设计的一种用于运动服的含羊毛织物(Sportwool)利用了这一特性[35,30],如图 14-5 所示。最初的 Sportwool 面料为双面针织结构,内层为亲水性防缩处理的羊毛,外层为疏水性合成纤维(涤纶)。

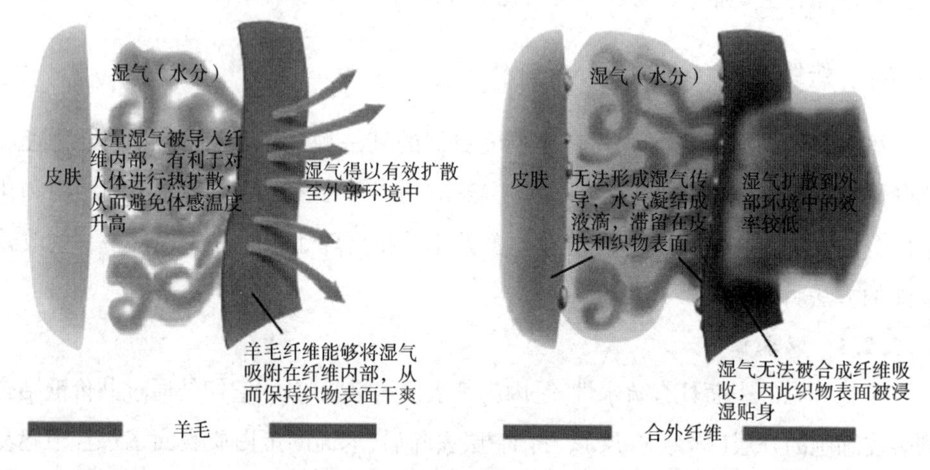

图 14-5　Sportwool 织物的汗液导出机理示意图(澳大利亚羊毛创新中心提供)

14.2.2.2　拉伸性能

羊毛的拉伸性能用两相复合模型来解释,包括疏水性的中间丝结晶相和相对亲水性较好的基体相,在模型中前者嵌入在后者连续区域中[66,169]。中间丝沿着纤维轴向平行排列使羊毛纤维具有各向异性。当纤维由干变湿时,其纵向模量减少了 3 倍[70],而取决于非晶基体连续相刚度的扭曲模量则减少了 10 倍以上[126]。

羊毛的纵向载荷(应力)—形变曲线呈现出三个不同的区域[66],如图 14-6 所示。初始卷曲伸展以后,第一个区域 AB 段几乎是线性的,大约产生 2%的应变,称为预屈服区或胡克区。对于湿纤维,此时通常是中间丝中的 α-螺旋链的伸展。随着含水量的降低,基体相对于载荷(应力)—形变曲线的影响变得越来越重要。在屈服区 BC 段,应变介于 2%到 30%之间,α-螺旋链逐步伸展,形成类似于丝纤维和羽毛中的 β-折叠片晶结构。在这一阶段,应力几乎没有增加,如果将纤维置于水中进行松弛,形变完全恢复仍然是可能的。超过 30%的形变后,纤维进入后屈服区,纤维变得越来越硬,最终断裂。后屈服区的形式是由于中间丝抵抗延展的特性和基体的橡胶特性的综合效果[64,169]。预屈服区纤维的模量与作用时间和含水量均有关,而对应于晶态模量的平衡模量(1.4GPa)与含水量无关,与结晶相的模量相对应[50]。作用时间、温度和含水量的依赖性可以归因于基体相的黏弹性。

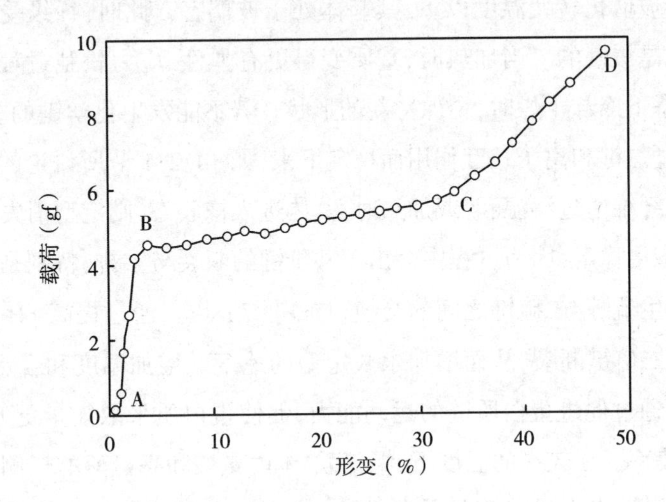

图 14-6 Corriedale 羊毛纤维在 20℃的水中的载荷(应力)—形变(应变)曲线[66]

(AB 是胡克区,BC 是屈服区,CD 是后屈服区)

羊毛变形后的弹性回复具有重要的实际意义,因为它有助于羊毛织物在长期使用中保持其形状和蓬松性。羊毛的这种性能明显优于其他服用天然纤维,如棉纤维和亚麻纤维。弹性回复对于非服装产品中的应用也很重要,比如羊毛地毯在使用过程中可以始终保持蓬松性。

14.2.2.3 定型

定型过程是为了消除纱线和织物在生产过程中产生的应力,否则,这些残留应力会导致纱线在卷(缠)绕或者编织过程中出现扭曲和缠结,或者在进行热湿处理(如染色)过程中变形。纱线一般经蒸汽定型,而织物可经蒸汽或者热水定型。织物通常在整理的最后工序进行平幅拉伸,赋予织物尺寸稳定性并改善手感[22,138]。服装经蒸汽熨烫至所需形状,也可用于增加褶皱和折痕。

羊毛定型工艺是独特的,因为它包含两种不同的稳定性类型。定型分为暂时性的(有时称为抱合定型)和永久性的。在 70℃ 的水中保持 15min 的定型称为永久定型,在此过程中间取出的,则称为暂时定型。在服装的穿着摩擦或清洁过程中,永久定型的羊毛在大多数情况下都是稳定的,而暂时定型的羊毛则会失去定型效果。因此,在室温下浸泡在水中通常足以消除羊毛纤维的暂时定型。

定型过程中的应力松弛发生在分子链级别。在这个过程中,蛋白质结构通过各种化学键和相互作用在新的结构中重新排列并稳定。在环境温度和正常含水量下,羊毛处于玻璃化转变温度以下,其基体处于玻璃态。此时,纤维受力发生变形时,应力松弛是缓慢的。当加热时,基质变得更有弹性,应力松弛过程加快。当纤维在变形状态下冷却干燥时,会保持新的形状。若不能发生化学键的重排时,新的形状则可通过氢键和离子相互作用而稳定下来,如 14. 2. 1 节所讨论的。此类定型是暂时的,当纤维通过润湿和/或加热时,基体进入橡胶态,则定型消失。

永久定型更稳定,因为过程中会出现共价键的断裂与重排,特别是肽链之间的二硫交联,发生硫醇/二硫键之间的交换(图 14-7)[23]。通过提高 pH 或添加还原剂,能够促进二硫键断裂,从而增加永久定型的速度。增加温度和含水率(如采用蒸汽)也可以通过促进蛋白质链的运动能力,促使蛋白质采取能量更低的构型,从而增加定型速率。在较高的温度下,缬氨酸、苯丙氨酸和亮氨酸的烃侧链之间的疏水相互作用重排,也有助于新结构的稳定,这些疏水因素的相互作用不容易被水破坏[5,172]。

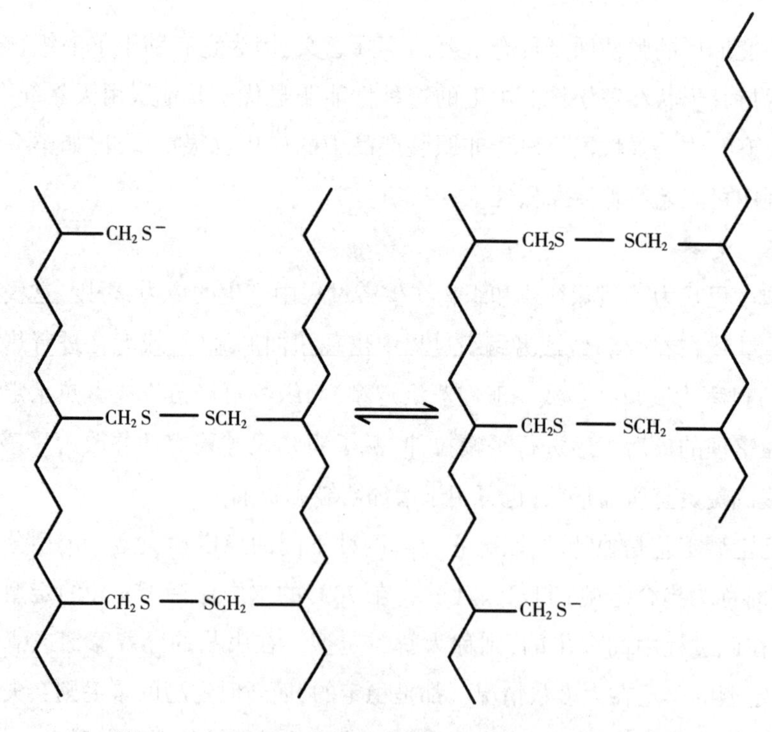

图 14-7 羊毛定型过程中硫醇—二硫键互相交换反应

在还原剂存在时,羊毛在碱性条件下进行定型过程中,除了发生重排以外,一些二硫键还发生反应,形成新的交联结构,如硫氨酸和赖氨酸丙氨酸键[138,175]。这些键比二硫交联键更稳定,对永久定型羊毛的稳定性有重要贡献。

羊毛定型的工业过程中,煮呢是重要的步骤。煮呢是将一卷织物在沸水中处理几分钟,然后在冷水中迅速冷却。该方法的定型程度为40%~85%。虽然连续的煮呢方法可以提高定型工艺的效率,但是定型程度较低。作为后整理工艺的一部分,洗呢也可以使羊毛织物定型。在洗呢工艺中,织物与棉或棉/合成纤维包装膜间隔缠绕在一个带孔的鼓上。蒸汽通过卷筒吹10min,然后用冷气流对织物进行冷却。这个方法可以使永久定型率高达40%。如果需要,可以在120~130℃的高压锅中蒸3~5min来获得更高的定型率。

CSIRO开发的重要工艺赛洛定型工艺(Siroset Process)可以在还原剂存在下,在羊毛服装中增加永久性折痕和褶皱[47],在服装上喷涂还原剂,如单乙醇胺亚硫酸氢盐,然后进行汽蒸/烘烤60s左右的循环压烫定型。

14.2.2.4 热性能

中间丝的结晶性α-螺旋多肽链占羊毛干重的70%左右[51]。这种结构可发生不可逆熔融与结晶,熔融温度依赖于时间和含水率[61]。正常的染色和整理工序不会使羊毛熔融,但是在处理羊毛与合成纤维的混合物时要注意,因为合成纤维的染色整理需要在比纯羊毛织物更高的温度下进行。非晶基体相具有较高的交联度,因为它比结晶性中间丝含有更高的胱氨酸。与其他含有非晶相的材料一样,羊毛纤维也具有玻璃化转变温度(T_g)[170]。

水可以作为塑化剂,将T_g值从170℃(干态羊毛)降低到零度以下(完全吸湿饱和时的羊毛)。在T_g以上的温度下使纤维变形,使折痕暂时固定在羊毛中,然后改变条件使温度降至T_g以下,使折痕固定。改变的条件就像在蒸汽压烫中类似,可加热或冷却,保持干态或湿态,或两者的结合。

14.2.2.5 起皱及褶皱恢复

在聚酯纤维(主要是涤纶)产品出现之前,羊毛的褶皱恢复性能优于棉、丝、麻、尼龙、黏胶等其他纺织纤维。羊毛的褶皱恢复性能受前述的拉伸性能和热性能的控制,特别重要的是中间丝的结晶性α-螺旋多肽链所表现出的高弹性和纤维基质的黏弹性。弹性组分变形和恢复都非常快,而基体的黏滞效应在发生形变以及去除作用力后的形变恢复都存在滞后现象。若褶皱是在T_g以上形成,在T_g以下,褶皱的恢复性就较差。这可能发生在炎热和潮湿的条件下,局部润湿(例如人体出汗)和褶皱形成同时发生;脱下衣服后,织物干燥之前,褶皱没有足够的时间进行恢复。水分的流失会导致织物的 T_g 上升到高于环境温度的水平,从而导致褶皱被固定下来。羊毛比其他纤维的优点是在穿着过程中产生的褶皱很容易消除,简单方法是将衣服挂在潮湿的环境(如浴室)中即可。潮湿条件促使基质趋于运动松弛,利于弹性螺旋蛋白的恢复,从而消除褶皱。

值得注意的是,在某些纺织产品需要的情况下,羊毛与聚酯(主要是涤纶)混纺可以进一步提高羊毛的褶皱恢复性能。

14.2.2.6 摩擦和毡缩性

羊毛纤维的手感比大多数其他纺织纤维更加光滑,体现了独特的定向摩擦效应(DFE)。这种性质是由于表皮细胞(即鳞片)的存在而引起的。若将羊毛的鳞片去除后,定向摩擦效应则消失[81]。在绵羊的绒毛中,表皮细胞方向是从纤维的根部指向顶端,因此,当沿着从顶端到根部的方向摩擦和反向(即从根部到顶端)摩擦时,表现出不一样的表面摩擦力,前者情况下,摩擦力更大。DFE 效应通过辅助拒尘和驱尘来保持羊毛的清洁[52]。DFE 效应还使羊毛在毡制纺织纤维中表现出独特性能。当在外力作用下,DFE 效应使纱线、织物或服装中的纤维优先向一个方向移动[143]。虽然毡缩性可以在干燥状态下发生,但在有水的情况下(如在洗涤过程中)更容易发生。

最初人们认为,毡(缩)化是通过棘齿机制使鳞片发生互联绞锁[27]。这种机制要求鳞片规律性分布间隔,并且纤维在大部分长度方向上是平行的,但事实并非如此[98]。此外,毡缩后的羊毛样品也未被发现含有绞锁在一起的鳞片结构。然而,棘齿机制可以通过鳞片尖端和其他鳞片的粗糙表面相互作用产生 DFE 效应。当纤维逆着鳞片受到拉伸时,纤维尖端会变形,然后在滑过鳞片表面的粗糙部位时恢复。当纤维沿鳞片方向受到拉伸时,相邻纤维的鳞片在纤维表面变得更加平整,纤维之间容易相互滑动。

除 DFE 效应外,其他一些性能也会影响羊毛的毡缩速度和程度,包括纤维的直径、长度、卷曲度和弹性[143,135]。一般来说,较细的纤维容易发生毡缩[155]。弹性也尤为重要,因为它会影响纤维在外力作用下的伸长和收缩,而毡缩性随着纤维延展性的容易程度而增强[121,157]。因此,影响纤维伸展性的因素,如水温、pH 等,就会明显影响羊毛的毡缩性。与其他纺织纤维相比,虽然羊毛在洗涤过程中的毡缩往往被看成是一种羊毛纤维的缺点，但其也是一种优势，并且也已经被用于生产其他纤维无法达成的产品[99,122]。因此，长时间以来，就有通过控制纤维的毡缩性（称为缩绒）提高织物密度的方法，应用于羊毛产品的制造，如毛毯、编织和针织服装、帽子、台布、造纸毡、钢琴锤[158-159]。当羊毛制品缩绒至一定水平时，可以在洗涤过程中通过防缩处理来防止进一步的毡缩性，如14.3.1节所述。

14.3　羊毛改性处理及应用

14.3.1　抗收缩处理

对于湿羊毛纤维，通过减弱或消除DFE效应可以减少或防止毡缩性。可以通过刮擦[156]、氧化剂[68]或酶[92]完全去除鳞片，从而达到消除DFE效应的目的。除鳞片后露出了下层皮质，它比未经处理的羊毛表面更光滑，更有光泽。然而，这种处理方法可以使纤维减少10%的重量并使其力学强度变弱。因此，工业上防缩方法并不是完全除去鳞片（表皮细胞）。

工业中广泛使用的防缩处理方法分为三类：即化学处理、单独聚合物处理和化学处理与聚合物应用相结合，每种方法的作用机理各不相同。单靠化学处理的方法很难达到机洗产品所要求的最高防缩标准[79]。但是，采用聚合物处理法或者化学处理与聚合物处理相结合的方式，可以使羊毛服装达到较高的防缩水平，能够满足机洗产品的要求。

14.3.1.1　化学处理

化学处理也被称为“降解”处理，因为它们涉及对纤维的一些化学侵蚀。虽然为了限制对纤维表面的反应而优化了化学处理的条件，但通常仍然会对羊毛纤维产生一些改性变化。在过去，氧化剂、还原剂、碱性物质、电晕或等离子体放电都曾被用于工业化学防缩处理[143,138]。

最常见的化学处理方式是使用氯或过氧单硫酸（卡罗酸，PMS）进行氧化。氯能够减弱羊毛的毡缩性，是因为氯化可以使高度交联的外表皮中的二硫键氧化为半胱氨酸残基（SO_3^-），也可以破坏酪氨酸残基上的一些肽键来达到减弱毡缩的目的。这些反应产生的肽链片段保留在表皮膜内，这些片段具有渗透活性，导致在水中鳞片膨胀、变软[98,143]，使得纤维间顺着鳞片方向摩擦力大幅增加，而逆鳞片方向上摩擦力小幅增加,其净效应是降低了定向摩擦效应(DFE),降低了纤维优先迁移的趋势,达到降低毡缩的目的。

氯化除了能使皮质细胞溶胀外,还能去除大部分共价结合的表面脂质(即F-层)[130]。去除表面脂质可以同时增加在顺鳞片和逆鳞片方向纤维间的摩擦,从而增强纤维的抗缩性。然而,氯化去除油脂是造成羊毛粗糙的主要原因[85]。次氯酸钠和溶于水中的氯气均可用于羊毛的氯化[79]。虽然对羊毛服装和织物进行的是连续处理,但由于羊毛和氯之间的反应非常迅速,会发生处理不均匀的问题。使用二氯异氰酸(DCCA)作为氯化剂可以避免这种情况。通过细致调节pH和温度,可以控制这种化学物质中氯的释放。用PMS处理可降低羊毛的毡缩率,它与纤维的反应比氯慢,使其更适用于服装防缩整理[143,138]。单独使用PMS时,表面摩擦或防缩性能几乎没有变化。然而,采用亚硫酸钠或亚硫酸氢钠进行后处理会降低DFE效应,因为顺鳞片方向的摩擦增加,而逆鳞片方向的摩擦几乎没有变化。与产生胱氨酸残基的氯化反应不一样的是,PMS防缩处理后,再用亚硫酸盐或亚硫酸氢盐后处理,会在外皮质层产生Bunte盐残基(硫代硫酸盐SSO_3^-)。此外,与氯化不同的是,PMS处理不会破坏肽键,以产生渗透活性肽,可避免皮质层鳞片的溶胀与软化。而且,PMS处理也不会清除F-层的大量脂质。因此,经PMS处理的羊毛手感比氯化羊毛更柔软,但是,其处理后的羊毛强度要低于氯处理的羊毛,尤其是对于超细和超极细羊毛。

14.3.1.2 单独聚合物整理(织物)

聚合物被广泛用于降低羊毛机织和针织物的毡缩率,通常采用轧烘法处理。最重要的一类聚合物是具有可反应基团的聚(环氧丙烷)类物质,在干燥过程中可以发生自交联反应。这类聚合物中最常用的是氨基甲酰磺酸类聚合物($NHCOSO_3^-$),如Synthappret BAP(Tanatex公司)。另一类用于织物上的重要聚合物是硅酮弹性体,例如DC-109(Dow Corning公司)。聚(环氧丙烷)基聚合物通过纤维间的键合作用(称为“点焊”)可以防止纤维在洗涤过程中迁移[141],从而避免了DFE效应。硅酮类聚合物的表面能量比前一类要低,它分散在未经处理的羊毛上,在纤维表面形成连续的一层膜,将两根或更多的纤维连接在一起。硅酮弹性体不如聚氨基甲酰磺酸有效。

14.3.1.3 化学和聚合物整理(服装)

虽然用氯或PMS进行氧化处理可以获得一定程度的抗收缩性能,这通常可以满足机织物的要求,但不足以满足针织服装对机洗性能的更高要求。因此,可以通过对衣物进行低强度的氧化处理,然后再结合聚合物处理来实现。最有效的处理方法是采用 DCCA。DCCA 增加了羊毛的表面能量,通过去除表面的 F-层脂质和将外表皮层的胱氨酸氧化为胱氨酸残基,使羊毛润湿性增强。聚合物是阳离子型,并被阴离子型胱氨酸残基吸引到纤维表面。此类方法中,可以使用多种聚合物,其中最常见的是聚酰胺/环氧氯丙烷凝析物——Hercosett 125(Hercules Chemical 公司)[79,143]。氯化作用产生的纤维表面化学结构的变化提高了纤维的表面能,便于聚合物均匀分布。在固化过程中,聚合物产生自交联,并与纤维表面的硫醇和氨基发生反应。固化聚合物层的作用机理包括纤维之间的键合以及鳞片被覆盖或者鳞片被相互隔离。后者的发生是因为 Hercosett 聚合物能在水中膨胀到其干体积的 5 倍左右。因此用量为羊毛质量 2%时,便能产生一个膨胀层,其厚度大于直径为 20μm 的羊毛表皮细胞的高度(约 0.5μm)[97]。PMS 也可以代替预处理步骤中的 DCCA。然而,PMS 不像 DCCA 那样具有更好的通用性,经过 PMS 处理后,适用的聚合物种类比较少。

14.3.1.4 化学和聚合物整理(毛条处理)

大多数羊毛制成的机洗产品都经过了 CSIRO 和国际羊毛局开发的连续毛条处理工艺[31,79]。世界上许多国家均采用这种处理工艺专用设备。平行的羊毛毛条经过如下步骤以 5~10m/min 的速度进行处理:酸氯化→除氯→中和→清洗→聚合物处理→柔软剂→干燥。这种方法使用的处理条件和设备的详细描述已发表[79]。

依靠纤维—纤维键合机理防缩的聚合物不适合应用于处理羊毛毛条,因为在随后的加工过程中,这种结合会被破坏。适用于羊毛毛条连续处理的聚合物是前述的聚酰胺/环氧氯丙烷树脂——Hercosett 125(Hercules Chemical 公司)。在该方法中,大部分抗缩效果是在氯化步骤产生的,聚合物树脂的作用是提高抗缩性水平,以满足全可机洗的要求。聚合物很容易在氯化处理后的羊毛表面扩散并包裹纤维,主要通过遮蔽鳞片来减少毡缩性,少部分贡献是来自于膨胀的聚合物增加的纤维间的黏合作用[97]。在处理以及后加工过程中形成的纤维—纤维键都有可能断裂,但这并不明显降低所获得的抗缩性水平。

14.3.2 染色

与其他纺织纤维一样,大多数羊毛制品都是经过染色的。适用于羊毛上色的染料主要是芳香族阴离子的钠盐。根据染料的类型，它们的分子量从 300Da 到 900Da 不等。水溶性由磺酸基团提供，或在少数情况下由羧基或非离子基团提供[28,145]。羊毛染料可分为多种类别：包括酸性染料、含铬染料、预金属化染料和活性染料等。这些分类是基于染料的结构、分子量和应用方法。羊毛的一个重要优点是，可用染料种类的范围较广，根据特定的应用而选择不同的染料。例如，不同基底的上染率、色泽亮度、耐日晒色牢度以及耐洗色牢度等。羊毛通常以松散纤维、毛条、纱线、织物或服装的形式在酸性溶液中间歇染色。在一个典型的染色周期，染浴温度慢慢从 40℃左右增加到 98~100℃，染色时间需维持 30min~2h，具体时间取决于染料的类型和所需要的染色深度[138]。羊毛的平衡上染率比纤维素纤维要高得多（通常羊毛>98%，而棉花为 60%~70%）。此外，由于染料很容易上染，因此在羊毛染色浴中不需要大量电解质和其他化学物质来促进上染[138]。而纤维素纤维需要高浓度的电解质，如硫酸钠，以促进上染率的提高。因此，相对而言，羊毛染色是一种比较环保的过程。

如前所述，羊毛是两性材料，在酸性染浴中，它带有净正电荷，与负电性的染料阴离子形成静电引力，利于染料分子吸附在纤维表面[145]。这种机理中，可以通过改变染浴的酸碱度来控制染料的吸附速率，从而使染料的吸收更均匀。染料吸收速率也可以通过添加某种助剂而改变，该助剂与染料阴离子同时竞争纤维中阳离子。在染色初期，虽然将染料分子吸附到纤维上的离子间相互作用很重要，但其他类型的相互作用，如范德瓦耳斯力和疏水相互作用，对染色羊毛的亲和性和湿牢度也发挥着重要作用[145]。

与其他纤维不同，羊毛纤维的表面对染料的吸附不是均匀的，这是由纤维的复杂形态结构决定的。研究表明，对于具有完整皮质层的羊毛，染料分子通过皮层细胞重叠处的细胞间质进入纤维（图 14-3）[86,145]。然后，染料沿着细胞间质和其他非角质化区域扩散，在非角质化区域侵入角质层细胞，最终到达包围中间丝（结晶相）的富硫疏水性基质蛋白的区域（非结晶相）。在平衡状态下，染料位于外表皮层的 A-层。一般直到染浴中染料耗尽时，纤维内才形成染料平衡状态，这也是要在高温下长时间染色才能获得色牢度优良的染色羊毛的原因[145]。如果染料大部分停留在非角质化区域，也会快速扩散出纤维外，从而造成较差的色牢度。活性染料含有与羊毛蛋白形成共价键的基团。因此，它们在纤维内部的分布可能有所不同，而且在非角质化区域的分布比非反应性染料更多。但是，由于它们是与羊毛化学键接在一起的，在非角质化区域存在并不影响羊毛的整体色牢度[145]。

羊毛在沸水中染色时，会对纤维造成一些损害，可能导致纤维变黄和变脆[142]。使用一个特殊的助剂（Valsol LTA-N，现在叫 Neargal LT-WD，Nearchemica 公司），羊毛可以在低于沸腾温度下（通常是 85～90℃）染色。与沸水染色相比，低温染色的羊毛黄变和强度损伤要小得多。

14.3.3　OPTIM 系列羊毛

通过永久定型改变羊毛的结构，生产出一种新型纺织羊毛纤维——OPTIM Fine[17,35,134]。OPTIM Fine 是用还原剂（如亚硫酸氢钠）水溶液对羊毛纤维进行预处理，然后在专用设备上同时拉伸和定型而成。在整个操作过程中，纤维通过假捻防止相对滑动，以保持纤维集合体中的抱合性。然后通过蒸汽将纤维在伸展时进行永久定型。伸长 40%～50%会使羊毛纤维直径从 19μm 减小到 15～16μm。拉伸并定型的羊毛改变了纤维角质层中间丝的结构，从结晶 α-螺旋结构变为 β-折叠片晶结构，类似于丝纤维的结构[12]。

为防止纤维滑脱而施加的假捻会给纤维束带来很大的横向力。使得羊毛近圆形的横截面变成了不规则的形状，且表面大都是扁平的（图 14-8）。纤维表面形状的变化是 OPTIM Fine 比初始羊毛有更高光泽的原因，同时 OPTIM Fine 的强度也更强，适用于制作细纱线（单独使用或与蚕丝、羊绒或羊驼绒混纺），用于生产柔软、光鲜和轻薄的高价值毛织物。

图 14-8　普通美利奴羊毛纤维与 OPTIM Fine 羊毛的横截面图像（CSIRO 提供）

在制造 OPTIM Fine 的设备上也可以制造另外一种羊毛纺织品，即 OPTIM Max[17]。OPTIM Fine 是永久定型的，而 OPTIM Max 则通过暂时定型保持其拉伸状态。定型过程中，不使用亚硫酸氢钠还原剂，同时缩短蒸汽时间。将 OPTIM Max 和未拉伸羊毛的混纺纱线在热水中松弛时，OPTIM Max 纤维收缩约 25%。收缩的 OPTIM Max 使混纺中未经处理的羊毛纤维发生弯曲扭转。增加了纱线的体积，从而增加了针织产品的覆盖系数。

14.3.4 漂白处理

棉纤维和大多数合成纤维含有很少能吸收可见光的发色团，因此他们大多为白色，在整个可见光谱区（750~400nm）表现出高反射率。然而，羊毛和其他蛋白质纤维（包括丝纤维）含有未知来源的天然黄色发色团和黄色的蛋白氧化产物，因此，羊毛纤维往往是呈灰白色或奶油色。比较羊毛与其含有的具有紫外线吸收的氨基酸的紫外—可见光吸收光谱，证明了黄色发色团的存在[132]。漫反射光谱研究也表明，氨基酸残基吸收近紫外光，色氨酸、酪氨酸，特别是固态时的胱氨酸具有紫外到可见光的吸收性，从而促进羊毛对可见光的吸收[116]。

若需要明亮的白色或者柔和色调羊毛产品，则需要对羊毛进行漂白处理，除去黄色发色团。有关于羊毛漂白的研究进展报道见文献[38-39,113]等。通常使用 0.5%~1%（质量浓度）的过氧化氢溶液进行漂白，需要合适的稳定剂和金属螯合剂的作用，在 60℃ 和 pH=8.5~9 的条件下处理至少 1h。具有反应活性的漂白剂是过氧氢阴离子（OOH^-），它能够氧化许多发色团，使其无色。但与棉纤维相比，羊毛的漂白效率较低，仍会残留一些生色团。为了进一步增加羊毛的白度，有必要进行二次漂白，即双氧水漂白后进行还原漂白，最常用的是连二亚硫酸钠（$Na_2S_2O_4$）。但是，即使这样，仍然会有部分黄色发色团的残留。

采用荧光增白剂（FWA）可以显著提高漂白羊毛的白度，需要在二次漂白过程中的还原漂白槽中添加 FWA。FWA 吸收 UVA 范围的光，并发出蓝色荧光，覆盖了漂白羊毛的残留黄色。用于羊毛的工业 FWA 是基于磺化二苯乙烯、双二苯乙烯联苯（DSBP）衍生物以及吡唑类物质。

14.3.5 耐光性

与棉纤维和合成纤维相比，羊毛和丝纤维的耐光性较差。自 20 世纪 60 年代以来,人们对这一问题进行了大量的研究,并对羊毛的光致黄变及其机理进行了综述[113-115,117]。阳光中的紫外线会使经过漂白和 FWA 处理的羊毛迅速发生黄变,特别是在羊毛洗后变湿的情况下,如图 14-9 所示。与大多数其他聚合物和生物材料一样,羊毛被紫外线光照射变黄的机理是 Bolland 和 Gee 在 20 世纪 40 年代末建立的自由基机理,即自氧化作用[18-19]。这方面的证据是,羊毛暴露于紫外线后,应用不同的检测技术,均能检测到自由基的存在。检测技术包括电子自旋共振光谱[151,168]、自由基特异性荧光探针[108]以及光诱导化学发光[110,174]等。

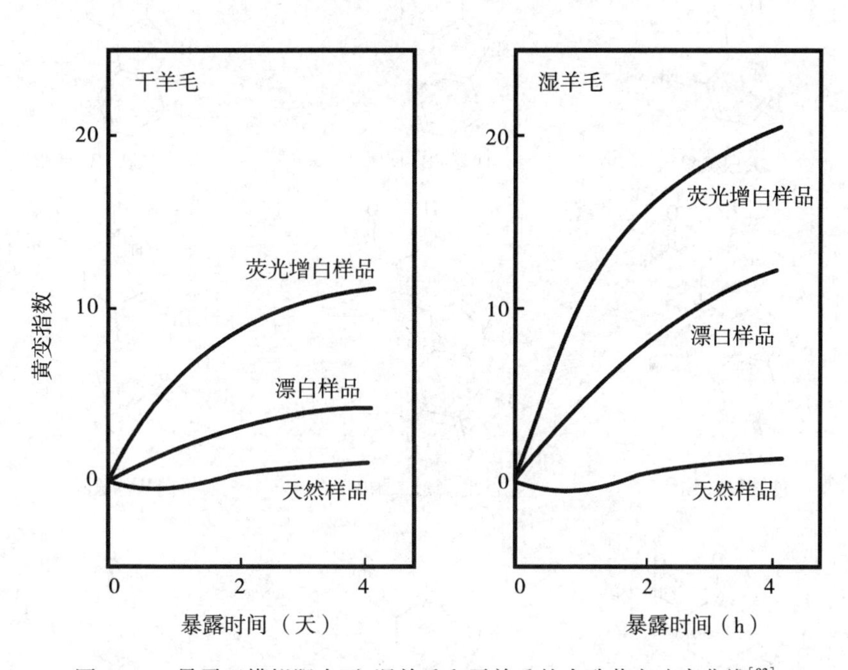

图 14-9　暴露于模拟阳光下,湿羊毛和干羊毛的光致黄变速率曲线[83]

对羊毛在紫外线照射下形成的黄色产物的分析,进一步证实了自由基机理。采用液相色谱—串联质谱(HPLC-MS/MS)技术对强辐照羊毛织物的胰蛋白酶消化物进行分析,证实在 25 个光改性肽链序列中存在 13 个不同的黄色发色团(图 14-10)[40-42]。所有这些发色团都是氨基酸的氧化产物,氨基酸来自角蛋白中间丝中的色氨酸和酪氨酸残基,以及羊毛皮质层中高甘氨酸和酪氨酸含量的蛋白质。研究结果证实了自由基氧化机理。

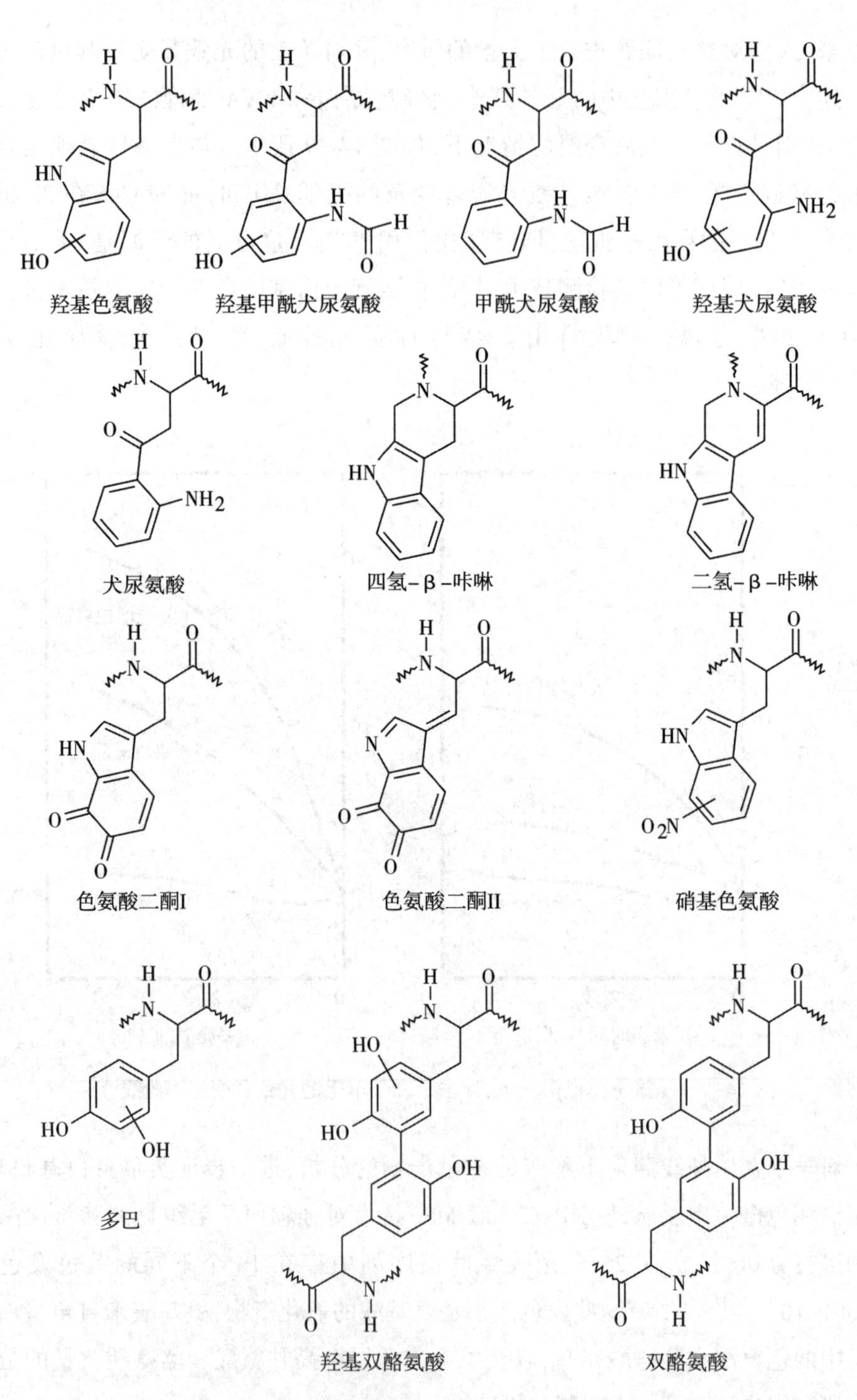

图 14-10 HPLC-MS/MS 确认的色氨酸和酪氨酸被氧化后产生的 13 种黄色发色团结构[40,115]

FWA 处理的羊毛在湿态下极易光致变黄可能是羊毛与 FWA 之间的光诱导电子转移反应使得织物表面产生高浓度的 H_2O_2 和 O_2^-[109]，在 H_2O_2 存在下经紫外线照射比在水中照射羊毛变黄速率要快得多。另外，磺化二苯乙烯、双二苯乙烯联苯(DSBP)衍生物等荧光增白剂本身在 H_2O_2 存在下暴露于紫外光下也能产生黄色的光产物。在 H_2O_2 存在时，经 DSBP 和 FWA 处理的织物经辐照后，HPLC-MS/MS 检测到一种深黄色的二苯乙烯苯醌[43]。

减少羊毛暴露在紫外线下形成的自由基数量的处理方法也可以减少光致黄变的速度。例如，当抗氧化剂(*N*-乙酰半胱氨酸)和金属螯合剂(草酸)组合使用进行漂洗处理时，可有效降低经 FWA 处理的羊毛的光黄变速率[112]。然而，这种处理并不可长久持续，洗涤过后，降低作用即消失。目前羊毛的唯一工业化处理是采用磺化的 2-羟基苯基苯并三唑类紫外线吸收剂，可吸附在羊毛纤维上。这是由澳大利亚 CSIRO 于 1990 年开发并商业化的，其商品名是 UVFast W (Huntsman 公司)[84,126]。这种添加剂的问题之一是，当它应用于非常白或漂白羊毛时，会导致变黄，抵消了过氧化氢漂白的作用。澳大利亚 Sheep CRC 公司开发的一种还原漂白浴的改进应用方法——Everwhite 工艺能够缓解这一问题[111]。

当暴露于滤掉紫外光波长的可见光时，比如阳光穿过硼硅酸盐玻璃照射羊毛，羊毛就会发生光致漂白。波长范围在 400~600nm 时会导致羊毛发生光漂白，尤其是蓝光波长(400~450nm)，影响更明显。羊毛中已存的黄色发色团容易吸收蓝光波，在激发态时，与氧快速反应，形成无色产物。光漂白会产生不太美观的织物色差情况，尤其是地毯和室内装饰织物，它们的某些区域长时间暴露在透过窗户玻璃的阳光下，从而产生颜色变化。新西兰研究人员开发了一种添加剂(Lanalbin APB，Archroma 公司)，可以使羊毛暴露于可见光下变黄，与光致漂白的速度几乎相同，从而可以抵消光致漂白的影响[1]。

14.3.6 阻燃性

羊毛是所有普通纺织纤维中阻燃性最好的纤维。羊毛具有独特的化学和物理结构，具有较高的天然阻燃性。与其他主要由碳和氧组成的纺织纤维不同，羊毛纤维含有较高比例的氮(约 14%)，点火温度高达 570~600℃，支持羊毛燃烧的氧浓度即极限氧浓度为 25%~26%，高于大气中 21%的氧浓度。此外，点火燃烧后，燃烧热较低，为 4.9kcal/g，且羊毛中高的含水率(约 15%)有助于延缓火焰蔓延，易于熄灭[152]。此外,与热塑性纤维(如涤纶)相比,羊毛在燃烧时不会熔化或滴落。在羊毛纤维中,表皮细胞的外层通过轻度交联的细胞间质与皮质层分离,当纤维受热时,表皮细胞易于与皮质层分离。由于表皮中含硫量高,会产生泡沫状残炭,将纤维基体与氧气隔离开来,有助于火焰熄灭。

对于羊毛的许多应用,不需要额外的阻燃处理,特别是对于表面平整的厚重且高密度织物,这种结构有助于排除空气,阻燃性往往能够满足需要。然而,在某些应用中,羊毛的天然阻燃性不足以满足强制性规定。因此,开发出了符合应用要求的化学阻燃处理方法。早期使用适用于棉纤维的硼酸盐或磷酸盐进行阻燃改性。这些方法在20世纪70年代被国际羊毛局开发的Zirpro工艺所取代,该工艺是基于含铬染料应用中的铬媒染剂能够改善羊毛的阻燃性。为避免铬导致未染色羊毛变色,对能与羊毛结合的其他过渡金属进行了研究。研究发现,锆或钛化合物也可以改善羊毛的阻燃性,但不会引起铬的变色现象[14]。

Zirpro工艺是在酸性条件下将负电荷锆或钛盐吸附到羊毛中。吸附量达到3%时即可获得满意的阻燃性,而对其他性能(如颜色、手感和吸湿性)的影响最小。已经开发出一系列的多功能Zirpro处理方法,可将阻燃性与防缩性、抗虫性、拒油拒水性以及染色性结合起来[15]。Zirpro技术已广泛用于飞机内饰、剧院窗帘和公共建筑地毯等法律要求具有高阻燃性的羊毛制品。

对于防护服和安全服来说,防火阻燃处理也非常重要,例如消防员穿的消防服[25]和接触熔融金属(如炼钢等)操作人员的服装[13]。织物抵御熔融金属飞溅的性能非常复杂,它取决于织物的重量、厚度、密度和表面特性,包括织物的表面张力、纤维的化学和物理特性以及阻燃处理的情况等。大多数熔融金属对阻燃羊毛织物的附着力较差,容易脱落。羊毛的独特保护性能是由于高温下的表面容易炭化,织物(或纤维)内层被隔热炭层所保护[13]。

14.3.7 防虫处理

羊毛是一种稳定的材料,在大多数情况下,它能抵抗水、酸、阳光、霉菌和腐殖物的降解。然而,羊毛纤维在废弃后埋在土壤中,在蛋白水解酶产生的微生物的作用下,发生生物降解,释放出有价值的营养物质。这种特性使羊毛成为一种完全可再生的、可持续的材料,而不像合成纤维那样只能从有限的石化资源中提取,且不能降解。

除了在土壤中发生微生物降解外，羊毛、毛皮、皮肤、爪子和羽毛等角质物质也容易受到一些飞蛾和甲虫幼虫的攻击。大多数昆虫不能消化羊毛，因为二硫交联形成的网络阻止了消化蛋白水解酶接触肽键。然而，少数蛾子和甲虫已经进化出消化羊毛的能力，认为是幼虫肠道中的碱性还原条件破坏了二硫键，从而使羊毛被蛋白水解酶消化[104]。长期存放的羊毛制品、地毯、羊毛隔热保温材料和古物遗产等尤其容易遭受虫害，需要引起重视。

羊毛制品可以通过杀虫剂来抵御虫害，通常是生产过程的一个环节。已有多种杀虫剂投入使用[9,71,153]。起始为农业除虫开发合成的除虫菊酯类杀虫剂，在羊毛制品的杀虫方面得到广泛应用。杀虫剂可用于羊毛洗涤或染色过程中，不需要单独处理，特别是在热染液中时，可以最大限度地渗透到纤维中，从而确保良好的耐洗和干洗牢度。杀虫剂良好的渗透性所带来的另一个优势是：降低非目标昆虫接触的概率，杀虫剂只有在纤维被消化后才释放，发挥杀虫效果。

在过去的30年中，最常用的除虫菊酯是氯菊酯。它具有成本低、水溶性低以及正确使用时牢度好等优点。尽管它对哺乳动物的毒性较低，但对水生物种的毒性相对较高。因此，必须保证非常严格的污水排放标准。为了避免对水体的可能污染，对其他杀虫技术进行了研究，包括使用低浴比条件、干燥条件和通过聚合物黏合法等增加在纤维上的吸收。一种特殊的助剂(Valsol LTA-N)可以增加染浴中的杀虫剂的吸收[9,142]。在一种干法应用方法(Lanaguard Process：Ag Research，NZ)中，先将氯菊酯和聚合物载体的混合物喷洒在羊毛地毯上，然后在烤炉中烘烤。当聚合物载体熔融后，杀虫剂扩散到纤维表面[9]。采用轧染、干法或者固化工艺时，氯菊酯也可应用于使用聚氨酯黏合剂的织物上[29]。

除了对水生生物的毒性外，氯菊酯使用的另一个问题是蛾子和甲虫逐渐产生了抗药性。因此，引入了另一种除虫菊酯(联苯菊酯)来替代氯菊酯[9]。与氯菊酯相比，它对水生生物的毒性更小，耐洗性更好，在低浓度下更有效，而且非常重要的是，目前地毯甲虫对其没有抗药性问题。除虫菊酯类杀虫剂的替代品(溴虫腈)也在2007年被引入[118]。目前，昆虫对杀虫剂的抗药性仅限于除虫菊酯类化合物，尤其是氯菊酯。由于溴虫腈不属于除虫菊酯，因此目前还看不出耐药性的迹象。溴虫腈对水生生物的毒性比氯氰菊酯和联苯菊酯都要小[71]。目前研究仍在继续，积极寻找杀虫剂的替代品。一种表面活性剂类匀染剂(Ecolan CEA：Chemcolour，NZ)已被用作杀虫剂使用。认为其可以提供良好的防虫保护，同时具有良好的色牢度[71]。

14.3.8 阻隔性能

14.3.8.1 防寒保暖

羊毛是一种有效的保暖材料,广泛用于冬季夹克和大衣等外套。蒙古游牧民族也用羊毛垫来给他们的住所(蒙古包)的墙壁和地板保温。在西方国家,特别是在欧洲和大洋洲,使用羊毛作为家庭阻隔材料的情况越来越普遍。它的许多物理性能使其在阻隔方面具有吸引力,包括它的湿缓冲和吸收性能、保温性能、隔音性能、调节温度的能力和天然的阻燃性[32]。羊毛阻隔材料通常是由纤维制成的,这些纤维要么通过机械方式固定在一起,要么使用5%~15%的再生聚酯黏合剂黏合在一起,形成絮毡状阻隔材料。与玻璃纤维不同,羊毛阻隔材料可以在没有防护服的情况下组装,因为它不会对皮肤、眼睛或呼吸道造成刺激。羊毛也是一种可再生资源,每只羊平均每年生产约5kg粗羊毛。最近发表了关于北美市场生产羊毛阻隔材料的技术可行性和经济性的文章[32]。

羊毛阻隔材料常采用硼砂处理,以提高其阻燃和驱虫性能。虽然洗涤过程可承受8%~9%的硼砂添加量,但一般羊毛制品中硼砂的含量约为4%(干重时)。硼砂疑似具有生殖毒性,但多年来一直被认为是相对安全的。对几种动物高剂量摄入的研究表明,硼酸盐会产生生殖和发育缺陷[27,124]。

人们对利用多孔材料的吸收能力来被动控制室内空气湿度变化的兴趣日趋浓厚[133]。使用被动控制技术可提高建筑气候控制的能源效率。因此,人们对适用于建筑用的材料,特别是阻隔材料的水分缓冲能力越来越感兴趣。羊毛阻隔材料在缓冲室内相对湿度方面性能优于玻璃纤维和膨胀珍珠岩等多种传统材料[133]。

14.3.8.2 隔音性能

泡沫板和纤维板作为吸声材料的有效性和相对较低的成本[106],使得其在隔音材料市场上占据主导地位。羊毛通常被认为价格太高而不适合作为主要的吸音材料。然而,随着羊毛作为一种保温材料的广泛应用,促使人们对其隔音性能进行了一些研究。羊毛是一种低流动电阻率材料,密度为10~100kg/m^3时的流动电阻率介于500~15000MKS rayls/m[7]。为了达到实际有效的隔音效果,羊毛制品的厚度需要达到50mm以上。这种材料对立柱墙的声音传输损耗可增加6dB或更多[7]。利用低流动电阻率的优势,羊毛隔音材料也可以用作管道衬里。

当羊毛织物用作传统隔音板表层时，能够明显提升吸音效果，特别对于中频范围内（500~2000Hz）的声音[106]。羊毛地毯在降低表面噪声、回声和空气噪声方面也很有效[103]。

14.3.9 吸附和过滤性能

14.3.9.1 羊毛衣物对气味的吸附

羊毛复杂的化学和物理结构使其比较容易吸附和捕获体味[88]。此外，肽侧链中的各种酸性、碱性和疏水性基团使羊毛能够与许多有毒气体结合，包括那些与有毒建筑综合征有关的气体。

剧烈运动时产生的汗液会使羊毛纤维膨胀，利于气味分子扩散到纤维中。当运动停止时，被吸收的水分蒸发，膨胀的纤维收缩并将气味分子保持在织物内。当衣服洗涤时，水的温度通常足以使纤维再次膨胀，从而将吸附的气味分子释放到水中。

除了气味的捕捉能力，其他因素也使得羊毛比合成纤维更适合大量出汗的场合穿着。汗液并没有固有的气味，但它为皮肤表面细菌的繁殖提供了良好的环境，这些细菌则会产生气味。与吸湿性差的合成纤维相比，羊毛优良的吸湿性能够将皮肤表面的水分快速吸收，不利于细菌在皮肤表面的繁殖。一些与体味有关的化合物很容易被羊毛吸收，如氨和挥发性脂肪酸，这也有助于紧贴皮肤的羊毛织物在减少体味积聚方面发挥优势[73]。

此外，即使不洗，羊毛袜穿后的气味也比合成纤维制成的袜子少。羊毛纤维能够将气味分子限制在纤维内部，而不会逸散。

14.3.9.2 空气污染物的去除

室内空气质量受许多因素的影响，包括外部大气、室内采暖类型以及通风效率等。同样重要的影响因素还包括建筑本身及其室内家具、地板覆盖物和装饰面所使用的材料，因为所有这些材料都会释放出挥发性的有机化合物。羊毛的结构，特别是各种氨基酸的侧链，使羊毛纤维能够吸收和束缚室内空气中的许多有害化合物[26,33,73,88,171]。

家用电器、明火以及石油产品、煤炭和木材燃烧产生的污染物主要包括二氧化氮、二氧化硫和甲醛。羊毛地毯比尼龙地毯吸收更多的二氧化氮。此外，羊毛的另外一个优势是，当地毯所处温度升高时，羊毛地毯释放的所束缚气体量更少，利于保证室内空气质量。

羊毛很好的酸性结合力使其比其他纺织纤维能吸收和保留更多的二氧化硫。由于二氧化硫是还原剂,可以通过亚硫酸盐水解反应与羊毛中的二硫键反应。因为反应的不可逆性,在 2h 内只有不到 1%的气体被释放。

甲醛类化学品通常用于一些家用产品的制造,如用胶合板制成的家具和一些纺织品。随着甲醛缓慢释放,室内空气中的甲醛含量可能超过建议的健康水平,并且温度和湿度越高,这种情况越严重。甲醛很容易与包括羊毛在内的蛋白质发生反应,与蛋白质中的侧链结合且不可逆,从而可永久除去室内甲醛。而且,随温度和湿度的增加,羊毛的吸收率也迅速增加。研究表明,在甲醛排放量较高的建筑物中使用羊毛地毯和墙面覆盖物,可将甲醛浓度降低到低于世界卫生组织建议的 0. 05ppm 的水平。

羊毛和角蛋白衍生材料也被认为可以防止类似芥子气等生化武器的危害[58]。角蛋白是皮肤的主要成分,因此设计用于攻击人类皮肤的生物武器药剂都应该可以与角蛋白发生反应。有机磷与皮肤中的酪氨酸和丝氨酸残基形成共价键结合产物,所以羊毛制成的防护服很有价值,在两次世界大战期间发挥了重要的防护作用[58]。

14. 3. 9. 3 静电空气过滤器

羊毛作为捕捉空气中微粒的过滤材料有着悠久的历史。最早在 20 世纪 30 年代,人们认识到添加天然树脂粉末可以显著改善羊毛过滤器的性能[62]。树脂—羊毛组合在过滤器内产生静电,有助于机械拦截颗粒物,从而获得更高的颗粒物过滤效率,同时保持较低的空气流动阻力。静电式过滤器是比简单的、过滤效率更高的机械过滤器,特别是尺寸范围为 0. 15~0. 5μm 的颗粒,因为此种尺寸的粒子难以通过其他方式捕获截留[163]。

目前,树脂—羊毛过滤器已在很大程度上被裂膜纤维驻极体滤清器和混纤静电过滤器所取代。粗梳和针刺碳化羊毛与聚丙烯组合可以形成高效的静电式过滤器,特别是当控制二者的共混比例,保持两种成分的表面积相等时[150]。对于直径相同的纤维,一般采用 60/40(羊毛/聚丙烯)的混合物。对于需要高耐热性的应用,如消防人员的呼吸过滤器,聚丙烯纤维可以用芳纶替代[149]。

14. 3. 9. 4 金属吸附性能

羊毛角蛋白对金属离子有较高的亲和力,在水溶液中吸附量较大。特别是对稀溶液(10~20mmol/L)中软酸的吸附,即吸附低正电性、易极化的金属(如汞、金、铂、银和铅等)阳离子更有效,吸附后导致羊毛的重量增加11%~34%[100]。羊毛对软酸的高吸附量是由于离子与羊毛纤维中硫醇基团反应的结果。因此,通过化学方法将二硫键还原为硫醇,可进一步增强羊毛对软酸离子的亲和力[100]。20世纪70年代,人们提出使用地毯回收的废羊毛,作为除去氯碱工业废水中汞的吸附材料[82]。在氯碱工业中,汞是海水电解生产氯和苛性钠时的阴极。

有研究人员采用羊毛作为过滤材料从饮用水或工业废水吸附有毒的金属离子[102]。与纤维相比,羊毛粉体材料具有更大的表面积,也研究了其对金属离子的吸附性能。与羊毛纤维相比,羊毛粉对二价铜离子的吸收速率明显更快,约快40倍[127]。此外,与工业用的阳离子交换树脂相比,羊毛粉的金属离子负载能力明显更高(2~9倍)。其他角蛋白材料,如从鸡毛和人类毛发中提取的角蛋白,也开展了类似应用的研究[58]。

14.3.9.5 吸附海洋溢油污染

原油对近海水域的污染已经成为严重的环境问题。纤维状的吸附剂对于清理和限制浮油的扩散非常有效,因为它们可以制成具有良好浮力特性的球团、絮毡或织物,将这些吸附材料填入网眼织物中时,可以形成长距离栏油栅。

合成纤维也是水面栏油栅的重要材料,它们的疏水性提供足够的浮力。天然棉纤维和羊毛纤维对石油的吸附能力高于合成纤维[72]。长链脂肪族脂类以共价键黏附在羊毛表皮层表面,使羊毛的亲油性增加,能够吸附高达自身重量40倍的溢油,当然与原油的黏度和性质有关[73]。

为了降低成本,废弃或再生羊毛材料是进行这一应用的理想材料。一项研究表明,废弃的羊毛和PET纤维以80∶20的比例制造的针刺非织造材料能够从海水中吸附11~14倍自重的三种不同等级的石油。通过轧布机可将织物吸附的原油挤出,这种吸附/压缩过程重复5个循环后,羊毛的吸油量仍保持在其自身重量的11倍以上[136]。

将天然羊毛、羊毛基非织造布与三种无机吸附剂进行比较,发现天然羊毛对原油的吸收最有效[137]。在英国,利用羊毛结子纱生产的栏油栅和过滤器对泄露的原油进行吸收阻挡已经商品化应用,商品名是Woolspill[44]。

14.3.10 羊毛混纺应用

羊毛可以与其他纤维混纺,提高其性能,如舒适性、防护性、耐久性和易护理性等,并赋予其某种特殊的功能[107]。例如,与纯羊毛织物相比,含有20%~30%涤纶的梭织羊毛织物具有更好的褶皱恢复性能[37]。

与棉、涤纶等非毡缩纤维混纺,可以有效地抑制羊毛的毡缩性。毛含量小于50%的毛涤混纺织物不需要特殊的整理,就能防止机洗时出现毡缩现象。然而,当毛含量超过60%时,通常需要特殊的整理和定型工艺。对于毛棉混纺织物,20%的羊毛对织物机洗性能影响不大,但如果毛含量较高,则会发生收缩[24]。

由少量直径大于30μm的直毛纤维引起的刺痛感,也可以通过将羊毛与细纤维混合来降低。另一种方法是使用双层织物,将细棉纤维或合成纤维贴近皮肤,防止直毛纤维与皮肤直接接触。将羊毛与少量的弹性体纤维如莱卡(通常高达5%)混合可以改善服装的保形性和舒适性。混纺还可以提高服装的舒适性、阻燃性和织物的透湿性。

14.3.11 在医疗纺织品中的应用

14.3.11.1 医用羊皮

在20世纪60年代和70年代,有报道称羊皮有助于预防褥疮。然而,医院使用羊皮的一个主要问题是羊皮洗涤后的硬化。1998年,CSIRO推出了一种新型高性能医用羊皮——澳大利亚医用羊皮。它具有更密集和更高的羊绒,并且可以耐受80℃的多次洗涤,这代表了皮革技术的显著进步[123]。在墨尔本的一家医院进行的随机对照试验显示,澳大利亚医用羊皮可将褥疮的发病率降低58%[74]。在随后对家庭中需要身体护理的病人的调查试验中也获得了类似的结果[119]。

14.3.11.2 伤口敷料

角蛋白在伤口愈合中具有关键作用。角蛋白是人体皮肤的基本组成成分,皮肤角蛋白在伤口愈合中的作用已被广泛研究[80]。角蛋白可以从羊毛中提取,并且肽键不发生水解,使得角蛋白保持天然角蛋白的形式和功能[77]。提取的角蛋白经过纯化,可应用于伤口敷料或者面霜[78]。这些治疗方法通常用于治疗持续性创伤,具有较好的治疗效果[10,162]。

14.3.11.3 生物支架

基于角蛋白的材料由于其固有的生物相容性、生物降解性、机械耐久性和天然的丰富来源[147],在人类和动物组织再生方面显示具有巨大的潜力。

提取的角蛋白能够自组装和聚合成复杂的三维结构,使其成为组织工程支架材料的选择。Tachibana 等在 2002 年首次报道了用于长期细胞培养的羊毛角蛋白支架的制备[160]。

该基质是羊毛角蛋白水溶液在可控冷冻后冻干而成,形成了具有均匀多微孔的刚性热稳定结构。最近,静电纺丝法用于制造合适的基质促进细胞生长[147]。通常将丝蛋白与角蛋白结合使用,提高电纺丝加工能力[177]。基于角蛋白的生物材料在生物医学中的应用有综述文献可参考[147]。

14.3.12 舒适性防弹织物

防弹织物用于制作防弹衣,它可以帮助吸收冲击力,减少或阻止炮弹或爆炸产生的弹片穿透人体。凯夫拉纤维是现代防弹衣中最常用的纤维之一,具有高强度且质轻的优点。防弹面板的体积很大,使得身体的热量和水分难以散发,因此防弹衣穿着舒适感较差,尤其是在温暖潮湿的环境中。将凯夫拉纤维与羊毛混合可以减少防弹板使用的层数,获得同等防弹作用情况下,可适量减少防弹衣的体积[154]。

由于羊毛纱线和凯夫拉纤维之间的摩擦增加,研究认为羊毛可以改善纱线的能量吸收机制。Sinnppoo 等认为,将凯夫拉纤维与羊毛混合可以改善织物在湿态时的性能。在防弹织物中加入羊毛还具有通过织物传递水分的优势,提高穿着者的热湿舒适性[96]。

14.3.13 紫外线防护性能

大气层中臭氧层的破坏使得保护人们免受有害紫外线辐射变得更加重要,很多人都意识到有必要穿紫外防护服装以防止毁容或皮肤癌的发生。紫外线在织物中传输、吸收或反射的程度决定了其紫外线防护性能的好坏。透射、吸收和反射又和织物中的纤维特性、织物结构(厚度和孔隙度)和光洁度等密切相关[57]。

天然纤维的防紫外线性能见综述文献[176]。与未染色的棉纤维或者类似结构的合成纤维相比,未染色的轻质羊毛织物表现出优异的紫外防护性能,因为角蛋白结构中存在吸收紫外线的氨基酸残基,会产生光致变黄现象(见 14.3.5 节)[34]。

2001 年的一项研究[56]证实了羊毛具有优异的防紫外线性能。该研究测试比较了 236 种服装纺织品紫外线防护系数(UPF)。面料由欧洲领先的服装制造商提供,样品平均克重为 158g/m^2,测试在未拉伸和干燥条件下进行。遵循欧洲标准,采用分光光度法测定 UPFs。结果表明,33%的服装 UPF 值小于 15,19%的服装

UPF 值介于 15~30 之间,换言之,超过一半的服装未能满足紫外线防护服的欧洲标准(UPF30+)。很多夏季服装的 UPF 不高。例如,棉制品中,79%的 UPF 值低于 20,而所有亚麻制品的 UPF 均低于 30。

一些合成纤维服装的 UPF 指标也很差,89%的黏胶服装不满足防护标准。测试中,只有一种产品的所有样品均满足防紫外标准,那就是美利奴羊毛织物。样品的最低 UPF 数值是 40+,而超过 70%的羊毛样品的 UPF 值均为 50+。

14.3.14 羊毛复合材料

复合材料是由韧性基体材料和强弹性增强材料组成,并且增强材料需要与基体结合良好。聚合物树脂复合材料常用的增强纤维有玻璃纤维、碳纤维、芳纶等,它们具有较高的抗拉强度,与环氧树脂等韧性基体树脂结合良好。使用羊毛的复合材料并不常见,因为羊毛价格普遍较高,而且羊毛的表面脂质含量使其难以与基体树脂黏合。但是,近年来出现了一些将废羊毛在新型复合材料中的应用研究。

意大利的一个研究小组利用超声波和酶将羊毛分解成其组织学成分,并将皮质细胞与醋酸纤维素基质复合,得到可能用于生物支架的复合膜材料(见 14.3.11 节)[3],但皮质细胞与基质的黏附性较差。同样的课题研究人员又使用亚硫酸分解法从羊毛中提取角蛋白,并将其作为聚(L-丙交酯)基质的填料[4]。

西班牙和苏格兰的研究人员将羊毛添加到黏土中,在潮湿的气候条件下生产砖,作为可持续、无毒和当地生产的建筑材料[55]。这些砖由苏格兰当地的黏土、海藻酸盐(一种从海藻中提取的天然高分子)和未加工的羊毛组成[54]。这种砖可以免于烧制就可以直接使用,节省能源。力学测试显示,这种砖比不加羊毛的同类砖耐压强度高出 74%,羊毛也增加了砖的抗弯强度。

14.4 结论

本章概述了羊毛作为一种高性能纤维所具有的许多优良的特性。源自天然且可再生,绵羊每年都长出新羊毛,不依赖于石化燃料。羊毛制品在生产过程中比合成纤维消耗更少的能源。与同等重量和结构的棉及合成纤维相比,羊毛具有天然的高紫外线保护特性。它具有天然阻燃性能,羊毛纤维比其他纤维具有更高的引燃阈值,燃烧高达600℃时不会融化和滴落,并且产生的有毒气体更少。染料几乎完全吸收在纤维中,几乎不会产生有色废水,这与棉花和其他纤维素纤维形成鲜明对比。

羊毛是可生物降解的,废弃后,仅几年时间就可以自然降解,降解产物含氮量高,可作为肥料。羊毛的天然透气性,特有的结构易于吸收和释放大气中的湿气,具有冬暖夏凉的优点。羊毛不会引起过敏,也不促进细菌的生长。羊毛纤维表面细微的表皮细胞(鳞片)可以吸附灰尘,也可以被清洗掉。

羊毛纤维经久耐用,富有弹性。羊毛纤维可以耐受高达2万次的弯曲而不断裂,而且仍有恢复到原来形状的能力。羊毛服装易护理,可机洗,保留少量的天然油脂,能抵抗污垢和油脂。羊毛织物具有良好的气候适应性,可作为室内微环境缓冲材料,避免室内相对湿度的快速变化。羊毛具有天然的隔音隔热等性能,可节省能源,保持高质量的室内环境。

当然,羊毛纤维也存在不少缺点。羊毛的天然奶油色和较差的可漂白性,使羊毛难以达到棉和合成纤维所具有的明亮的白色色调。此外,与其他纤维相比,漂白后和荧光增白后羊毛的光稳定性较差,这也是夏季羊毛服装应用中的一个突出问题,此类服装以亮白和柔和色调为主。

为了防止虫蛀,对羊毛织物进行抗虫剂处理,但是许多杀虫剂对海洋生物有毒。平均纤维直径大于21μm的少量粗纤维而引起的刺痒感,往往容易引起一些皮肤敏感的消费者拒绝选择羊毛制品的服装服饰。研究认为,直径大于32μm的羊毛纤维更容易产生刺痒感[129]。随着超细和极细美利奴羊毛的发展,羊毛制品的刺痒敏感性逐渐消失。

经过几代人的研究和选择性育种,羊毛具有更加优良的特性,并确立了羊毛作为一种优质纤维的地位。通过进一步的研究和技术发展,羊毛纤维具有其他纤维无法比拟的重要性质,未来仍然是一种高性能纤维。

14.5 发展趋势

目前羊毛占全球纤维市场的1.3%[91],合成纤维(62.6%)和棉花(29.5%)占据全球纤维的主力。涤纶等合成纤维均来自石油化工产品,按照目前的消耗速度,世界石油资源预计还可使用60年。因此,长期生产低成本的石油合成纤维是不可持续的。但这是否会导致未来对天然纤维的更多需求,还是会导致新型可持续纤维产业的发展,还是一个未知数。

澳大利亚是最大的羊毛生产国,占全球羊毛产量的25%,其他主要生产国是中国和新西兰。在服装用羊毛方面,澳洲美利奴绵羊生产全球77%的直径小于24μm的羊毛和88%的直径小于20μm的细羊毛[131]。在澳大利亚,绵羊的数量在过去25年里显著下降,从1991年的1.63亿只下降到2015年的约7200万只。造成这种下降的因素之一是羊毛价格的波动,这种波动导致一些农民离开羊毛行业,进而转入种植业。

气候变化可能会对澳大利亚某些地区未来的绵羊养殖和羊毛生长的可持续性产生一定的影响,尤其是对牧草、水资源、土地承载能力和动物健康的影响[63]。然而,一项分析表明,总体而言,澳大利亚羊毛行业在2030年之前受气候变化的影响相对较小[63]。羊毛仍然是一个价值25亿澳元的产业,相当于澳大利亚农业生产总值的5%[6]。

参考文献

[1] Agresearch:Lanalbin® APB,2012,:Available from:http://www.climatecloud.org.nz/our-science/textiles-biomaterials/textile-chemistry/Pages/lanalbin-apb.aspx.

[2] Alexander P,Hudson RF:Wool:Its Chemistry and Physics,London,1963,Chapman & Hall.

[3] Aluigi A,Vineis C,Ceria A,Tonin C:Composite biomaterials from fibre wastes:characterization of wool-cellulose acetate blends,Composites Part A:Applied Science and Manufacturing 39:126-132,2008.

[4] Aluigi A,Tonetti C,Rombaldoni F,Puglia D,Fortunati E,Armentano I,Santulli C,Torre L,Kenny JM:Keratins extracted from Merino wool and Brown Alpaca fibres as potential fillers for PLLA-based biocomposites,Journal of Materials Science 49:6257-6269,2014.

[5] Asquith RS,Puri AK:Stability to aftertreatments of wool set in thioglycollic acid,Journal of the Society of Dyers and Colourists 84:461-462,1968.

[6] Australian Bureau of Statistics: Value of Agricultural Commodities Produced, Australia, 2013 - 14, 2015, : Available from: http://www.abs.gov.au/ausstats/abs@.nsf/mf/7503.0.

[7] Ballagh KO: Acoustical properties of wool, Applied Acoustics 48:101-120, 1996.

[8] Barnes JC, Holcombe BV: Moisture sorption and transport in clothing during wear, Textile Research Journal 66:777-786, 1996.

[9] Barton J: It's a bug's life-or is it?, International Dyer 195:14-16, 2000.

[10] Batzer AT, Marsh C, Kirsner RS: The use of keratin-based wound products on refractory wounds, International Wound Journal :1-6, 2014.

[11] Baumann H: Applied aspects of keratin chemistry. In Parry DAD, Creamer LK, editors: Fibrous Proteins: Scientific, Industrial and Medical Aspects vol. 1, 1979, London Academic Press, pp 299-370.

[12] Bendit EG: A quantitative X-ray diffraction study of the alpha-beta transformation in wool keratin, Textile Research Journal 20:547-555, 1960.

[13] Benisek L, Edmondson GK: Protective clothing fabrics. Part 1. Against molten metal hazards, Textile Research Journal 51:182-190, 1981.

[14] Benisek L: Improvement of the natural flame-resistance of wool: Part I. Metal-complex applications, Journal of the Textile Institute 65:102-108, 1974.

[15] Benisek L: Improvement of the natural flame-resistance of wool: Part II. Multipurpose finishes, Journal of the Textile Institute 65:140-145, 1974.

[16] Benisek L: Development of flame resist treatments for wool, Wool Science Review 52:30-63, 1976.

[17] Bhoyro AY, Church JS, King DG, O'loughlin GJ, Phillips DG, Rippon JA: Wool's space age response-Optim Fine and Optim Max. Proc. Textile Institute World Conference, 1st-4th April, 2001, 2001, : (Melbourne).

[18] Bolland JL, Gee G: Kinetic studies in the chemistry of rubber and related materials 2. The kinetics of oxidation of unconjugated olefins, Transactions of the Faraday Society 42:236-243, 1946.

[19] Bolland JL: Kinetics of olefin oxidation, Quarterly Reviews 3:1-21, 1949.

[20] Bradbury JH, Chapman GV, King NLR: The chemical composition of wool. 2. Anal-

ysis of major histological components produced by ultrasonic disintegration, Australian Journal of Biological Sciences 18:353, 1965.

[21] Bradbury JH: The structure and chemistry of keratin fibers, Advances in Protein Chemistry 27:111-211, 1973.

[22] Brady PR: Finishing and Wool Fabric Properties: A Guide to the Theory and Practice of Finishing Woven Wool Fabrics, Geelong, 1997, CSIRO Wool Technology.

[23] Burley RW: Some observations of the extension, contraction and supercontraction of wool fibres, Melbourne, Vol D, 1955, Procedings of the 1st International Wool Textile Conference: 88-117.

[24] Byrne KM: Easy care wool/cotton blends. Proceedings of the Beltwide Cotton Production Conference, San Diego, 1998, pp 771-775.

[25] Cardamone JM, Kanchager AP: Method of Inhibiting the Burning of Natural Fibers, Synthetic Fibers, or Mixtures Thereof, or Fabric or Yarn Composed of Natural Fibers, Synthetic Fibers, or Mixtures Thereof, and Products Produced by Such Methods, 2007: (USA patent application).

[26] Causer SM, Mcmillan RC, Bryson WG: The role of wool carpets in controlling indoor air pollution. Proc. 9th Intern. Wool Textile Res. Conf. Biella, Italy, vol. I, 1995, pp 155-161.

[27] Chapin RE, Ku WW: The reproductive toxicity of boric - acid, Environmental Health Perspectives 102:87-91, 1994.

[28] Christoe JR, Denning RJ, Evans DJ, Huson MG, Jones LN, Lamb PR, Millington KR, Phillips DG, Pierlot AP, Rippon JA, Russell IM: Wool. fourth ed., In Rippon JA, editor: Encyclopedia of Polymer Science and Technology vol. 12Chichester, UK, 2003, John Wiley & Sons, pp 546-586.

[29] Cleyman J: Anti-insect treatments for outerwear, tents and battledress uniforms, International Dyer 195:23-25, 2010.

[30] Collis B: Fields of Discovery: Australia's CSIRO, Sydney, 2002, Allen & Unwin: 152-192.

[31] Connell DL: Wool finishes: the control of shrinkage. In Heywood D, editor: Textile Finishing, Bradford, UK, 2003, Society of Dyers and Colourists, pp 372-397.

[32] Corscadden K, Biggs JN, Stiles DK: Sheep's wool insulation: a sustainable alternative use for a renewable resource?, Resources Conservation and Recycling 86:9-15,2014.

[33] Crawshaw GH:The role of wool carpets in controlling indoor air pollution,Textile Institute and Industry.pp. :12-15,January,1978.

[34] Crews PC, Kachman S, Beyer AG: Influences on UVR transmission of undyed woven fabrics,Textile Chemist and Colorist 31:17-26,1999.

[35] CSIRO: Sportwool™, 2010, Available from: http://www.csiropedia.csiro.au/pages/viewpage.action? pageId=426177.

[36] CSIRO:OPTIM™ Fibre Processing,2011,Available from:http://www.csiropedia.csiro.au/pages/viewpage.action? pageId=426494.

[37] De Boos A,Jones FW,Leeder JD,Taylor DS:The wrinkling of wool and wool/polyester blends.Proceedings of 5th International Wool Research Conference,Aachen vol.3,1975,pp 472-481.

[38] Duffield PA,Lewis DM:The yellowing and bleaching of wool,Review of Progress in Coloration :38-51,1985.

[39] Duffield PA:Review of Wool Bleaching Processes,1996,The Woolmark Company.

[40] Dyer JM,Bringans SD,Plowman JE,Bryson WG:Chromophores in photoyellowed wool fabric characterised by mass spectrometry.Proc 11th Int Wool Text Res Conf, Leeds,UK,2005,CDROM,Paper 98FWSA.

[41] Dyer JM,Bringans SD,Bryson WG:Characterisation of photo-oxidation products within photoyellowed wool proteins:tryptophan and tyrosine derived chromophores, Photochemical & Photobiological Sciences 5:698-706,2006.

[42] Dyer JM, Bringans SD, Bryson WG: Determination of photo-oxidation products within photoyellowed bleached wool proteins, Photochemistry and Photobiology 82:551-557,2006.

[43] Dyer JM,Cornellison CD,Bringans SD,Maurdev G,Millington KR:The photoyellowing of stilbene-derived fluorescent whitening agents-mass spectrometric characterization of yellow photoproducts, Photochemistry and Photobiology 84:145-153,2008.

[44] Enviropro: WoolSpill Slicklickers, 2015, : Available from: http://cms.esi.info/Media/documents/Hydro_WoolspillSlick_ML.pdf.

[45] Evans DJ, Lanczki M: Cleavage of integral surface lipids of wool by aminolysis, Textile Research Journal 67:435-444, 1997.

[46] Evans DJ, Leeder JD, Rippon JA, Rivett DE: Separation and analysis of the surface lipids of the wool fibre. Proc. 7th Int. Wool Text. Res. Conf., Tokyo vol. I, 1985, pp 135-142.

[47] Farnworth AJ, Delmenico J: Permanent Setting of Wool, Watford, UK, 1971, Merrow Publishing.

[48] Feldtman HD, Leeder JD: Effect of polar organic solvents on the abrasion resistance of wool, Textile Research Journal 54:26-31, 1984.

[49] Feldtman HD, Leeder JD, Rippon JA: The composite structure of wool. In Postle R, Kawabata S, Niwa M, editors: Objective Evaluation of Apparel Fabrics, Osaka, 1983, Text. Mach. Soc. Japan, pp 125-135.

[50] Feughelman M, Robinson MS: Some mechanical properties of wool fibers in the "Hookean" region from zero to 100% relative humidity, Textile Research Journal 41:469-474, 1971.

[51] Feughelman M: A note on the water-impenetrable component of alpha-keratin fibers, Textile Research Journal 59:739-742, 1989.

[52] Fraser RDB, Jones LN, Macrae TP, Suzuki E, Tulloch PA: The fine structure of wool. Proc. 6th Int. Wool Text. Res. Conf., Pretoria, South Africa vol. 1, 1980, pp 1-33.

[53] Fraser RDB, Rogers GE, Parry DAD: Nucleation and growth of macrofibrils in trichocyte (hard-alpha) keratins, Journal of Structural Biology 143:85-93, 2003.

[54] Galan-Marin C, Rivera-Gomez C, Petric-Gray J: Effect of animal fibres reinforcement on stabilized earth mechanical properties, Journal of Biobased Materials and Bioenergy 4:121-128, 2010.

[55] Galan-Marin C, Rivera-Gomez C, Petric J: Clay-based composite stabilized with natural polymer and fibre, Construction and Building Materials 24: 1462-1468, 2010.

[56] Gambichler T, Rotterdam S, Altmeyer P, Hoffmann K: Protection against ultraviolet radiation by commercial summer clothing: need for standardised testing and labelling, BMC Dermatology 1:6, 2001.

[57] Gambichler T, Altmeyer P, Hoffmann K: Role of clothes in sun protection, Recent Results in Cancer Research 160:15-25, 2002.

[58] Ghosh A, Collie SR: Keratinous materials as novel absorbent systems for toxic pollutants, Defence Science Journal 64:209-221, 2014.

[59] Gillespie JM: The proteins of hair and other hard alpha-keratins. In Goldman RD, Steinert PM, editors: Cellular and Molecular Biology of Intermediate Filaments, New York, 1990, Plenum Press, pp 95-128.

[60] Haly AR, Snaith JW: Differential thermal analysis of wool-phase-transition endotherm under various conditions, Textile Research Journal 37:898-907, 1967.

[61] Haly AR, Snaith JW: Heat of wetting of annealed wool, Textile Research Journal 43 (1):54-57, 1973.

[62] Hansen NL: Method for the Manufacture of Smoke Filters or Collective Filters, 1932, :(UK patent application 384,052).

[63] Harle KJ, Howden SM, Hunt LP, Dunlop M: The potential impact of climate change on the Australian wool industry by 2030, Agricultural Systems 93:61-89, 2007.

[64] Hearle JWS: A critical review of the structural mechanics of wool and hair fibres, International Journal of Biological Macromolecules 27:123-138, 2000.

[65] Hearle JWS: High Performance Fibres, Cambridge, 2001, Woodhead.

[66] Hearle JWS: Physical properties of wool. In Simpson WS, Crawshaw GH, editors: Wool: Science and Technology, Cambridge, UK, 2002, Woodhead, pp 80-129.

[67] Hinton EH: Survey and critique of literature on crosslinking agents and mechanisms as related to wool keratin, Textile Research Journal 44:233-292, 1974.

[68] Hojo H: Improvement of wool fibres by removing exocuticle in the presence of metallic ions. Proc. 7th Int. Wool Text. Res. Conf., Tokyo vol.4, 1985, pp 322-331.

[69] Horrocks AR: Flame resistant finishing of textiles, Review of Progress in Coloration and Related Topics 16:62-101, 1986.

[70] Huson MG: Physical properties of wool fibers in electrolyte solutions, Textile Research Journal 68:595-605, 1998.

[71] Ingham PE, Mcneil SJ, Sunderland MR: Functional finishes for Wool-Eco considerations, Eco-dyeing, Finishing and Green Chemistry 441:33-43, 2012.

[72] Johnson RF, Manjreka TG, Halligan JE: Removal of oil from water surfaces by sorption on unstructured fibers, Environmental Science & Technology 7:439-443, 1973.

[73] Johnson NAG, Wood EJ, Ingham PE, Mcneil SJ, Mcfarlane ID: Wool as a technical fibre, Journal of the Textile Institute 94:26-41, 2003.

[74] Jolley DJ, Wright R, Mcgowan S, Hickey MB, Campbell DA, Sinclair RD, Montgomery KC: Preventing pressure ulcers with the Australian Medical Sheepskin: an open-label randomised controlled trial, Medical Journal of Australia 180:324-327, 2004.

[75] Jones LN, Rivett DE, Tucker DJ: Wool and related mammalian fibres. In Lewin M, Pearce EM, editors: Handbook of Fibre Chemistry, New York, 1998, Marcel Dekker, pp 355-413.

[76] Kaplin IJ, Whiteley KJ: The structure of keratin macrofibrils. Part 1: keratins of high sulfur content. Proc. 7th Int. Wool Text. Res. Conf., Tokyo, Japan vol. I, 1985, pp 95-104.

[77] Kelly R: Application of wool keratins ranging from industrial materials to medical devices. In Johnson NAG, Russell IM, editors: Advances in Wool Technology, Cambridge, UK, 2009, Woodhead, pp 323-331.

[78] Keraplast. Wound Care: a new paradigm in wound healing, Available from: http://www.keraplast.com/wound-care.

[79] Kettlewell R, De Boos A, Jackson J: Commercial shrink-resist finishes for wool. In Paul R, editor: Functional Finishes for Textiles. Improving Comfort, Performance and Protection, Cambridge, 2015, Woodhead, pp 193-226.

[80] Kim S, Wong P, Coulombe PA: A keratin cytoskeletal protein regulates protein synthesis and epithelial cell growth, Nature 441:362-365, 2006.

[81] King AT: Unscaled fibers. A new aspect of fiber research, Biochemical Journal 21:

434-436,1927.

[82] Laurie SH, Barraclough A: Use of waste wool for the removal of mercury from industrial effluents, particularly those from the chlor-alkali industry, International Journal of Environmental Studies 14: 139-149, 1979.

[83] Leaver IH, Ramsay GC: Studies in wool yellowing. 27. The role of water in the photoyellowing of fluorescent whitened wool, Textile Research Journal 39: 730-733, 1969.

[84] Leaver IH, Wilshire JFK: A new and better photoprotective treatment for wool, Chemistry in Australia: 174, 1990.

[85] Leeder JD, Rippon JA: Changes induced in the properties of wool by specific epicuticle modification, Journal of the Society of Dyers and Colourists 101: 11-16, 1985.

[86] Leeder JD, Rippon JA, Rivett DE: Modification of the surface properties of wool by treatment with anhydrous alkali. Proc. 7th Int. Wool Text. Res. Conf., Tokyo vol. IV, 1985, pp 312-321.

[87] Leeder JD, Rippon JA, Rothery FE, Stapleton IW: Use of the transmission electron microscope to study dyeing and diffusion processes. Proc. 7th Int. Wool Text. Res. Conf., Tokyo vol. V, 1985, pp 99-108.

[88] Leeder JD: Wool: Nature's Wonder Fibre, Ocean Grove, VIC, 1984, Australasian Textiles Publishing.

[89] Leeder JD: The cell membrane complex and its influence on the properties of the wool fibre, Wool Science Review: 3-35, 1986.

[90] Lehmann E: Chemical and histological studies on wool, Melliand Textilberichte 22: 145, 1941.

[91] Lenzing Group: The Global Fiber Market in 2014, 2015,: Available from: http://www.lenzing.com/en/investors/equity-story/global-fiber-market.html.

[92] Levene R, Shakkour G: Wool fibers of enhanced luster obtained by Enzymatic Descaling, Journal of the Society of Dyers and Colourists 111: 352-359, 1995.

[93] Lewis DM: Dyeing and wet processing of wool. Proc 8th Int Wool Text Res Conf, Christchurch, NZ vol. IV, 1990, pp 1-49.

[94] Lindley H:The chemical composition and structure of wool.In Asquith RS,editor: Chemistry of Natural Protein Fibres,New York,1977,Plenum Press,pp 147-191.

[95] Maclaren JA, Milligan B: Wool Science: The Chemical Reactivity of the Fibre, Marrickville NSW,1981,Science Press.

[96] Mahbub RF, Ratnapandian S, Wang LJ, Arnold LN: Evaluation of comfort properties of coated Kevlar/wool ballistic fabric, Advances in Textile Engineering and Materials Iii 821-822(Pts 1 and 2):342-347,2013.

[97] Makinson KR,Lead JA:The nature and function of the resin in the chlorine/resin shrink-proofing treatment of wool tops, Textile Research Journal 43: 669-681,1973.

[98] Makinson KR:Shrinkproofing of Wool,New York,1979,Marcel Dekker.

[99] Marsh TT:Introduction to Textile Finishing,London,1966,Chapman and Hall.

[100] Masri MS, Friedman M: Effect of chemical modification of wool on metal-ion binding,Journal of Applied Polymer Science 18:2367-2377,1974.

[101] Masri MS,Reuter FW,Friedman M:Interaction of wool with metal cations,Textile Research Journal 44:298-300,1974.

[102] Mcneil SJ: Heavy metal removal using wool filters, Asian Textile Journal :88-90,2001.

[103] Mcneil SJ:Acoustic Advantages of Wool Carpeting,2014,:AgResearch technical Bulletin.(Christchurch,NZ).

[104] Mcphee JR:The Mothproofing of Wool,Watford,UK,1971,Merrow.

[105] Mercer EH,Maltosy AG:Keratin.In Montagna W,Dobson RL,editors:Advances in Biology of Skin and Hair Growth,Oxford,1968,Pergamon Press,pp 555-569.

[106] Miao MH: Wool for acoustic absorption. Proc. 11th Int Wool Text Res Conf, Leeds,UK,2005.

[107] Miao MH:High-performance wool blends.In Johnson NAG,Russell IM,editors: Advances in Wool Technology,Cambridge,2009,Woodhead,pp 284-307.

[108] Millington KR,Kirschenbaum LJ:Detection of hydroxyl radicals in photoirradiated wool,cotton,nylon and polyester fabrics using a fluorescent probe,Coloration Technology 118:6-14,2002.

[109] Millington KR, Maurdev G: The mechanism of photoyellowing of fluorescent whitened wool. Proc 11th Int Wool Text Res Conf, Leeds, UK, 2005.

[110] Millington KR, Deledicque C, Jones MJ, Maurdev G: Photo-induced chemiluminescence from fibrous polymers and proteins, Polymer Degradation and Stability 93:640-647, 2008.

[111] Millington KR, Del Giudice M, Sun L: Improving the photostability of bleached wool without increasing its yellowness, Coloration Technology 130: 413-417, 2014.

[112] Millington KR: Improving the photostability of whitened wool by applying an anti-oxidant and metal chelator rinse, Coloration Technology 122:49-56, 2006.

[113] Millington KR: Photoyellowing of wool. Part 1: factors affecting photoyellowing and experimental techniques, Coloration Technology 122:169-186, 2006.

[114] Millington KR: Photoyellowing of wool. Part 2: photoyellowing mechanisms and methods of prevention, Coloration Technology 122:301-316, 2006.

[115] Millington KR: Improving the whiteness and photostability of wool. In Johnson NAG, Russell IM, editors: Advances in Wool Technology, Cambridge, UK, 2009, Woodhead, pp 217-247.

[116] Millington KR: Diffuse reflectance spectroscopy of fibrous proteins, Amino Acids 43:1277-1285, 2012.

[117] Millington KR: Bleaching and whitening of wool: photostability of whites. In Lewis DM, Rippon JA, editors: The Coloration of Wool and Other Keratin Fibres, Chichester, UK, 2013, Wiley, pp 131-155.

[118] Mills W: Beating moths the clean way, Wool Record :166-230, 2007.

[119] Mistiaen P, Achterberg W, Ament A, Halfens R, Huizinga J, Montgomery K, Post H, Spreeuwenberg P, Francke AL: The effectiveness of the Australian Medical Sheepskin for the prevention of pressure ulcers in somatic nursing home patients: a prospective multicenter randomized-controlled trial (ISRCTN17553857), Wound Repair and Regeneration 18:572-579, 2010.

[120] Mitchell TW, Feughelman M: The torsional properties of single wool fibers: Part I: torque-twist relationships and torsional relaxation in wet and dry fibers, Textile

Research Journal 30:662-667,1960.

[121] Mitchell TW, Feughelman M: Mechanical properties of wool fibers in water at temperatures above 100℃, Textile Research Journal 37:660-666,1967.

[122] Moncrieff RW: Wool Shrinkage and its Prevention, London, 1953, National Trades Press.

[123] Montgomery KC: Medical Sheepskins: A Literature Review, Clayton, Melbourne, 1996, CSIRO Division of Wool Technology.

[124] Moore JA, Callahan M, Chapin R, Daston GP, Erickson D, Faustman E, Foster P, Friedman JM, Goldman L, Golub M, Hughes C, Kavlock RJ, Kimmel CA, Lamb JC, Lewis SC, Lunchick C, Morseth S, Mortensen BK, Oflaherty EJ, Palmer AK, Ramlow J, Rodier PM, Rudo K, Ryan L, Schwetz BA, Scialli A, Selevan S, Tyl R, Campbell M, Carney E, Faber W, Hellwig J, Murphy SR, Smith MA, Strong PL, Weiner M: An assessment of boric acid and borax using the IEHR Evaluative process for assessing human developmental and reproductive toxicity of agents, Reproductive Toxicology 11:123-160,1997.

[125] Morton WE, Hearle JWS: Physical Properties of Textile Fibres, third ed., Manchester, 1993, The Textile Institute.

[126] Mosimann W, Benisek L, Burdeska K, Leaver IH, Myers PC, Reinert G, Wilshire JFK: A new commercial UV absorber for the protection of wool and wool dyeings. Proc 8th Int Wool Text Res Conf, Christchurch, NZ vol.IV, 1990, pp 239-249.

[127] Naik R, Wen GQ, Dharmaprakash MS, Hureau S, Uedono A, Wang XG, Liu X, Cookson PG, Smith SV: Metal ion binding properties of novel wool powders, Journal of Applied Polymer Science 115:1642-1650,2010.

[128] Nason R: Fulling-past and present, American Dyestuff Reporter 54:1008-1012,1965.

[129] Naylor GRS, Phillips DG, Veitch CJ, Dolling M, Marland DJ: Fabric-evoked prickle in worsted spun single jersey fabrics. Part 1. The role of fiber end diameter characteristics, Textile Research Journal 67:288-295,1997.

[130] Negri AP, Cornell HJ, Rivett DE: Effects of processing on the bound and free fatty-acid levels in wool, Textile Research Journal 62:381-387,1992.

[131] New Merino: Global Merino Production by Country, 2015,: Available from: http://newmerino.com.au/global-wool-facts/.

[132] Nicholls CH, Pailthorpe MT: Primary reactions in the photoyellowing of wool keratin, Journal of the Textile Institute 67:397-403, 1976.

[133] Peuhkuri R, Rode C, Hansen KK: Moisture buffer capacity of different insulation materials. Proceedings of Buildings IX, Clearwater, Florida, 2004, American Society of Heating, Refrigerating and Air-Conditioning Engineers (ASHRAE).

[134] Phillips DG, Warner JJ: Apparatus for Stretching Staple Fibers, 1994: USP 5365729.

[135] Pierlot AP: Influence of glass transition on the felting shrinkage of wool fabric, Textile Research Journal 67:616-618, 1997.

[136] Radetic MM, Jocic DM, Jovancic PM, Petrovic ZL, Thomas HF: Recycled wool-based nonwoven material as an oil sorbent, Environmental Science & Technology 37:1008-1012, 2003.

[137] Rajakovic-Ognjanovic V, Aleksic G, Rajakovic L: Governing factors for motor oil removal from water with different sorption materials, Journal of Hazardous Materials 154:558-563, 2008.

[138] Rippon JA, Evans DJ: Improving the properties of natural fibres by chemical treatments. In Kozlowski R, editor: Handbook of Natural Fibres, Processing and Applications vol.2Cambridge, 2012, Woodhead, pp 63-140.

[139] Rippon JA, Harrigan FJ: Dyeing Process for Keratin Materials, with Improved Exhaustion of Bath Constituents, 1994,: USP 5496379.

[140] Rippon JA, Leeder JD: The effect of treatment with perchloroethylene on the abrasion resistance of wool fabric, Journal of the Society of Dyers and Colourists 102:171-176, 1986.

[141] Rippon JA, Rushforth MA: The use of the water-soluble bisulphate addition product of a polyisocyanate, Textilveredlung 11:224-229, 1976.

[142] Rippon JA, Harrigan FJ, Tilson AR: The Sirolan-LTD wool dyeing process: improved product quality with economic benefits and cleaner effluent. Proc. 9th Internat. Wool Text. Res. Conf., Biella, Italy vol.III, 1995, pp 122-131.

[143] Rippon JA: Friction, felting and shrink-proofing of wool. In Gupta BS, editor: Friction in Textile Materials, Cambridge, 2008, Woodhead, pp 253-291.

[144] Rippon JA: The structure of wool. In Lewis DM, Rippon JA, editors: The Coloration of Wool and Other Keratin Fibres, Chichester, UK, 2013, Wiley, pp 1-42.

[145] Rippon JA: The chemical and physical basis for wool dyeing. In Lewis DM, Rippon JA, editors: The Coloration of Wool and Other Keratin Fibres, Chichester, UK, 2013, John Wiley, pp 43-74.

[146] Rogers GE: Electron microscope studies of hair and wool, Annals of the New York Academy of Sciences 83: 378-399, 1959.

[147] Rouse JG, Van Dyke ME: A review of keratin-based biomaterials for biomedical applications, Materials 3: 999-1014, 2010.

[148] Ruetsch SB, Weigmann HD: Mechanism of tensile stress release in the keratin fibre cuticle. Proc. 9th Internat. Wool Text. Res. Conf., Biella vol. II, 1995, pp 44-55.

[149] Schutz JA, Church JS: Respiratory protection for physiologically straining environments, Textile Research Journal 81: 1367-1380, 2011.

[150] Schutz JA, Humphries W: A study of wool/polypropylene non-wovens as an alternative to the Hansen filter, Textile Research Journal 80: 1265-1277, 2010.

[151] Shatkay A, Michaeli I: Electron paramagnetic resonance study of wool irradiated by ultraviolet and visible light, Radiation Research 43: 485-498, 1970.

[152] Shaw T, White MA: The chemical technology of wool finishing. In Lewin M, Sello SB, editors: Handbook of Fiber Science and Technology, Chemical Processing of Fibers and Fabrics vol. IINew York, 1984, Marcel Dekker, pp 317-442.

[153] Simpson WS: Chemical processes for enhanced appearance and performance. In Simpson WS, Crawshaw GH, editors: Wool: Science and Technology, Cambridge, 2002, Woodhead, pp 215-236.

[154] Sinnppoo K, Arnold LN, Padhye R: Application of wool in high-velocity ballistic protective fabrics, Textile Research Journal 80: 1083-1092, 2010.

[155] Speakman JB, Stott E: A contribution to the theory of milling: a method of measuring the scaliness of wool, Journal of the Textile Institute 22: T339-T348, 1931.

[156] Speakman JB, Whewell E: The use of abrasives to make wool unshrinkable, Journal of the Textile Institute 36: T48-T56, 1945.

[157] Speakman JB, Stott E, Chang H: A contribution to the theory of milling, Journal of the Textile Institute 24: T273-T292, 1933.

[158] Stulov A: Hysteretic model of the grand piano hammer felt, Journal of the Acoustical Society of America 97: 2577-2585, 1995.

[159] Stulov A: Dynamic behavior and mechanical features of wool felt, Acta Mechanica 169: 13-21, 2004.

[160] Tachibana A, Furuta Y, Takeshima H, Tanabe T, Yamauchi K: Fabrication of wool keratin sponge scaffolds for long-term cell cultivation, Journal of Biotechnology 93: 165-170, 2002.

[161] Taylor DS: Wool technologies-present and future. Proc. 7th Int. Wool Text. Res. Conf., Tokyo vol.I, 1985, pp 27-69.

[162] Than MP, Smith RA, Hammond C, Kelly R, Marsh C, Maderal AD, Kirsner RS: Keratin-based wound care products for treatment of resistant vascular wounds, Journal of Clinical and Aesthetic Dermatology 5: 31-35, 2012.

[163] Wang CS: Electrostatic forces in fibrous filters-a review, Powder Technology 118: 166-170, 2001.

[164] Ward RJ, Willis HA, George GA, Guise GB, Denning RJ, Evans DJ, Short RD: Surface-analysis of wool by X-ray photoelectron-spectroscopy and static secondary-ion mass-spectrometry, Textile Research Journal 63: 362-368, 1993.

[165] Watt IC, Darcy RL: Water-vapor adsorption-isotherms of wool, Journal of the Textile Institute 70: 298-307, 1979.

[166] Watt IC: Sorption of water-vapor by keratin, Journal of Macromolecular Science-reviews in Macromolecular Chemistry and Physics C18: 169-245, 1980.

[167] Whewell CS: The chemistry of wool finishing. In Asquith RS, editor: Chemistry of Natural Protein Fibers, New York, 1971, Plenum Press, pp 333-370.

[168] Windle JJ: Origin of free radicals in wool. Proc Tech Wool Conference, San Francisco and Albany, ARS-74-29, 1964, US Dept Agriculture, pp 74-81.

[169] Wortmann FJ, Zahn H: The stress/strain curve of alpha-keratin fibers and the

structure of the intermediate filament, Textile Research Journal 64: 737 - 743,1994.

[170] Wortmann FJ, Rigby BJ, Phillips DG: Glass-transition temperature of wool as a function of regain, Textile Research Journal 54:6-8,1984.

[171] Wortmann G, Thomé S, Föhles J, Wortmann F-J: Sorption of aldehydes from indoor air by wool: formaldehyde as an example. Proc 11th Int Wool Text Res Conf, Leeds, UK, 2005.

[172] Zahn H, Blankenburg G: Action of alcohol water mixtures on wool, Textile Research Journal 34:176-177,1964.

[173] Zahn H, Fohles J, Nienhaus M, Schwan A, Spel M: Wool as a biological composite structure, Industrial & Engineering Chemistry Product Research and Development 19:496-501,1980.

[174] Zhang H, Millington KR, Wang XG: A morphology-related study on photodegradation of protein fibres, Journal of Photochemistry and Photobiology B-biology 92:135-143,2008.

[175] Ziegler K: The influence of alkali treatment on wool. Proc.3rd Internat. Wool Text. Res. Conf., Paris vol.2, 1965, pp 403-417.

[176] Zimniewska M, Batog J: Ultraviolet-blocking properties of natural fibres. In Kozlowski RM, editor: Handbook of Natural Fibres, Processing and Applications vol. 2Cambridge, 2012, Woodhead, pp 185-215.

[177] Zoccola M, Aluigi A, Vineis C, Tonin C, Ferrero F, Piacentino MG: Study on cast membranes and electrospun nanofibers made from keratin/fibroin blends, Biomacromolecules 9:2819-2825,2008.